冶金工业出版社

普通高等教育"十四五"规划教材

锻造冲压工艺与模具设计

主　编　邓同生　李小强

副主编　齐　亮　张迎晖　汪志刚　陈继强

北　京

冶金工业出版社

2025

内 容 提 要

本书针对锻造冲压工艺技术现状，对锻造冲压工艺及模具设计技术进行了系统的梳理和研究整理。共分三篇 15 章，第一篇介绍锻造和冲压的共性塑性变形基础，包括塑性变形力学基础、热塑性变形及塑性变形机理等内容；第二篇介绍锻造工艺与模具设计，主要包括锻造材料准备及温度控制、自由锻造工艺、锤上模锻、常见压力加工设备上模锻、特种锻造和模锻后续工序等内容；第三篇介绍冲压工艺与模具设计，主要包括冲裁工艺与模具设计、弯曲工艺与模具设计、拉深工艺与模具设计、成型工艺与模具设计等内容。

本书可作为金属材料工程、材料成型及控制工程、材料科学与工程、机械工程、飞行器制造工程等材料成型类专业本科教材，也可作为材料加工工程、航空宇航制造工程等方向研究生或科研人员参考用书。

图书在版编目 (CIP) 数据

锻造冲压工艺与模具设计/邓同生，李小强主编. —北京：冶金工业出版社，2022.7（2025.1 重印）
  普通高等教育"十四五"规划教材
  ISBN 978-7-5024-9182-6

Ⅰ.①锻… Ⅱ.①邓… ②李… Ⅲ.①锻造—工艺学—高等学校—教材 ②冲压—工艺学—高等学校—教材 ③模具—设计—高等学校—教材 Ⅳ.①TG316 ②TG38 ③TG76

中国版本图书馆 CIP 数据核字（2022）第 102610 号

锻造冲压工艺与模具设计

出版发行	冶金工业出版社	电　话	(010)64027926
地　址	北京市东城区嵩祝院北巷 39 号	邮　编	100009
网　址	www.mip1953.com	电子信箱	service@ mip1953.com

责任编辑　杨盈园　美术编辑　彭子赫　版式设计　郑小利
责任校对　王永欣　责任印制　禹　蕊
北京虎彩文化传播有限公司印刷
2022 年 7 月第 1 版，2025 年 1 月第 2 次印刷

787mm×1092mm　1/16；25 印张；606 千字；387 页
定价 66.00 元

投稿电话　(010)64027932　投稿信箱　tougao@cnmip.com.cn
营销中心电话　(010)64044283
冶金工业出版社天猫旗舰店　yjgycbs.tmall.com
（本书如有印装质量问题，本社营销中心负责退换）

前　言

　　锻造冲压（通常简称"锻压"）是利用锻压机械的锤头、砧块、冲头或通过模具对坯料施加压力，使之产生塑性变形，从而获得所需形状和尺寸制件的成型加工方法。国内外许多知名高校均设置有锻压专业（或锻压方向）。锻压行业是一个既古老又充满活力的实体制造行业，是众多国之重器关键零部件不可替代的制造方法，也是汽车、航空航天等重点工业领域中必需的成型方法。因此，锻造冲压工艺及模具设计知识是许多大学及高职高专院校材料成型、机械制造等专业的主要学习内容之一。

　　通常锻造和冲压两类工艺分别进行教学，但随着现代教育体系的改革，工艺类课时压缩，且锻造冲压两类工艺在变形机理、工作设备、模具设计等诸多模块内容相通，因此需要将锻造和冲压两类具有很多相近原理与内容的工艺合并教学，使学生融会贯通掌握工艺原理与模具设计方法，以适应未来工作需要。本书配有大量图片以增强直观性，用具体的实例加强对相应章节内容的理解，以求实例丰富、讲解详细、条理清晰。

　　全书共分三篇15章，第一篇介绍锻造和冲压的共性塑性变形基础，包括塑性变形力学基础、热塑性变形及塑性变形机理等内容；第二篇介绍锻造工艺与模具设计，主要包括锻造材料准备及温度控制、自由锻造工艺、锤上模锻、常见压力加工设备上模锻、特种锻造和模锻后续工序等内容；第三篇介绍冲压工艺与模具设计，主要包括冲裁工艺与模具设计、弯曲工艺与模具设计、拉深工艺与模具设计、成型工艺与模具设计等内容。

　　本书由邓同生和李小强主编，李小强负责第12~14章的编写，邓同生负责统稿及其余章节的编写，齐亮、张迎晖、汪志刚、陈继强担任副主编协助编写，钟明、郭涛、古文丽、马乾康参与编写；同时，周菲、陈星宇、钟修杨、黄成聪、蔡伟豪、文峰、胡威、樊洪智、刘鑫、王逸涵、许鹏、张子鹏等参与了本书的校稿工作，在此表示感谢。

　　由于编者水平有限，书中若有不足之处，恳请读者批评指正。

编　者
2021 年 9 月

目　　录

第一篇　金属塑性变形基础

第二篇　锻造工艺与模具设计

第三篇　冲压工艺与模具设计

第一篇　金属塑性变形基础

1　金属塑性变形的力学基础

　　金属物体受到一定大小的外力作用后，如果其内部各质点间产生了位移，则称物体发生了变形。通常，将由外力引起金属物体内部各质点间相互作用的力称为内力。金属塑性成型的力学基础，就是要研究金属受外力作用后产生的应力和应变，以及它们之间的相互关系。

1.1　点的应力应变状态

　　为了研究金属物体受到复杂外力作用时内部某一点的变化，仅用某一方向切面上的应力或变形不足以描述该点的受力和变形状态，因此，需要引入"点的应力状态"概念。

1.1.1　点的应力状态

　　物体在固定的受力状态下，任一点的受力情况都是确定的，但各应力分量的大小与坐标轴的方向有关，当坐标改变时，对应于新坐标系的应力分量可以通过坐标变换的关系得到。具有这种变换关系的 9 个分量可以方便地表示为"应力张量"，用来描述一点的应力状态

$$\boldsymbol{\sigma}_{ij} = \begin{bmatrix} \sigma_x & \tau_{xy} & \tau_{xz} \\ \tau_{yx} & \sigma_y & \tau_{yz} \\ \tau_{zx} & \tau_{zy} & \sigma_z \end{bmatrix} \tag{1-1}$$

式中，各应力脚标的第一个字母代表作用面的外法线方向，第二个字母代表作用方向，当应力方向平行于作用面法线方向时，即为正应力时，省略一个脚标。

　　3 个正应力的平均值称为平均应力

$$\sigma_{\mathrm{m}} = \frac{1}{3}(\sigma_x + \sigma_y + \sigma_z) \tag{1-2}$$

　　于是有

$$\boldsymbol{\sigma}_{ij} = \begin{bmatrix} \sigma_{\mathrm{m}} & 0 & 0 \\ 0 & \sigma_{\mathrm{m}} & 0 \\ 0 & 0 & \sigma_{\mathrm{m}} \end{bmatrix} + \begin{bmatrix} \sigma_x - \sigma_{\mathrm{m}} & \tau_{xy} & \tau_{xz} \\ \tau_{yx} & \sigma_y - \sigma_{\mathrm{m}} & \tau_{yz} \\ \tau_{zx} & \tau_{zy} & \sigma_z - \sigma_{\mathrm{m}} \end{bmatrix} \tag{1-3}$$

式中，第一项为应力球张量即静水压力，只引起体积变化，几乎不产生塑性变形；第二项为应力偏张量，与塑性变形有关。不难证明，应力偏张量的主方向与应力张量的主方向一致。

在弹性力学中定义切应力为零的平面为主平面，通过受力物体内任一点总可以找到3个互相垂直的平面，其上没有切应力，而正应力取得极值（称之为主应力），这样的3个互相垂直的平面称为主平面。当坐标的方向改变时，应力张量的各个分量均将改变，但是主应力值并不改变。这是因为受力物体中任一点的主应力是个物理量，物体的几何形状和受力状态确定以后，任一点的主应力即已确定，因此其值与坐标的选择无关。

对于一个确定的应力状态，只能有一组（3个）主应力的数值，在这个主应力作用的平面上 $\tau = 0$，通常将主应力表示为 σ_1、σ_2、σ_3。

在塑性变形理论中引入等效应力 $\bar{\sigma}$，或称应力强度。等效应力不是一个实际的应力，但具有应力的因次

$$\bar{\sigma} = \frac{1}{\sqrt{2}} \sqrt{(\sigma_1 - \sigma_2)^2 + (\sigma_2 - \sigma_3)^2 + (\sigma_3 - \sigma_1)^2}$$

$$= \frac{1}{\sqrt{2}} \sqrt{(\sigma_x - \sigma_y)^2 + (\sigma_y - \sigma_z)^2 + (\sigma_z - \sigma_x)^2 + 6(\tau_{xy}^2 + \tau_{yz}^2 + \tau_{zx}^2)}$$

$$(1-4)$$

它可以把任一复杂应力状态"等效"为单向应力状态，当 $\sigma_1 \neq 0$，$\sigma_2 = \sigma_3 = 0$ 时，$\bar{\sigma} = \sigma_1$。

1.1.2 点的应变状态

对于同一变形质点，其单元体的变形量随切取单元体的方向不同而不同，因此，同样需要引入"点的应变状态"概念。

金属物体的变形是内部各点位移不同而致使各点相对位置发生变化的表现。变形可用应变来衡量。根据使用条件不同，应变有相对应变和真实应变两种表示方法。相对应变也称工程应变，定义为线尺寸增量 Δl 与原始尺寸 l_0 之比。即

$$\varepsilon = \frac{\Delta l}{l_0} = \frac{l - l_0}{l_0} \tag{1-5}$$

式中 l_0，l ——变形前后长度尺寸，mm。

而真实应变则利用物体瞬时线尺寸与前一瞬时线尺寸之比的自然对数来表示。即

$$\varepsilon = \int_{l_0}^{l} \frac{\mathrm{d}l}{l} = \ln \frac{l}{l_0} \tag{1-6}$$

真实应变具有瞬时可加性，它可以确切地反映物体的实际应变程度，但当变形量很小时，真实应变与相对应变非常接近。因此，有时为了简化对物体变形的分析，常常采用相对应变代替真实应变。

与点的应力状态相对应，点的应变状态也可以表示为

$$\boldsymbol{\varepsilon}_{ij} = \begin{bmatrix} \varepsilon_x & \gamma_{xy} & \gamma_{xz} \\ \gamma_{yx} & \varepsilon_y & \gamma_{yz} \\ \gamma_{zx} & \gamma_{zy} & \varepsilon_z \end{bmatrix} \tag{1-7}$$

式中　　　　　　　　ε_x，ε_y，ε_z——质点在 x、y、z 三个方向上的正应变（伸长为正、缩短为负）；

γ_{xy}，γ_{yx}，γ_{yz}，γ_{zy}，γ_{zx}，γ_{xz}——质点的切向应变，如 γ_{xy} 表示 x 方向的线元向 y 方向偏转的角度。

同样，可以得到塑性变形时的等效应变

$$\bar{\varepsilon} = \frac{\sqrt{2}}{3}\sqrt{(\varepsilon_1 - \varepsilon_2)^2 + (\varepsilon_2 - \varepsilon_3)^2 + (\varepsilon_3 - \varepsilon_1)^2}$$

$$= \frac{\sqrt{2}}{3}\sqrt{(\varepsilon_x - \varepsilon_y)^2 + (\varepsilon_y - \varepsilon_z)^2 + (\varepsilon_z - \varepsilon_x)^2 + 6(\gamma_{xy}^2 + \gamma_{yz}^2 + \gamma_{zx}^2)} \qquad (1\text{-}8)$$

式中　　ε_1，ε_2，ε_3——分别为质点上作用的 3 个主应变（通过一点，存在 3 个相互垂直的应变主方向，在主方向上的线元没有角度偏转，只有正应变，该正应变即为主应变）。

1.2　应力应变关系

金属物体受力时的应力应变关系是指应力状态和应变状态之间的关系，它的数学表达式也称为物理方程或本构方程，是求解弹塑性问题的补充方程。

弹性变形时的应力应变关系是线性的，符合胡克定律。由于变形可逆，应力应变之间是单值关系。但在塑性变形阶段，由于变形不可恢复，应力和应变之间不具有一般的单值关系，而与加载历史或应变路径有关。

1.2.1　增量理论

塑性增量理论也称为流动理论，它是基于加载瞬间的应变增量由当时的应力状态唯一确定这一假设所建立的塑性理论。其中应用最广泛的是列维-米塞斯理论，可以表述为

$$\frac{d\varepsilon_1}{\sigma_1 - \sigma_m} = \frac{d\varepsilon_2}{\sigma_2 - \sigma_m} = \frac{d\varepsilon_3}{\sigma_3 - \sigma_m} = d\lambda \qquad (1\text{-}9)$$

式中　　$d\varepsilon_1$，$d\varepsilon_2$，$d\varepsilon_3$——分别为 3 个主方向上的主应变增量；

$d\lambda$——瞬时非负比例系数，它在变形过程中是变化的，但在卸载时 $d\lambda = 0$。

经过整理后，式（1-9）可以改写成

$$d\varepsilon_1 = \frac{d\bar{\varepsilon}}{\bar{\sigma}}\left[\sigma_1 - \frac{1}{2}(\sigma_2 + \sigma_3)\right]$$

$$d\varepsilon_2 = \frac{d\bar{\varepsilon}}{\bar{\sigma}}\left[\sigma_2 - \frac{1}{2}(\sigma_3 + \sigma_1)\right] \qquad (1\text{-}10)$$

$$d\varepsilon_3 = \frac{d\bar{\varepsilon}}{\bar{\sigma}}\left[\sigma_3 - \frac{1}{2}(\sigma_1 + \sigma_2)\right]$$

式中　　$d\bar{\varepsilon}$——等效应变增量。

应指出，米塞斯方程仅适用于理想刚塑性材料，并且式中的 $\bar{\sigma}$ 等于常数 σ_s，$d\bar{\varepsilon}$ 实际

上是不定的，即应变增量与应力分量之间还不完全是单值关系。由米塞斯方程可以得出塑性平面变形，如假设 z 向没有变形，则 $d\varepsilon_z = 0$ 时 3 个正应力之间的关系为

$$\sigma_z = (\sigma_x + \sigma_y)/2 \tag{1-11}$$

这一应力关系在平面变形应力分析中具有很重要的作用。

1.2.2　全量理论

全量理论适用于简单加载条件，即加载过程中各应力分量按同一比例增加并且应力主轴的方向始终不变的情况。在这种比例加载条件下，对增量理论的表达式进行积分，从而获得应力和应变全量之间关系的理论，就称为塑性全量理论，可表述为：

$$\frac{\varepsilon_1 - \varepsilon_m}{\sigma_1 - \sigma_m} = \frac{\varepsilon_2 - \varepsilon_m}{\sigma_2 - \sigma_m} = \frac{\varepsilon_3 - \varepsilon_m}{\sigma_3 - \sigma_m} = \lambda \tag{1-12}$$

式中　ε_m ——平均应变，$\varepsilon_m = (\varepsilon_1 + \varepsilon_2 + \varepsilon_3)/3$。

按照增量理论的处理方法，同样可以得到

$$\varepsilon_1 = \frac{\overline{\varepsilon}}{\overline{\sigma}}\left[\sigma_1 - \frac{1}{2}(\sigma_2 + \sigma_3)\right]$$

$$\varepsilon_2 = \frac{\overline{\varepsilon}}{\overline{\sigma}}\left[\sigma_2 - \frac{1}{2}(\sigma_3 + \sigma_1)\right] \tag{1-13}$$

$$\varepsilon_3 = \frac{\overline{\varepsilon}}{\overline{\sigma}}\left[\sigma_3 - \frac{1}{2}(\sigma_1 + \sigma_2)\right]$$

在大塑性变形条件下，除去少数接近理想状态的场合外，一般很难保证比例加载条件，故全量理论的应用受到很大限制。为此，通常采用增量理论，即米塞斯方程或圣文南塑性流动方程。但在研究变形过程中某一短暂瞬时的变形时，如以该瞬时变形体的形状、尺寸和性能作为原始状态，则可以认为小变形全量理论与增量理论基本一致。由于全量理论相对简单，虽然某些塑性加工过程与比例加载有一定偏离，但利用全量理论同样能获取较好的计算结果，因此，在工程中仍被广泛使用。

1.3　塑　性　条　件

塑性是指固体材料在外力作用下发生永久变形，但不破坏其完整性的能力。塑性不仅与材料本身的性质有关，还与变形条件有关。金属材料的塑性不是固定不变的，不同材料在同一变形条件下有不同的塑性；而同一种材料，在不同的变形条件下也会呈现出不同的塑性。也就是说，塑性取决于变形条件。因此，不应当把塑性单纯看成某种材料的性质，而应看成是材料所处的某种状态。塑性可用变形体在不破坏条件下能获得塑性变形的最大值来表示。在工程中，塑性的大小常以塑性指标来评定。通常塑性指标是以材料临近开始破坏时的塑性变形量来表示的。

金属物体在变形过程中，当各应力分量之间符合一定关系时，质点变形就开始进入塑性状态。这种应力关系为塑性关系，有时也称为屈服条件或屈服准则。塑性条件是研究塑性变形的重要依据。最常用的屈服准则主要有屈雷斯加准则和米塞斯准则。

1.3.1 屈雷斯加准则

屈雷斯加通过对金属挤压实验研究提出，当变形体内质点的最大切应力达到某一定值时，材料屈服，进入塑性状态。即：

$$\tau_{\max} = k \tag{1-14}$$

式中　　k ——常数，其值取决于材料在变形条件下的性质，而与应力状态无关。

一般来说，主应力的次序是未知的，因此，屈雷斯加屈服准则的广义表达式应为：

$$\sigma_1 - \sigma_2 = \pm 2k$$
$$\sigma_2 - \sigma_3 = \pm 2k \tag{1-15}$$
$$\sigma_3 - \sigma_1 = \pm 2k$$

由于存在恒等式 $(\sigma_1 - \sigma_2) + (\sigma_2 - \sigma_3) + (\sigma_3 - \sigma_1) = 0$，所以，上述 3 个等式不能同时成立，即屈服时只能满足其中一个或两个。由于最大切应力为最大与最小主应力差值的一半，所以该准则没有考虑中间主应力对屈服状态的影响。

1.3.2 米塞斯屈服准则

米塞斯屈服准则认为，当点的应力状态的等效应力达到某一与应力状态无关的定值时，材料开始进入塑性状态。即：

$$\overline{\sigma} = \frac{1}{\sqrt{2}}\sqrt{(\sigma_1 - \sigma_2)^2 + (\sigma_2 - \sigma_3)^2 + (\sigma_3 - \sigma_1)^2} = C \tag{1-16}$$

如果利用单向拉伸屈服时的应力状态 $(\sigma_s, 0, 0)$ 代入式 (1-16)，可以求得常数 $C = \sigma_s$。

大量实验证明，多数金属材料的实验结果与此相符，说明在大多数情况下米塞斯准则比屈雷斯加准则更为精确。

思 考 题

1-1　为什么需要在金属塑性变形分析中引入点应力状态和点应变状态的概念？

1-2　弹性变形与塑性变形最主要的区别是什么？

1-3　什么是塑性，塑性是否是金属自身的性能，主要与哪些因素有关？

2 金属热塑性变形

金属在超过其再结晶温度时进行变形，通常称为热变形。与冷变形不同，热变形是一种伴随金属软化的变形过程。

2.1 金属的变形硬化与软化

金属塑性变形过程中，由于滑移面上晶粒破碎、滑移系不断减少的原因，存在硬化效应，表现为强度指标提高，塑性指标降低。与此同时，由于原子的热振动等原因，还存在软化效应，表现为强度指标降低，塑性指标提高。温度低时，原子的动能很小，软化效应不明显。当温度提高时，原子的动能增大，出现回复、再结晶，甚至出现原子定向流动的热塑性等现象，软化效应变得十分明显和重要。

2.1.1 金属加工硬化

金属加工硬化的产生原因通常认为与位错的交互作用有关，如位错密度增加，形成固定割阶及位错纠结等使变形方向上的阻力增大。变形过程中，由于晶粒滑移，在滑移面上产生许多破碎的晶块，使滑移面凸凹不平；同时由于晶粒的转动、伸长造成了滑移面附近的晶格扭曲变形，出现了内应力，滑移阻力增加，因此，继续滑移产生困难，即造成了金属塑性变形的强化。

冷变形时金属的变形抗力随变形程度的变化通常用硬化曲线来描述，硬化曲线越陡，斜率越大，说明金属的加工硬化率越高。

对某些不能用热处理方法进行强化的金属材料，如纯铜、部分铝合金等，可以通过冷轧挤压等变形工艺，使其产生加工硬化来提高强度和硬度。此外，在某些场合下，加工硬化对板料成形也有相应的积极作用。如在以拉变形为主的胀形、拉深等板料成型工艺中，加工硬化率较高的材料可使变形均匀，减轻断裂危险点处板厚变薄，因而有助于提高成型极限。

2.1.2 热态下的金属变形软化

金属材料在加热状态下塑性变形时，由于回复和再结晶作用而使部分或全部加工硬化被抵消，处于高塑性、低变形抗力的软化状态，称为变形软化。

金属经过冷变形后，很小一部分（1%～10%）变形功被变形材料本身所吸收，而变形缺陷，如晶格畸变、位错割阶等保留在金属内部。这种因变形而导致金属内能升高，使之处于非稳定状态，具有自发地向稳定状态转化的倾向。但在室温状态下，因原子的运动能力有限而不易实现。因此，回复的仅仅是产生弹性变形的那部分变化量，而塑性变形部分将永久保留下来。当提高金属温度时，原子动能增加，金属内部组织将发生一系列的变化。

金属加热变形时，受到变形温度、受力状态、应变速率、变形程度及其自身内在的力学性能影响，导致其软化过程非常复杂。通常根据金属在温度变化时内部组织和性能的改变状态，将金属热变形过程分为静、动态回复和静、动态再结晶等。

2.2　回复与再结晶

金属加热后产生软化的有效机制是回复和再结晶。金属被加热至不同温度或在不同温度下变形时，因温度变化故对其内部组织和性能产生的影响不同。静态回复与再结晶，是指金属在热变形间歇或终了后所发生的回复与再结晶；而动态回复与再结晶，是指金属在热变形过程中所发生的回复与再结晶。尽管金属在同一温度下处于静止或加工变形时，所产生的回复及再结晶机理没有本质上的区别，但其内部组织性能的变化程度因金属瞬间变形而有所不同。

2.2.1　静态回复与再结晶

2.2.1.1　静态回复

经过冷加工的金属内部存在着大量纵横交错的位错，如果将其加热至略低于再结晶温度，则位错数量将会减少；与此同时，原子获得热能，加剧热运动，并转向能量更低的排列状态，将应变能释放出来，这一过程称为回复。也就是说，金属材料被加热至一定温度时，变形过程中晶粒的弹性变形很大程度上得到平衡，去掉外力后残余应力将减少。

回复温度与其熔点有关：

$$T_{回} = (0.25 \sim 0.3) T_{熔} \tag{2-1}$$

式中　$T_{回}$，$T_{熔}$——以热力学温度表示的金属回复、熔化温度，K。

由于静态回复时的加热温度不高，原子的扩散能力不是很强，变形金属的纤维组织不发生明显的变化，因此，其强度和硬度略有下降，塑性和韧性略有提高，但残余应力大为降低。回复可以提高冷变形金属对腐蚀的抗力，并显著降低自行开裂的可能性。生产中，通常利用回复过程对变形金属进行去应力退火，消除变形后的残余内应力，以获得稳定的成型形状。

2.2.1.2　静态再结晶

A　再结晶温度

如果将经过冷加工的金属加热至高于再结晶温度，则将生长出新晶粒，并逐渐长大，最后遍及整体。塑性变形时的再结晶就是新晶粒的形核、产生和长大，从而取代已变形晶粒的过程，将这种变形能几乎全部释放的过程称为再结晶。产生再结晶的热力学条件为：升高变形金属温度使原子运动能量提高到足以产生重新排列和强烈交换位置的程度。

再结晶温度与其熔点的关系：

$$T_{再} = 0.4 T_{熔} \tag{2-2}$$

式中　$T_{再}$——以热力学温度表示的再结晶温度，K。

金属被加热到再结晶温度或更高温度时，原子的扩散能力增强，内部组织将发生明显变化，使得再结晶后的金属强度、硬度显著下降，塑性、韧性大为提高，内应力和加工硬化完全消除，物理、化学性能基本恢复到冷变形前的状态。

　　B　影响静态再结晶温度的因素

　　静态再结晶温度与金属已塑性变形程度、熔点、合金元素、加热速度及保温时间有关。对于各种金属，再结晶都需要一个最小的变形量，低于这个变形量，金属将不发生再结晶。预先变形程度较大的金属组织缺陷多、稳定程度低，需要较低的再结晶温度；金属熔点高、含有较多杂质或合金元素会阻碍原子扩散和晶界迁移，将使再结晶温度提高。此外，再结晶是一个扩散过程，提高加热温度，可能导致再结晶温度升高；保温时间较长时，金属进入再结晶状态时的温度相对降低。

　　C　静态再结晶后的晶粒长大

　　如图 2-1 所示，金属变形后的再结晶是通过晶核形成和长大过程完成的，其核心通过亚晶界或原来晶界的突然迁移形成。再结晶过程中产生的晶核畸变能较低，而其周围处于高能量畸变状态的原子可能脱离畸变位置形成扩散，实现晶界的迁移和晶粒长大。再结晶完成之后，金属处于较低能量状态，如果继续升高温度或延长保温时间，晶粒将继续长大。当保温时间过长时，晶粒会明显长大，使金属的强度、硬度等力学性质显著降低。因此，通常利用再结晶立体图来有效控制再结晶晶粒的尺寸大小。在静态回复阶段变形伸长的晶粒没有变化，主要是内应力开始下降，而进入再结晶阶段时，金属强度明显下降，塑性明显回升。

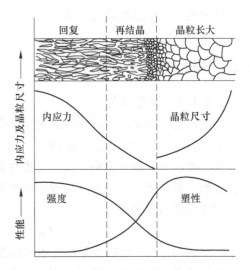

图 2-1　金属硬化后的再结晶过程

　　在实际生产中，经常将已变形金属加热到再结晶温度，使其重新获得良好的塑性，即所谓再结晶退火工艺。这时，所采用的热处理温度，通常比金属的最低再结晶温度高 $100 \sim 200 ℃$ 。

2.2.2　动态回复与再结晶

2.2.2.1　动态回复

　　金属热变形时产生的动态回复，通常表现在真实应力超过屈服强度之后变形增加而应力几乎不变化，故可能产生的加工硬化被动态回复所引起的软化效应部分消除。这是由于变形引起的位错增加速率与动态回复造成的位错减少速率几乎相等。即金属变形达到了动态平衡，但动态回复后金属内部的位错密度高于经静态回复后的位错密度。

　　对于铝及铝合金、铁素体钢等具有较高层错能的金属，塑性变形时因异号位错容易相互抵消而导致位错密度下降，畸变能降低，很难达到动态再结晶的能量水平。因此，这类金属热变形时的主要软化机制只能是动态回复。如果变形后立即进行热处理，可获得变形强化和热处理强化的双重效果，通常称为高温形变热处理。

2.2.2.2 动态再结晶

金属在一定高温下进行塑性变形时，其组织中的大角度晶界或亚晶界向高位错密度区域迁移，形成一些位错密度很低的新晶粒，且不断长大逐渐取代已变形的高位错密度晶粒，这一过程称为动态再结晶。实际上，所谓动态再结晶与静态再结晶基本相同，也是通过形核和晶粒长大来完成的。

在金属塑性加工过程中，由于加工硬化与变形是同步的，而回复和再结晶则属于一种热扩散过程，往往会因变形速度较快而软化效应来不及消除变形硬化，因此，为了保证热塑性加工的顺利进行，生产中实际采用的热加工温度常比金属的再结晶温度高得多。

金属热变形中发生动态再结晶时，由于软化效应使得金属变形抗力显著降低，随着变形程度增加，应力逐渐降低，之后趋于稳定。动态再结晶容易发生在层错能较低的金属中，此外，其再结晶能力还与晶界的迁移难易有关。金属越纯，发生动态再结晶的能力越强。金属热变形结束后，由于仍处于较高温度中，故会继续软化，即进入静态再结晶和静态回复中。

2.3 热变形对金属组织和性能的影响

金属热变形过程中，受到回复、再结晶机制的软化效应和形变强化效应的交互作用，内部组织和性能将发生很大变化。其主要表现在晶粒组织的改善、铸态缺陷的焊合、形成一定走向的纤维组织等。

2.3.1 金属的可锻性

金属可锻性是指金属锻压加工时，获得优质锻件难易程度的工艺性能。可锻性常用塑性和变形抗力来综合衡量。金属的塑性好，变形抗力小，不易开裂，即称可锻性良好；反之，塑性差，变形抗力大，可锻性就不好。

2.3.1.1 金属本质的影响

一般纯金属比合金的可锻性好，低碳钢比高碳钢的可锻性好。也就是说，金属的塑性越好、变形抗力越小，其可锻性就越好。

在钢中，锰、硅导致强度提高、塑性降低，硫引起热脆性，磷引起冷脆性。因此，钢中含锰、硅、硫、磷含量越高，可锻性越差。

合金钢的可锻性低于相同含碳量的碳钢，而且合金元素的含量越高，其可锻性越差。

合金中含有硬而脆的金属碳化物及用来提高其高温强度的元素（铬、钨、钼、钒、钛等）时，其可锻性显著下降。

亚共析钢（高温区是单一奥氏体）可锻性好；过共析钢（高温区有渗碳体）可锻性差；高速钢具有高温强度，且含有大量钨、铬、钛等易形成碳化物的元素，特别难锻造。

2.3.1.2 变形条件的影响

A 变形速度

通常认为在高变形速度区，变形时间短，消耗塑性变形功转化的热量大于散失的热量，使金属温度升高（热效应）、塑性提高、变形抗力降低、可锻性提高。通常热效应现象只有在高速锻造时才能产生，一般锻造设备无法达到这种变形速度。但对于可锻性差的高合金钢，采用较低的变形速度为宜。

B　应力状态

拉应力——缺陷处易产生应力集中，缺陷易扩展、破坏而失去塑性；但拉应力易使金属产生滑移，变形抗力减小。

压应力——使金属内部原子间距减小，缺陷不易扩展；但压应力使内部摩擦增大，变形抗力增加。

在应力状态下，拉应力数目越多，金属塑性越差；压应力数目越多，金属塑性就越好。同号应力状态比异号应力状态的变形抗力大。

C　变形温度的影响

大多数金属随着变形温度升高，原子热运动速度加快，能量增加，削弱了原子间的结合力，减小了滑移阻力，因而塑性提高，变形抗力减小，改善了可锻性。但在温度变化过程的某些温度范围，可能由于过剩相析出或相变的原因导致金属性能发生较特殊变化。图2-2所示为碳钢在加热过程中力学性能变化的趋势。从室温开始，碳钢的伸长率 A 随着温度升高而降低，强度极限 R_m 上升。但在 200~350℃ 附近，出现相反的变化趋势，即 A 升高，而 R_m 开始下降。这一温度区间称为碳钢的蓝脆区，通常认为是由于沿滑移面上析出渗碳体微粒所致。随着温度上升，又恢复了 A 上升且 R_m 继续下降的趋势。而在 800~950℃ 范围内，又出现一次反复，A 下降、R_m 稍有上升，这一温度区间称为热脆区。此后，又恢复了室温时 A 随温度升高而上升之后又有所下降，R_m 随温度升高而下降的趋势。当温度超过1300℃之后，由于发生过热、过烧现象（晶粒粗大、晶界出现氧化物和低熔物质）使 R_m 降低，这一温度区间称为高温脆区。

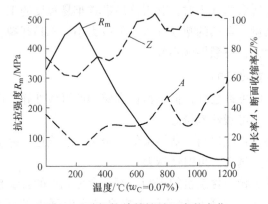

图 2-2　碳钢拉伸特性随温度的变化

随着变形温度升高，原子热运动速度加快，能量增加，削弱了原子间的结合力，减小了滑移阻力，因而塑性提高，变形抗力减小，可锻性得到了改善。

2.3.2　金属材料内部缺陷的焊合

金属在高温下进行热塑性变形时，可由压力加工焊合铸态金属中的缩孔、缩松及微裂纹等内部缺陷，提高金属的致密度。这种微观缺陷之所以能够被焊合，主要是利用了金属在加热状态下可产生的较大变形，使原子充分热运动而变换其能量平衡的位置。即，焊合金属微观缺陷需要足够的变形温度和变形程度，而且通常需要在较大压应力状态下才能实现。

此外，值得注意的是，当铸态金属中含有大量缩孔、缩松或在晶界上分布有未溶入固溶体的第二相质点或杂质时，如进行挤压等热塑性变形，可能导致金属生成层状组织，会使金属在垂直于变形方向上的力学性能降低。

2.3.3　纤维组织的形成

铸锭中的非金属夹杂物在热变形中可随金属晶粒的变形方向被拉长或压扁，形成纤维状；再结晶时，被压碎的晶粒恢复为等轴细晶粒，而纤维状夹杂物无再结晶能力，仍沿被拉长的方向保留下来，在沿变形主方向上形成呈断续流线状的纤维组织（流线）。

纤维组织的形成原因主要是热变形沿某一方向达到了一定的变形程度，此外，与金属中原有的杂质或非金属夹杂物的含量有关。这种晶间富集的杂质和非金属夹杂物被破碎形成链状所造成的纤维组织，与冷变形时晶粒被拉长的纤维组织有所区别。

纤维组织的化学稳定性很高，不能用热处理或其他方法消除，只能采用锻造变形来改变其方向和形状。由于纤维组织的形成，使金属的力学性能产生各向异性。平行纤维组织方向比垂直纤维组织方向的强度、塑性、韧性要高。这是因为金属在承受拉伸时，在流线处所产生的显微空隙不易扩大和贯穿到整个试样上，而垂直于纤维方向进行拉伸时，显微空隙的排列方向与纤维方向一致，即容易产生断裂。因此，在制定热成型工艺时，应根据成型零件的工作状况控制金属的变形流动和流线在工件上的分布。此外，为了提高热塑性成型零件的力学性能，通常应使零件受到的最大拉应力方向与纤维方向平行；最大切应力方向与纤维方向垂直，并使纤维与零件的轮廓相符合而不易被切断。

铸锭经过高温压力加工后，由于变形和再结晶，使原有的粗大枝晶体变成了晶粒较细、大小均匀的再结晶组织；同时铸锭中原有的气孔、缩孔、裂纹等缺陷，通过压力加工也都焊合在一起，因此，能使金属的组织变得更加致密，力学性能提高。一般金属的强度可比原来提高 1.5 倍以上，而塑性与韧性提高得更多。

思　考　题

2-1　什么是金属的热变形，它与冷变形有什么区别？

2-2　什么是金属的变形软化？

2-3　金属的静态再结晶与动态再结晶有无本质区别？

2-4　热变形对金属组织和性能有哪些主要影响？

3 金属塑性变形机理及影响

3.1 金属塑性变形机理

材料在外力作用下产生形状、尺寸的变化称为变形。金属材料的变形可分为弹性变形和塑性变形。金属多晶体产生塑性变形，主要由其组成晶粒的形状和尺寸改变导致的塑性变形，以及晶粒相对位移的叠加构成。因此，金属多晶体的变形可分为晶内变形和晶间变形。

3.1.1 金属材料的变形

金属受到外力作用，其内部将产生应力，迫使原本处于相对稳定状态的原子离开平衡位置。如图 3-1 所示，由于原子排列畸变引起了金属形状与尺寸的变化，并导致原子位能增高。当外力作用不足以使位能增高的原子跃至另一个相对稳定位置时，处于高位能的原子仍具有返回到原来低位能平衡位置的倾向。如果外力停止作用，应力消失，则这些所谓高位能原子将立即恢复到原来的平衡位置，变形也随即消失，这种变形称为弹性变形。弹性变形时，原子离开平衡位置的位移量与外力作用的大小有关，但通常认为其移动的直线距离应小于相邻两原子间的距离。金属受外力作用产生弹性变形时，原子的位置发生相对变化，表现为原子之间的间距有微小改变，从而引起体积的变化。这时，原子的稳定平衡状态遭到破坏，作用在物体上的外力和力图使原子恢复到最小势能位置的原子之间的反作用力相平衡，这种反作用力称为内力。

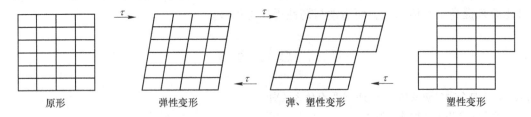

原形　　　弹性变形　　　弹、塑性变形　　　塑性变形

图 3-1 晶体产生滑移时的弹性变形与塑性变形

当外力增大到使金属的内应力超过屈服点后，原子排列的畸变程度增加，这时原子移动的距离可能就超过了原始稳定状态原子间的距离，局部高位能原子相对于低位能原子产生较大的错动。停止外力作用，一部分移动的原子可能返回原始平衡位置，但产生错位较大的那部分原子则占据新的稳定平衡位置而不再返回。这时，金属发生了永久性的变形，将在外力作用下产生不可恢复的永久性变形，称为塑性变形。

作用在物体上的外力去除之后，原子既未回到原来的稳定平衡位置，也未转移到邻近原子的稳定平衡位置上，说明原子仍处于受力状态，这时原子所受的内力称为残余应力。

3.1.2 晶内变形

固体金属通常是由大量微小晶粒组成的多晶体，其塑性变形可以看做是由组成多晶体的许多单个晶粒产生变形，即晶内变形。多晶体产生晶内变形的方式与单晶体相同，主要是滑移和孪生，对于大多数金属多晶体来说，滑移是晶内变形的主要方式。

3.1.2.1 滑移

滑移是指晶体的一部分沿一定的晶面和该晶面的一定方向相对于晶体的另一部分产生的移动或切变；移动后，在金属内部和表面出现的痕迹称为滑移线；产生滑移的晶面和晶向称为滑移面和滑移方向。由于原子排列密度最大的晶面其原子间距小，原子间的结合力较强，其晶面间距离较大，晶面和晶面之间的结合力较弱，滑移阻力也相对小，因此，滑移总是沿着原子密度最大的晶面和晶向发生。通常每一种晶胞可能存在几个滑移面，而每一个滑移面又同时存在几个滑移方向，一个滑移面与其上的一个滑移方向构成一个滑移系。晶体的滑移系越多，可能出现的滑移位向就越多，金属的塑性就越好。另外，金属的塑性还与滑移面上原子密排程度和滑移方向的数目等有关，如面心立方金属比密排六方金属的塑性好，而具有体心立方结构的金属 α-Fe 的滑移方向和原子密排程度都不如面心立方金属，因此其塑性比面心立方金属 Cu、Al、Ag 等差。通常认为滑移是由位错运动引起的。而根据位错的运动方式不同，滑移主要有单滑移、多滑移和交滑移等类型。

整块晶体沿滑移面作刚性移动所需的切应力计算值比试验值要大 $10^3 \sim 10^4$ 倍，因此，完整晶体滑移的假设并不充分。而将实际晶体中存在大量缺陷与滑移变形结合起来，将会进一步加深认识塑性变形中滑移过程的物理本质。如图 3-2 所示，由于晶体中位错的存在，金属受到外力作用时，该处产生较大的局部应力集中，首先产生滑移并逐步扩大。当一个刃型位错沿滑移面移过后，局部晶体产生了相当于一个原子间距位移，即由于位错运动而实现了整个晶体的塑性变形。除去刃型位错以外，螺型位错的运动同样可以产生滑移变形。

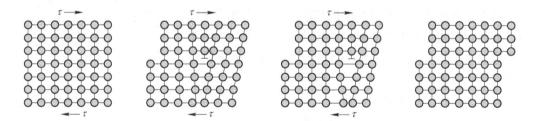

图 3-2 基于刃型位错运动的滑移变形过程

滑移过程是滑移区域不断扩展的过程，而位错正是滑移区的边界，所以滑移过程也就表明位错是在滑移面上的运动。刃型位错是最简单的一种位错，刃型位错的方向和滑移的方向垂直，这是刃型位错的一个基本特征。其他还有螺型位错、混合位错等。而位错的增殖是塑性变形使晶体中位错数量增加的一种现象。

3.1.2.2 孪生

孪生是在切应力作用下，晶体的一部分沿某一晶面和一定晶向发生均匀切变的结果，该晶面和晶向分别称为孪生面和孪生方向。如图 3-3 所示，在孪生变形中，参与变形的所有与孪晶面平行的原子平面均向孪生方向移动，原子移动的距离与原子离开孪晶面的距离成正比。

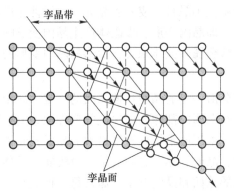

图 3-3　孪生过程示意

孪生和滑移相似，都是通过位错运动来实现的。但滑移通常是渐进的变形过程，而孪生往往是突然发生的。密排六方金属的滑移系较少，故常以孪生方式变形。大多数体心立方金属滑移的临界切应力小于孪生的临界切应力，所以滑移是优先的变形方式，但在低温或冲击载荷作用下易于产生孪生变形。一般孪生变形临界切应力比滑移临界切应力大得多，而孪生时原子位置不易产生较大的移动，因此，金属大塑性变形时以滑移为主。

3.1.3　晶间变形

如图 3-4 所示，多晶体变形时，除去伴随着位错运动而产生的滑移变形外，晶粒之间也会发生滑移和转动，即产生所谓晶间变形。多晶体晶内和晶粒边界上的性能差异，影响了晶内变形和晶间变形之间的比例关系。晶间变形的产生原因是由于沿晶界产生的切应力大于晶粒滑动阻力，或因晶粒间变形阻力对某一晶粒形成力偶所致。由于晶界强度高于晶内，另外晶粒形成时，各晶粒相互交错接触形成滑动阻碍，因此，多晶体的塑性变形主要产生在晶内。在低温状态下，如果多晶体发生晶界变形，容易引起晶界结构破坏和裂纹产生，应控制晶界变形量。

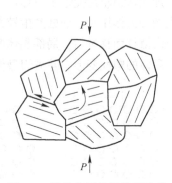

图 3-4　晶粒之间的滑移和转动

3.2　塑性变形对金属组织和性能的影响

多晶体金属经过塑性变形后，与单晶体塑性变形一样，在每颗晶粒内出现滑移带和孪晶组织；另外，还将发生内部组织和性能变化。

3.2.1　组织变化

3.2.1.1　晶粒形状变化

经过塑性变形后的金属晶粒所发生的变化，与金属宏观塑性变形趋势大体一致。比如辊轧变形时，晶粒沿延伸方向产生伸长变形，当变形量较大时，将沿延伸方向形成纤维组织；而在压缩变形时，沿压缩方向上的晶粒具有直径减小的可能性。另外，经过塑性变形后，晶格和晶粒均发生扭曲，产生内应力。

3.2.1.2 变形织构

与单晶体在拉伸时产生晶粒转动时一样，多晶体在产生较大变形时，各个晶粒也具有向外力方向转动的趋势，将这种晶粒位向趋于一致的组织称为变形织构。不同的变形形式会导致不同类型的织构，具有织构的多晶体在物理性能和力学性能方面会表现出各向异性。比如，经过90%轧制变形的铜板材退火后，轧制方向和垂直轧制方向的伸长率约为40%，但与轧制方向成45°的方向上，伸长率高达75%，这是圆筒拉深中产生"凸耳"的根本原因。为了克服板材轧制中产生的织构现象，已研制出了板材纵横轧制法，使织构现象大为减弱。

3.2.1.3 晶粒内部产生亚结构

在塑性变形过程中，由于位错不断增加，使得晶体内位错密度明显提高。随着变形程度增加，位错纷乱地纠缠成群，形成"位错纠结"，这些密集的位错纠结在晶体内围成细小的胞状亚结构，这时变形的晶粒由许多称为"胞"的小单元所组成。各个胞之间有微小的取向差，并且胞内的位错密度很低。当金属的变形程度很大时，胞的尺寸减小，其形状也会随着晶粒外形改变而变化，形成排列密集的长条状"形变胞"。对于层错能较低的金属，如奥氏体钢、铜及铜合金等，变形后位错的分布比较均匀，不易生成明显的胞状亚结构。这类层错能较低的材料，不易产生交滑移，因而硬化系数通常较高。

3.2.2 性能变化

金属因塑性变形而产生内部组织的变化，同时金属的力学性能、物理性能和化学性能也会发生显著的变化。随着变形程度的增加，金属原来的变形抗力指标，如比例极限、屈服极限和强度极限等都有所提高，硬度也增大；而其塑性指标，如伸长率、断面收缩率、冲击韧性等有所降低，电阻增大，抗腐蚀性、传热性降低，铁磁金属的磁性改变。通常将这种随变形程度增大强度和硬度上升而塑性下降的现象，称为冷变形硬化或加工硬化。

关于金属加工硬化的实质，目前还没有清楚的解释。但在某种程度上，可以认为加工硬化的产生与随变形的发展使位错移动阻力增大有关。即变形过程中，位错密度不断增加，位错反应和相互交割加剧，结果产生固定割阶、位错纠结等阻碍；滑移面上的碎晶块和附近晶格的强烈扭曲，增大了滑移阻力，使继续滑移难以进行。一般认为，各向等压力会使变形体的组织在变形过程中更加致密，也会使晶界变形难以进行，从而封闭了晶粒和晶界处的裂纹和缺陷，与受到拉伸应力时相反，裂纹不易扩展并可抑制断裂发生。除此之外，许多研究结果表明，对于某些具有相稳定组织的合金来说，这些相的组织状态的变化会影响合金强度性能的变化。

在金属压力加工中，冷变形强化给金属继续进行塑性变形带来困难，应加以消除。金属的冷变形强化是一种不稳定现象，在高温状态下，具有自发地回复到稳定状态的倾向。加工硬化是金属塑性变形的一个重要特征，也是强化金属的重要途径。对于不能用热处理方法强化的材料，可借助于冷塑性变形来提高其力学性能。比如，Al-Mn系和Al-Mg系防锈铝合金强度较低且不能用热处理进行强化，但可以采用冷塑性变形的方法来提高其强度。

思 考 题

3-1 金属塑性变形机理主要有哪些类型？

3-2 简述晶内变形和晶间变形的区别。

3-3 简述塑性变形对金属材料组织和性能的影响。

第二篇　锻造工艺与模具设计

4 锻造工艺基础知识

4.1　锻造生产的特点与应用

锻造是一种借助工具或模具在冲击或压力作用下加工金属零件或零件毛坯的方法，其主要任务是解决锻件的成型及控制内部组织的性能，以获得所需几何形状、尺寸和质量的锻件。

金属材料通过塑性变形后，可消除内部缺陷，如锻（焊）合空洞，压实疏松，打碎碳化物、非金属夹杂并使之沿变形方向分布，改善或消除成分偏析等，得到均匀、细小的低倍和高倍组织。铸造工艺得到的铸件尽管能获得比锻件更为复杂的形状，但难以消除疏松、空洞、成分偏析、非金属夹杂等缺陷；铸件的抗压强度虽高，但韧性不足，难以在受拉应力较大的条件下使用。切削加工方法获得的零件尺寸精度高、表面光洁，但金属内部流线往往被切断，容易造成应力腐蚀，承载拉压交变应力的能力较差。因此，与其他加工方法相比，锻造加工生产率高，锻件的形状、尺寸稳定性好，并具有很好的综合力学性能。锻件的最大优势是纤维组织合理、韧性高。

近几十年来，在锻造行业中出现了冷镦、冷挤、冷精压、精密锻造、温挤、等温成型、精密辗压等净成型或近净成型新工艺，其中一些新工艺的加工精度和表面粗糙度可达到车、铣加工，甚至磨加工的水平。

锻造生产广泛应用于机械、冶金、造船、航空、兵器以及其他许多工业部门，在国民经济中占有极为重要的地位。锻造生产能力及其工艺水平反映了国家装备制造业的水平。

毫无疑问，随着锻造技术的日益发展以及锻造方法在工业生产中的重要作用，锻造生产对国民经济的贡献将越来越大。随着锻造方法和设备的不断完善以及新的锻压技术的出现，锻造生产的领域将更加广阔。

4.2　锻造方法分类及应用范围

4.2.1　锻造方法分类

根据使用工具和生产工艺的不同，锻造生产分为自由锻、模锻和特种锻造。

4.2.1.1　自由锻

自由锻一般是指借助简单工具，如锤、砧、型砧、摔子、冲子、垫铁等对铸锭或棒材通过镦粗、拔长、弯曲、冲孔、扩孔等方式生产零件毛坯的方法。其加工余量大，生产效率低；锻件力学性能和表面质量受操作工人的影响大，不易保证。这种锻造方法只适合单件或极小批量或大锻件的生产；不过，模锻的制坯工步有时也采用自由锻。

自由锻设备依锻件质量大小而选用空气锤、蒸汽-空气锤或锻造水压机。

自由锻还可以借助简单的模具进行锻造，称胎模锻，其效率比人工操作要高，成型效果也大为改善。

4.2.1.2　模锻

模锻是将坯料放入上下模块的型槽（按零件形状尺寸设计加工）间，借助锻锤锤头、压力机滑块或液压机活动横梁向下的冲击或压力成型为锻件的方法。模锻件余量小，只需少量的机械加工（有的甚至不加工）。模锻生产效率高，内部组织均匀，件与件之间的性能变化小，形状和尺寸主要是靠模具保证，受操作人员的影响较小。模锻需要借助模具，加大了投资，因此不适合单件和小批量生产。

模锻常用的设备主要是模锻锤、机械压力机、螺旋锤（摩擦、液压、高能、电动）、模锻液压机等。模锻还经常需要配置自由锻、辊锻或楔横轧设备制坯，尤其是曲柄压力机和液压机上的模锻。

4.2.1.3　特种锻造

有些零件采用专用设备可以大幅度提高生产效率，锻件的各种要求（如尺寸、形状、性能等）也可以得到很好的保证。如螺钉，采用镦头机和搓丝机，生产效率成倍增长。利用摆动辗压生产盘形件或杯形件，可以节省设备吨位，即"用小设备干大活"。利用旋转锻造生产棒材，其表面质量高，生产效率也比其他设备高，操作方便。特种锻造有一定的局限性，特种锻造机械只能生产某一类型的产品，因此更适合于生产批量大的零件。

锻造工艺在锻件生产中起着重大作用。工艺流程不同，得到的锻件质量（指形状、尺寸精度、力学性能、流线等）有很大的差别，使用设备类型、吨位也相去甚远。有些特殊性能要求只能靠更换强度更高的材料或新的锻造工艺解决，如航空发动机压气机盘、涡轮盘，在使用过程中，盘缘和盘毂温度梯度较大（高达300~400℃），为适应这种工作环境需要双性能盘，通过锻造工艺和热处理工艺的适当安排，生产出的双性能盘能同时满足高温和室温性能要求。工艺流程安排恰当与否不仅影响质量，还影响锻件的生产成本。合理的工艺流程应该是得到的锻件质量最好，成本最低，操作方便、简单，而且能充分发挥出材料的潜力。

对工艺重要性的认识是随着生产的深入发展和科技的不断进步而逐步加深的。等温锻造工艺的出现解决了锻造大型精密锻件和难变形合金需要特大吨位设备和成型性能差的困难。锻件所用材料、锻件形状千差万别，所用工艺不尽相同，如何正确处理这些问题是锻造工程师的核心任务。

4.2.2　应用范围

锻件应用的范围很广。几乎所有运动的重大受力构件都由锻造成型，不过推动锻造

（特别是模锻）技术发展的最大动力来自交通工具制造业——汽车制造业和飞机制造业。锻件尺寸、质量越来越大，形状越来越复杂、精细，锻造的材料日益广泛，锻造的难度变大。这是由于现代重型工业、交通运输业对产品追求的目标是使用寿命长、可靠性高。如航空发动机，推重比越来越大。一些重要的受力构件，如涡轮盘、压气机叶片、盘、轴等，使用温度范围变得更宽，工作环境更苛刻，受力状态更复杂而且受力急剧增大，这就要求承力零件有更高的抗拉强度、疲劳强度、蠕变强度和断裂韧性等综合性能。

随着科技的进步，工业化程度的日益提高，要求锻件的数量逐年增长，据有关调查，锻压（包括板料冲压成型）零件在飞机中占85%，在汽车中占60%~70%，在农机、拖拉机中占70%。目前全世界仅钢模锻件的年产量就达数千万吨。

4.3　锻造生产的历史及发展

早在2500多年前我国春秋时期就已应用锻造方法生产工具和各类兵器，并已达到了较高的技术水平。例如，在秦始皇陵兵马俑坑的出土文物中有3把合金钢锻制的宝剑，其中一把至今仍光彩夺目、锋利如昔；另一件锻制品是在同一历史阶段（即公元前几世纪至公元3世纪）生产出来用作船锚的铁柱，其直径为400mm，长达7.25m。

锻造真正获得较大发展是在工业化革命时期。1842年，内史密斯发明了双作用锤，这种锻锤具备现代直接在活塞杆上固定锤头的锻锤结构的所有特点。1860年，哈斯韦尔（Haswell）发明了第一台自由锻水压机。

锻压经过100多年的发展，今天已成为一门综合性学科。它以塑性成型原理、金属学、摩擦学为理论基础，同时涉及传热学、物理化学、机械运动学等相关学科，以各种工艺学，如锻造工艺学、冲压工艺学等为技术基础，与其他学科一起支撑着机器制造业。锻压这门传统学科至今仍朝气蓬勃，在众多的金属材料和成型加工及国际、国内学术交流会上仍十分活跃。

锻造成型工艺飞速发展的同时也大大促进了锻压设备的发展。锻压成型所使用的设备应具有良好的刚性、可靠性和稳定性，要有精密的导向机构等，对生产工序要具有自动监控和检测功能。

古老的锻锤是各种锻压设备的先驱，虽在近些年来因能耗高、劳动环境差而不断受到针砭，但由于其成型能力强、工艺通用性好的优点至今未被完全淘汰。改造蒸汽锤的动力源始于20世纪60年代，70年代初步成功，80年代有了大的发展，既达到了高效、节能的目的，又保持了锻锤原有的优点，也不改变操作习惯，投资也不太高。

摩擦压力机是我国20世纪的主要锻压设备之一。其在国内总体数量很多，与锻锤相当。该设备因投资较小，被用以代替锻锤，并不断向大吨位级发展。20世纪，发展摩擦压力机上的精密模锻曾是我国锻造业研究的主要方向。

摩擦压力机与锤相比，名称不同，外形也相差很大，但基本上属于锤类设备，生产效率也较低，能耗较大。因其特殊的力能转换关系和整体框架式结构，实际工作中由于打击力超载，有时可能发生机架、螺杆、主螺母断裂等事故。人们正在从过载保护及更新操纵机构方面着手研究解决这些问题。

20世纪70年代，国外开发并应用现代的机、电、液、计算机技术，研制成功了新型螺旋压力机，如液压螺旋压力机、离合器式螺旋压力机、电动螺旋压力机。这些压力机高效、节能、有效行程长且可调，打击力和输出能量可控，虽然造价和维护技术比摩擦压力机高，但由于其突出的优点，已具有逐渐取代摩擦压力机的发展趋势。

20 世纪 50 年代，国内出现了用于热模锻的机械压力机，70 年代原第二汽车制造厂用它完全取代了模锻锤。机械压力机主要是由刚性连接的机械传动机构发出强制压力克服变形阻力，把执行部件从高速运动中获得的动能转化为金属塑性变形位能，使金属在准静态下塑性变形。

机械压力机生产率高、锻件余量小，可以多工位锻造，易于实现自动化，适宜大批量生产，是先进的锻压设备。但相对于锤的造价更贵、通用性较差，对工艺设计、下料精度、模具安装、设备调试等环节的要求都很高。

据不完全统计，2010 年全国有锻造厂点约 5000 个（重要锻造企业约 400 家），拥有各种锻造设备（主机）4 万余台。自由锻设备总量约 3.4 万台，其中，70%以上为 400kg 以下的小型空气锤，液压机约 170 台（最大吨位 185MN）；模锻设备总量约 0.6 万台，其中，模锻锤约 0.12 万台，机械压力机约 0.1 万台，螺旋压力机约 0.34 万台，模锻液压机约 10 台（最大吨位 300MN），特种模锻设备约 400 台。大吨位水压机方面，俄罗斯最大吨位为 750MN，美国为 450MN，我国四川德阳中国二重制造的 800MN（8 万吨）模锻压机是目前世界最大吨位水压机。这些装备为我国机器制造业持续高速发展奠定了雄厚的基础。

近年来，我国锻件年产量已超过 1000 万吨，其中，模锻件比例约占 2/3。随着我国跻身世界钢铁生产大国的行列，汽车制造业、飞机制造业以及发电设备、机车、轮船制造业的飞速发展，对锻件需求量日益增大，必然促进锻造技术的发展，使锻造业与飞跃发展的制造业相适应。

当代科学技术的发展对锻压技术本身的完善和发展有着重大的影响，这主要表现在以下几个方面：

（1）材料科学的发展。这对锻压技术有着最直接的影响，材料的变化、新材料的出现必然对锻压技术提出新的要求，如高温合金、金属间化合物、陶瓷材料等难变形材料的成型问题。锻压技术也只有在不断解决材料带来问题的情况下才能得以发展。

（2）新兴科学技术的出现。当前主要是计算机技术应用于锻压技术各个领域。如锻模计算机辅助设计与制造（CAD/CAM）技术、锻造过程的计算机有限元数值模拟技术，无疑会缩短锻件生产周期，提高锻件设计和生产水平。

（3）机械零件性能的更高要求。现代交通工具如汽车、飞机、机车的速度越来越高，负荷越来越大。除更换强度更高的材料外，研究和开发新的锻造技术，挖掘原有材料的潜力也是一条出路，如近年来出现的等温模锻、粉末锻造，以及适应不同温度-载荷的双性能锻件锻造工艺等。

思 考 题

4-1　简述锻造生产的特点。

4-2　简述锻造生产的主要方法分类。

4-3　论述锻造生产技术的发展趋势。

5 锻造材料准备及温度控制

5.1 锻造用原材料及下料方法

锻前需要选择合适的材料，并按锻件大小切成一定长度的毛坯。在锻造生产过程中，锻造用的金属材料主要包括碳素钢、合金钢、高温合金、有色金属及其合金等，按加工状态可分为铸锭、轧材、挤压棒材和锻坯等。中小型锻件常使用轧制材料、锻制材料，大型自由锻件和某些合金钢的原材料一般直接用锭料锻制。

5.1.1 锻造用原材料

钢锭常常作为大、中型自由锻件的原材料，根据其截面形状可分为圆钢锭、方钢锭、八角钢锭等品种，根据钢锭的总质量的不同可分为不同的钢锭，其品种及规格由各生产厂家自行定制。钢锭内部组织结构取决于浇注时钢液在锭模内的结晶条件，即结晶热力学和动力学条件。钢液在钢锭内各处的冷却与传热条件很不均匀，钢液由模壁向锭心、由底部向冒口逐渐冷凝选择结晶，从而造成钢锭的结晶组织、化学成分及夹杂物分布不均。由图5-1 可知，钢锭表层为细小等轴结晶区（也称为激冷区），厚度一般仅为 6~8mm，因过冷度较大，凝固速度快，故无偏析，但伴有夹杂、气孔等缺陷。位于激冷区内侧为柱状结晶区，由径向呈细长的柱晶粒组成，其凝固速度较快，偏析较轻，夹杂物较少，厚度为 50~120mm。再往里为倾斜树枝状结晶区，该区温差较小，固液两相区大，合金元素及杂质浓度较大，心部为粗大等轴结晶区。由于选择结晶的缘故，心部上端聚集着轻质夹杂物和气体，并形成巨大的收缩孔，其周围还产生严重疏松；心部底端为沉积区，含有密度较大的夹杂物。因此，钢锭的内部缺陷主要集中在冒口、底部及中心部分，其中冒口和底部作为废料应予切除；如果切除不彻底，就会遗留在锻件内部而使锻件成为废品。钢锭底部和冒口占钢锭质量的 5%~7% 和 18%~25%。对于合金钢，切除的冒口占钢锭的 25%~30%，底部占 7%~10%。

钢锭中存在的常见缺陷有偏析、夹杂、气体、气泡、缩孔、疏松、裂纹和溅疤等。它们的性质、特征及其分布情况对锻造工艺和锻件质量都有影响。这些缺陷的形成与冶炼、浇注和结晶过程密切相关，虽然由于冶金技术的完善，钢锭的纯净度有了显著提高，但是空洞和疏松一类缺陷仍是无法避免的。锻造的锻件越大，使用的原材料钢锭越大，其组织中的缺陷越严重，这往往是造成大型锻件报废的主要原因。为此，应当了解钢锭内部缺陷的性质、特征和分布规律，以便在锻造时选择合适的钢锭，制订合理的锻造工艺规范，并在锻造过程中消除内部缺陷和改善锻件的内部质量。

5.1.2 下料方法

原材料在锻造之前，一般应根据锻件的大小和锻造工艺要求切割成具有一定尺寸的单

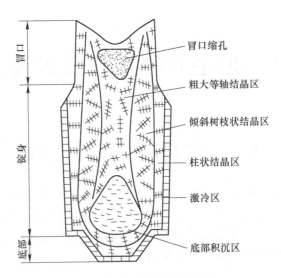

图 5-1　钢锭纵剖面组织结构

个坯料。在金属制品和机械制造行业里，下料是第一道工序，也是模锻准备前的第一道工序。不同的下料方式，直接影响着锻件的精度、材料的消耗、模具与设备的安全以及后续工序过程的稳定。同时，随着国内外机械制造工艺过程水平的不断发展，一些先进少无切削的近净成型工艺，诸如冷热精密锻造、挤压成型、辊轧、高效转塔车床、自动机等高效工艺对下料工序提出了更为严格的要求，不但要有高的生产率和低的材料消耗，而且下料件要具有更高的重量精度。当原材料为铸锭时，由于其内部组织、成分不均匀，通常采用自由锻方法进行开坯，然后将锭料两端切除，或按一定尺寸将坯料分割。其他材料的下料工作，一般都在锻造车间的下料工段进行。

5.1.2.1　剪切法

剪切下料是锻造生产中应用较普遍的一种方法，具有生产效率高、操作简单、断口无金属消耗、模具费用低等优点；但坯料局部被压扁，端面不平整，有时还带有毛刺和裂纹等。剪切下料通常是在专用剪床上进行，也可以在一般曲柄压力机、液压机和锻锤上用剪切模具进行。

剪切过程如图 5-2 所示。剪切初期，刀刃切入棒料产生加工硬化，刃口端处首先出现裂纹。剪切第二阶段，随着刀刃的切入加深，使裂纹扩展。最后在刀刃的压力下，上下两裂纹间的金属被拉断，造成 S 形断面。

剪切端面质量与刀刃锐利程度、刃口间隙 Δ 大小、支撑情况及剪切速度等因素有关。刃口圆钝时，塑性变形区扩大，刃尖处裂纹出现较晚，导致剪切端面不平整；刃口间隙大，坯料容易产生弯曲，结果使断面与轴线不相垂直；刃口间隙太小，容易碰损刀刃，若坯料支承不利，因弯曲使上下两裂纹方向不平行，断口则偏斜。剪切速度快，塑性变形区和加工硬化集中，上下两边的裂纹方向一致，可获得平整断口；剪切速度慢时，则情况相反。

剪床上的剪切装置如图 5-3 所示，棒料 2 送进剪床后，用压板 3 固紧，下料长度 L 由可调定位螺杆 5 定位，在上刀片 4 和下刀片 1 的剪切作用下将坯料 6 剪断。

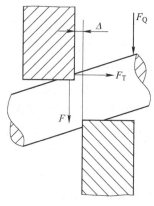

图 5-2　剪切示意图

F —剪切力，；F_T —水平阻力；

F_Q —压板阻力

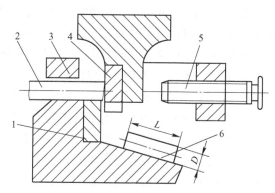

图 5-3　剪床下料

1—下刀片；2—棒料；3—压板；

4—上刀片；5—定位螺杆；6—坯料

根据材料的性质，可选取冷剪切或热剪切。对于低、中碳的结构钢和截面尺寸较小的棒材常用冷剪切；对于工具钢、合金钢或截面尺寸较大的棒料或钢坯，要采用热剪切。冷剪切的生产率高，但所需剪切力较大。钢中碳含量或合金含量较多时，强度高且塑性差，冷剪切时钢中产生很大的应力，可能导致切口出现裂纹或崩碎，这时，应采用热剪切法下料。采用冷剪切或热剪切下料应根据坯料横断面尺寸大小和化学成分确定。

为保证坯料质量，要控制好刀片刃口间隙 Δ 和剪切时坯料的预热温度，预热温度根据钢的化学成分和截面尺寸大小在 400~700℃ 选定。对于低、中碳钢棒料，由于较软，预热温度偏高时反而效果不好，易磨损刃口，而预热到 250~350℃ 时，因钢的蓝脆效应，使变形抗力增大，塑性降低，故能得到光滑的断口，可提高剪切质量。刃口间隙可从表 5-1 中参考选取。一般刃口间隙 Δ 应为材料厚度的 2%~4%，表 5-1 中所列数据适用于冷剪切，随加热温度的增高，可酌减 Δ 值。

表 5-1　剪切时刀刃间隙选取范围

坯料直径 /mm	<20	20~ 30	30~ 40	40~ 60	60~ 90	90~ 100	100~ 120	120~ 150	150~ 180	180~ 200
刀口间隙 Δ /mm	0.1~ 1	0.5~ 1.5	0.8~ 2.0	1.5~ 2.5	2.0~ 3.0	2.5~ 3.5	3.0~ 4.0	3.5~ 5.0	4.5~ 8.0	7.0~ 12.0

5.1.2.2　锯切法

随着现代制造工业朝着高效、高精度和经济性的方向发展，锯切作为金属切削加工的起点，已成为零件加工过程中重要的组成环节。锯切能切断横断面较大的坯料，因为下料精确、切口平整，特别适用于精密锻造工艺，不失为一种主要的下料手段。对于端面质量、长度精度要求高的钢材下料，通常采用锯切下料。所以，锯床下料应用极为普遍，下料精确、端面平整，适合于各种金属材料在常温下切割。其缺点是锯口损耗大，锯条或锯片磨损严重。

常用的下料锯床有圆盘锯床、弓形锯床、带锯床等。其中带锯床正逐步代替传统弓形锯床和圆盘锯床而开始占据主导地位。

圆盘锯床使用圆片状锯片，传统工业用圆锯片材料为碳钢或合金钢，锯齿分布在圆周上，锯片厚度与其直径有关，直径大的，厚度相应大些，一般为 3~8mm，所以锯屑损耗较大。圆盘锯床通常用来锯切直径较大的材料，锯切直径可达 750mm，对于直径小的棒料也可成捆地进行锯切，视锯床的规格而定。近年来，出现了一种新型高效硬质合金圆盘锯床，它以高效率、高精度、低消耗、可实现等重量切割等特点正成为今后圆盘锯床市场的主导。譬如在齿轮件、轴类件的毛坯下料中，往往需要在短时间内将几米长的原料棒切割成大量的几十毫米的短件，切割量大，锯口数又多，若采用此类圆盘锯床，既可避免带锯床切割效率的不足，又弥补了传统圆盘锯床锯缝较大的问题。图 5-4 所示为一种带皮带张紧装置的圆盘锯床，通过设置皮带张紧装置，可有效防止皮带在加工过程中发生断裂，确保圆锯片锯切过程保持稳定，从而提高锯切效率。

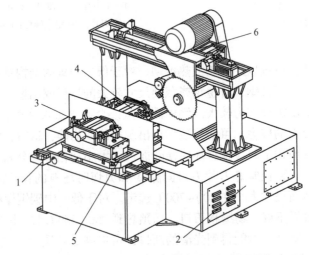

图 5-4 一种带皮带张紧装置的圆盘锯床
1—主操作台；2—床座；3—夹具；4—工件；5—床台；6—锯切装置

弓形锯床（又称为往复锯床）由弓臂及可以获得往复运动的连杆机构等组成，用于单件小批生产时锯切中小型截面坯料，常用于锯切中小直径管料，处理剪断机上剩下的料头，以及金属仓库、机修工具用材料下料。锯床的合金工具钢锯条的厚度有 1.8mm、2.0mm、2.25mm、2.3mm 等，碳素工具钢锯条更厚些。弓形锯床的单件下料成本较低，由于锯条往复运动，锯切效率低，不适合批量生产。

带锯床根据布局和用途的不同有立式、卧式、可倾立式等，可锯切直径为 350mm 以内的棒料，锯条厚为 2~2.2mm，其生产率较高，是普通圆盘锯床的 1.5~2 倍。如采用合适的夹料装置，锯床还可锯切各种异形截面的原材料。带锯床锯切具有精度高、工效高、噪声低、成本低等优点，与其他切割工艺相比更能节约材料和燃料动力消耗，目前带锯床特别是自动化锯床已广泛地应用于钢铁、机械、汽车、造船、石油、矿山和航空航天等各个领域。带锯床的发展方向是精确、高效、经济，图 5-5 所示为典型带锯床形式。

5.1.2.3 其他下料方法

以上所述下料方法的毛坯质量、材料的利用率、加工效率往往有很大不同。选用何种方法，应视材料性质、尺寸大小、批量和对下料质量的要求进行选择。常用的材料切断方法还有砂轮切断。当采用砂轮切断时，由于砂轮高速旋转下的热影响，会产生粉尘、噪声，污染环境。

其他下料方法还有可燃气体熔断、等离子割断、放电切割、激光切割等熔断方法。熔断的缺点主要是在切断的过程中受到熔断热影响，材料的组织会发生变化，形成变质层，只有采用热处理工艺过程才能消除这种变化。另外，放电切割的成本高，普及率低，不能广泛用于钢材的切断，只宜于应用在经过热处理以后的模具以及高硬材料零件的切割。当然，随着科学技术的日益发展，还会发展新的下料途径，例如将激光技术应用于板料切割，切口小，金属损失小，而且切割精度高，甚至可直接得到零件，如样板零件等，但在棒材、型材的切割上用得较少。

图 5-5　典型带锯床

5.2　锻前加热

5.2.1　锻前加热目的

金属的锻前加热是锻件生产过程中的重要工序之一。在锻造过程中，能否把金属坯料转化为高质量的锻件，主要面临金属的塑性和变形抗力两个问题，而金属坯料锻前可通过加热来改善这两个条件。所以，锻前加热的目的是：提高金属的塑性，降低变形抗力，使锻件易于流动成型，并获得良好的锻后组织和力学性能。金属的热加工温度越高，可塑性越好。例如不锈钢 12Cr18Ni9 在常温下的变形抗力约为 640MPa，在锻造时就需要很大的锻造力，消耗很大的能量。如果将它加热到 800℃，这时的变形抗力降低到大约 120MPa，加热到 1200℃，这时的变形抗力会降低到约 20MPa，比常温下的变形抗力降低 97%。

金属锻前加热的质量会直接影响锻件的内部质量、锻件的成型、产量、能源消耗以及锻机寿命。正确的加热工艺可以提高金属的塑性，降低热加工时的变形抗力，保证生产顺利进行；反之，如果加热工艺不当，则会直接影响生产。例如加热温度过高，会发生钢的过热、过烧，锻造易出废品；如果钢表面发生严重的氧化或脱碳，也会影响钢的质量，甚至报废。

5.2.2　锻前加热方法

根据金属坯料加热所采用的热源不同，金属坯料的加热方法可分为燃料加热和电加热两大类。

5.2.2.1　燃料加热

燃料加热是利用固体（煤、焦炭等）、液体（重柴油等）或气体（煤气、天然气等）燃料燃烧时所产生的热能直接加热金属坯料的方法，也称火焰加热。

燃料在燃料炉内燃烧产生高温炉气（火焰），通过炉气对流、炉围（炉墙和炉顶）辐射和炉底热传导等方式使金属坯料得到热量而被加热。在加热温度低于 600~700℃ 的炉中加热时，金属坯料加热主要依靠对流传热；在加热温度高于 700~800℃ 的炉中加热时，金属加热以辐射方式为主。在普通高温锻造炉中，辐射传热量可占总传热量的 90% 以上。

燃料加热炉的投资少，容易建造，对坯料的适应性比较强。中小型锻件生产多采用以油、煤气、天然气或煤作为燃料的手锻炉、室式炉、连续炉等。大型毛坯或钢锭则常采用以油、煤气和天然气作为燃料的车底室炉、环形转底炉等。燃料加热的缺点是劳动条件差，加热速度慢，炉内气氛、温度不易控制，坯料加热质量差；煤、重柴油加热时环境污染严重，能源利用率低，故将逐步被节能的环保气体燃料取代。

5.2.2.2　电加热

电加热是将电能转化为热能而对金属坯料进行加热的方法。电加热的优点是劳动条件好，加热速度快，炉温控制准确，金属坯料加热温度均匀且氧化少，易于实现自动化控制；缺点是设备投资大，用电费用高，加热成本高，因此广泛应用受到一定限制。按电能转变为热能的方式，电加热可分为电阻加热和感应加热。

A　电阻加热

根据产生电阻热的发热体的不同，电阻加热可分为电阻炉加热、接触电加热等。

（1）电阻炉加热。电阻炉加热是利用电流通过炉内电热体时产生的热量来加热金属坯料。其工作原理如图 5-6 所示。电阻炉主要传热方式是辐射传热，炉底与金属接触的传导传热次之，自然对流传热可忽略，但在空气循环电炉中，加热金属的主要方式是对流传热。

常用的电热体有两种，一种是金属电热体（镍铬丝、铁铬铝丝等），使用温度一般低于 1100℃；另一种是非金属电热体（碳化硅棒、二硫化铝棒等），使用温度可高于 1350℃。电热体材料限制了电阻炉的加热温度。

电阻炉的热效率和加热速度较低，对坯料尺寸的适应范围广，可用保护气体进行无氧化加热。电阻炉主要用于对温度要求严格的高温合金与有色金属及其合金的加热。

（2）接触电加热。接触电加热是将被加热坯料直接接入电路，并以低压大电流通入金属坯料，因坯料自身的电阻产生电阻热使坯料得到加热。接触电加热的工作原理如图 5-7 所示。

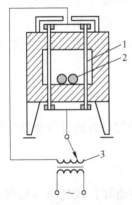

图 5-6　电阻炉工作原理图
1—电热体（碳化硅棒）；2—坯料；3—变压器

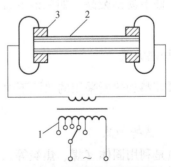

图 5-7　接触电加热原理图
1—变压器；2—坯料；3—触头

一般金属坯料电阻很小，要产生大量的电阻热必须通入很大的电流。为了避免短路，一般采用低电压，因此接触电加热采用低电压大电流的方法，变压器副端空载电压一般为2~15V。

接触电加热是直接在被加热的坯料上将电能转化为热能，因此具有设备构造简单、耗电少、热效率高（达75%~85%）、操作简单、成本低、适于细长棒料加热和棒料局部加热等优点；但细长棒料加热时，要求其表面光洁、下料规则、端面平整，而且加热温度的测量和控制比较困难。

B　感应加热

感应加热是将金属坯料放入具有交变电流的螺旋线圈，线圈产生的感应电动势在坯料表面及内部形成强大的涡流，使坯料内部的电能直接转变为热能加热坯料。感应加热的原理如图5-8所示。

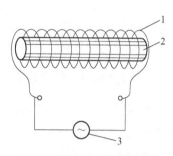

图5-8　感应加热工作原理
1—感应器；2—坯料；3—电源

由于感应加热的趋肤效应，金属坯料的电流密度在径向从外到里按指数函数方式减小，即金属坯料的表层电流密度大，中心电流密度小。电流密度大的表层厚度即电流透入深度 δ 可用下式表示

$$\delta = 5030\sqrt{\frac{\rho}{\mu f}} \qquad (5-1)$$

式中　δ——电流透入深度，cm；

　　　f——电流频率，Hz；

　　　μ——相对磁导率，各类钢在760℃（居里点）以上时 $\mu = 1$；

　　　ρ——电阻率，$\Omega \cdot cm$。

由于趋肤效应，坯料表层会快速升温，而中心部分则靠热传导作用，从表面高温区向中心低温区传导热量。对于大直径坯料，为了提高加热速度，应选用较低电流频率，以增加电流透入深度；对于小直径坯料，由于截面尺寸较小，可采用较高电流频率，以提高加热效率。

按照电流频率不同，感应加热分为工频加热（$f = 50Hz$）、中频加热（$f = 50 \sim 1000Hz$）和高频加热（$f \geqslant 1000Hz$）。锻造加热多采用中频加热。

感应加热的优点是加热温度高，加热速度快，加热效率高，温度容易控制，不用保护气氛也可实现少氧化加热（烧损率<0.5%），可以局部加热及加热形状简单的工件，容易实现自动控制，这些都有利于提高锻件的质量；另外，感应加热的作业环境好，作业占地少。但感应加热也存在设备投资大，耗电量较大，一种规格感应器所能加热的坯料尺寸范围窄等缺点。

上述各种电加热方法的应用范围见表5-2。

表5-2　各种电加热方法的应用范围

加热类型	应用范围			单位电能消耗 /kW·h·kg^{-1}
	坯料规格	加热批量	适用工艺	
工频电加热	坯料直径大于150mm	大批量	模锻、挤压、轧锻	0.35~0.55

加热类型	应用范围			单位电能消耗 /kW·h·kg⁻¹
	坯料规格	加热批量	适用工艺	
中频电加热	坯料直径 20~150mm	大批量	模锻、挤压、轧锻	0.40~0.55
高频电加热	坯料直径小于 20mm	大批量	模锻、挤压、轧锻	0.60~0.70
接触电加热	直径小于 80mm 细长坯料	中批量	模锻、电镦、卷簧、轧锻	0.30~0.45
电阻炉加热	各种中、小坯料	单件、小批量	自由锻、模锻	0.50~1.00

加热方法的选择要根据锻造的具体要求、能源情况、投资效益及环境保护等多种因素确定。随着制造业的发展，要求锻件形状越来越复杂、精细，材料越来越广泛，为了适应这些锻造工艺的要求，电加热方法的应用必将日益扩大。

5.2.3 锻前加热规范的确定

在锻前加热时，为了提高生产率、降低燃料消耗，应尽快加热到始锻温度，但是升温速度过快，会造成金属破裂。因此在实际生产中，应制定合理的加热规范，并严格执行。

加热规范（或加热制度）是指金属坯料从装炉开始到加热完成整个过程对炉子温度和坯料温度随时间变化的规定。为了应用方便、清晰，加热规范采用温度-时间的变化曲线来表示，而且通常是以炉温-时间的变化曲线（又称加热曲线或炉温曲线）来表示。

加热规范通常包括装炉温度、加热各个阶段炉子的升温速度、各个阶段加热（保温）时间和总的加热时间，以及最终加热温度、允许的加热不均匀性和温度头等。正确的加热规范应能保证金属在加热过程中不产生裂纹，不过热过烧，温度均匀，氧化脱碳少，加热时间短并节约能源等。即在保证加热质量的前提下，力求加热过程越快越好。

金属的加热规范与金属种类、钢锭或钢坯的尺寸大小、温度状态以及炉子的结构和坯料在炉内的布置等因素有关。按炉内温度的变化情况，金属锻前加热规范可以分为一段式加热规范、二段式加热规范、三段式加热规范和多段式加热规范。钢的锻造加热曲线如图5-9 所示。加热过程分为预热、加热、均热几个阶段。预热阶段，主要是合理规定装料时的炉温；加热阶段，关键是正确选择升温速度；均热阶段，则应保证钢料温度均匀，确定保温时间。

一段式加热规范是把钢料放在炉温基本上不变的炉内加热，如图 5-9（a）所示。在整个加热过程中，炉温大体保持一定，而钢的表面和中心温度逐渐上升，达到所要求的温度。这种加热规范的特点是炉温和坯料表面的温差大，所以加热速度快，加热的时间短。一段式加热规范适用于一些断面尺寸不大、导热性好、塑性好的坯料，如钢板、薄板坯、薄壁钢管的加热，或者是热装的钢料，不致产生危险的温度应力。

二段式加热规范是使金属先后在 2 个不同的温度区域内加热，通常由加热期和均热期组成，如图 5-9（b）所示。金属坯料直接装入高温炉膛进行加热，加热速度快。这时坯料表面温度上升快，而中心温度上升得慢，断面上的温差大。

三段式加热规范是把钢料放在 3 个温度条件不同的区域内加热，依次是预热段、加热段、均热段，如图 5-9（c）所示。这种加热规范是比较完善的，金属坯料首先在低温区域进行预热，这时加热速度比较慢，温度应力小，不会造成危险。当金属坯料中心进入塑

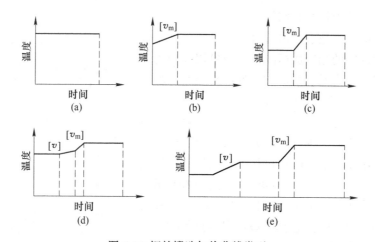

图 5-9　钢的锻造加热曲线类型

（a）一段式加热曲线；（b）二段式加热曲线；（c）三段式加热曲线；

（d）四段式加热曲线；（e）五段式加热曲线

$[v]$—金属允许的加热速度；$[v_m]$—最大可能的加热速度

性温度范围时，就可以快速加热，直到表面温度迅速升高到出炉所要求的温度。加热期结束时，金属坯料断面上还有较大的温度差，需要进入均热期进行均热，此时坯料表面温度基本不再升高，而使中心温度逐渐上升，断面上的温度差逐渐缩小。三段式加热规范适用于加热各种尺寸冷装的碳素钢坯及合金钢坯，特别是在加热初期必须缓慢进行预热的高碳钢、高合金钢。

多段式加热规范由几个加热期、均热（保温）期组成，适用于高合金钢冷锭及大型碳素钢、结构钢冷锭的加热。加热规范正确与否，对产品质量和各项技术经济指标影响很大。

5.3　锻造温度范围

5.3.1　锻造温度范围的确定原则

金属的锻造温度范围是指开始锻造温度（始锻温度）和结束锻造温度（终锻温度）之间的温度区间。

为提高塑性和降低变形抗力，希望尽可能提高金属的加热温度，而加热温度太高，会产生各种加热缺陷；为了减少火次，节约能源，提高生产效率，希望始锻温度高、终锻温度低，而终锻温度过低会导致严重的加工硬化，产生锻造裂纹。因此必须全面考虑各因素之间的关系，确定合理的锻造温度范围。

锻造温度范围的确定应遵循以下原则：金属在锻造温度范围内应具有较高的塑性和较小的变形抗力，使锻件获得良好的内部组织和力学性能。在此前提下，为了减少锻造火次，降低消耗，提高生产效率并方便现场操作，应力求扩大锻造温度范围。

确定锻造温度范围的基本方法：运用合金相图、塑性图、变形抗力图及再结晶图等，从塑性、变形抗力和锻件的组织性能 3 个方面进行综合分析，确定出合理的锻造温度范围，并在生产实践中检验和修订。

合金相图能直观地表示出合金系中各种成分的合金在不同温度区间的相组成情况。一般单相合金比多相合金塑性好、抗力低、变形均匀且不易开裂。多相合金由于各相的强度和塑性不同，使得变形不均匀，变形大时相界面易开裂。特别是组织中存在较多的脆性化合物时塑性更差。因此，首先应根据相图适当地选择锻造温度范围，锻造时尽可能使合金处于单相状态，以便提高工艺塑性并减小变形抗力。AZ61 属于变形镁合金，其主要成分为 $w(Al) = 5.5\% \sim 7.0\%$，$w(Zn) = 0.5\% \sim 1.5\%$，选择其锻造温度范围时可参考镁铝二元合金相图，如图 5-10 所示。从相图中可见，该合金在 530℃附近开始熔化，270℃以下为 α+γ 二相系，因此，它的锻造温度应选在 270℃以上的单相区。

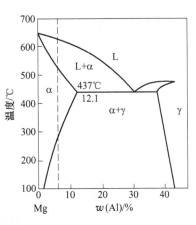

图 5-10　镁铝二元合金相图

塑性图和抗力图是对某一具体牌号的金属，通过热拉伸、热弯曲或热镦粗等试验测绘出的关于塑性、变形抗力随温度而变化的曲线图。为了更好地符合锻造生产实际，常用动载设备和静载设备进行热镦粗试验，这样可以反映出变形速度对再结晶、相变以及塑性、变形抗力的影响。图 5-11 所示为 AZ61 镁合金的塑性图，当在慢速下加工（轧制或挤压），温度为 350~400℃时，ψ 值和 ε_m 都有最大值，可以在这个温度范围内以较慢的速度进行加工。当在锻锤下加工，因 ε_c 在 350℃左右有突变，所以变形温度应选择在 400~450℃。当工件形状比较复杂时，变形时易发生应力集中，应根据 a_K 曲线来判定温度范围，从图中可知，a_K 在相变点 270℃附近突然降低，因此，锻造或冲压时的工作温度应在 250℃以下进行为佳。图 5-12 所示为几种常见有色金属及合金的抗力图。

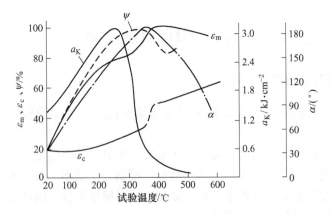

图 5-11　AZ61 镁合金塑性图

ε_m—慢力作用下的最大压缩率；ε_c—冲击力作用下的最大压缩率；

ψ—断面收缩率；α—弯曲角度；a_K—冲击韧度

在热变形过程中，为了满足产品性能及使用条件对热加工制品晶粒尺寸的要求，控制热变形产品的晶粒度是很重要的。再结晶图表示变形温度、变形程度与锻件晶粒尺寸之间

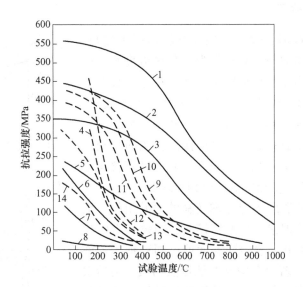

图 5-12　几种有色金属及其合金的抗力图

1—铜镍合金；2—镍；3—锡青铜 QSn7-0.4；4—2A11；5—铜；6—锰钢；

7—锌；8—铅；9—H68；10—H62；11—H59；12—2A12；13—AZ61；14—铅

的关系，是通过试验测绘的。它对确定最后一道变形工序的锻造温度、变形程度具有重要参考价值。对于有晶粒度要求的锻件（例如高温合金锻件），其锻造温度常要根据再结晶图来检查和修正。图 5-13 所示为 2A02 铝合金再结晶图，由图可知，为了获得均匀细小的晶粒，其每道次的变形量应大于 10%。

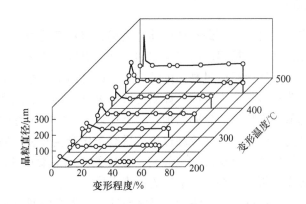

图 5-13　2A02 铝合金锻锤下压缩的再结晶图

碳钢的锻造温度范围，根据铁碳相图就可以确定。大部分合金结构钢和合金工具钢，因其合金元素含量较少，可参照与其含碳量相当的碳钢的铁碳相图来初步确定锻造温度范围。对于铝合金、钛合金、铜合金、不锈钢及高温合金等，不能只利用相图，还要综合运用塑性图、抗力图等才能确定出合理的锻造温度范围。下面以碳钢为例，介绍锻造温度的确定方法。

5.3.2　始锻温度的确定

　　在确定始锻温度时，首先应保证金属不产生过热、过烧，有时还要受高温析出相的限制。始锻温度高，则金属的塑性好、抗力小，变形时消耗的能量小，锻造时可以采取较大的变形量；但加热温度过高，不但氧化、脱碳严重，还会引起过热、过烧。对于碳钢，为了防止产生过热、过烧，其始锻温度一般比铁碳相图的固相线低 150~250℃，如图 5-14 所示。由图可见，随着含碳量增加，钢的熔点降低，其始锻温度也相应降低。

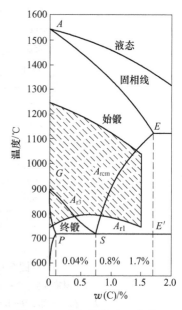

图 5-14　碳钢的锻造温度范围

　　有时，确定始锻温度还应考虑坯料的原始组织、锻造方式及变形工艺等因素。锻造铸锭时，因铸态组织比较稳定，过热敏感性低，故始锻温度可比同种钢的钢坯和钢材高 20~50℃。若合金中含有低熔点物质，则始锻温度应比其熔点温度稍低，以免易熔物质的熔化破坏晶间联系，造成变形材料的脆裂。采用高速锤锻造时，因高速变形产生的热效应显著，坯料温升有可能引起过烧，此时的始锻温度应比通常始锻温度低 50~150℃。大型锻件锻造时，最后一火的锻造比小于 1.5 时，应适当降低最后一火的始锻温度，以防止晶粒长大，这对不能用热处理方法细化晶粒的某些特殊钢尤为重要。当变形工序时间短或变形量不大时，始锻温度可适当降低。

5.3.3　终锻温度的确定

　　终锻温度的确定，主要是保证锻造结束前金属仍具有良好的塑性，并且在锻后获得细小的晶粒组织。因此，通常终锻温度高于金属的再结晶温度，使锻后再结晶充分，获得再结晶的细晶粒组织。但是终锻温度过高，停锻之后，锻件内部晶粒会继续长大，出现粗晶组织或析出第二相，降低锻件力学性能。如果终锻温度低于再结晶温度，锻坯内部会出现加工硬化，使塑性降低，变形抗力急剧增加，容易使坯料在锻打过程中开裂，或在坯料内部产生较大的残余应力，致使锻件在冷却过程或后续工序产生开裂；另外，不完全热变形还会造成锻件组织不均匀等。终锻温度一般高于金属的再结晶温度 50~100℃。确定终锻温度必须综合合金相图、再结晶图、变形抗力图来考虑。

　　再结晶温度与金属的纯度、变形程度以及加热速度、保温时间有关。工业纯金属的最低再结晶温度近似等于熔点温度的 0.4~0.5 倍，加入合金元素后，合金元素原子对位错的滑移、攀移及晶界的迁移起阻碍作用，阻碍再结晶的形核与长大，因此合金再结晶温度比纯金属高，如纯铁再结晶温度为 450℃，碳钢再结晶温度为 600~650℃，高合金钢再结晶温度近似等于熔点温度的 0.7~0.85 倍。合金元素含量越多，再结晶温度越高，终锻温度也越高，锻造温度范围就越窄。

　　综上所述，碳钢的终锻温度约在铁碳相图 A_{r1} 线以上 20~80℃，中碳钢的终锻温度处于单相奥氏体区，组织均一、塑性良好，完全满足终锻要求。碳的质量分数小于 0.3% 的低碳钢，终锻温度处于奥氏体和铁素体的双相区内，但两相塑性均较好，变形抗力也不大，不会给锻造带来困难，但将形成铁素体与奥氏体的带状组织，室温下铁素体与珠光体沿主要伸长方向呈带状分布，这种带状组织可以通过重结晶退火（或正火）予以消除。对于高碳钢，当温度低于 A_{rcm} 线时，二次渗碳体沿晶界呈网状分布，高碳钢的终锻温度应处于奥氏体和渗碳体的双相区，在此温度区间锻造，可通过塑性变形破碎析出网状渗碳体，使其呈弥散状分布。若终锻温度在 A_{rcm} 线以上，在锻后的冷却过程中将沿晶界析出二次网状渗碳体，会大大降低锻件的力学性能。

终锻温度的确定还与钢种、锻造工序、变形程度有关。对于无固态相变的合金，由于不能用热处理方法细化晶粒，只有依靠锻造来控制晶粒度，故其终锻温度一般偏低。钢锭在未完全热透之前，塑性较低，其终锻温度比锻坯高 30~50℃。当锻后立即进行余热热处理时，终锻温度应满足余热热处理的要求。若最后的锻造变形程度很小，变形量不大，不需要大的锻压力，即使终锻温度低一些也不会产生裂纹，一般精整工序的终锻温度允许比规定值低 50~80℃。

通过长期生产实践和大量试验研究，现有金属材料的锻造温度范围已经确定，可从有关手册中查得。表 5-3 列出了部分金属材料的锻造温度范围。从表中可以看出，各类金属材料的锻造温度范围相差很大，就钢材而言，碳素钢的锻造温度范围较宽，合金钢的锻造温度范围较窄，因此在锻造生产中，高合金钢锻造最困难。随着工业技术的发展，需要不断开发新型金属材料，对于新型金属材料，应遵照锻造温度范围确定的原则及方法进行确定。

表 5-3 部分金属材料的锻造温度范围

金属种类	牌 号 举 例	始锻温度/℃	终锻温度/℃
普通碳素钢	Q235，Q275	1280	700
优质碳素钢	40，45，60	1200	800
碳素工具钢	T7，T8，T9，T10	1080	750
合金结构钢	12CrNi3A，40Cr	1150	800
	30CrMnSiA，18CrMnTi，18CrNi4WA	1180	800
合金工具钢	3Cr2W8V	1120	850
	4Cr5MoSiV1	1100	850
	5CrNiMo，5CrMnMo	1100	800
	Cr12MoV	1050	850
高速工具钢	W6Mo5Cr4V2	1130	900
	W18Cr4V，W9Cr4V2	1150	950
滚珠轴承钢	GCr6，GCr9，GCr9SiMn，GCr15，GCr15SiMn	1080	800
不锈钢	12Cr13，20Cr13，12Cr18Ni9	1150	850
高温合金	GH4033	1150	980
	GH4037	1200	1000

续表 5-3

金属种类	牌 号 举 例	始锻温度/℃	终锻温度/℃
铝合金	3A21，5A02，2A50，2B50	480	380
	2A02	470	380
	7A04，7A09	450	380

思 考 题

5-1　热锻原材料的下料方法有哪些，各有什么优缺点？

5-2　锻前加热的目的、方法以及对锻件质量有何影响？

5-3　金属锻前加热的方法有哪几种，有色金属为什么一般采用电加热？

5-4　锻造加热规范包括哪些内容，为什么要采用多段加热规范？

5-5　如何确定装炉温度、加热速度，均热保温的目的是什么？

5-6　锻造温度范围如何确定，为什么中碳钢要加热到单相区锻造而高碳钢要加热到双相区锻造？

6 自由锻造工艺

6.1 概　述

自由锻是利用简单的通用工具，或者锻压设备的上下砧块使被加热的金属产生塑性变形，从而使锻件获得所需形状、尺寸和性能的一种加工方法。

根据锻造设备的类型及作用力性质的不同，自由锻可分手工自由锻和机器自由锻。手工自由锻主要用于生产中小型锻件，如小型工具或用具，它利用简单的工具靠人力对坯料直接进行锻打，从而获得所需锻件；机器自由锻根据其所使用的设备不同，又可分为锻锤自由锻和水压机自由锻两种，它是依靠专用的自由锻设备和专用工具对坯料进行锻打，来改变坯料的形状、尺寸和性能，从而获得所需锻件的一种加工方法。机器自由锻主要用于锻造大型或者较大型的自由锻件。

自由锻工艺研究的主要内容包括金属在自由锻过程中的变形规律和特点以及如何提高锻件的质量。自由锻一般以热、冷轧型坯和初锻毛坯或钢锭坯等作为所用原材料。对于碳钢和低合金钢的中小型锻件，其所用原材料大多是经过锻轧的型坯，这类坯料内部质量较好，锻造时主要是解决成型问题；通过灵活应用各种工序，选择恰当的工具，从而提高成型效率并准确获得所需零件的形状和尺寸。而对于大型锻件和高合金钢锻件，其所用原材料为内部组织较差的钢锭，由于其内部组织存在较多缺陷，如成分偏析、夹杂、气泡、缩孔和疏松等缺陷，所以，其锻造时的关键问题是改变性能和提高锻件质量。

自由锻工艺相对其他锻造工艺的优点是所用工具简单、通用性强、灵活性大，因此，自由锻非常适合于单件、小批量的生产。此外，由于自由锻在成型时坯料是经过逐步的局部变形来完成的，工具与坯料部分接触，所以对生产同样尺寸锻件，自由锻所需设备的功率比模锻所需设备的功率要小得多，因此自由锻也非常适合于大型锻件的生产。比如万吨自由锻水压机可锻造几十甚至几百吨以上的大型锻件，而万吨模锻水压机却只能锻造几百千克的锻件。自由锻的缺点是锻件精度低、加工余量大、劳动强度大、生产率低等。

自由锻的应用领域主要是制造大型锻件，如重型机器制造工业、冶金、电站设备、造船、航空、矿山机械以及机车车辆制造等领域。对于小型锻件，自由锻多应用于农机器具、工具、工装夹具、非标准紧固和定位件生产等。此外，自由锻有时和模锻配合使用，为模锻工序中完成制坯件的生产，这样可以使模锻过程中锻模结构得以简化并可减轻模锻设备的负担。

6.2 自由锻工序及自由锻件分类

6.2.1 自由锻工序组成

自由锻件在成型过程中，由于其形状的不同而导致所采用的变形工序也不同，自由锻的变形工序有许多种，为方便起见，通常将自由锻工序按其性质和作用分为三大类：基本工序、辅助工序和修整工序，见表 6-1。

表 6-1 自由锻工序简图

基本工序		
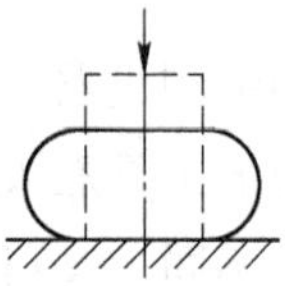 镦粗	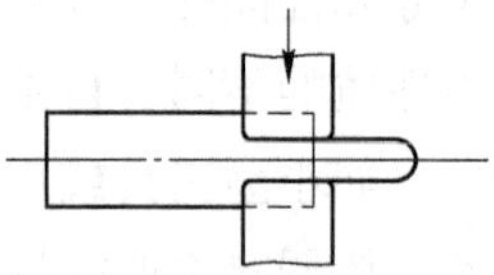 拔长	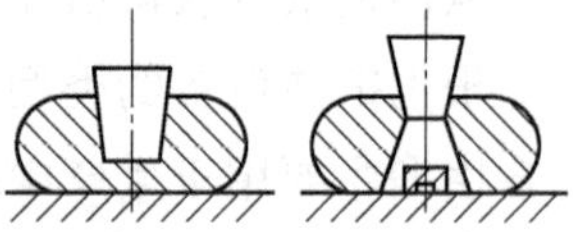 冲孔
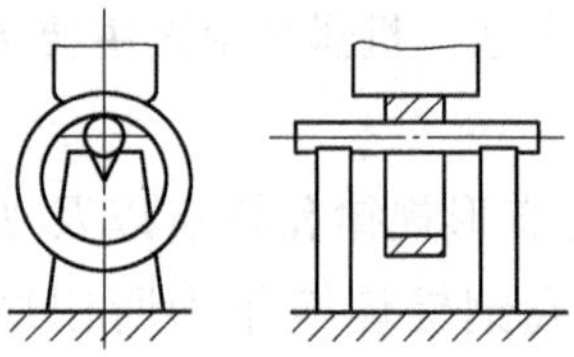 芯轴扩孔	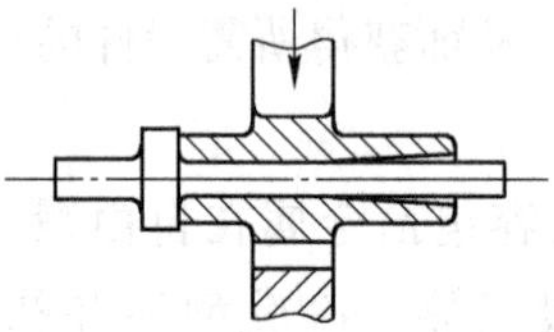 芯轴拔长	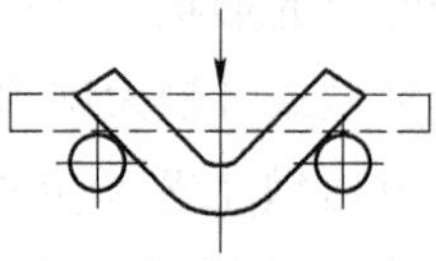 弯曲
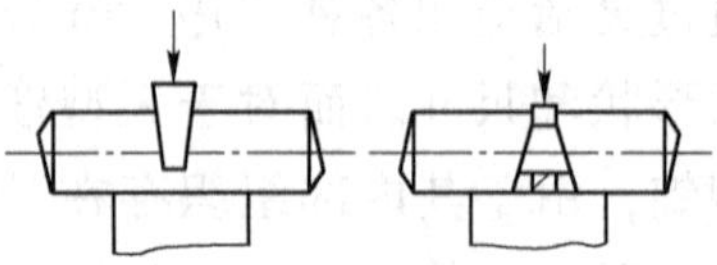 切割	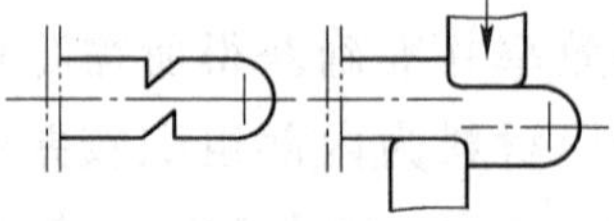 错移	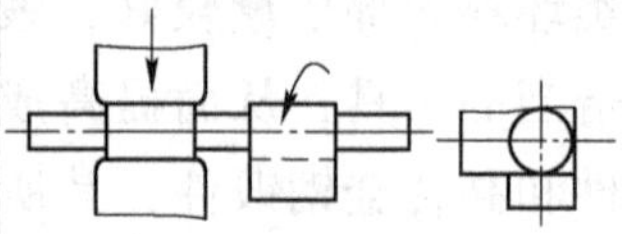 扭转
辅助工序		
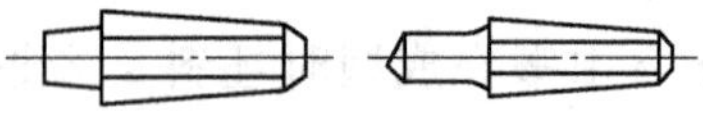 压钳把	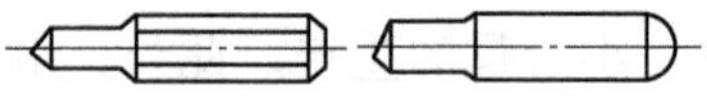 倒棱	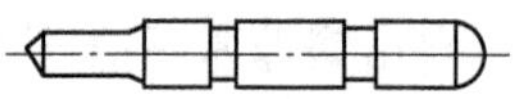 压痕
修整工序		
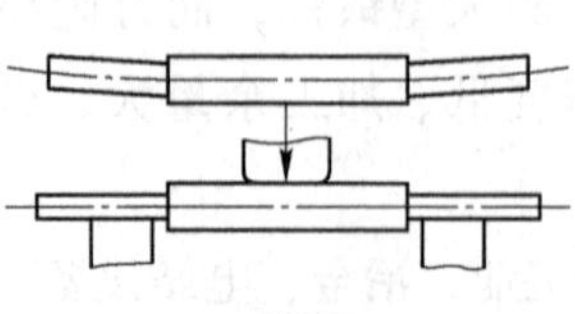 校正	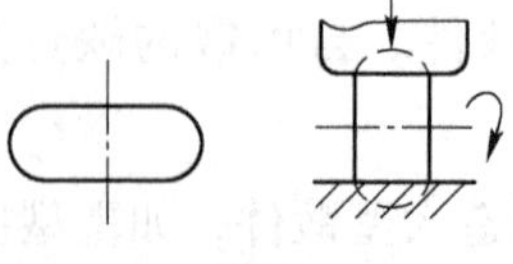 滚圆	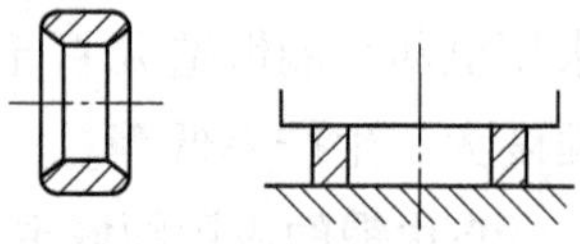 平整

（1）基本工序。较大幅度地改变坯料形状和尺寸的工序，是锻件变形与变性的核心工序，也是自由锻的主要变形工序，包括镦粗、拔长、冲孔、芯轴扩孔、芯轴拔长、弯曲、切割、错移、扭转等。

（2）辅助工序。为了配合完成基本变形工序而做的工序。如预压夹钳把、钢锭倒棱和缩颈倒棱、阶梯轴分段压痕（锻阶梯轴时，为了使锻出来的过渡面平整齐直，需在阶梯轴变截面处压痕或压肩）等。

（3）修整工序。当锻件在基本工序完成后，需要对其形状和尺寸作进一步精整，使其达到所要求的形状和尺寸的工序。如镦粗后对鼓形面的滚圆和截面滚圆、凸凹面和翘曲面的压平和有压痕面的平整、端面平整、锻斜后或拔长后弯曲的校直和校正等。

6.2.2 自由锻件分类

由于自由锻的方法灵活，工艺通用性较强，其锻件形状复杂程度各有所异，为了便于安排生产和制订工艺规程，通常将自由锻件按其工艺特点进行分类，即把形状特征相同、变形过程类似的锻件归为一类。这样，可将自由锻件共分为七类：实心圆柱体轴杆类锻件、实心矩形断面类锻件、盘饼类锻件、曲轴类锻件、空心类锻件、弯曲类和复杂形状类锻件。

各类锻件见表6-2。

表6-2 自由锻件分类

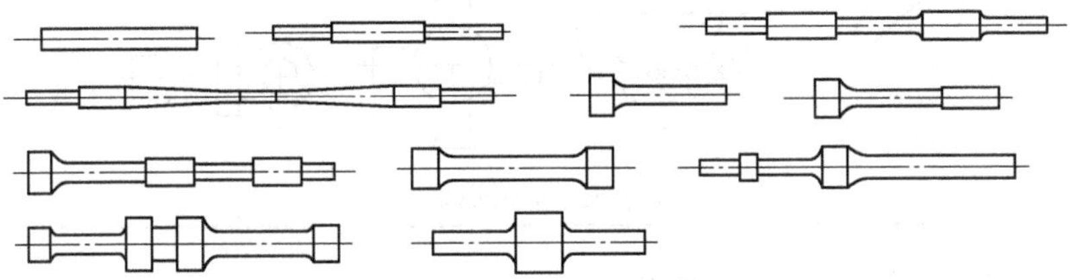

（a）实心圆柱体轴杆类锻件

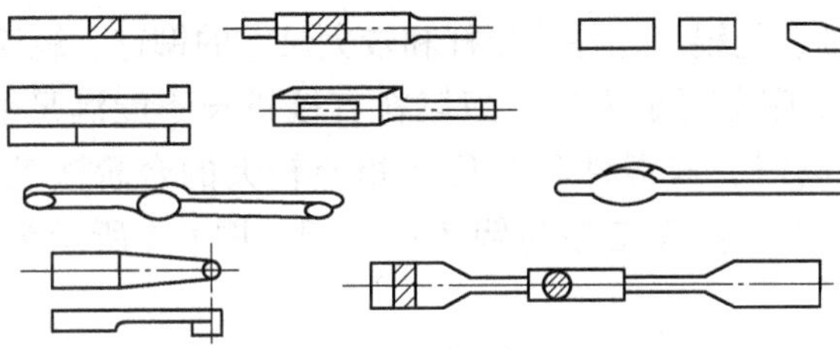

（b）实心矩形断面类锻件

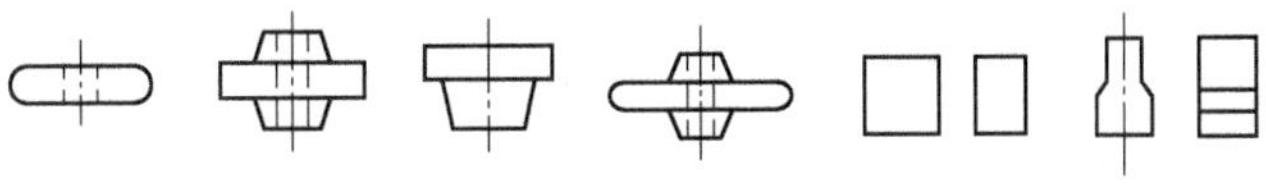

（c）盘饼类锻件

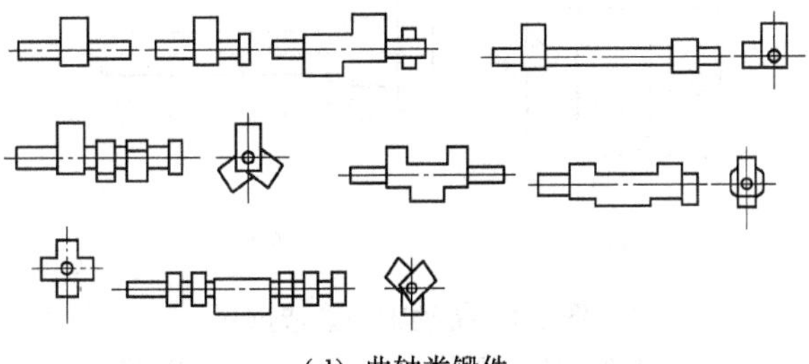

（d）曲轴类锻件

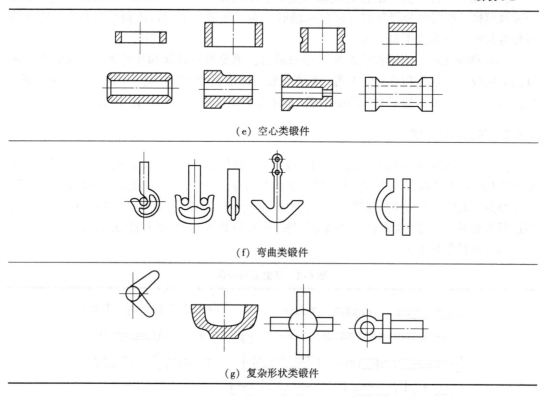

（e）空心类锻件

（f）弯曲类锻件

（g）复杂形状类锻件

6.2.2.1 实心圆柱体轴杆类锻件

该类锻件包括各种实心圆柱体轴和杆，其轴向尺寸远远大于横截面尺寸，可以是直轴或阶梯轴，如传动轴、机车轴、轧辊、立柱、拉杆和较大尺寸的铆钉、螺栓等。

锻造轴杆类锻件的基本工序主要是拔长，当坯料直接拔长不能满足锻造比要求时，或锻件要求横向力学性能较高时，或锻件具有尺寸相差较大的台阶法兰时，需采用镦粗+拔长的变形工序；辅助工序和修整工序为倒棱和滚圆。图6-1所示为传动轴的锻造过程。

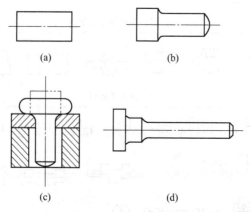

图6-1 传动轴的锻造过程

（a）下料；（b）拔长；（c）镦出法兰；（d）拔长

6.2.2.2 实心矩形断面类锻件

该类锻件包括各种矩形、方形及工字形断面的实心类锻件。如方杆、摇杆、连杆、方杠杆、模块、锤头、方块、砧块等。

这类锻件的基本变形工序也是以拔长为主，当锻件具有尺寸相差较大的台阶法兰时，仍需采用镦粗+拔长的变形工序。

图6-2所示为摇杆传动轴的锻造过程。

6.2.2.3 盘饼类锻件

这类锻件外形横向尺寸大于高度尺寸，或两者相近，如圆盘、齿轮、圆形模块、叶轮、锤头等。所采用的主要变形工序为镦粗。当锻件带有凸肩时，可根据凸肩尺寸的大小，分别采用垫环镦粗或局部镦粗。如果锻件带有可以冲出的孔时，还需采用冲孔工序。随后的辅助工序和修整工序为倒棱、滚圆、平整等。图6-3所示分别为齿轮和锤头的锻造过程。

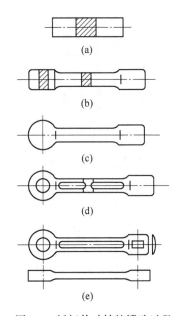

图6-2 摇杆传动轴的锻造过程
（a）下料；（b）扁方拔长；（c）切扣大头；
（d）大头冲孔杆压槽；（e）小头冲孔切头

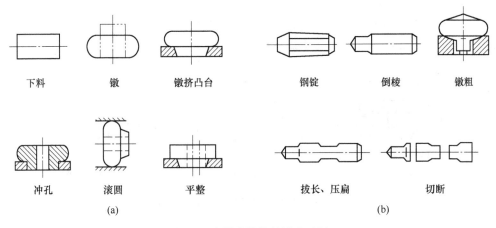

图6-3 盘饼类锻件的锻造过程
（a）齿轮的锻造过程；（b）锤头的锻造过程

6.2.2.4 曲轴类锻件

这类锻件为实心轴类，锻件不仅沿轴线有截面形状和面积变化，而且轴线有多方向弯曲，包括各种形式的曲轴，如单拐曲轴和多拐曲轴等。

锻造曲轴类锻件的基本工序是拔长、错移和扭转。锻造曲轴时，应尽可能采用那些不切断纤维和不使钢材心部材料外露的工艺方案，当生产批量较大且条件允许时，应尽量采用全纤维锻造。另外，在扭转时，尽量采用小角度扭转。辅助工序和修整工序为分段压痕、局部倒棱、滚圆、校正等。图6-4所示为三拐曲轴的锻造过程，图6-5所示为单拐曲轴的全纤维锻造工艺过程。

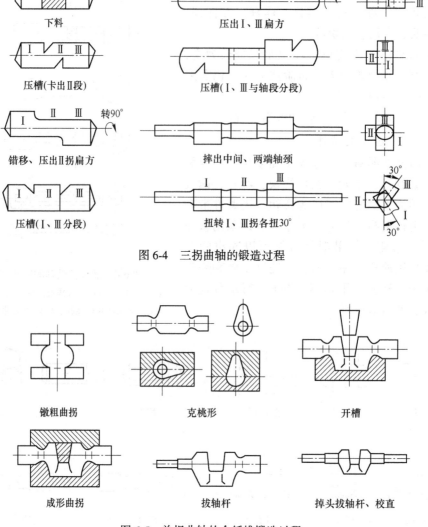

下料

压出Ⅰ、Ⅲ扁方

压槽(卡出Ⅱ段)

压槽(Ⅰ、Ⅲ与轴段分段)

错移、压出Ⅱ拐扁方

摔出中间、两端轴颈

压槽(Ⅰ、Ⅲ分段)

扭转Ⅰ、Ⅲ拐各扭30°

图 6-4　三拐曲轴的锻造过程

镦粗曲拐

克桃形

开槽

成形曲拐

拔轴杆

掉头拔轴杆、校直

图 6-5　单拐曲轴的全纤维锻造过程

6.2.2.5　空心轴锻件

这类锻件有中心通孔，一般为圆周等壁厚锻件，轴向可有阶梯变化，如各种圆环、齿圈、炮筒、轴承环和各种圆筒、空心轴、缸体、空心容器等。

空心类锻件所采用的基本工序为镦粗、冲孔，当锻件内外径较大或轴向长度较长时，还需要增加扩孔或芯轴拔长等工序；辅助工序和修整工序为倒棱、滚圆、校正等。图 6-6 所示分别为圆环和圆筒的锻造过程。

6.2.2.6　弯曲类锻件

这类锻件具有弯曲的轴线，一般为一处弯曲或多处弯曲，截面既可以是等截面，也可以是变截面。弯曲可能是对称或非对称，如各种吊钩、弯杆、铁锚、船尾架、船架等。

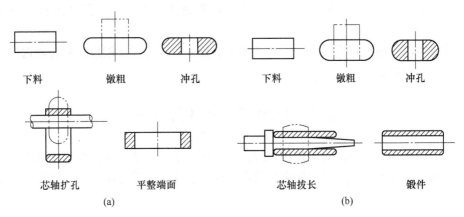

图 6-6 空心类锻件的锻造过程

（a）圆环的锻造过程；（b）圆筒的锻造过程

锻造该类锻件的基本工序是拔长、弯曲。当锻件上有多处弯曲时，其弯曲次序一般是先弯端部及弯曲部分与直线部分的交界处，然后再弯其余的圆弧部分。对于形状复杂的弯曲件，弯曲时最好采用垫模或非标类工装，以保证形状和尺寸的准确性并提高生产效率。该类锻件的辅助工序和修整工序为分段压痕、滚圆和平整等。图 6-7 所示为弯曲类锻件（吊钩）的锻造过程。

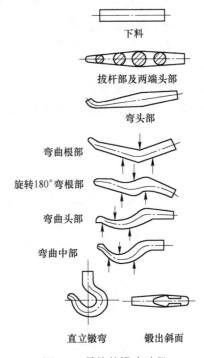

图 6-7 吊钩的锻造过程

6.2.2.7 复杂形状类锻件

这类锻件是除了上述六类锻件以外的其他复杂形状锻件，也可以是由上述六类锻件中某些特征所组成的复杂锻件,如羊角、高压容器封头、十字轴、吊环螺钉、阀体、叉杆等。

由于这类锻件锻造难度较大,所用辅助工具较多,因此,在锻造时应合理选择锻造工序,保证锻件顺利成形。

6.3　自由锻基本工序分析

基本工序是自由锻件在变形过程中的核心工序,了解和掌握自由锻每种基本工序中的金属流动规律和变形分布,对合理选择成形工序、准确分析锻件质量和制订自由锻工艺规程非常重要。

6.3.1　镦粗

使坯料高度减小而横截面增大的成形工序称为镦粗。在坯料上某一部分进行的镦粗叫做局部镦粗。镦粗工序是自由锻基本工序中最常见的工序之一。

镦粗的目的在于:

(1) 由横截面积较小的坯料得到横截面积较大而高度较小的坯料或锻件。

(2) 增大冲孔前坯料的横截面积以便于冲孔、平整端面。

(3) 反复镦粗、拔长,可提高下一步坯料拔长的锻造比。

(4) 反复镦粗和拔长可使合金钢中碳化物破碎,达到均匀分布。

(5) 提高锻件的力学性能和减小性能的各向异性。

在镦粗过程中,坯料的变形程度、应力和应变场分布与坯料的形状、尺寸和镦粗的方式有很大关系,其变化差别很大。

镦粗按原材料可分为圆截面镦粗、方截面镦粗、矩形截面镦粗等;按镦粗方式可分为平砧镦粗、垫环镦粗和局部镦粗。下面仅对圆截面坯料的平砧镦粗、垫环镦粗和局部镦粗的内容加以介绍。

6.3.1.1　平砧镦粗

A　平砧镦粗与镦粗比

坯料完全在上下平砧间或镦粗平板间进行的镦粗称为平砧镦粗,如图 6-8 所示。平砧镦粗的变形程度常用压下量 ΔH、坯料高度方向上的相对变形 ε_e、坯料高度方向上的对数变形 ε_H 来表示,有时还以坯料镦粗前后的高度之比(镦粗比)K_H 来表示,即:

$$\Delta H = H_0 - H$$

$$\varepsilon_e = \frac{H_0 - H}{H_0} = \frac{\Delta H}{H_0}$$

$$\varepsilon_H = \ln \frac{H_0}{H} \tag{6-1}$$

$$K_H = \frac{H_0}{H} = \frac{1}{1 - \varepsilon_e}$$

式中　H_0,H——分别为坯料镦粗前后的高度。

B 平砧间镦粗的变形分析

圆柱坯料在平砧间镦粗，随着压下量（轴向）的增加，径向尺寸不断增大。由于坯料与工具之间接触面存在摩擦，造成坯料变形分布不均匀，从而使镦粗后坯料的侧面出现鼓形，即中间直径大，上下两端直径小，如图6-8所示。

同时，通过采用对称面网格法的镦粗实验和有限元模拟，可以看到刻在坯料上的网格镦粗后的变化情况，如图6-9所示。从对试件变形前后网格的测量和计算可以看出

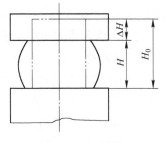

图6-8 平砧镦粗

镦粗时坯料内部的变形是不均匀的。此外，由图还可以看出，在变形过程中，其应力和应变沿径向和轴向都是不均匀分布的。

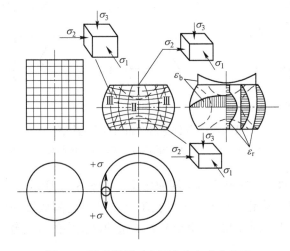

图6-9 平砧镦粗时变形分布与应力状态

变形区按变形程度大小大致可分为三个区。区域Ⅰ属于难变形区，该变形区受端面摩擦影响，变形十分困难，变形程度很小，其原因主要是工具与坯料断面之间摩擦力的影响，这种摩擦力使金属变形所需的单位压力增高。区域Ⅱ属于大变形区，该变形区处于坯料中段内部，受摩擦力影响小，应力状态有利于变形，因此变形程度大。区域Ⅲ属于小变形区，该区变形程度介于区域Ⅰ和区域Ⅱ之间。区域Ⅲ的变形是由于区域Ⅱ的金属向外流动时对其产生压应力所引起，并使其在切向产生拉应力，越靠近坯料表面切向拉应力越大，当切向拉应力超过材料的抗拉强度或切向应变超过材料允许的变形程度时，便产生纵向裂纹。低弹塑性材料由于抗剪切能力弱，常在侧表面45°方向上产生裂纹。

此外，在平板间镦粗热毛坯时，产生变形不均匀的原因除工具与毛坯接触面的摩擦影响外，温度不均也是一个很重要的因素，与工具接触的上下端金属（Ⅰ区）由于温度降低快，变形抗力大，故比Ⅱ区的金属变形困难。由于此原因，在镦粗锭料时Ⅰ区金属铸态组织不易被破碎和再结晶，结果仍然保留粗大的铸态组织。而Ⅱ区的金属由于变形程度大且温度高，铸态组织被破碎和再结晶充分，从而形成细小晶粒的锻态组织，而且锭料中部的原有孔隙也被焊合。

由上述可见，镦粗时产生鼓肚、侧表面裂纹和内部组织不均匀都是由于变形不均匀引起的。因此，为保证内部组织均匀和防止侧表面裂纹产生，应改善或消除引起变形不均匀的因素或采取合适的变形方法。

C 减小镦粗时产生鼓肚和裂纹的措施

（1）使用润滑剂和预热工具。镦粗低弹塑性材料可使用玻璃粉、玻璃布和石墨粉等作为润滑剂，为防止变形金属温度降低过快，镦粗时所用的工具应预热至200~300℃。

（2）侧凹坯料镦粗。锻造低弹塑性材料或大锻件时，镦粗前可将坯料预压凹形（图6-10（a）），以明显提高镦粗时的允许变形程度，这是因为侧凹形坯料在镦粗时，在侧凹面上产生径向压应力分量（图6-10（b）（c）），对侧表面的纵向开裂起阻止作用，并减小鼓肚形状的产生。

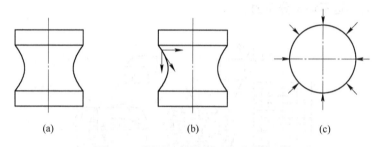

图 6-10 侧凹坯料镦粗时的受力情况

（a）坯料预压凹形；（b）侧凹面应力分量；（c）侧凹面径向压应力

通常获得侧凹坯料的方法有铆镦与端面碾压，如图6-11所示。

（3）采用软金属垫镦粗。镦粗时，可在工具与坯料之间放置一块温度不低于坯料温度的软金属垫板或垫环（图6-12），由于放置了这种易变形的金属软垫，变形金属不直接

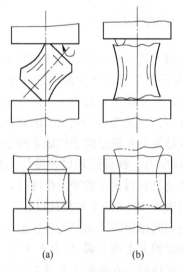

图 6-11 铆镦与端面碾压

（a）铆镦工艺过程；（b）端面碾压工艺过程

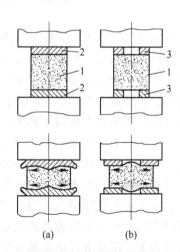

图 6-12 软金属垫镦粗

（a）板状软垫镦粗；（b）环状软垫镦粗

1—坯料；2—板状软垫；3—环状软垫

受工具的作用，软垫的变形抗力较低，易先发生变形并拉着金属向外作径向流动，使端头金属在变形过程中不易形成难变形区，从而使坯料变形均匀。

（4）采用铆镦、叠料镦粗。铆镦就是预先将坯料端部局部成型，然后再重击镦粗把中间内凹部分镦出，使其变成圆柱形。对小批料，可先将坯料放斜轻击，旋转打棱成图 6-13（a）的形状，然后再放正镦粗（图 6-13（b）（c））。高速钢坯料在镦粗时常因出现鼓形而产生纵向裂纹，为了防止产生纵向裂纹，常用此铆镦方法。

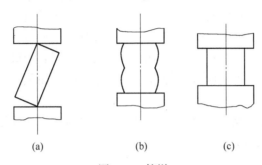

（a）　　　　　　（b）　　　　　　（c）

图 6-13　铆镦
（a）端部局部成型；（b）重击镦出中间内凹部分；（c）后续正常镦粗

叠料镦粗主要用于扁平的圆盘类锻件。将两件坯料叠起来镦粗，直到形成鼓形后，再把坯料上下翻转 180°对叠，继续镦粗，如图 6-14 所示。叠料镦粗不仅能使金属变形均匀，而且能显著降低其变形抗力。

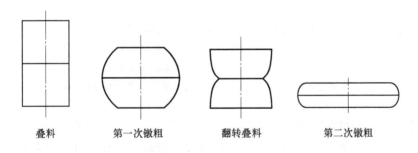

叠料　　　　　第一次镦粗　　　　翻转叠料　　　　第二次镦粗

图 6-14　叠料镦粗过程

（5）套环内镦粗。这种镦粗方法是在坯料外圈加一个碳钢外套，如图 6-15 所示。靠套环的径向压应力来减小坯料由于变形不均匀而引起的外侧表面附加拉应力，镦粗后将外套去掉。这种方法主要用于镦粗低塑性的高合金钢等。

（6）反复镦粗与侧面修直。在镦粗坯料产生鼓形后，可以通过侧压将鼓形修直，再继续镦粗，这样不仅可以消除鼓形表面上的附加拉应力，同时可以获得侧面平直、没有鼓形的镦粗锻件。

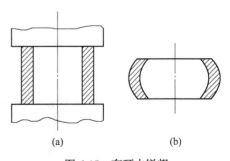

（a）　　　　　　（b）

图 6-15　套环内镦粗
（a）镦粗前；（b）镦粗后

D　镦粗与高径比的关系

（1）坯料高径比 $H_0/D_0 > 3$ 时，坯料镦粗时易产生失稳，导致纵向弯曲。尤其当坯料端面不平或坯料轴线不垂直，或坯料各处温度和性能不均匀，或锤砧上下面不平行，都会使坯料产生纵向弯曲。弯曲了的坯料若不及时校正而继续镦粗，就可能产生折叠。

（2）坯料高径比 $H_0/D_0 < 0.5$ 时，由于坯料相对高度较小，三个变形区各处的变形条件相差不太大，坯料的上下变形区Ⅰ相接触，当继续变形时，该区也产生一定的变形，因此，在该种情况下的变形鼓肚相对较小，如图 6-16（d）所示。

（3）坯料高径比 $H_0/D_0 = 2.5 \sim 1.5$ 时，开始在坯料的两端先产生鼓形，形成Ⅰ、Ⅱ、Ⅲ、Ⅳ四个变形区。其中Ⅰ、Ⅱ、Ⅲ区与前述相同，而坯料中部的Ⅳ区为均匀变形区。该区不受摩擦力影响，内部变形均匀，侧面保持圆柱形，如图 6-16（a）变化到图 6-16（b）。

（4）坯料高径比 $H_0/D_0 = 1.5 \sim 1.0$ 时，由开始的双鼓形逐渐向单鼓形过渡，如图 6-16（b）变化到图 6-16（c）。

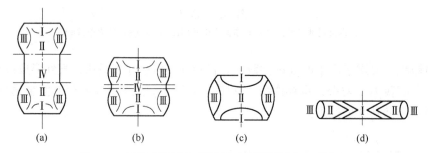

图 6-16　不同高径比坯料镦粗时鼓形情况和变形分布

（a）$H_0/D_0 > 2.5$；（b）$H_0/D_0 = 2.5 \sim 1.5$；

（c）$H_0/D_0 = 1.5 \sim 1.0$；（d）$H_0/D_0 < 0.5$

Ⅰ—难变形区；Ⅱ—大变形区；Ⅲ—小变形区，；Ⅳ—均匀变形区

由上述可见，坯料在镦粗过程中，鼓形是不断变化的，其变化规律如图 6-17 所示。镦粗开始阶段鼓形逐渐增大，当达到最大值后又逐渐减小。如果坯料体积相等，高坯料（H_0/D_0 大）产生的鼓形比矮坯料（H_0/D_0 小）产生的鼓形要大。

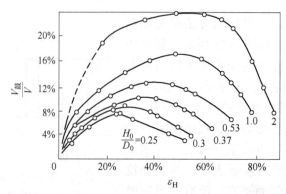

图 6-17　不同高径比坯料镦粗过程中鼓形体积的变化

E 镦粗时应注意的事项

（1）为了避免镦粗时产生纵向失稳弯曲，圆柱体坯料高径比不宜超过 2.5~3，在 2~2.2 范围内最好；方形或矩形截面坯料，其高度和较小基边之比不应大于 3.5~4。

（2）镦粗前坯料断面应平整，端面与轴线要垂直，且加热温度要均匀，镦粗时要使坯料围绕它的轴线不断地转动，坯料发生弯曲时必须立即校正。

（3）对有皮下缺陷的锭料，镦粗前应进行倒棱制坯，以使皮下缺陷得以焊合，以免镦粗时表面产生裂纹。

（4）为了减小镦粗时所需的力量，坯料应加热到其所允许的最高温度。

（5）镦粗时每次的压下量应小于材料所允许的变形范围。

6.3.1.2 垫环镦粗

坯料在单个垫环上或两个垫环间进行镦粗称为垫环镦粗，又称为镦挤，如图 6-18 所示。这种镦粗方法可用于锻造带有单边或双边凸台的齿轮或带法兰的饼类锻件。由于锻件凸台和高度比较小，采用的坯料直径要大于环孔直径，因此，垫环镦粗变形实质属于镦挤变形。

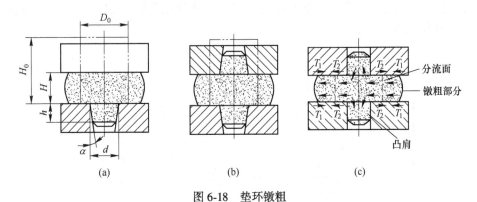

图 6-18 垫环镦粗

(a) 单边垫环镦粗；(b) 双边垫环镦粗；(c) 垫环镦粗金属流动情况

垫环镦粗既有挤压又有镦粗，它和平砧镦粗的不同点是，金属既有径向流动，增大锻件外径；也有向环孔中的轴向流动，增加凸台高度。由此可知，金属在变形时必然存在一个使金属分流的界面，这个界面称为分流面。而且，在镦挤过程中分流面的位置是在不断地变化的，如图 6-18（c）所示。分流面的位置与下列因素有关系：坯料高径比（H_0/D_0）、环孔与坯料直径之比（d/D_0）、变形程度（ε_H）、环孔侧斜度（α）及摩擦条件等。

6.3.1.3 局部镦粗

坯料只在局部长度上（端部或中间）产生镦粗变形，称为局部镦粗，如图 6-19 所示。这种镦粗方法可以锻造凸台直径较大和高度较高的饼类锻件，如图 6-19（a）所示；或端部带有较大法兰的轴杆类锻件，如图 6-19（b）所示；此外，还可镦粗双凸台类的锻件，如图 6-19（c）所示。

局部镦粗时的金属流动特征与平砧镦粗相似，但受不变形部分的影响，称为"刚端"影响。

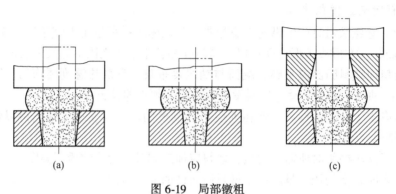

图 6-19　局部镦粗

（a）饼类锻件；（b）轴杆类锻件；（c）双凸台锻件

局部镦粗成形时的坯料尺寸，应按杆部直径选取。局部镦粗时变形部分的坯料同样存在产生纵向失稳弯曲的问题，为了避免镦粗时产生纵向弯曲，坯料变形部分高径比 $H_{头}/D_0$ 不应大于 3。对于头部较大而杆部较细的锻件，一般不能采用局部镦粗，而是用大于杆部直径的坯料，采取先镦粗头部，然后再拔长杆部；或者采用先拔长杆部，然后再镦粗头部的方法，如图 6-20 所示。

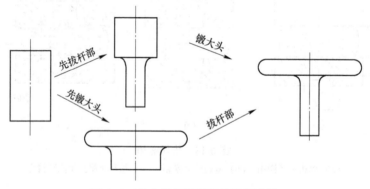

图 6-20　头大杆细类锻件的局部镦粗

6.3.2　拔长

拔长是使坯料横截面减小而长度增加的成形工序。

由于拔长是通过逐次送进和反复转动坯料进行压缩变形，所以它是自由锻造生产中耗费时间最多的一个工序（拔长工序约占工作台时的 70%）。因此，在保证锻件质量的前提下，如何提高拔长效率显得尤为重要。

6.3.2.1　拔长类型

按坯料拔长所使用的工具不同，拔长可分为平砧拔长、型砧拔长和芯轴拔长三类。根据坯料截面形状不同，拔长又可分为矩形截面拔长、圆截面拔长和空心截面拔长三类。下面仅对第一种分类方式加以介绍。

A　平砧拔长

平砧拔长是生产中用得最多的一种拔长方法。在平砧拔长过程中有以下几种坯料截面变化情况。

（1）方→方截面拔长。它是将较大的方形截面坯料经拔长得到截面尺寸较小的方形锻件的过程，亦称为方截面坯料拔长，如图 6-21 所示。矩形截面拔长也属于这一类。

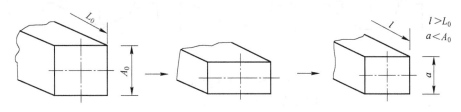

图 6-21　方截面坯料拔长

（2）圆→方截面拔长。它是将圆截面坯料经拔长后得到方截面锻件的拔长，除最初变形过程不同外，以后的拔长过程的变形特点与方形截面坯料拔长相同，如图 6-22 所示。

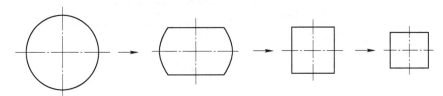

图 6-22　圆截面坯料拔长

（3）圆→圆截面拔长。它是将较大尺寸的圆截面坯料，经拔长得到较小尺寸圆截面锻件，称为圆截面坯料拔长。这种拔长过程是由圆截面锻成四方截面、八方截面，最后倒角滚圆，获得所需直径的圆截面锻件，如图 6-23 所示。

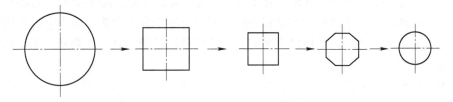

图 6-23　平砧拔长圆截面坯料时的截面变化过程

B　形砧拔长

形砧拔长是指将坯料放在 V 形砧或圆弧形砧中进行的拔长。

其中 V 形砧拔长又可有两种方式：一是在上平砧下 V 形砧上拔长；二是在上下 V 形砧中拔长，如图 6-24 所示。

形砧拔长主要用于拔长低弹塑性材料和为了提高拔长效率，它是利用形砧的侧面压力限制金属的横向流动，迫使金属沿轴向伸长。

C　芯轴拔长

芯轴拔长也称空心件拔长，空心件通常为管件，这类坯料拔长时，在孔中穿一根芯轴。芯轴拔长是一种减小空心坯料拔长外径（壁厚）并增加其长度的锻造工序，用于锻制筒类锻件，如图 6-25 所示。

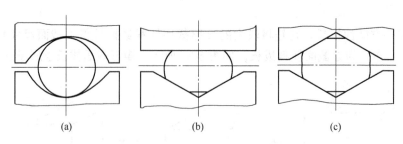

图 6-24　在形砧中拔长

（a）圆弧形砧；（b）上平砧下；（c）上下 V 形砧

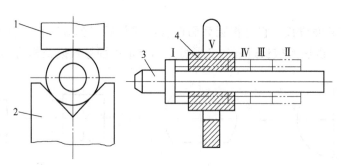

图 6-25　芯轴拔长

1—上砧；2—V 形砧；3—芯轴；4—坯料

6.3.2.2　拔长变形过程分析

A　拔长时的变形参数

拔长是在坯料上局部进行压缩（图 6-26），属于局部加载、局部受力、局部变形的情况。其变形区的变形和金属流动与镦粗相近，但又有别于自由镦粗，因为它是在两端带有不变形金属的镦粗。此时，变形区金属的变形和流动除了受工具的影响外，还受其两端不变形金属的影响。

若拔长前变形区金属的长为 l_0，宽为 b_0，料高为 h_0，则 l_0 称为送进量，l_0/b_0 称为相对送进量，也称进料比；拔长后变形区的长为 l，宽为 b，高为 h（图 6-26），则 $\Delta h = h_0 - h$ 称为压下量，$\Delta b = b - b_0$ 称为展宽量，$\Delta l = l - l_0$ 称为拔长量。拔长时的变形程度是以坯料拔长前后的截面积之比——锻造比 K_L 来表示的，即

$$K_L = \frac{A_0}{A} = \frac{h_0 b_0}{hb} \tag{6-2}$$

式中　A_0——坯料拔长前的截面积，mm^2；

　　　A——坯料拔长后的截面积，mm^2；

　h_0，b_0——坯料拔长前的高度和宽度，mm；

　　h，b——坯料拔长后的高度和宽度，mm。

B　拔长时的变形分析

下面分别对不同形状的坯料在平砧间拔长、形砧内拔长和芯轴上拔长时的变形进行分析。

a 平砧拔长的变形特点

（1）拔长效率。平砧间拔长矩形截面毛坯时，金属流动始终遵循最小阻力定律的原则，由于拔长部分受到两端不变形金属的约束，故其轴向变形与横向变形与送进量 l_0 有关，如图 6-26 所示。

当 $l_0 = b_0$ 时，$\Delta l \approx \Delta b$；当 $\Delta l_0 < b_0$ 时，则 $\Delta l > \Delta b_0$，轴向变形程度 ε_1 较大，横向变形程度 ε_b 较小；当 $l_0 > b_0$ 时，$\Delta l < \Delta b$，横向变形程度 ε_b 较大，轴向变形程度 ε_1 较小，轴向变形程度 ε_1 与横向变形程度 ε_b 随相对送进量 l/b 的变化情况如图 6-27 所示。

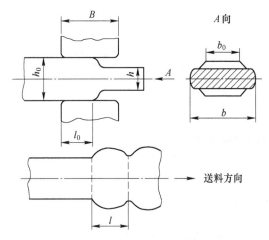

图 6-26 拔长变形时前后尺寸关系

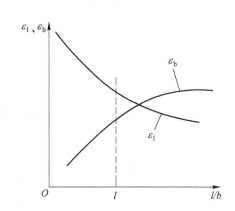

图 6-27 轴向与横向变形程度随相对
送进量的变化情况

由图 6-27 可以看出，随着 l/b 的不断增大，ε_1 逐渐减小，ε_b 逐渐增大，当 $l/b = 1$ 时，$\varepsilon_1 > \varepsilon_b$，即拔长时沿横向流动的金属量少于沿轴向流动的金属量。而在自由镦粗时，沿轴向和横向流动的金属量相等，这是拔长时两端不变形金属的影响造成的，它阻止了变形区金属的横向变形和流动。由此可见，采用小送进量时，有利于坯料的轴向拔长而不利于坯料的展宽，即 $\varepsilon_1 > \varepsilon_b$ 有利于提高拔长效率。但送进量不能太小，否则会增加总的压下次数，反而降低拔长效率；另一方面还会造成表面缺陷。

此外，拔长效率与相对压缩程度 ε_h 和相对压缩量 l_i/h_i 也有很大关系。相对压缩程度 ε_h 大时，压缩所需的次数减小，故可以提高生产率，但在生产实际中，对于塑性较差的金属材料，应选择适当的变形程度；对于塑性较好的金属材料，也要适当控制其变形程度，应控制在每次压缩后的宽度 b_i 和高度 h_i 之比 $b_i/h_i < 2.5$，否则在下一次翻转 90° 再压缩时坯料有可能发生弯曲和折叠。

相对压缩量的确定主要应考虑避免拔长时产生缺陷。在实际生产中确定相对压缩量时常取 $l_i/h_i = 0.5 \sim 0.8$ 较为合适，绝对送进量 $l_t = (0.4 \sim 0.8)B$，B 为平砧的宽度。

（2）拔长时的变形与应力分布。矩形截面坯料在平砧间拔长时的每一次压缩，其内部的变形情况与镦粗很相似，通过网格法拔长实验和有限元模拟可以证明这一点，如图 6-28 所示。所不同的是拔长受"刚端"影响，表面应力分布和中心应力分布与拔长时的各变形参数有关。如当送进量小时（$l_i/h_i < 0.5$），拔长变形区出现双鼓形，这时变形集

中在上下表面层，中心不但锻不透，而且会出现轴向拉应力，如图 6-29（a）所示。当送进量大时（$l_i/b_i > 1$），拔长变形区出现单鼓形。这时心部变形很大，能锻透，但在鼓形的侧面和棱角处会受拉应力影响，如图 6-29（b）所示。

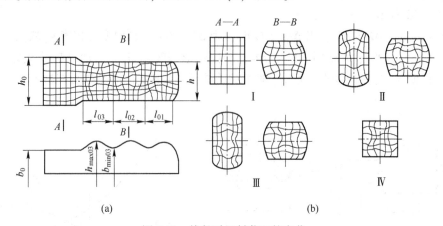

图 6-28　拔长时坯料截面的变化

（a）纵向剖面网络变化；（b）横向剖面网络变化

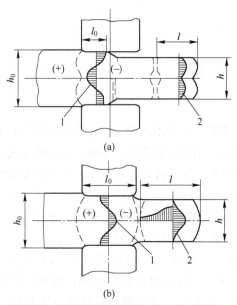

图 6-29　送进量对变形和应力的影响

（a）$l_0/h_0 < 0.5$；（b）$l_0/h_0 > 1$

1—轴向应力；2—轴向变形

　　图 6-30 所示为拔长时压下量对变形分布的影响。由图可以看出，增大压下量，不但可以提高拔长效率，还可以加大心部变形程度，有利于锻合锻件内部缺陷。但变形量的大小应根据材料的塑性好坏而定，以免产生缺陷。

　　b　形砧拔长的变形特点

　　形砧拔长是为了解决圆形截面坯料在平砧间拔长时轴向伸长小、横向展宽大而采用的

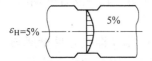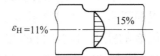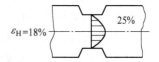

图 6-30 拔长时压下量对变形分布的影响

ε_H—相对压下量

一种拔长方法。如图 6-31 所示，坯料在形砧内受到砧面法线方向的侧向压力，减小了坯料的横向流动，提高了拔长效率。一般在形砧内拔长比平砧间拔长可提高生产率 20% ~ 40%。

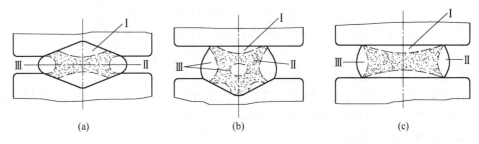

图 6-31 拔长形砧形状及其对变形区分布的影响

(a) 上下 V 形砧；(b) 上平下 V 形砧；(c) 上下平砧

I—难变形区；II—大变形区；III—小变形区

当采用圆弧形砧和 V 形砧（图 6-24）时，由于形砧弧段包角 α 不同，其对拔长效率、变形程度、金属塑性和表面质量的影响不同。

c 芯轴拔长的变形特点

芯轴拔长与矩形截面坯料拔长一样，被上下形砧压缩的那一部分金属是变形区，其左右两侧金属为外端，变形区分为 A 区和 B 区，如图 6-32 所示。其中 A 区是直接受力区，B 区是间接受力区。B 区的受力和变形主要是由 A 区的变形引起的。

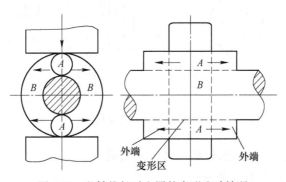

图 6-32 芯轴拔长时金属的变形流动情况

在平砧上拔长时，变形的 A 区金属沿轴向和切向流动，当 A 区金属沿轴向流动时，借助外端的作用拉着 B 区金属一起伸长，而 A 区沿切向流动时，则受到外端的限制，因此，芯轴拔长时外端起着重要的作用。外端对 A 区金属切向流动的限制越强烈，越有利于变形金属的轴向伸长；反之，则不利于变形区金属的轴向流动。如果没有外端的存在，则在平砧上拔长的环形件将被压成椭圆形，并变成扩孔变形。

外端对变形区金属切向流动限制的能力与空心件的相对壁厚（即空心件壁厚与芯轴直径的比值 t/d）有关。t/d 越大，限制的能力越强；t/d 越小，限制的能力越弱。

当 t/d 较小时，即外端对变形区金属切向流动限制的能力较弱时，可以将下平砧改为 V 形砧，以便借助工具的侧向压力来阻止 A 区金属的切向流动。当 t/d 很小时，可以将上下砧都采用 V 形砧。

芯轴拔长过程中的主要质量问题是孔内壁裂纹（尤其是端部孔壁）和壁厚不均。孔壁裂纹产生的原因是：经一次压缩后内孔扩大，转一定角度再次压缩时，由于孔壁与芯轴间有一定间隙，在孔壁与芯轴上下端压靠之前，内壁金属由于弯曲作用受切向拉应力影响，如图 6-33 所示。另外，内孔壁长时间与芯轴接触，温度较低，塑性较差，当应力值或伸长率超过材料允许的变形指标时便产生裂纹。为了防止孔壁裂纹的产生，锻件两端部锻造终了温度比一般的终锻温度高 $100\sim150℃$；锻前芯轴应预热到 $150\sim250℃$。

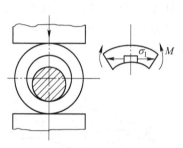

图 6-33 芯轴拔长时内壁
金属的受力情况

在芯轴上拔长后取出芯轴也是一个重要问题，可采取以下两点措施：

（1）在芯轴上做出 $1/100\sim1/150$ 的锥度，一头有凸缘。表面加工应比较平滑，使用时应涂水剂石墨作润滑剂。

（2）按照一定顺序拔长，如图 6-34 所示，以使内孔壁与芯轴形成间隙，尤其是最后一遍拔长时应特别注意。在锻造时如果芯轴被锻件"咬住"（芯轴与锻件分不开），可将锻件放在平砧上，沿轴线轻压一遍，然后翻转 90° 再轻压使锻件内孔扩大一些，即可取出芯轴。

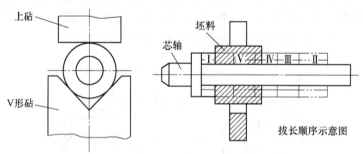

图 6-34 芯轴拔长

6.3.2.3 坯料拔长易产生的缺陷与防止措施

A 表面横向裂纹与角部裂纹

在平砧上拔长低弹塑性材料和锭料时，在坯料外部常常出现表面横向裂纹和角部裂纹，如图 6-35 所示，其开裂部位主要是受拉应力作用，而产生这种拉应力的原因是压缩量过大和送进量过大（出现单鼓形）。而角部裂纹除了变形原因外，还由于角部散热快，材料塑性有所降低，且产生了温度附加拉应力。

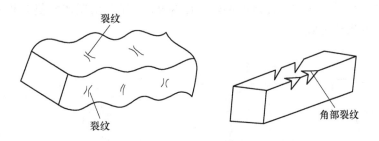

图 6-35　表面裂纹与角部裂纹

根据表面裂纹和角部裂纹产生的原因，操作时主要应控制送进量和一次压下的变形量；对于角部，还应及时进行倒角，以减少温降，改变角部的应力状态，避免裂纹产生。

B　表面折叠

表面折叠分为横向折叠和纵向折叠。折叠属于表面缺陷，一般经打磨即可去除，但较深的折叠会使锻件报废。

表面横向折叠的产生，主要是送进量过小与压下量过大所引起的，如图 6-36 所示。当送进量 $l_0 < \Delta h/2$ 时易产生这种折叠。因此，避免这种折叠的措施是增大送进量 l_0，使每次送进量与单边压缩量之比大于 $1\sim1.5$，即 $l_0/(\Delta h/2) > 1\sim1.5$。

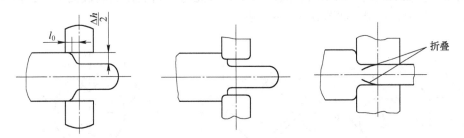

图 6-36　拔长横向折叠形成过程示意图（$l_0 < \Delta h/2$ 时）

表面纵向单面折叠是在拔长过程中，前一次毛坯被压缩得太扁，即 $b/h > 2.5$，当翻转 $90°$ 再压时，毛坯发生失稳弯曲，如图 6-37 所示。避免产生这种折叠的措施是减小压缩量，使每次压缩后的坯料宽度与高度之比小于 2.5（即 $b/h < 2.5$）。

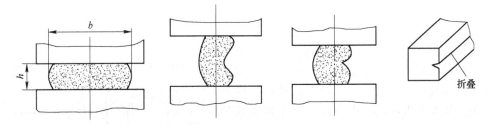

图 6-37　纵向折叠形成过程示意图

另外还有一种纵向折叠，是在纠正坯料菱形截面时产生的。这种折叠比较浅，一般为双面同时形成，如图 6-38 所示。这类折叠多数发生在有色金属拔长时。避免这种折叠的措施是：在坯料拔长过程中，控制好翻转角度为90°，避免出现坯料菱形截面，同时还应注意选择合适的操作方式。

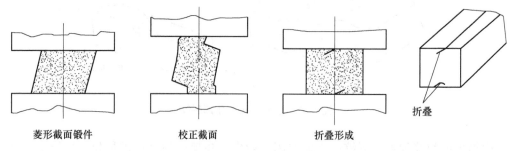

|菱形截面锻件|校正截面|折叠形成|折叠|

图6-38　截面校正时折叠形成过程示意图

C　内部纵向裂纹

内部纵向裂纹也称为中心开裂。这种裂纹除了隐藏在锻件内部外，有可能沿轴线方向发展到锻件的端部。有时，也会由端部随着拔长的深入而向锻件内部发展，如图6-39（a）所示。这种裂纹的产生，主要是在平砧拔长圆截面坯料时，拔长进给量太大，压下量相对较小，金属沿轴向流动小，而横向流动大，且中心部分没有锻透所引起，如图6-39（c）所示。方截面坯料在倒角时，其坯料受力状况与平砧上拔长圆截面相似，但变形量过大则会引起中心开裂，如图6-39（b）所示。

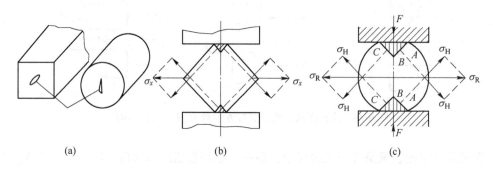

(a)　　　　　　　　　(b)　　　　　　　　　(c)

图6-39　拔长时内部纵向裂纹与坯料受力情况

（a）锻件内部裂纹；（b）方截面坯料倒角；（c）圆截面坯料压扁

D　内部横向裂纹

图6-40所示为拔长时锻件内部产生的横向裂纹，主要是相对压下量太小（$l_0/h_0 < 0.5$），拔长变形区出现双鼓形，而中心部位受到轴向拉应力的作用，从而产生中心横向裂纹。为了避免这种裂纹的产生，可适当增大相对送进量，控制一次压下量；改变变形区的变形特征，避免出现双鼓形，使坯料变形区内应力分布合理。对于塑性较差的合金钢等材料，要选择合适的变形量。

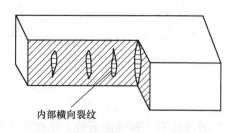

内部横向裂纹

图6-40　拔长时锻件的内部横向裂纹

E 对角线裂纹

在拔长高合金工具钢时，当送进量较大，并且在坯料同一部位反复重击时，常易产生对角线裂纹。该类裂纹一般是从端部开始，然后沿轴向向坯料内部发展，有时也可能由内部发展到端部，如图6-41（a）所示。一般认为这种裂纹产生的原因是当坯料被压缩时，A区（难变形区）的金属（图6-41（b））带着靠近它的a区金属向坯料中心方向移动，而B区金属带着靠近它的b区金属向两侧流动。因此，a、b两区金属向着两个相反方向流动，当坯料翻转90°再锻打时，a、b两区互相调换，如图6-41（c）所示。但其金属仍沿着这两个相反方向流动，因而DD和EE便成为a、b两部分金属最大的相对移动线，在DD和EE线附近的金属变形量最大，且在此线附近产生的切应力也最大。当坯料被反复多次锻打时，可以明显地看到对角线有温升现象（热效应引起），当坯料处在始锻温度时，对角线的温升会使金属局部过热，甚至过烧，引起对角线金属强度降低而开裂。如果坯料温度较低，强迫坯料继续变形，对角线附近金属相对流动过于剧烈，产生严重的加工硬化现象。这也促使金属很快地沿对角线开裂。

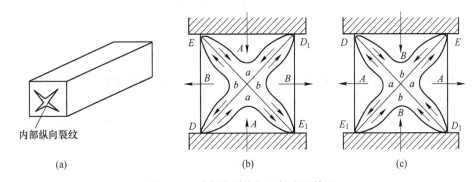

图6-41 对角线裂纹与坯料变形情况

（a）对角线裂纹；（b）初步锻打时金属流动情况；（c）翻转90°锻打时金属流动情况

为了避免拔长坯料沿对角线开裂，必须控制锻造温度和进给量的大小，避免金属变形部分横向流动大于轴向流动，还应注意一次变形量不能过大和反复在同一个部位连续翻转锻打。在锻造低塑性的合金工具钢时，要特别注意。

F 端面缩口

端面缩口也叫"端面窝心"，它属于表面缺陷，因它常出现在坯料的端面心部，拔长后可以通过切去料头将这一缺陷排除，但有时拔长后坯料还需镦粗，这时缩口就会形成折叠而保留在锻件上，如图6-42所示。

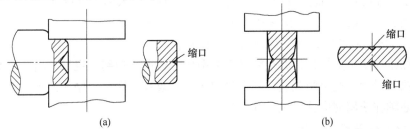

图6-42 拔长和侧面修直时坯料端面缩口

（a）拔长；（b）侧面修直后镦粗

这种缺陷的产生，主要是拔长的首次送进量太小，表面金属变形，中心部位金属未变形或变形较小。因此，防止的措施是：坯料端部变形时，应保证有足够的送进量和较大的压缩量，使中心部位金属得到充足的变形。

端部拔长的长度应满足下列规定：

对矩形截面坯料（图 6-43（a）），当 $B/H > 1.5$ 时，$A > 0.4B$；当 $B/H < 1.5$ 时，$A > 0.5B$。

对圆形截面坯料（图 6-43（b）），$A > 0.3D$。

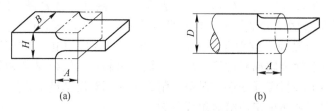

(a)   (b)

图 6-43 端部拔长时的坯料长度
（a）矩形截面坯料；（b）圆形截面坯料

G 孔壁端部裂纹

孔壁端部裂纹指在芯轴上拔长时，由于受到芯轴表面的摩擦影响，以及内表面由于与芯轴接触温度比外表面低，变形抗力较大，使空心件外表面金属比内表面流动快而造成的裂纹。此时，端部形成内喇叭口，如图 6-44（a）所示，当继续拔长时，端部金属温度较低，而中空的环形径向又处于受压状态，其受压部位的内表面受切向拉应力作用，如图 6-44（b）所示，便在端部的内孔表面产生了裂纹。

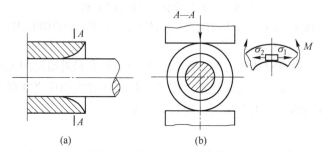

(a)   (b)

图 6-44 芯轴拔长时端部金属受力情况
（a）端部形成的内喇叭；（b）坯料内表面切向应力情况

为了提高拔长效率和防止孔壁裂纹的产生，一般可以采用以下措施：

（1）当 $t/d > 0.5$ 时，一般采用上平砧下 V 形砧拔长。

（2）当 $t/d \leqslant 0.5$ 时，上下均采用 V 形砧拔长。

（3）如果在平砧上拔长，必须将坯料先锻成六边形，达到一定尺寸后，再倒角修圆。

（4）拔长时为了避免两端温度降低过快，应先拔长两端，顺序如图 6-34 所示。

（5）芯轴在使用前应预热至 $150 \sim 250℃$。

6.3.2.4 拔长操作方法

拔长操作方法是指坯料在拔长时的送进与翻转方法，一般有三种，如图 6-45 所示。

（1）螺旋式翻转送进法。每下压一次，坯料翻转90°，每次翻转为同一个方向，连续翻转，如图6-45（a）所示。这种方法坯料各面的温度均匀，因此变形也较均匀，用于锻造台阶轴时，可以减小各段轴的偏心。

（2）往复翻转送进法。每次往复翻转90°，如图6-45（b）所示。用该方法时，坯料只有两个面与下砧接触，而这两个面的温度较低。一般这种方法用于中小型锻件的手工操作中。

（3）单面压缩法。即沿整个坯料长度方向压缩一面后，翻转90°再压缩另一面，如图6-45（c）所示。这种方法常用于锻造大型锻件。因为这种操作易使坯料发生弯曲，在拔长另一面之前，应先翻转180°将坯料校直后，再翻转90°拔长另一面。

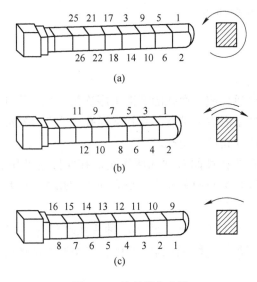

图6-45　拔长操作方法

另外，在拔长短坯料时，可从坯料一端至另一端；而拔长长坯料或钢锭时，则应从坯料的中间向两端拔。

采用以上的操作方法，还应注意拔长第二遍时的变形位置应与前一遍的变形位置错开，如图6-46所示。这样可以使锻件沿轴向趋于均匀，并改变表面和心部的应力状态，避免缺陷的产生。

6.3.2.5　压痕和压肩

在锻造阶梯轴类锻件时，为了锻出台阶和凹挡，应先用三角压棍压肩或圆压棍压痕，切准所需的坯料长度，然后再分段局部拔长，如图6-47所示。这样可使过渡面平齐，减小相邻区的拉缩变形。

通常当 $H < 20mm$ 时，采用圆压棍压痕即可；当 $H > 20mm$ 时，应先压痕再压肩，压肩深度 $h = (1/2 \sim 1/3)H$。

压肩深度过大时，拔长后会在压肩处留有深痕或折叠，严重时可使锻件报废。

压痕、压肩时也有拉缩现象，拉缩值的大小与压肩工具的形状和锻件凸肩的长度有关。为此，锻件凸肩（法兰）部分的直径要留适当的修整量 Δ，以便最后进行精整。

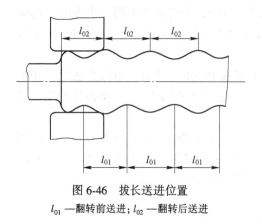

图 6-46 拔长送进位置

l_{01}—翻转前送进；l_{02}—翻转后送进

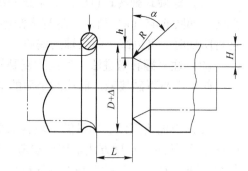

图 6-47 分段拔长时压痕与压肩

6.3.3 冲孔

在坯料上用冲子冲出通孔或不通孔的锻造工序称为冲孔。不通孔通常称为盲孔。

冲孔工序主要用于冲出锻件上带有的盲孔或通孔（大于 $\phi 30mm$），或对后续工序需要扩孔或需要拔长的空心件预先冲出通孔。

通常将冲孔分为开式冲孔和闭式冲孔两大类。在实际生产中，使用最多的是开式冲孔。开式冲孔常用的方法有实心冲头冲孔、空心冲头冲孔和在垫环上冲孔三种。

6.3.3.1 实心冲头冲孔

图 6-48 所示为冲通孔的冲孔过程。将实心冲头从坯料的一端冲入，当孔深达到坯料高度 70%~80% 时，取出冲头，将坯料翻转 180°，再用冲头从坯料的另一面把孔冲穿，这种方法称为双面冲孔。

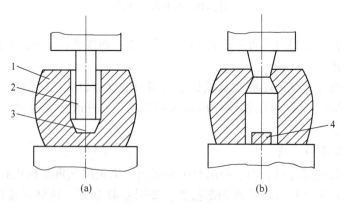

(a)　　　　　　　　　(b)

图 6-48 实心冲头冲孔

（a）一端冲入；（b）坯料翻转后从另一面冲穿

1—坯料；2—冲垫；3—冲子；4—芯料

A 实心冲头冲孔时坯料变形特点

由于实心冲头冲孔时，坯料处于局部加载、整体受力和整体发生变形的状态，因此这种整体变形的应力、应变状态可以用简化的方式来分析，如图 6-49 所示。坯料分为冲头

下面的圆柱区 A 和 A 区以外的圆环区 B 两部分。在冲孔过程中，圆柱区 A 受冲头的作用发生镦粗变形，但 A 区金属又受到 B 区金属的约束，使其受到较大的三向压应力的作用，其变形为轴向缩短、径向和切向伸长，而 B 区金属在 A 区金属挤压下，径向扩大，同时轴向产生拉缩。随着冲头下压，A 区金属不断向 B 区转移，B 区圆环外径也相应扩大。B 区的受力和变形主要是由于 A 区的变形引起的，使其处于径向、轴向受压、切向受拉的应力状态，变形为切向伸长、径向缩短、轴向先缩短后伸长（图6-49）。

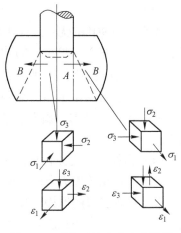

图6-49　冲孔时的应力应变简图

上述变形过程和坯料形状的变化规律与坯料外径 D_0 和冲头直径 d 有很大关系，如图6-50所示。

（1）当 $D_0/d \leq 2 \sim 3$ 时，外径明显增大，上端面拉缩严重，如图6-50（a）所示；

（2）当 $D_0/d = 3 \sim 5$ 时，端面几乎没有拉缩，而外径仍有增大，如图6-50（b）所示；

（3）当 $D_0/d > 5$ 时，因环壁较厚，扩径困难，多余金属由上端面挤出，形成环形凸台，如图6-50（c）所示。

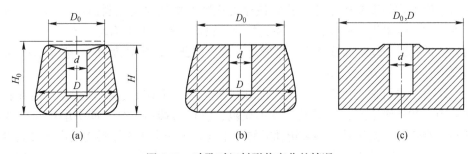

图6-50　冲孔时坯料形状变化的情况

（a）$D_0/d \leq 2 \sim 3$；（b）$D_0/d = 3 \sim 5$；（c）$D_0/d > 5$

B　冲孔坯料尺寸计算

（1）冲孔后坯料外径的计算。冲孔后坯料外径可按下式估算：

$$D = 1.13\sqrt{\frac{1.5}{H}[V + A_{冲}(H - h) - 0.5A_{坯}]} \tag{6-3}$$

式中　V——坯料的体积，mm^3；

$\quad\quad A_{冲}$——冲头的横截面面积，mm^2；

$\quad\quad A_{坯}$——坯料的横截面面积，mm^2；

$\quad\quad H$——冲孔后坯料的高度，mm；

$\quad\quad h$——孔底余料（冲头下面的坯料）的厚度，mm。

（2）冲孔件坯料高度计算。实心冲头冲孔，在 $D_0/d \geq 2.5 \sim 3$，$H_0 \leq D_0$ 时，坯料原始高度可按以下公式估算：

当 $D_0/d \geqslant 5$ 时，取 $H_0 = H$ ；

当 $D_0/d < 5$ 时，取 $H_0 = (1.1 \sim 1.2)H$ 。

实心冲头冲孔的优点是操作简单，芯料损失少，芯料高度 $h \approx 0.25H$ 。这种方法广泛用于孔径范围在 $30 \sim 400\text{mm}$ 的冲孔锻件。

C　冲孔时易产生的缺陷及防止措施

冲孔时如果操作不当、坯料尺寸不合适、坯料温度不均匀等，可能会使锻件形状"走样"，产生孔冲偏、斜孔、裂纹等缺陷。下面分别介绍各种缺陷产生的原因及预防措施。

（1）走样。开式冲孔时，坯料高度减小，外径上小下大，上端面中心下凹、下端面中心凸起的现象统称为走样，如图6-50（a）所示。

产生这种变形的原因主要是由于环壁厚度 D_0/d 太小，D_0/d 越小，冲孔件走样越严重。因此，一般在冲孔前应将坯料镦至 $D_0/d > 3$ 后再冲孔，冲孔后可进行端面整平，以达到锻件的尺寸要求。

（2）孔冲偏。冲孔过程中孔冲偏也是常见到的一个问题，如图6-51（a）所示。

引起孔冲偏的原因很多，如冲子放偏、环形部分金属性质不均、坯料加热温度不均匀、冲头各处的圆角和斜度不一致等，均可产生孔冲偏。针对上述原因，冲孔初期，可先用冲头在坯料上压一浅印，经目视观察确定冲印在坯料中心后，再在原位继续下冲。如果是因坯料温度不均匀引起的偏心，就应该注意坯料在加热时使坯料温度均匀后再进行冲孔。此外，应尽量采用平冲头，并使冲头各处的圆角和斜度加工均匀一致。

另外，冲孔时原坯料高度越高，越容易冲偏。因此，坯料高度 H_0 一般要小于 D_0，在个别情况下，宜采用 $H_0/D_0 \leqslant 1.5$ 。

（3）斜孔。冲孔时产生斜孔的情况也时有发生，如图6-51（b）所示。产生冲斜孔也有诸多原因，如操作不当、坯料或工具不规范、坯料两端不平行、冲头端面与轴线不垂直、冲头本身弯曲、操作时坯料未转动或转动不均匀、冲头压入坯料初期产生倾斜等。因此，在冲孔前，坯料端部要进行压平，冲头要标准；在冲头压入坯料后，要检查冲头是否与坯料端面垂直；冲孔过程中应不断转动坯料，尽量使冲头受力均匀。

（4）裂纹。低弹塑性材料或坯料温度较低时，在开式冲孔过程中常在坯料侧面和内孔圆角处产生纵向裂纹，如图6-51（c）所示。

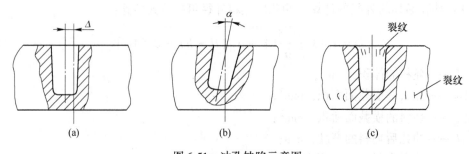

图6-51　冲孔缺陷示意图

（a）孔冲偏；（b）斜孔；（c）裂纹

外侧表面裂纹产生的主要原因是坯料直径 D_0 与冲头直径 d 的比值太小，坯料冲孔时使得外侧表面金属受到较大的切向拉应力，当拉应力超过材料的抗拉强度时，便产生裂纹破坏。而内孔圆角处的裂纹是由于此处与冲头接触时间较长、温度降低较多造成坯料塑性降低，加之冲头一般都有锥度，当冲头向下运动时，此处被连续胀大而开裂。

防止冲孔时产生裂纹的方法：一是增大 D_0/d 的比值，减小冲孔坯料走样程度；二是冲低弹塑性材料时，不仅要求冲头锥度要小，而且要采用多次加热冲孔的方法，逐步冲成。

6.3.3.2　空心冲头冲孔

大型锻件在水压机上冲孔时，当孔径大于 400mm 时，一般采用空心冲头冲孔，如图 6-52 所示。冲孔时坯料形状变化较小，但芯料损失较大。当锻造大锻件时，能将钢锭中心质量差的部分冲掉。为此，钢锭冲孔时，应把钢锭冒口端向下。

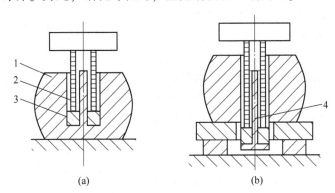

图 6-52　空心冲头冲孔
（a）一端冲入；（b）坯料翻转后从另一面冲穿
1—坯料；2—冲垫；3—冲子；4—芯料

6.3.3.3　垫环上冲孔

垫环上冲孔过程如图 6-53 所示。冲孔时坯料形状变化很小，但芯料损失较大，芯料高度为 $h = (0.7 \sim 0.75)H$。这种冲孔方法只适应于高径比 $H/D < 0.125$ 的薄饼类锻件。

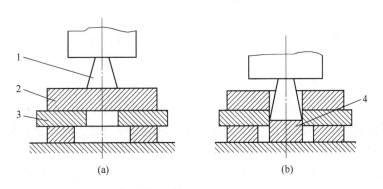

图 6-53　在垫环上冲孔
（a）冲孔前；（b）冲孔后
1—冲子；2—坯料；3—垫环；4—芯料

6.3.4　扩孔

扩孔指减小空心坯料壁厚使其内外径增大的锻造工序。

扩孔工序用于锻造各种带孔锻件和圆环类锻件。

在自由锻中，常用的扩孔方法有冲子扩孔、芯轴扩孔（又称马杠扩孔或马架扩孔）和辗压扩孔。另外，还有楔扩孔、液压扩孔和爆炸扩孔等不太常用的一些方法。

此外，从变形区的应变情况来看，扩孔又可分为拔长类扩孔（如芯轴扩孔和辗压扩孔）和胀形类扩孔（如冲子扩孔、楔扩孔、液压扩孔和爆炸扩孔等）。

以下仅介绍冲子扩孔、芯轴扩孔和辗压扩孔。

6.3.4.1　冲子扩孔

如图 6-54 所示，冲子扩孔是采用直径比空心坯料内孔要大并带有锥度的冲子，穿过坯料内孔而使其内外径扩大，从坯料变形特点看，冲子扩孔时，坯料径向受压应力，切向受拉应力，轴向受很小压应力，与开式冲孔时 B 区的受力情况近似，坯料尺寸的相应变化是壁厚减薄，内外径扩大。

由于冲子扩孔时坯料切向受拉应力，如果扩孔量过大，很容易将坯料胀裂。故每次扩孔量不宜过大，一般可参考表 6-3 选用。

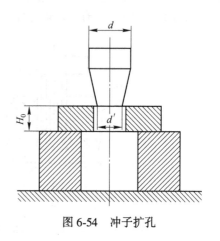

图 6-54　冲子扩孔

表 6-3　冲子扩孔每次允许的扩孔量

坯料预冲孔直径 d_0/mm	扩孔量/mm
30~115	25
120~270	30

根据经验，当锻件质量小于 30kg 时，冲孔后可直接扩孔 1~2 次，再加热一火，允许再扩孔 2~3 次；当锻件质量大于 30kg 时，冲孔后可直接扩孔一次，再加热一火，允许再扩孔 2~3 次。

冲子扩孔一般用于 $D_0/d > 1.7$ 和 $H \geqslant 0.125D_0$ 且壁厚不太薄的锻件（D_0 为锻件外径）。

6.3.4.2　芯轴扩孔

图 6-55（a）所示为芯轴扩孔示意图，它是将芯轴穿过空心坯料并放在"马架"上，然后将坯料每转过一个角度压下一次，逐渐将坯料的壁厚压薄、内外径扩大。因此，这种扩孔也称为马架上扩孔。

芯轴扩孔的应力、应变情况与冲子扩孔不同，它近似于拔长。但它与长轴件的拔长又不同，它是环形坯料沿圆周方向的拔长，是局部加载、整体受力、局部变形。从图 6-55（b）可知，坯料变形区为一扇形体，与芯轴接触面较窄，与上砧接触面较宽，也就是说在一次压下的变形中，孔内侧金属比外侧金属流动量要少，而变形区的金属主要沿切向和宽度（坯料高度）方向流动。这时除宽度（坯料高度）方向的流动受到变形区两侧金属（外端）的限制外，切向流动也受到限制。外端对变形区金属切向流动的阻力大小与相对壁厚（t/d）有关。t/d 越大时，阻力也越大。芯轴扩孔时金属坯料主要是沿切向流动，而在宽度（坯料高度）方向流动很小，这主要是因为，一般情况下芯轴扩孔的锻件相对壁厚（t/d）较小，对变形区金属切向流动的阻力限制较小，再加上变形区沿切向的长度远小于宽度，因此，其变形的结果是壁厚减薄，内外径扩大，宽度略有增加。

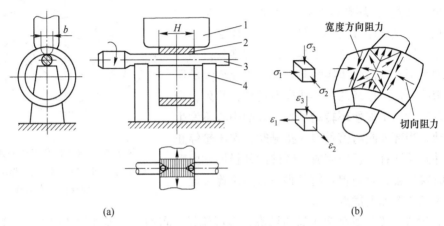

(a)　　　　　　　　　　　　　　　　　　　(b)

图 6-55　芯轴扩孔

（a）芯轴扩孔工艺；（b）芯轴扩孔应力应变

1—扩孔形砧；2—锻件；3—芯轴（杠）；4—支架（架）

芯轴扩孔前坯料的尺寸可按以下方法计算。

A　预冲孔直径 d_0

预冲孔直径 d_0 计算公式为：

$$d_0 = \frac{1.1}{3}D \tag{6-4}$$

式中　D——锻件直径，mm；

　　1.1——考虑冲孔芯料和金属烧损的系数。

B　坯料外径 D_0

坯料外径 D_0 按体积不变原理进行计算，即

$$D_0 = 1.13\sqrt{\frac{V_{锻}}{H}} \tag{6-5}$$

式中　H——锻件高度，mm；

　　$V_{锻}$——锻件体积（应考虑火耗），mm^3。

C　坯料高度 H_0

因扩孔后坯料高度略有增加，故坯料高度 H_0 应比锻件高度略小。对碳钢和合金钢，冲孔前的坯料高度 H_0 可按下式估算：

$$H_0 = \frac{H}{K} \tag{6-6}$$

式中　K——展宽系数，可根据相关手册查得。

6.3.4.3　辗压扩孔

图 6-56 所示为辗压扩孔工作原理图，环形坯料 1 套在芯辊 2 上，在气缸压力 F 的作用下，旋转的辗压轮压下，坯料壁厚减薄，金属沿切线方向伸长（轴向也有少量展宽），坯料内外径尺寸增大，在摩擦力 F_f 的作用下，辗压辊 3 带动环形坯料和芯辊 2 一起转动。因此，坯料的变形是一个连续的局部变形。当环的外径增大到与导向辊 4 接触时，环在外径增大的同时产生弯曲变形，使环的中心线向左偏移，另外，导向辊在辗压过程中能使环转动平稳，环的中心不发生左右摆动。当环外圈与信号辊 5 接触时，辗压轮停止下压，并开始回程，辗压完成。锻件的外径尺寸由辗压终了时辗压辊、导向辊和信号辊三者的位置决定。

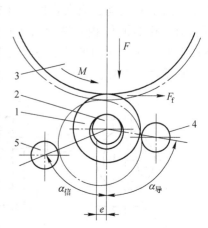

图 6-56　辗压扩孔工作原理
1—环形坯料；2—芯辊；3—辗压辊；
4—导向辊；5—信号辊

辗压工艺有如下优点：

（1）锻件精度比其他自由锻方法高，金属流线分布均匀，零件的使用寿命较长。

（2）材料利用率比其他自由锻方法提高 10%～20%，切削加工时间可减少 15%～25%。

（3）劳动条件好。

用辗压扩孔生产环形件的尺寸范围广，直径范围为 40～5000mm，质量可达 6t 或更高。在辗压机上可以轧制火车轮箍、轴承套圈、齿圈和法兰环等环形锻件。

6.3.5　弯曲

将坯料弯曲成规定外形的锻造工序称为弯曲，这种方法可用于锻造各种弯曲类锻件，如起重吊钩、弯曲轴杆等。

坯料在弯曲时，弯曲变形区的金属内侧受压缩，可能产生折叠，外侧金属受拉伸，容易引起裂纹，而且弯曲处坯料断面形状发生畸变，如图 6-57 所示，断面面积减小，长度略有增加。弯曲半径越小，弯曲角度越大，上述现象越严重。

由于上述原因，坯料弯曲时，一般坯料断面比锻件断面增大 10%～15%，锻造时先将不弯曲部分拔长到锻件尺寸，然后再进行弯曲成型。

当锻件有数处弯曲时，弯曲的次序一般是先弯端部及弯曲部分与直线部分的交界处，然后再弯其余的圆弧部分。

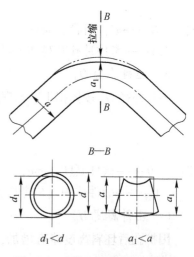

图 6-57　弯曲坯料截面变化情况

6.3.6 错移

将坯料的一部分相对另一部分平行错移开的锻造工序称为错移，这种方法常用于锻造曲轴类锻件等。

错移的方法有两种：

（1）在一个平面内错移，如图 6-58（a）所示。

（2）在两个平面内错移，如图 6-58（b）所示。

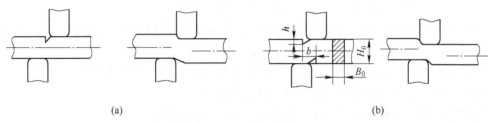

（a）　　　　　　　　　　　（b）

图 6-58　错移
（a）在一个平面内错移；（b）在两个平面内错移

错移前坯料压肩尺寸可按下式确定：

$$h = \frac{H_0 - 1.5d}{2}$$
$$b = \frac{0.9V}{H_0 B_0}$$

（6-7）

式中　　H_0，B_0——坯料高与宽，mm；

　　　　d，V——锻件轴颈直径（mm）和轴颈体积（mm^3）。

6.4　胎　模　锻

胎模锻是在自由锻设备上进行模锻件生产的一种锻造工艺方法，所用模具称为胎模。胎模结构简单、形式多样，使用时不需固定于上下砧块上。毛坯按要求不同既可采用原棒料，也可采用经自由锻或用简单胎模制坯至接近锻件形状的中间毛坯，在成型胎模中终锻得到符合要求的模锻件。

胎模锻造是在自由锻的基础上发展起来的，其后的发展又进一步形成了模锻工艺，因此它是介于自由锻和模锻两者之间的一种独特工艺形式，是使锻件逐步精化的一个过渡阶段。目前，随着锻造工艺的不断进步，胎模锻技术本身也得到了长足的发展。

6.4.1　胎模锻特点

由于胎模锻是介于自由锻和模锻两者之间的一种工艺形式，所以它与自由锻和模锻比较有如下优点：

（1）由于胎模锻时，锻件的最终形状与尺寸是靠模具型槽所获得，因此，它能完成自由锻中对操作技术要求高、体力消耗大的某些复杂工序，从而可减轻工人的劳动强度，也降低了对工人的技术要求。

（2）金属在胎模内成型，使操作简化、火次减少，同时由于金属流动受到型槽模壁的限制，使内部组织比较致密，纤维连续，因此锻件的质量与产量都比自由锻有较大提高。

（3）锻件表面质量、形状及尺寸精度比自由锻高，从而使机械加工余量、工艺余块、烧损等方面的金属损耗大为降低，节约了材料，并减少了后续工序的机械加工工时。

（4）工艺操作灵活，可以局部成型，改变制坯程度，这样就能随时调整金属在胎模内的变形量，能在较小设备上制出同样形状与尺寸的模锻件。

（5）胎模锻模具结构简单，精度要求低，容易制造，因此生产成本低，生产准备周期短。

（6）胎模部件可以灵活组合更换，容易实现两向分模，可锻出带侧凹的复杂锻件。采用闭式套模时还可以获得无飞边、无斜度的模锻件。

胎模锻作为一种锻造工艺方法，也存在着以下不足之处：

（1）胎模活动、分散、加热次数多，因此劳动强度仍然很大，生产效率也不高。

（2）胎模锻润滑条件差，操作时氧化皮难以清除，所以锻件精度低且表面质量不高，机械加工余量和公差比模锻件大。

（3）加热金属长期闷模操作，不仅易冷、增大变形抗力，同时模温升高，随后浸水冷却，使模具工作条件变差而导致寿命短；此外砧面也易被打凹或磨损，降低锤杆使用寿命。

基于以上特点，胎模锻一般适合于中小批量生产。

6.4.2　胎模分类

胎模结构与锻件成型工艺有紧密的联系，由于胎模工艺变化较多，结构灵活，所以胎模种类也很多，一般根据模具的主要用途大致可分为制坯整形模、成型模及切边冲孔模三大类，其结构与用途见表6-4。

表 6-4　胎模分类及其主要途径

类别	名称	简　　图	主要用途
制坯整形模	漏盘		旋转体工件的局部镦粗、镦挤、镦粗成型等
	摔子（克子、上下扣）		旋转体工件的杆部拔细、摔台阶、摔球、校形等
	扣模		非旋转体工件的成型；亦作弯曲使用

续表 6-4

类别	名称	简　图	主要用途
成型模	开式筒模	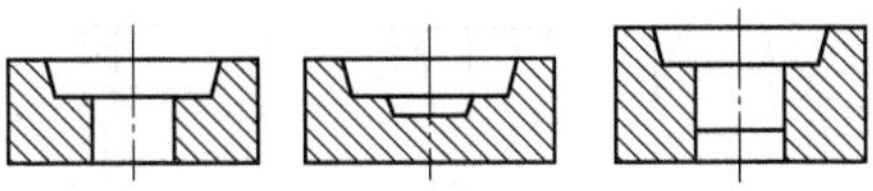	旋转体工件的镦头成型
	闭式筒模	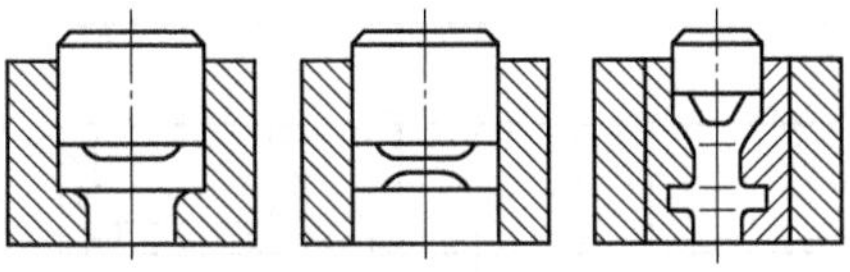	旋转体工件的无飞边镦粗、冲孔成型
	翻边拉深模	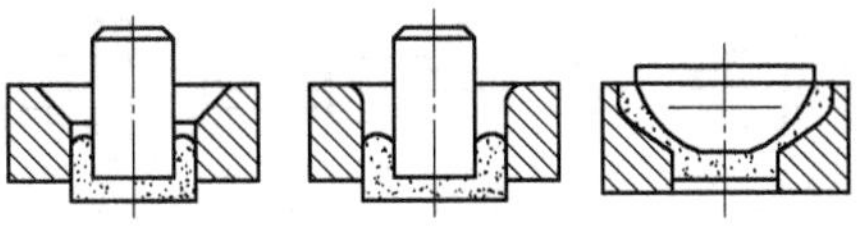	旋转体工件的翻边拉深成型
	合模	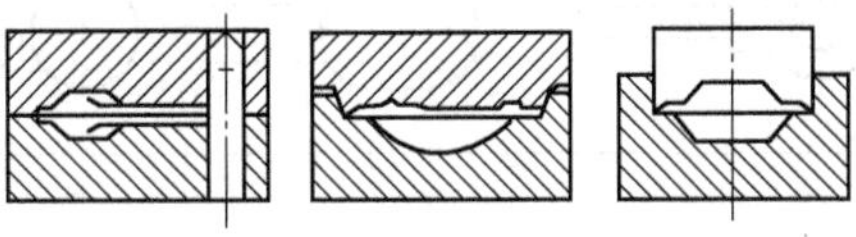	非旋转体工件的终锻成型
切边冲孔模	切边模	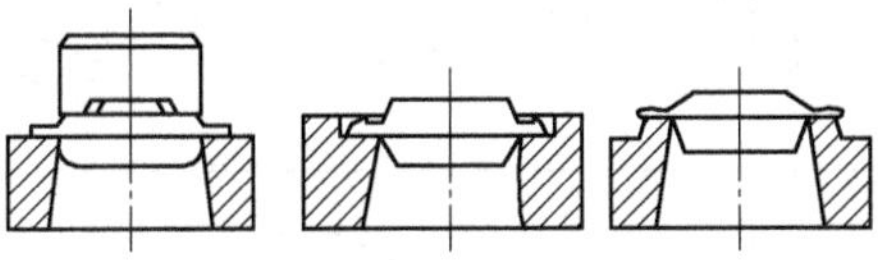	切除飞边
	冲孔模	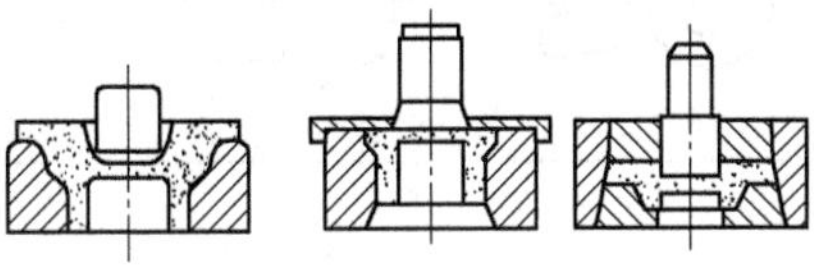	冲除连皮

6.4.3　胎模锻件分类

　　胎模锻件主要为各种机电产品中的中小型结构零件，其形状各异，工艺也各不相同。为了便于制订胎模锻造工艺及胎模设计，必须对胎模锻件进行分类。通常根据锻件的外形尺寸、几何形状及其成型特点将锻件分成九类，即圆饼类、盲孔类、通孔类、圆轴类、直轴类、弯轴类、带叉类、枝芽类及其他类，具体见表 6-5。

表 6-5　胎膜锻件分类

序号	类别	典型锻件简图
1	圆饼类	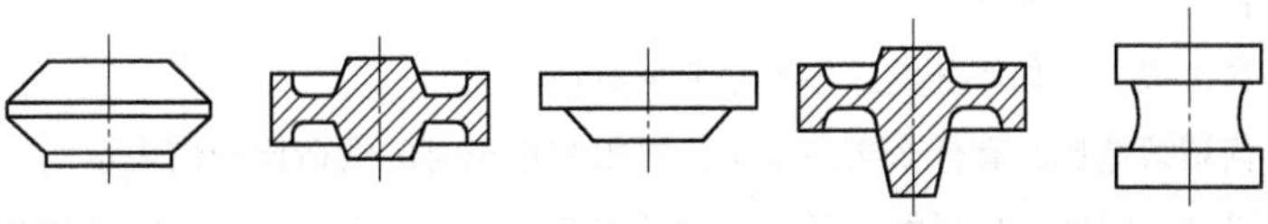

续表 6-5

序号	类别	典型锻件简图
2	盲孔类	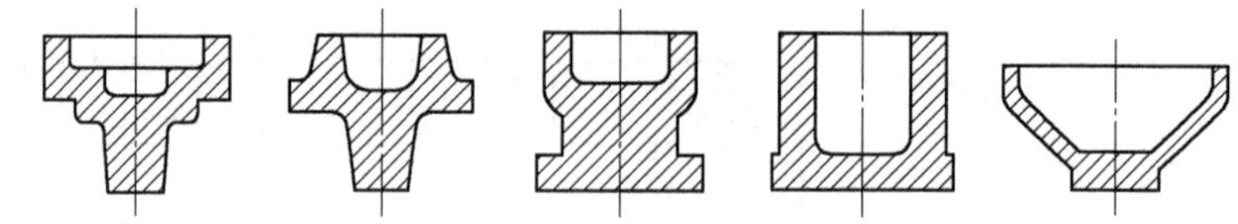
3	通孔类	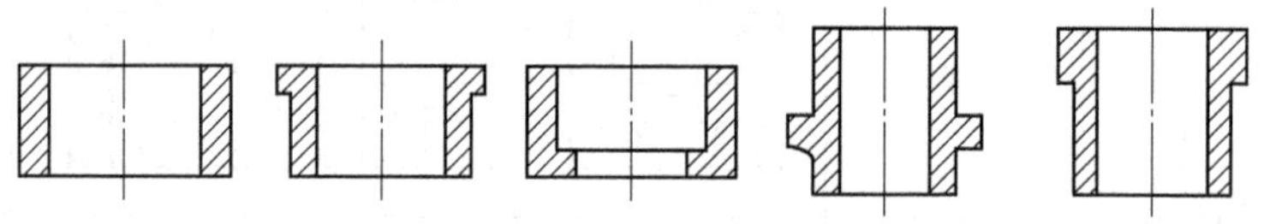
4	圆轴类	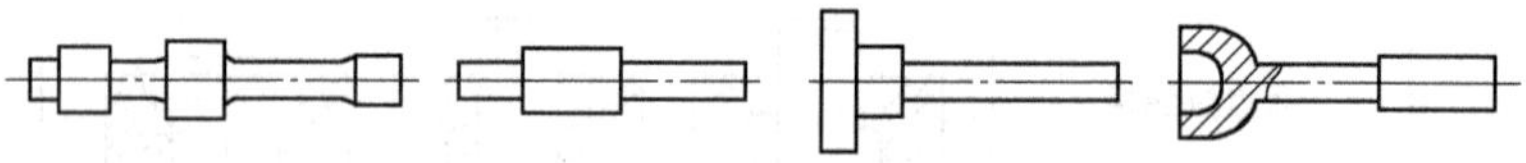
5	直轴类	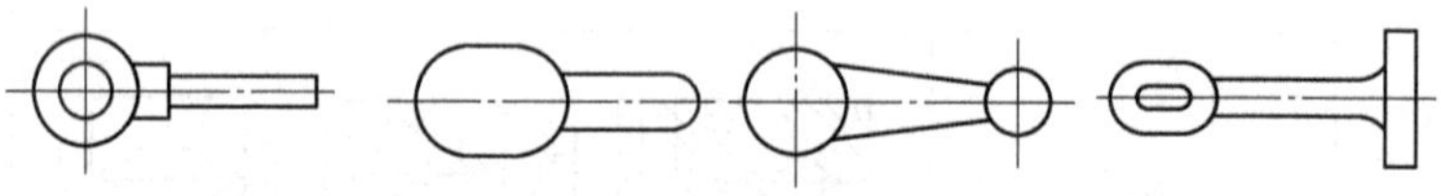
6	弯轴类	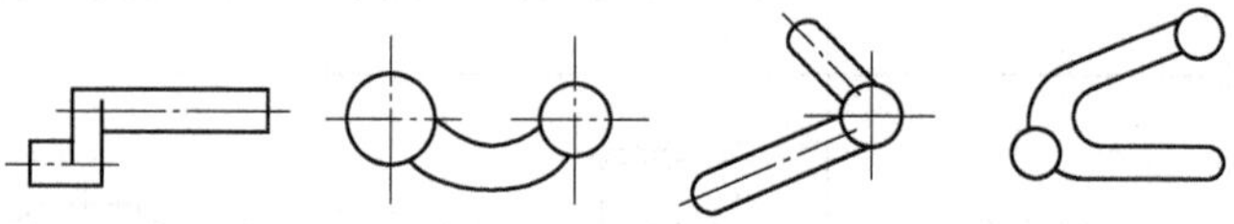
7	带叉类	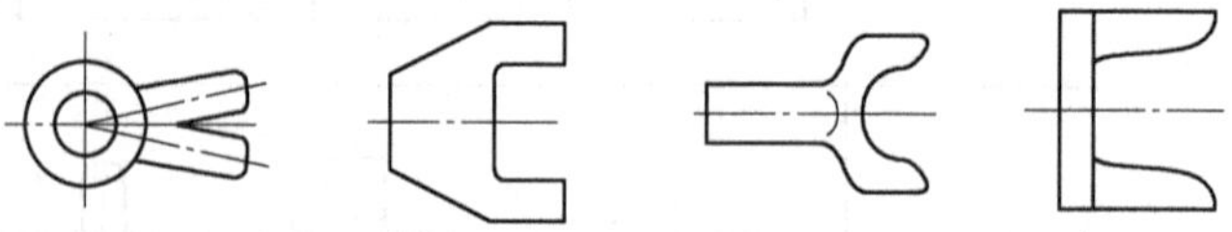
8	枝芽类	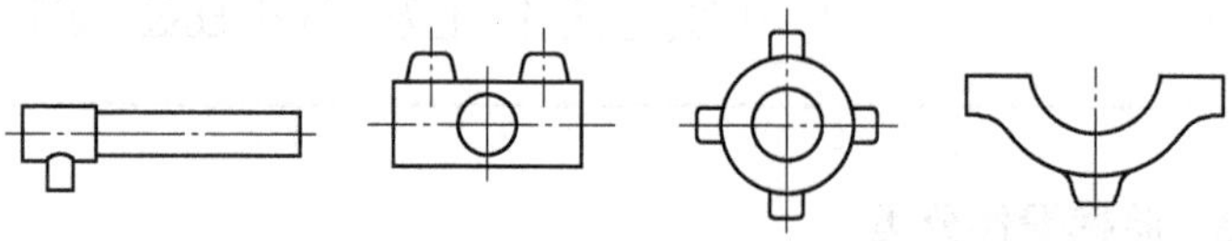
9	其他类	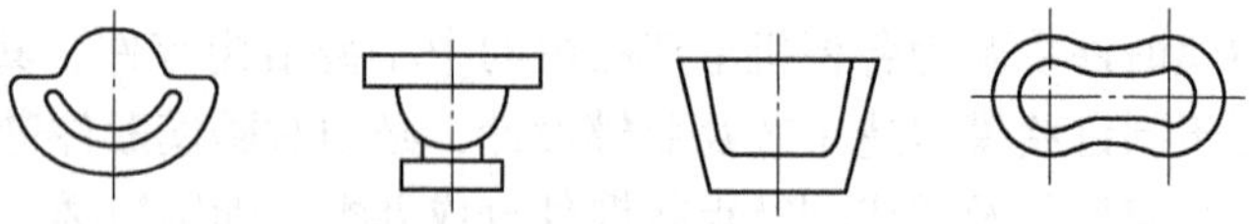

思 考 题

6-1　自由锻有何特点？

6-2　自由锻工序如何分类，各工序变形有何特征？

6-3　何谓锻造比，有什么实用意义，镦粗和拔长时的锻造比如何表示？

6-4　平砧镦粗时，坯料的变形与应力分布有何特点，不同高径比的坯料镦粗结果有何不同？

6-5　拔长时坯料易产生哪些缺陷，是什么原因造成的，如何防止？

6-6　冲孔时易产生哪些缺陷，如何防止？

6-7　纤维组织是如何形成的，它对锻件性能有什么影响？

6-8　锻造对钢锭的组织和性能有何影响？

6-9　胎模锻有何特点？

6-10　胎模按模具主要用途可分为哪几类？

7 锤上模锻

利用锻锤驱动锻模完成模锻件成型的过程称为锤上模锻（以下一般简称锤锻）。用于模锻的锻锤包括蒸汽-空气模锻锤、对击模锻锤、机械锤和模锻空气锤等，其中，蒸汽-空气模锻锤（图7-1，已有相当大部分改造为电液驱动，以下简称锻锤）数量最多，模锻件产量最大。

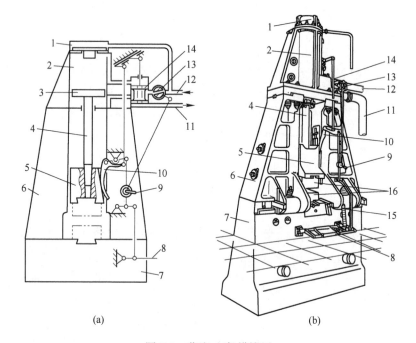

（a）　　　　　　　　　　　（b）

图 7-1　蒸汽-空气模锻锤

（a）原理图；（b）外观图

1—缓冲缸；2—工作缸；3—活塞；4—锤杆；5—锤头；6—立柱；
7—砧座；8—操纵踏板；9—手柄；10—月牙板（马刀拐）；11—排气管；
12—进气管；13—节气阀；14—滑阀；15—过渡砧；16—锻模

7.1　锻锤工艺特点及锤锻工艺流程

7.1.1　锻锤工艺特点

锻锤的工艺特点可概括为工艺灵活、适应性广。

（1）锤头行程和打击速度操控方便，可在可能范围内实时调节打击能量和打击频率。这种性能正是模锻变形（特别是拔长、滚压等制坯）过程所需要的，其他种类设备暂不具备这种性能。这是锻锤显著突出的工艺性能特点。

（2）具有一定的抗偏载能力，便于进行多膛模锻，在较大范围内减少对制坯设备的依赖，因而以锻锤为主机的锻造生产线比较"精干"，效率也比较高。

（3）打击速度快，带来冲击和惯性作用，金属在模膛内的填充能力强。

（4）可适应多种形体结构类型锻件，包括短轴类、长轴类和复合类锻件的模锻生产。

（5）锻锤属于限能设备，不存在过载危险，为操作提供了方便。

工作原理决定了锻锤工作时的冲击性和强烈振动，存在以下工艺缺点：

（1）模具导向难度大，难于设置顶出机构，使得锻件精度不够高。

（2）一般采用整体模块制作模具，且锻模寿命较低，使得模具费用较高。

（3）难于实现自动化，对操作者技艺和熟练程度要求高。

（4）不适应对变形速度敏感的低弹塑性材料。

同时，设备投资较大，对环境影响大，对厂房要求高，劳动条件差，能源利用率低。

可见，锻锤优点突出，缺点也突出。不过，随着科技的发展，锻锤的缺点得到了一定程度的抑制。正是锻锤存在其他设备尚不具备的优点，以及受经济条件限制短时期内还不能被全部淘汰，因此专家们认为，在相当长的时期内，锤锻将和其他设备上的模锻并存。

7.1.2　锤锻工艺流程

锤锻主要采用开式模锻，其工艺流程如图7-2所示。

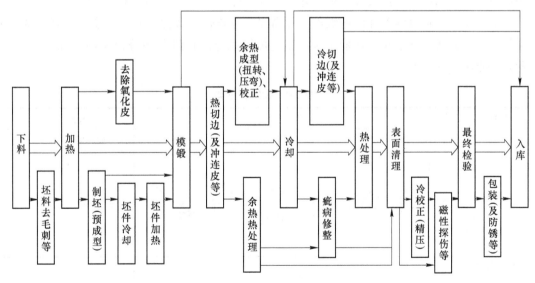

图 7-2　锤锻工艺流程（各工序的质量检查未列入）
⟹典型工艺流程；——复杂或变异工艺流程

7.2　模锻件分类

不同种类模锻件的模锻工艺过程和模具结构设计有明显区别，明确锻件结构类型是进行工艺设计的必要前提。锻件分类的主要依据是锻件的轴线方位、成型过程中用到的工步，以及几何形体结构的复杂程度等。业内将一般锻件分为三类，每类又分为若干组。

第Ⅰ类锻件——主体轴线立置于模膛成型，水平方向二维尺寸相近（圆形、方形或近似形状）的锻件，也称为短轴类或饼类锻件。通常会用到镦粗工步。根据成形难度差异分为3组。

Ⅰ-1组：子午面内构造简单的回转体，或周向结构要素凹凸差别不大，且均匀分布，金属在模膛内较容易填充的锻件，如形状较简单的齿轮。

Ⅰ-2组：子午面内构造稍复杂的回转体，或周向结构要素凹凸有一定差别，或周向存在非均匀分布结构要素的锻件，如轮毂-轮辐-轮缘结构齿轮、十字轴、扇形齿轮。

Ⅰ-3组：子午面内构造复杂的回转体，或过主轴线的剖面虽然不太复杂，但周向结构要素部分或全部兼备了凹凸差别明显、有起伏、非均匀分布等情况，或在高度方向存在难于填充的窄壁筒或分叉，需要成形镦粗或预锻工步的锻件，如高毂凸缘、凸缘叉。

第Ⅱ类锻件——主体轴线卧置于模膛成型，水平方向一维尺寸较长的锻件，也称为长轴类锻件。一般来说。该类锻件横截面差别不太大，通过拔长或滚压等工步能满足后续成型要求。根据主体轴线走向及其组成状况分为4组，同组锻件形体结构差异仍较大，可再酌情分小组。

Ⅱ-1组：主体轴线为直线的锻件，含主体轴线在铅垂面内存在起伏不大的弯曲，但不用弯曲工步的锻件。按轴线上是否有孔等特征再细分为2个小组（表7-1）。

Ⅱ-2组：主体轴线为曲线的锻件。除需要一般长轴类锻件的制坯工步（卡压、成形、拔长、滚压）外，还会用到弯曲工步。按主体轴线走向再细分为分模面内弯曲及空间弯曲两个小组（表7-1）。

表 7-1　模锻件分类

类别	组别	图　　例	补充描述
第Ⅰ类：短轴类	Ⅰ-1	（略）	平面分模
	Ⅰ-2		平面分模
	Ⅰ-3		平面或曲面分模

类别	组别	图　　例	补充描述
第Ⅱ类：长轴类	Ⅱ-1-a		含主体轴线在铅垂面内存在起伏不大的弯曲，但不用弯曲工步的锻件。平面或曲面分模
	Ⅱ-1-b	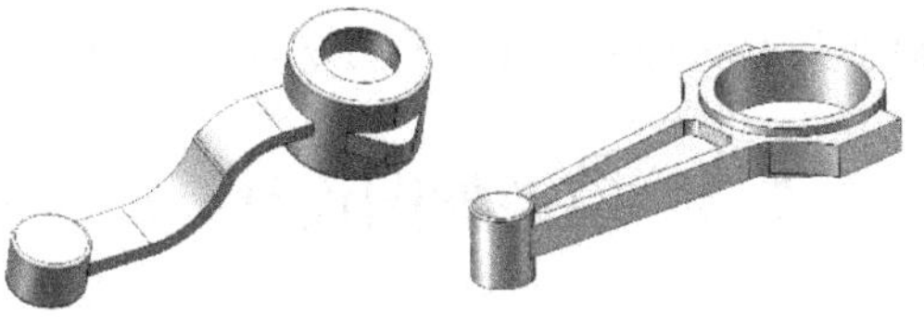	主体轴线上存在孔。含主体轴线在铅垂面内存在起伏不大的弯曲，但不用弯曲工步的锻件。平面或曲面分模
	Ⅱ-2-a		主体轴线在分模面内弯曲，需要弯曲工步。平面分模
	Ⅱ-2-b	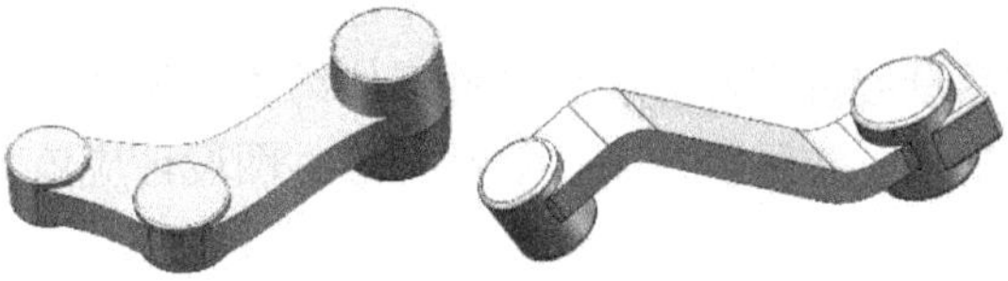	主体轴线空间弯曲，需要弯曲工步。曲面分模
	Ⅱ-3	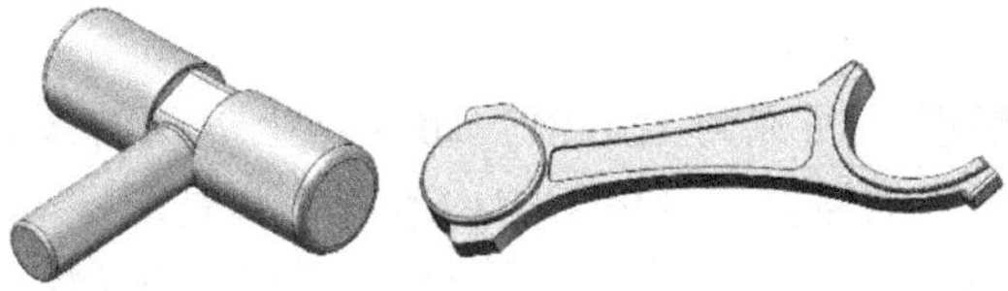	主体轴线不一定为直线。平面或曲面分模
	Ⅱ-4	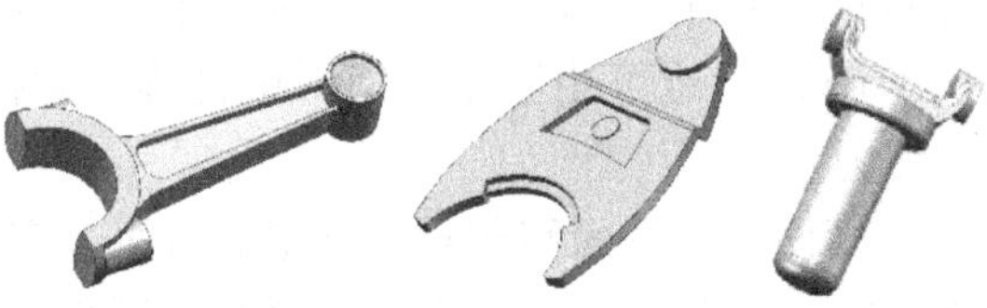	两分枝构造相近，相对主轴线呈对称或基本对称分布，平面或曲面分模； 两分枝相差过大，或分枝部分所占比例明显大于主体部分等情况下，则转化为Ⅱ-3组
第Ⅲ类：复合类		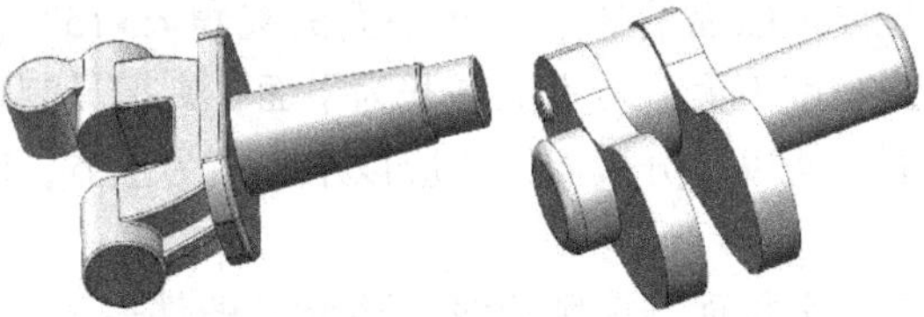	平面或曲面分模

Ⅱ-3 组：主体中段一侧有较短分枝（水平面投影为├形）的锻件。

Ⅱ-4 组：主体端部有分叉的锻件。该组锻件一般需要带劈料的预锻工步。

第Ⅲ类锻件——兼备两种或两种以上结构特征，横截面差别很大，制坯过程复杂，金属在模膛内较难填充的锻件，也称为复合类锻件，如"轴-盘-耳"结构的转向节，平衡块体积明显大于轴颈体积的单拐曲轴等。

以上分类是基于终锻直接得到的锻件形状，不含通过后续（压弯等）工序得到的形状更复杂的锻件。应当指出，实际生产中遇到的锻件构造及采用的成形工艺是千变万化的，具体锻件如何分类可根据其形状特征、相对尺寸关系和企业设备条件分析确定。

7.3　模锻件图设计

常规模锻件（以下简称锻件）的尺寸精度和表面质量有限，通常需经过切削加工才能成为零件。对零件图进行相应的转化，将零件的具体需要和模锻可能达到的技术水平综合考虑，并以工程图样的形式表达出来的过程称为锻件图设计。模锻工艺规程制订、锻模设计与制造都围绕锻件图展开，锻件检验交货的主要技术依据也是锻件图。可见，锻件图是模锻工艺设计的出发点与归宿，科学合理设计锻件图，对确保模锻技术经济效果具有重要意义。

显然，锻件形状应该尽量接近零件形状，零件形体结构、尺寸大小、切削精度、材料种类、技术要求以及生产批量、实际生产条件等都是锻件图设计应该考虑的因素。

7.3.1　分模面

7.3.1.1　分模面构造

锤锻模一般由上下两半模（简称为上下模）组成，上下模的接合面就是分模面。为适应锻件形体结构和模锻工艺的需要，分模面的构造有一些差别。

（1）平面分模。就是以一个水平面将上下模分开。平面分模模具制造容易，应用较多，但难以适应复杂构造锻件的需要。

（2）对称曲面分模。分模面由水平面和对称分布的曲面组合而成，适用于铅垂面内存在对称弯曲的锻件（图 7-3（a）），也可用于立锻叉形锻件等。对称曲面分模模具工作时能自动平衡部分或全部错移力。

（3）非对称曲面分模。分模面由水平面和非对称分布的曲面（空间曲面）组合而成，适用于铅垂面内存在非对称弯曲的锻件，也适用于构造复杂的锻件（图 7-3（b））。非对称曲面分模模具必须采取有效措施平衡错移力才能正常工作。

曲面分模还可用于局部改变上下模膛相对深度，以利金属填充。为保证正常切边，曲面必须有足够的倾斜，一般要求曲面的法线与水平面的夹角 $\alpha > 15°$（图 7-3）。分模曲面若能展开为平面，模具制造难度不大；若不能展开为平面，则模具制造难度增大。由于曲面部分一般难以作为承击面，所以，分模面一般应以水平面为主体，曲面所占比例应尽量小（图 7-4）。

锻件被分模面一分为二，分模面与模膛边缘（也就是锻件表面）的交线就是分模线，通常为封闭曲线。分模线以内还存在内分模面。如果内分模面与分模面共面，则上模模膛在分模面之上，下模模膛在分模面之下。某些存在跨越分模面的模膛（图7-5），内分模面与分模面不共面，可看作曲面分模应用的特例，模具设计制造时须特别对待。

锻件图上用点画线表示分模线，在需要明确的局部可用文字注明。

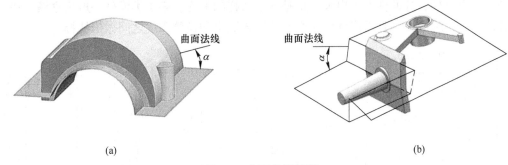

(a)   (b)

图 7-3 曲面分模示例

（a）对称曲面分模；（b）非对称曲面分模

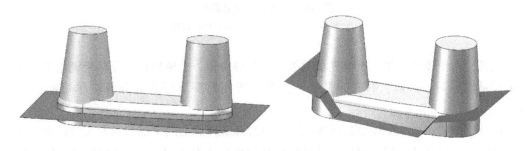

图 7-4 为局部改变模膛深度而采用曲面分模示例

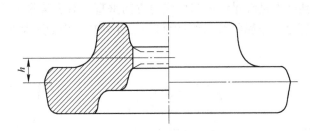

图 7-5 内分模面示例

7.3.1.2 分模面选用

具体锻件如何分模，采用何种分模面，应根据锻造方位和分模位置两个方面确定。

锤锻模不能像压铸模或注塑模那样设置抽芯机构，锻造方位选择的基本原则是，首先，不允许存在铅垂方向（及很小偏角范围内）平行光线不能直达的区域，否则锻件成型后无法取出。

其次，尽量锻出较多凹挡（零件所需）是选择锻造方位需要照顾的重点。对图7-6（a）所示零件，为减少内孔余块，应该立锻（图7-6（b）），但小头外围凹挡不能锻出；H/D 较大时则宜卧锻（图7-6（c）），否则小头外围凹挡余块太大。锻出凹挡也就是减少余块与余量，不仅可以节省材料，更重要的是能提供比较理想的纤维分布，有利于提高零件的承载能力。

再次，模膛深度较浅是锻造方位选择的另一重要出发点。因为模膛太深，难于填充，会增加飞边消耗，且锻件难于出模。正是基于这样的考虑，第Ⅰ类锻件一般为立锻，第Ⅱ类锻件一般为卧锻，第Ⅲ类锻件则应在凹挡能否锻出和模膛深浅之间做出抉择。

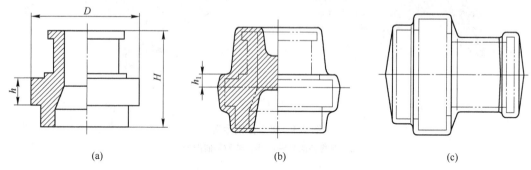

图 7-6　锻造方位与分模面
（a）零件；（b）立锻锻件；（c）卧锻锻件

此外，由于惯性作用，上模充填效果比下模好得多；上模模膛不会存留氧化皮，锻件表面质量也更好。所以，锻件的复杂部分及模膛相对深度较大的部分应尽可能由上模成型。

锻造方位确定后，分模面的具体位置一般选在锻件侧面的中部，以便实时目测发现错差；同时，这样还便于切边定位，并可减少切边形成毛刺的可能性。如图 7-6（b）中 h_1 一般应大于 3mm。

零件受力的最佳状态是纤维组织与剪应力方向垂直，对于某些关键零件，应该注意发挥塑性成型能较合理分布金属纤维组织的优势（图 7-7）。由此可能使平面分模变为曲面分模。

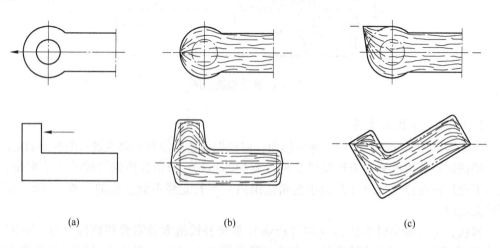

图 7-7　合理分布纤维组织而采用的分模位置
（a）零件受力；（b）纤维组织分布不够好；（c）纤维组织分布较好

此外，粗加工基准应避免选在分模线上。

上述选择分模面的约束条件存在一些冲突时，应协调矛盾，统筹考虑。

7.3.2　余块、余量和锻件公差

对于零件上某些细节（如窄槽、小孔、落差很小的台阶等），以及影响锻件出模的凹挡/侧孔，应增设余块，即增加大于余量的敷料（图7-8中K处）。余块虽然增加了材料消耗，但简化了锻件结构，降低了锻造难度，有利于提高锤锻模使用寿命。有些零件还需要工艺余块作检测试样。

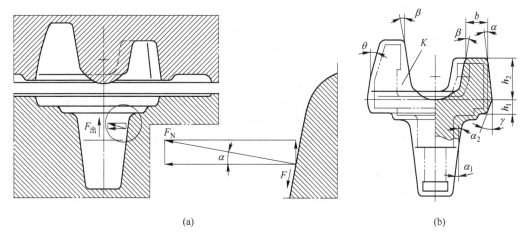

（a）　　　　　　　　　　　　　　　　　　　（b）

图 7-8　模锻斜度

（a）模锻斜度；（b）常见模锻斜度类型

α—外斜度；β—内斜度；γ—匹配斜度；θ—自然斜度

常规锻件表面质量、尺寸精度和形位精度均不够高，其原因是多方面的。

（1）加热引起表面氧化、脱碳等。

（2）脱落的氧化皮滞留在模腔内，压入锻件表面，清理后残留凹坑。

（3）坯料体积波动、终锻温度波动、温度不够均匀以及操作偏差，使得锤锻模打击不到位或锤锻模塌陷，引起高度方向尺寸波动。

（4）磨损或塑性变形引起模腔尺寸变化。

（5）锤锻模导向精度有限，造成错差。

（6）热锻件在工序间流转受到磕碰，引起凹陷、变形。

（7）锻造后续工序（切边、冷却、清理等）引起翘曲、歪扭。

以上原因使得在高质量的零件表面必须增设余量，并允许存在一定偏差。过大的表面余量，将增加切削加工量和金属损耗；余量不足，则将增加锻件的废品率。20世纪80年代开始，我国制定并逐步贯彻执行了锻件公差标准，现行国家标准为 GB/T 12362—2016《钢质模锻件公差及机械加工余量》。

锻件图设计起始阶段，有一个从零件图起步，估选余块、余量的环节，可参照同类型锻件或查表确定。之后，零件就初步转换为锻件，并可以开始后续工作。后续工作中发现估选值不合适时，再返回修改。

7.3.2.1　锻件公差的种类

A　尺寸公差

锻件长、宽、高尺寸公差，是指在分模面一侧（在同一模块上成形）的长、宽、高三维尺寸（图 7-9 中 l_1、b_1、b_2、h_1、h_2）及跨越分模面的厚度尺寸（图 7-9 中 t_1、t_2）等线性尺寸的公差。构成锻件主体的圆弧半径（图 7-9 中 R）亦视为线性尺寸。

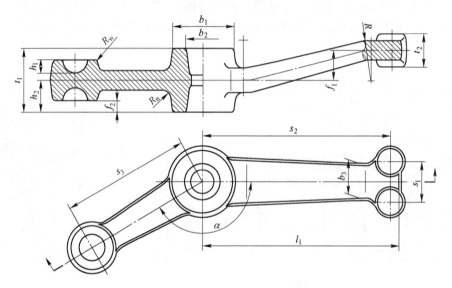

图 7-9　锻件线性尺寸与角度尺寸

线性尺寸公差规定为非对称分布，外量尺寸上极限偏差应大于下极限偏差，内量尺寸上极限偏差应小于下极限偏差；实体增大方向一般占公差的 2/3，实体减小方向占 1/3。这样有利于稳定工艺过程，提高锤锻模使用寿命。

B　几何公差

（1）形状公差包括直线度、平面度等。

（2）位置公差包括位置度、同轴度等，其中同轴度常用壁厚差表示。

（3）方向公差包括平行度、垂直度等。

（4）跳动公差包括圆跳动和全跳动。

（5）错差是指以分模面为界，锻件的上下两半部分在水平方向的相对偏移（图 7-10）。错差有纵向、横向和旋转 3 个自由度，实际错差还可能以组合形式出现。

C　表面允许缺陷

（1）残留飞边及飞边过切量是指终锻模膛分模面尺寸与切边凹模刃口尺寸不吻合，造成锻件分模面不理想的现象（图 7-11（a）（b））。残留飞边一般会同时出现毛刺。

（2）毛刺是一种切边不彻底的表现，在分模面与锻件本体的高度差 h_1 过小（图 7-11（b））的情况下，容易沿切边方向拉成毛刺（图 7-11（c））。

（3）表面凹陷包括氧化皮压入留下的凹坑、碰伤、折叠与裂纹修磨后的凹坑等。

D　质量偏差

对于某些保留较多锻造表面的零件（如发动机连杆），仅控制锻件尺寸公差难以满足

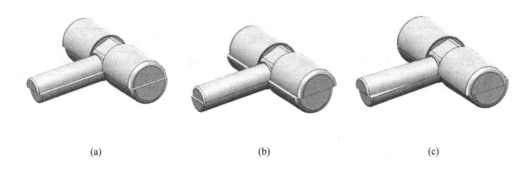

| (a) | (b) | (c) |

图 7-10　锻件的错差

（a）纵向错差；（b）横向错差；（c）旋转错差

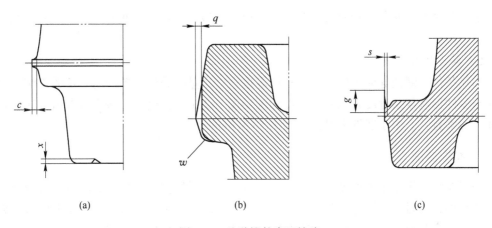

| (a) | (b) | (c) |

图 7-11　几种锻件表面缺陷

（a）残留飞边；（b）飞边过切量；（c）毛刺

c—残留飞边；x—凹陷；q—飞边过切量；

w—拉缩；g—毛刺高度；s—毛刺宽度

使用要求，可能需要规定质量偏差。

判定锻件质量是否合格时，各项公差不能相互叠加。

7.3.2.2　影响余量与锻件公差的因素

A　公称尺寸和锻件质量

锻件公称尺寸为零件尺寸与初选余量之和，若有修订，则为零件尺寸与余量之和。锻件质量按公称尺寸计算。

B　锻件形状复杂程度

锻件形状复杂程度用复杂系数 S 表示，被定义为锻件占据的体积 V_d 与外廓包容体积 V_b 之比，即 $S = V_d / V_b$。外廓包容体积有两种，即圆形锻件为圆柱体，其他锻件为长方体。GB/T 12362—2016 将锻件形状复杂程度分为四级。

C　材质系数

按锻造难易程度及造成锤锻模磨损速度，材质系数划分为两类（表7-2）。

表7-2　锻件材质系数等级

M_1	碳的质量分数低于0.65%的碳钢，合金元素总质量分数低于3.00%的合金钢
M_2	碳的质量分数等于或大于0.65%的碳钢，合金元素总的质量分数等于或大于3.00%的合金钢

注：铝合金、镁合金、铜合金可较M_1严一至二档（视为M_0）；不锈钢、耐热钢、钛合金等应比M_2宽一至二档（视为M_3）。

D　零件切削精度与切削工艺过程

在零件表面粗糙度Ra值小于1.6μm（先切削后磨削），零件切削过程中安排有中间热处理等情况下，应加大余量。切削加工的粗基准是锻造应该重点保证的要素，其余量可适当减小。

E　分模面构造

平面及对称曲面分模较容易控制错差和残留飞边，而非对称曲面分模的错差和残留飞边应宽一档。

F　其他因素

加热条件、锻锤导向精度、模具材质等也会对余量与锻件公差产生一定的影响。余量主要与零件形状复杂程度和尺寸、零件切削精度与切削工艺过程、表面与锻造方向的相对位置等因素有关。中小锻件余量范围为1.5~3.0mm。

7.3.3　模锻斜度

金属在力的作用下填充模膛，迫使模膛发生微量弹性变形，外力撤除后，模膛会反过来夹持锻件；同时，热锻件冷却收缩，对模膛中的岛屿、半岛、长埂状部位形成箍、夹作用；此外，模膛与锻件接触面还存在摩擦，这些因素均对锻件出模构成阻碍。

为了顺利取出锻件，模膛所有表面不仅不允许存在铅垂方向（特殊情况下允许小偏角）平行光线不能直达的区域，还必须相对铅垂方向有足够的倾斜（图7-8（a））。这种倾斜表现在锻件上就是模锻斜度。

图7-8（b）所示为锻件上的各种斜度。热锻件冷缩会离开模膛侧壁的部位称为外斜度（α），热锻件冷缩会更加紧贴模膛侧壁的部位称为内斜度（β）。

水平方向尺寸相等但上下模膛深度不等时（图7-8中h_1、h_2处），一般按深度较大侧确定分模线。为了使上下模膛的分模线一致，一般采取增大深度较小侧的模锻斜度的方法，这个斜度称为匹配斜度（γ），也称为连接斜度或过渡斜度。

由图7-8（a）可见，锻件不仅受到模壁正压力F_N（$F_N\sin\alpha$有利于脱模）的作用，还受到摩擦力F（$F=\mu F_N$，$F\cos\alpha$阻碍脱模）的作用，当$F\cos\alpha=F_N\sin\alpha$，即$F/F_N=\tan\alpha=\mu$时，就能自然脱模（$F_{出}=0$）。

显然，模锻斜度较大对脱模有利，但带来的负面影响是增大金属填充模膛阻力，增大斜度余量，还会影响零件美观，因此模锻斜度应尽量选用较小值。

模锻斜度取值主要应考虑模膛相对深度（h/b）。h/b较小，斜度取小值；反之，取较大值。h/b很大的情况下，可采用变换斜度（图7-8（b）上的α_1、α_2）的操作，近模膛底部斜度α_1稍小，近模膛口部斜度α_2稍大。生产实践表明，大多数情况下取$\alpha=7°$，$\beta=10°$即可。若设置顶出机构，模锻斜度可以适当减小。

锻件材质不同，斜度略有差别。铝合金锻件的模锻斜度可小于钢锻件。

同一锻件上的外斜度值应尽量一致，内斜度增大 2° 或 3°，也应尽量统一。用标准锥形铣刀完成模膛加工时，模锻斜度尽量采用标准系列值（如 3°、5°、7°、10°、12° 等）。

特殊情况下，允许在下模局部采用小于 10° 的负斜度（图 7-12）。前提条件是要与金属流动方向相适应（能顺利填充），同时，为保证取出锻件（取出方向相对铅垂方向偏转一个小角度），负斜度面与对侧之间的夹角应大于 2α（$\alpha > 7°$）。

锻件本身表面足够倾斜时的斜度称为自然斜度（图 7-8（b）上的 θ），变换锻造方位往往能获取较多自然斜度，但使分模面构造复杂（图 7-13）。沿直径面分模的卧置圆柱面和球面具备自然斜度（分模面附近由于去除了飞边桥部高度以及做出分模面圆角，不会阻碍锻件出模）。

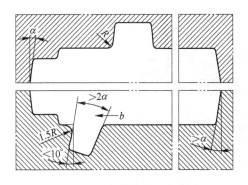

图 7-12　局部模膛采用负斜度

b—金属填充方向

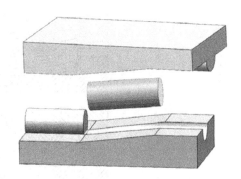

图 7-13　变换锻造方位获取自然斜度

模锻斜度是一个几何形体问题，附加模锻斜度后，会造成锻件形体发生改变，图 7-14 所示为几种常见几何体附加斜度后发生的改变。若再叠加切削余量，还会引起水平方向尺寸改变。

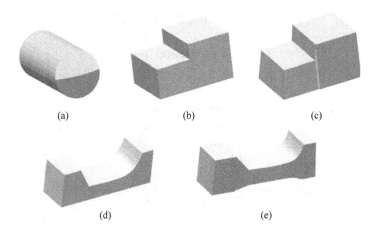

图 7-14　几种常见几何体附加斜度后发生的改变（未做圆角）

（a）卧锻圆柱端面；（b）台阶（无斜度）；（c）台阶（附加斜度）；

（d）组合形状（无斜度）；（e）组合形状（附加斜度）

7.3.4 锻件圆角

锻件上凸出或凹下的部位均不允许呈棱边状，应当以适当圆角过渡。凸出的圆角称为外圆角 R_w ，凹下的圆角称为内圆角 R_n 。

就锻件来说，R_w 小，锻件轮廓清晰、美观，但金属在相对深度 h/b 较大的模膛中难于填充；R_w 大，则锻件轮廓较模糊，还可能使切削余量不足。R_n 小，金属在模膛内流动阻力大，且不利于保持纤维组织的连续性（图 7-15（a）），导致力学性能下降，还容易产生回流现象，引起折叠缺陷（图 7-15（a））；R_n 大，主要是增加切削余量。

模膛的凸、凹圆角正好反于锻件圆角。R_w 小，在热处理和使用过程中，容易因应力集中导致模膛开裂；R_n 小，模膛容易被压塌，影响锻件出模，如图 7-16 所示。

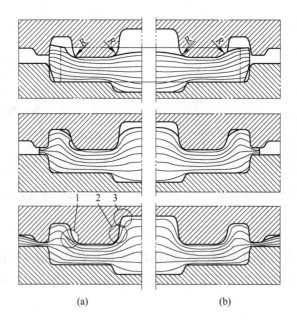

(a)　　　　　　　　(b)

图 7-15　圆角半径对金属流动的影响

（a）圆角偏小；（b）圆角合适（较大）

1—折叠；2—纤维被分段；3—欠充满

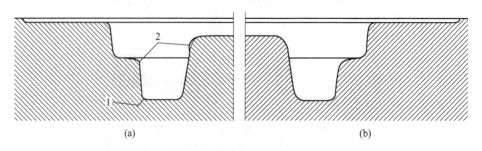

(a)　　　　　　　　(b)

图 7-16　模膛上大小圆角半径的表现

（a）圆角半径过小；（b）圆角半径适当

1—裂纹；2—塌陷

总体来看，为了便于金属流动和填充，并保证锤锻模强度，锻件上的凸、凹圆角半径均宜适当加大。

圆角半径值与锻件形状、尺寸有关，一般与锻件相对高度 h/b 正相关。通常有：

$$R_w = 余量+倒角, \qquad R_n = (2 \sim 3)R_w$$

为了便于选用标准刀具，圆角半径建议按下列标准值选定：1mm、1.5mm、2mm、3mm、4mm、5mm、6mm、8mm、10mm、12mm、15mm、20mm。在同一锻件上的圆角半径值不宜过多。

7.3.5 冲孔连皮

零件上开口朝向锻造方向的孔能否锻造，取决于模具强度。生产实践证明，模膛内相对高度 $h/d < 0.5$ 的凸台具有足够的使用寿命。因此，尺寸符合此比例的孔原则上可以锻出。不过只有直径 $d > 30mm$ 才具有合适的技术经济意义，所以，$d < 25mm$ 的小孔通常被简化（填上余块）。$h/d = 0.5 \sim 1.0$ 时，则需要良好的制坯、预锻配合；$h/d > 1$，模具很容易损坏。

模锻不能直接锻出通孔，必须在孔内保留一层称为连皮的金属（图7-17）。冲去连皮后，才得到通孔。显然，连皮薄，废料少，所需冲切力小，但在终锻时单位面积抗力大，容易发生欠压，凸台容易磨损或被压塌，还容易在锻件上形成折叠；反之，连皮厚，废料多，所需冲切力大，会造成锻件形状严重走样。所以，连皮设计要适当。

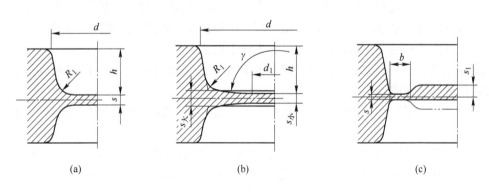

图 7-17 冲孔连皮

（a）平底连皮；（b）斜底连皮；（c）带仓连皮

7.3.5.1 中等孔径（ 30mm < d < 60mm ）锻件

中等孔径锻件通常采用平底连皮。连皮厚度 s 推荐为

$$s = 2.5mm + (5 \sim 7.5)d/100 \tag{7-1}$$

其中，系数（5~7.5）按 h/d 确定，$h/d = 0.5$ 时取5，h/d 接近1时取7.5。

连皮与锻件本体之间的过渡圆角 R_1 就是模膛中的凸台圆角，该部位负荷极为繁重，在模锻时承受激烈的金属流动冲刷，为了避免过早损坏并避免锻件上出现折叠，该圆角应大于同一锻件上其他内圆角。

7.3.5.2 较大孔径（$d > 60mm$）锻件

锻件孔径较大时，若仍用平底连皮，则内孔金属不易转移，凸台容易磨损或被压塌，还容易产生折叠。应将平底面积减小，周边做成顶角为 γ 的锥形，得到斜底连皮（图7-17（b））。尺寸推荐为

$$\left.\begin{array}{l} s_大 = 1.35s \\ s_小 = 0.65s \\ d_1 = (0.25 \sim 0.35)d \end{array}\right\} \tag{7-2}$$

式中，s 按式（7-1）计算。

合适的斜底连皮有利于金属转移，凸台不容易损坏，还能有效避免折叠。但周边厚度大，所需冲切力大，容易引起锻件形状走样。所以，常用作预锻，终锻采用带仓连皮（图7-17（c）），将冲切部位压薄。

带仓连皮的实质是内飞边槽，仓部的作用是为斜底连皮回流提供空间，所以，仓部容积应略大于斜底连皮体积。有关尺寸可按飞边槽设计。带仓连皮不宜单独使用，应与斜底连皮配套。

孔径大，冲切废料多。所以，较大孔径（$d >100mm$）锻件，最好先自由锻制坯（冲孔+扩孔）再模锻。回转体锻件可用带通孔的坯料辗扩成形。

7.3.5.3 小孔径（$d < 25mm$）和难于穿通孔的锻件

不宜增大坯料截面的情况下，为了确保锻件填充饱满，锻件上的小孔部位可适当压凹。倾斜方向难于穿通的孔也可以采用压凹。压凹的设计要点是，应确保模膛凸台具有足够的强度。由于难免存在错差，压凹可能不利于后续切削加工。

孔径虽然不小，但深度较大的锻件也可锻成盲孔（图7-6（b））。压凹和盲孔的后续加工均留待切削完成。

如前所述（图7-5），对于有内孔的锻件，选用分模面时应同时考虑冲孔连皮的位置。

应当明确，锻件图设计阶段主要考虑孔能否成型的问题，即在可冲通、盲孔/压凹、不成型之间作出选择。对于可冲通的孔，冲孔连皮的具体尺寸设计留待模膛设计阶段完成，锻件图上不绘连皮，即绘成冲去连皮的状态。

7.3.6 锻件图

上述各参数确定后，便可绘制锻件图。绘图应遵循国家标准。

7.3.6.1 绘制锻件图的注意事项

（1）视图尽量与锻造方位一致，能直接体现锻造打击方向。

（2）对分模面要交代清楚，特别是曲面分模的过渡部位。

（3）斜度和圆角会使零件形体发生一些改变，使得锻件相应位置形体变复杂，绘制某些截面时要注意这种变化，不能照搬零件图。

（4）锻件上存在很多圆滑过渡，一般按理论交点位置（未做圆角的状态）绘出其投影，这样的交点也是尺寸交接位置，"尺寸按交点注"就是这个含义。

（5）除了用粗实线绘制锻件外形轮廓和相贯线外，为便于了解余量是否满足要求，主要视图上需要切削加工的部位应该用双点画线绘制零件的主要轮廓线。若零件轮廓在主要视图上已表示清楚，其他视图不必重复。

（6）锻件图上的尺寸基准应尽量与零件图上相应的尺寸基准一致。

（7）模膛分模线附近及切边凹模刃口会较快磨损，使得锻件分模面尺寸变动范围较大。所以，粗加工基准应避免选在分模线上。同理，锻件水平方向尺寸一般不标注在分模线上，而标注在与模膛底线相应的轮廓上。

（8）已增加余量的锻件公称尺寸与公差写在尺寸线上方，零件尺寸加括号写在尺寸线下方。对于需精压的锻件，精压尺寸及偏差写在尺寸线上方，锻件公称尺寸与公差写在尺寸线下方，并分别用文字注明。

7.3.6.2 技术要求

锻件图上一般还应有技术要求，列入图上未表示的形体细节与公差说明、表面缺陷、内部品质和其他特殊要求等内容（表7-3）。各项要求应根据实际情况取舍，并非所有锻件需要面面俱到。技术要求原则上按锻件生产过程中检验的先后顺序排列。

表7-3　锻件图技术要求内容

形体细节与公差说明	表面缺陷要求	内部品质要求	其他特殊要求
（1）尺寸按交点注； （2）截面过渡形状说明； （3）未注明的模锻斜度； （4）未注明的圆角半径； （5）未注明的尺寸公差； （6）不便表达的几何公差； （7）允许的错差量	（1）残留飞边宽度、飞边过切量、毛刺高度； （2）碰伤、欠充满、氧化皮及缺陷（折叠等），修磨后的凹坑等表面缺陷允许深度（一般要区分加工表面和非加工表面）； （3）表面清理方法； （4）磁性探伤要求； （5）粗加工基准	（1）热处理方式及硬度要求，测试硬度的位置； （2）允许脱碳层深度； （3）低倍； （4）纤维方向； （5）组织晶粒要求； （6）力学性能要求	（1）质量偏差； （2）允许代用的材料牌号； （3）特殊标记内容、部位； （4）防锈、包装要求

注：1. 表面缺陷要求还可能需要规定某些不重要的欠充满允许焊补的深度、范围。

2. 测试硬度的位置应尽量选在加工表面，调质锻件选在厚处，退火锻件选在薄处。

3. 需要检测金相组织和进行力学性能试验时，应注明取样部位、方向、抽查比例。

7.3.6.3 锻件图示例

锻件图示例如图7-18所示。

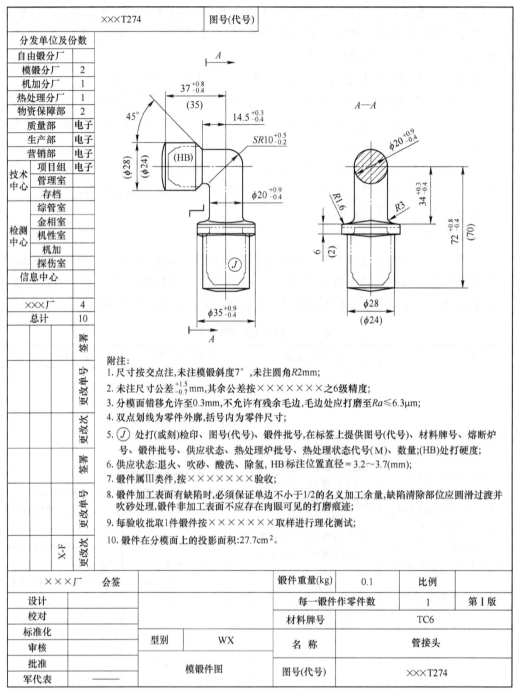

×××T274		图号(代号)	
分发单位及份数			
自由锻分厂			
模锻分厂	2		
机加分厂	1		
热处理分厂	1		
物资保障部	2		
质量部	电子		
生产部	电子		
营销部	电子		
技术中心	项目组	电子	
	管理室		
	存档		
检测中心	综管室		
	金相室		
	机性室		
	机加		
	探伤室		
信息中心			
×××厂	4		
总计	10		
	签署		
更改单号			
更改次			
	签署		
更改单号			
X-F	更改次		

附注:
1. 尺寸按交点注,未注模锻斜度7°,未注圆角R2mm;
2. 未注尺寸公差$^{+1.5}_{-0.7}$mm,其余公差按×××××××之6级精度;
3. 分模面错移允许至0.3mm,不允许有残余毛边,毛边处应打磨至$Ra \leqslant 6.3\mu m$;
4. 双点划线为零件外廓,括号内为零件尺寸;
5. ⓙ处打(或刻)检印、图号(代号)、锻件批号,在标签上提供图号(代号)、材料牌号、熔断炉号、锻件批号、供应状态、热处理炉批号、热处理状态代号(M)、数量;(HB)处打硬度;
6. 供应状态:退火、吹砂、酸洗、除氢,HB标注位置直径 = 3.2~3.7(mm);
7. 锻件属Ⅲ类件,按×××××××验收;
8. 锻件加工表面有缺陷时,必须保证单边不小于1/2的名义加工余量,缺陷清除部位应圆滑过渡并吹砂处理,锻件非加工表面不应存在肉眼可见的打磨痕迹;
9. 每验收批取1件锻件按×××××××取样进行理化测试;
10. 锻件在分模面上的投影面积:27.7cm²。

×××厂	会签		锻件重量(kg)	0.1	比例	
设计			每一锻件作零件数		1	第Ⅰ版
校对			材料牌号		TC6	
标准化		型别	WX	名称	管接头	
审核						
批准		模锻件图		图号(代号)	×××T274	
军代表	——					

图 7-18　锻件图示例

7.4　模锻模膛设计

锻件成形一般应先制坯后模锻（图 7-19），典型锤锻模应包含制坯模膛和模锻模膛。

由于后面工作的需要是安排前面工作的依据，所以，模膛设计往往按终锻—预锻—制坯的顺序进行，即逆向而行（图7-20）。

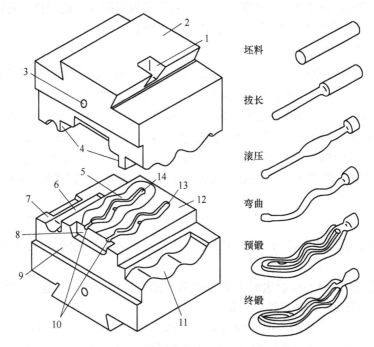

图7-19　典型锤锻模结构及锻件成形过程

1—键槽；2—燕尾；3—起重孔；4—锁扣；5—飞边槽；6—滚压模膛；
7—拔长模膛；8—钳口；9—检验角；10—钳口颈；11—弯曲模膛；
12—承击面；13—预锻模膛；14—终锻模膛

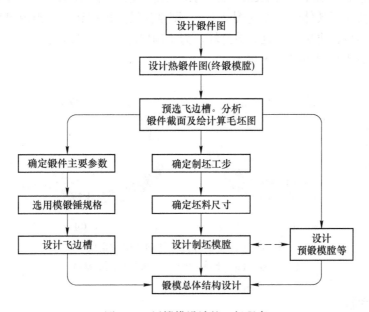

图7-20　锤锻模设计的一般程序

7.4.1 终锻模膛设计

锻件在终锻模膛内完成最终成形，所以，对终锻模膛的要求最严格。终锻模膛设计的主要任务是设计热锻件图、选择飞边槽，以及设计钳口。

7.4.1.1 热锻件图设计

模膛是反于锻件形状的空腔，大多构造比较复杂，一般难于将繁杂的尺寸直接标注在模具的空腔中，但以实型表达模膛却比较方便，既能与锻件尺寸对应，也便于电火花成形加工电极制造。这种表达终锻模膛空腔的实型就是热锻件图，它是终锻模膛制造和检验的依据。

热锻件图的设计原则是，设法使工件经过后续工序（切边、冲连皮、弯曲……冷却等）之后，得到符合锻件图要求的锻件。由于后续工序还会不同程度改变工件的形状和尺寸，所以，热锻件图并不仅仅是锻件图的简单放大。热锻件图与锻件图的差别体现在以下几个方面。

A 形状方面

（1）连皮是模膛的一部分，且同模膛一道加工，所以，冲孔件的热锻件图要绘上连皮。

（2）边缘较薄的锻件在切边时会发生拉缩变形，为消除这种缺陷，应该在一定范围内增加一些工艺余块，以补偿拉缩变形。

（3）相对深度较大的狭小模膛容易存留气体，位于下模的狭小模膛还容易存留氧化皮，且不易清除彻底，这些部位容易出现欠充满现象，应适当加深，以预留一些空间。

（4）某些在分模线上直接钻孔的锻件，为了保障分模线附近为足够宽的平面，应在该局部增加一定厚度的余块（以能顺利切边，不会造成锻件本体变形为度）。

（5）锻件被锤击后常常会发生跳动乃至跳出模膛，对于下模部分为非回转体的锻件，可以很容易地将锻件按原方向复位，然后再次锤击，直至完成模锻。对于下模部分为回转体而上模部分为非回转体的锻件（图7-21），则难免发生周向错动，造成已成型的上模部分与模膛发生错位，再次锤击就会被打坏。为了确保能按原方向复位，应在下模增设定位余块（有连皮的锻件最好设在连皮上）。

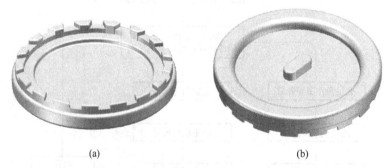

(a)   (b)

图 7-21 防止锻件发生转动的定位余块
(a) 上模；(b) 下模（中央凸出长条为定位余块）

B 尺寸方面

热锻件图上的尺寸一般比锻件图的相应尺寸有所增大。理论上加放收缩率后的尺寸

（忽略模块本身的热膨胀）为：

$$l_热 = l(1 + \delta) \qquad (7-3)$$

式中　$l_热$——热锻件尺寸；

l——锻件尺寸；

δ——终锻温度下金属的收缩率，钢为 1.5%，不锈钢为 1.5% ~ 1.8%，钛合金为 0.5% ~ 0.7%，铝合金为 0.8% ~ 1.0%，镁合金为 0.8%，铜合金为 1.0% ~ 1.3%。

加放收缩率时应注意下列几点：

（1）散热尺寸小（细而长、薄而宽）的局部收缩率应适当减小。例如图 7-22 中尺寸（$l - l_1 - l_2$）的收缩率应小于尺寸 l_1 和 l_2，一般取 1.0%。组合尺寸将各段尺寸累加即可。

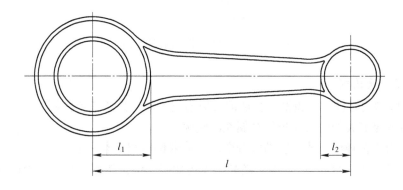

图 7-22　中心距尺寸的构成

（2）为简化制造，无坐标中心的小圆角半径（$R = 10mm$ 以下）不放收缩率。

（3）利用终锻模膛进行校正工序的锻件，其收缩率应视校正温度而适当减小。

锻锤吨位偏小时，容易发生欠压现象，应把热锻件高度尺寸整体性减小，以便抵消欠压的影响（飞边厚度可能较大）；相反，锻锤吨位偏大时，锤锻模承击面容易压陷，应把热锻件图的高度尺寸整体性加大。一般情况下，减少或增大高度尺寸应限制在锻件尺寸公差范围内。

模膛易磨损的局部，可在锻件负公差范围内减小模膛尺寸（增加磨损量）。例如十字轴热锻件的悬臂轴根部按最小尺寸 d_{min} 加放收缩率，轴端部按公称尺寸 d 加放收缩率（图 7-23）。

热锻件图的高度方向尺寸一般以分模面为基准，以便于锤锻模切削加工和准备样板。

热锻件尺寸一般精确到 0.1mm 即可。生产实践中往往要经过一定批量试生产后进行修改，才能确定合理的热锻件尺寸。

C　图面表达方面

热锻件图上不绘零件轮廓线，不注公差（执行有关模具制造公差标准），不标材料牌号，不列与说明形状无关的技术要求。

锻件形状较简单时，热锻件图可与锤锻模图合绘在一幅图样上。

由以上介绍可见，热锻件图和锻件图差别很大，用途也不同，切不可混为一谈。

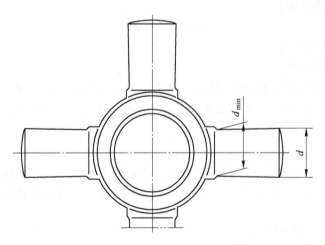

图 7-23　十字轴热锻件的局部尺寸

7.4.1.2　飞边槽

终锻模膛周边必设有飞边槽，合适的飞边槽应该同时具备三个作用。

（1）造成足够大的阻力，迫使金属充满模膛。

（2）作为工艺补偿环节，容纳多余金属，使锻件体积基本一致。

（3）终锻后期（打靠时），温度尚高的飞边如同软垫，能够缓解上下模硬碰硬，保护承击面。

为实现上述作用，并便于飞边被切除，飞边槽一般呈扁平状（图 7-24）。飞边槽由桥部和仓部组成，桥部实现第（1）（3）项作用，仓部实现第（2）项作用。具体锻件采用的飞边槽在结构上有一些差别。

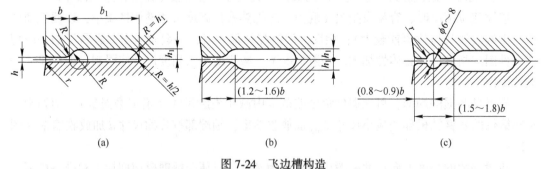

图 7-24　飞边槽构造
（a）基本型；（b）双仓型；（c）带阻力沟型

图 7-24（a）为基本型，仓部开在上模，这样强度较弱的桥部受热相对少些，不易磨损或被压坍。

图 7-24（b）为双仓型，上下模均开仓部，用于形状复杂和坯料体积难免偏多的模膛边缘。从保障下模模膛边缘强度考虑，一般下模桥部宽度 $b_下 = (1.2～1.6)b$。

图 7-24（c）为带阻力沟型，在加宽的桥部开设阻力沟，这样能形成更大阻力，一般只用于难充满的局部模膛边缘。这种部位往往需要更大的飞边，故需开双仓。

必要时，基本型可以倒置，将仓部开在下模。此外，还有牺牲阻力仅起容纳作用的扩张型飞边槽、阻力更大的楔型飞边槽等。

影响飞边槽尺寸的因素非常多，如锻件材质、锻件复杂程度、锻件尺寸（变形面积）、变形温度、设备吨位、打击次数等，至今尚无精确的理论分析法可用来确定飞边槽尺寸。生产实际中通常从锻锤吨位出发，按表 7-4 查取飞边槽的具体尺寸。在尚未确定锻锤吨位之前，可参照经验预选，完成后续设计再稍作修订。

表 7-4　按锻锤吨位确定基本型飞边槽尺寸

锻锤吨位/t	桥部高度 h /mm	桥部宽度 b /mm	仓部宽度 b_1 /mm	仓部高度 h_1 /mm	模膛边缘圆角 r /mm
1	1.0~1.6	8	22~25	4	1.5
2	1.8~2.2	10	25~30	4	2.0
3	2.5~3.0	12	30~40	5	2.5
5	3.0~4.0	12~14	40~50	6	3.0
10	4.0~6.0	14~16	50~60	8	3.5
16	6.0~9.0	16~20	60~80	10	4.0

飞边槽的关键尺寸是桥部高度 h 和宽度 b，敏感性强。b/h 太大，会产生过大的阻力，导致欠压，并使锤锻模过早磨损或压坍；b/h 太小，会产生大的飞边，模膛却不易充满，同时，由于桥部强度差而易于被压坍变形。生产实践表明 $b/h=4\sim6$ 比较适宜。

模膛边缘圆角半径 r 也应合适，r 太小，容易压坍内陷，影响锻件出模；r 太大，则所需切边力大，容易造成锻件变形。

同一模膛四周的飞边槽可以分段选用不同类型，仓部宽度也可视需要增减。

7.4.1.3　钳口

终锻模膛和预锻模膛前方一般需开出称为钳口的凹腔，其作用是容纳夹钳和钳料头（图 7-25），或容纳调头模锻的前一锻件（带飞边）相应部位。对于不需钳料头的短轴类锻件，开出钳口的目的是便于取出锻件。制造锤锻模时，钳口还用作检验模膛用的铸型浇口。

钳口与模膛间的沟槽称为钳口颈，用作浇道时，它先于飞边桥部开出。钳口颈截面（ $b \times a$ ）必须足够大，以利于拽锻件出模，更重要的是能防止钳料头飞出伤人。

模膛与前面的距离 l_1 要根据模膛布排而定，应大于最小模壁厚度；开出钳口不应过分削弱前面模壁强度，在保证过渡圆角 R 足够大的同时，钳口颈长度 l 按下式确定：

$$l = (0.5 \sim 0.7)h_0 > 12 \tag{7-4}$$

式中　h_0——临近钳口的模膛深度（mm）。

为确保钳口牢靠，锤锻模制造和修复时钳口不允许焊补。

钳口宽度 B 和高度 h 应能满足使用要求，不需钳料头的短轴类锻件，高度 h 可减小。预锻模膛与终锻模膛的钳口间壁厚小于 15mm 时，可开通连成一个大钳口。

7.4.2　预锻模膛设计

对于结构比较复杂的锻件，如果制坯后直接终锻，会出现欠充满或折叠缺陷，或会致

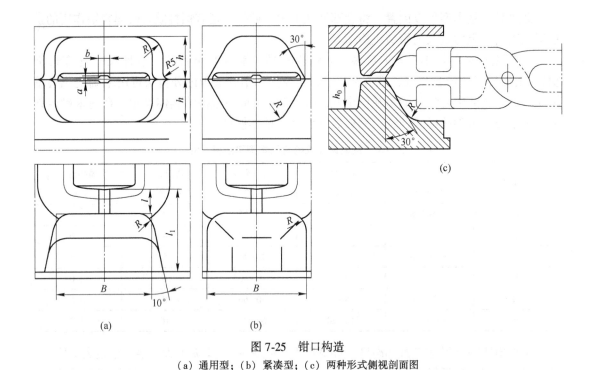

图 7-25 钳口构造

（a）通用型；（b）紧凑型；（c）两种形式侧视剖面图

使终锻模膛迅速磨损。这时，就需要在终锻之前增设预锻工步。同终锻工步一样，预锻模膛一般也是用预锻热锻件图表达。

7.4.2.1 预锻模膛设计要点

使终锻模膛获得良好的填充是设计的目标，所以，预锻模膛主要参考终锻模膛来设计。相对于终锻模膛，预锻模膛设计需要作一些调整，可以归结为两个方面。

A 小幅度调整

a 模膛的宽与高

为了使坯料在终锻过程中以镦粗成形为主，预锻模膛的高度应比终锻模膛相应处大 2~5mm，宽度小 1~2mm，截面面积略有增大，即预锻模膛容积稍大于终锻模膛。具体尺寸应综合考虑包含飞边体积（预锻模膛不设飞边槽）、通常打不靠、允许局部欠充满等因素来确定。

b 模锻斜度

一般情况下，预锻模膛的模锻斜度与终锻的相同。

较深（$h/b>1$）的模膛局部，为了便于填充和出模，可将模锻斜度加大一档（图7-26（a），将模膛底部尺寸 b 减小为 b_1）。预锻通常打不靠，所以，因缩小模膛底部尺寸造成的体积不足，可以在终锻阶段得到补充。

又深又窄的模膛（底部宽度 $b<20mm$）局部，应保证先得到底部（锻件的顶部）形状，因为这些部位温度下降快，流动性差。所以，应保持底部宽度 b 和模锻斜度不变（图7-26（b）），高度适当降低 $[h_1=(0.8~0.9)h]$，减少的体积通过增大过渡部位圆角（R 增大至 R_1，使 $V_2≈V_1$）来弥补；或增加相邻基部体积，因为基部尺寸比较大，散热慢，

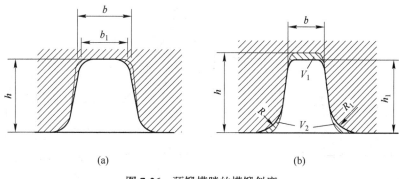

图 7-26　预锻模膛的模锻斜度

(a) $b \geqslant 20\text{mm}$；(b) $b < 20\text{mm}$

终锻时可以迫使金属向上流动，自然会抬高锻件顶部。这种预锻与终锻的差别设计可称为"分步流动"。

c　圆角半径

预锻模膛的凸圆角半径应比终锻模膛大，目的是减小金属流动阻力，防止产生折叠。预锻模膛分模面边缘圆角也应比终锻模膛增大 $1 \sim 2\text{mm}$。

B　较大幅度调整

（1）反向流动。模膛严重偏向一边（上边或下边）的情况下，对于需要向深模膛填充的金属，预锻阶段可先向相反方向流动（浅模膛加深，用于储备金属），终锻阶段再转移，达到填充饱满的效果。这个过程中，部分金属经历了折返流动的过程，故称为反向流动。图 7-27 所示为反向流动应用的例子。

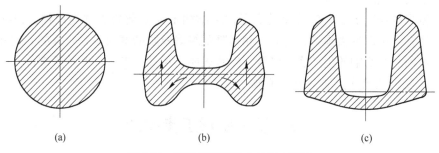

图 7-27　预锻模膛设计中的反向流动

(a) 坯料；(b) 预锻；(c) 终锻

（2）分步流动。图 7-28 所示为 BS111 转向臂（图 7-3（b））预锻件改进前后情况。由制坯后轮廓 p（虚线）预锻，直接成型到轮廓 y（双点画线，同终锻）产生了两个缺陷，c 处出现贯通性折叠，e 处出现欠充满。修改预锻（实线）后，下模凸台部分暂不到位，储备在上模 k 处，既方便 c 处充满，又避免 e 处折叠。终锻时，k 处体积能顺利转移到下模，填充凸台。

（3）局部细节省略。浅压凹、凸标记及类似细节在预锻模膛上可以简化乃至省略。

调整量较少的预锻热锻件图，只要将形状、尺寸、剖面等差别标注在热锻件图上（也可标注在锻模图上）即可；与热锻件图差别较大的预锻热锻件图，需要单独绘制。

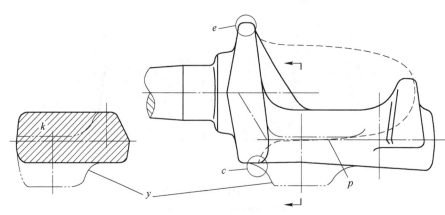

图 7-28 预锻模膛设计中的分步流动
p—制坯形状；y—终锻形状；c—折叠部位；e—欠充满部位

7.4.2.2 采用预锻的条件

增设预锻模膛带来的主要问题是迫使锻锤承受比较大的偏心载荷，严重时极容易导致昂贵的锤杆折断或致使锤锻模开裂。偏心受力还容易引起锤锻模错差，且调整困难。彻底消除这种偏心受力的方案是增加设备，预锻与终锻各占用一台设备，但这样会明显提高设备、劳动力成本；增设预锻模膛势必增大模块平面尺寸，提高模具成本；增设预锻工步可能减慢生产节拍，降低生产率。

可见，尽管预锻在模锻工艺中占有非常重要的地位，但增设预锻需要付出较大成本。只有当锻件形体结构复杂，包含成形困难的高筋、深孔等要素，且生产批量大的情况下，采用预锻才是合理的。

制坯得当的情况下，大部分短轴类锻件和结构不太复杂的长轴类锻件，包括某些曲轴、带盖连杆，可以免去预锻；有时，稍微降低终锻模膛的寿命也是合算的。这样的设计思路来自不断总结归纳的生产实际经验。实践表明，拨叉、连杆、叶片等锻件及大部分第Ⅲ类锻件（复合类锻件）通常需要预锻。

7.5 模锻变形工步设计

锻件是由坯料经过一系列工序、工步逐步成型的。锤锻中的工步除了模锻工步（含预锻和终锻）外，还有制坯工步，包括镦粗、拔长、滚压、卡压、成型、弯曲等。

制坯工步的作用是改变坯料形状，使坯料体积得以合理分配，以适应锻件各组成部分的需要，使模锻模膛获得良好的填充；同时，消耗尽量少的变形功。制坯工步一般兼有去除氧化皮的作用。

7.5.1 短轴类锻件制坯工步

短轴类锻件大多为轴对称变形（图7-29），制坯应设法使终锻前的中间坯料按锻件子午面形状需要分配金属，同时兼顾锻件平面形状需要。采用的制坯工步一般为平砧镦粗，表7-1中Ⅰ-3组锻件可能采用成型镦粗。镦粗还兼有去除氧化皮从而提高锻件表面质量和提高锤锻模寿命的作用。

7.5.1.1 一般短轴类锻件的制坯

一般短轴类锻件常采用平砧镦粗制坯。以齿轮锻件为例，应控制镦粗后坯料的直径 d 介于轮缘内径 d_2 与外径 d_3 之间，即 $d \approx (d_2 + d_3)/2$。镦粗直径 d 过大，对于轮辐–轮缘结构锻件（即环形锻件），可能造成下模轮缘内侧欠充满（图 7-30（a）上图）；对于轮毂–轮辐–轮缘结构齿轮锻件，可能造成轮毂欠充满（图 7-30（a）下图）。

图 7-29　短轴类锻件的流动平面（轴对称变形）

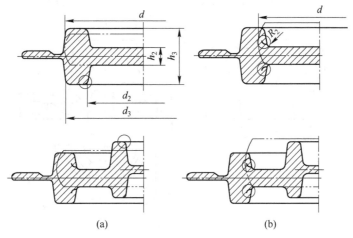

(a)　　　　　　　　　　　(b)

图 7-30　一般齿轮锻件的镦粗制坯

（a）d 过大；（b）d 过小

当镦粗直径 d 过小，且锤击猛烈时，金属由中心向四周迅速外流，在模具凸台附近形成内凹，金属与轮缘侧壁及底部接触后产生回流，最终容易在轮缘内侧转角处形成环形折叠（图 7-30（b））。R_2 偏小更会促使折叠形成。镦粗直径 d 过小还容易出现坯料偏置，引起半边产生肥大的飞边而另半边欠充满。

7.5.1.2 轮毂较高短轴类锻件的制坯

对于轮毂较高的短轴类锻件，若仍用平砧镦粗制坯，终锻时轮毂部分为压入填充，容易出现欠充满。为此，应采用保留中央有合适体积的成型镦粗制坯。

所谓成型镦粗，是指坯料在具备特定形状的上下模之间进行的镦粗，其设计要点有：

（1）基本成型轮毂部分。即轮毂部分的直径 D、高度 H 应基本填充到位（图 7-31）；或参考预锻模膛设计（图 7-26），D 略减小，H 略增大，斜度也略加大。

若轮毂有盲孔（图 7-32），换算为直径 D_0、高度 H_0。

（2）参照一般短轴类锻件控制大头直径，高度 m_0 对应的大头体积应等于锻件凸缘部分（含飞边）的体积，所以，$m_0 > m$。

（3）为便于在终锻模膛中定位，成型镦粗大头应做出凸台（图 7-31）或盲孔（图 7-32）。凸台尺寸 d 应略减小，盲孔尺寸 d 应略增大。

同样是考虑定位问题，成型镦粗相对终锻要倒置。必要时，成型镦粗之前增加平砧镦粗。

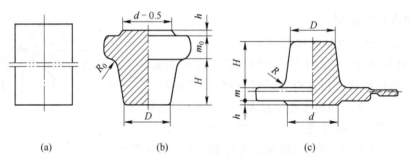

图 7-31　一种轮毂较高的短轴类锻件成型过程

（a）坯料；（b）成型镦粗；（c）终锻（左边省略了飞边）

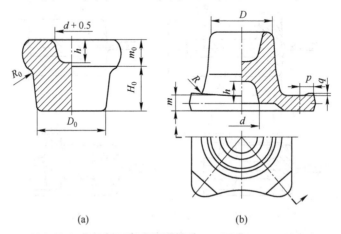

图 7-32　轮毂较高且有内孔的短轴类锻件成型镦粗尺寸与锻件尺寸的关系

（a）成型镦粗；（b）热锻件

　　由于模块尺寸限制，短轴类锻件一般只能采用 1~2 个制坯工步。锻件水平方向尺寸较大时，从节省模块的角度考虑，应另配设备担当制坯任务。所以，在锻件批量较小，且不易出现折叠的情况下，可通过谨慎操作，直接在终锻模膛内镦粗直至终锻成形。当然，这样做必然降低模具寿命。

　　在对锻件的纤维方向没有严格要求，一模多件、一料多件等特殊情况下，短轴类锻件也可采用滚压、压扁、卡压等方法制坯。例如，某立锻叉类件采用了镦粗、卡压方法制坯（图 7-33）。

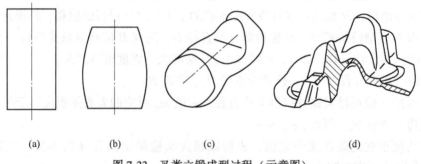

图 7-33　叉类立锻成型过程（示意图）

（a）坯料；（b）镦粗；（c）卡压；（d）终锻

7.5.2 长轴类锻件制坯工步

Ⅱ-1 组锻件大多为平面变形（图7-34（a）），制坯应设法使坯料沿轴线合理分配，也要兼顾锻件平面形状需要。采用的制坯工步一般为拔长、压扁、卡压，必要时，拔长后再滚压、成型。

第Ⅱ类其他各组锻件可均先按Ⅱ-1 组锻件考虑；然后，Ⅱ-2 组锻件增加弯曲工步；Ⅱ-3 组锻件可能需采用不对称滚压、成型工步；Ⅱ-4 组锻件视叉部体积差别，可能用到拔长、滚压工步。

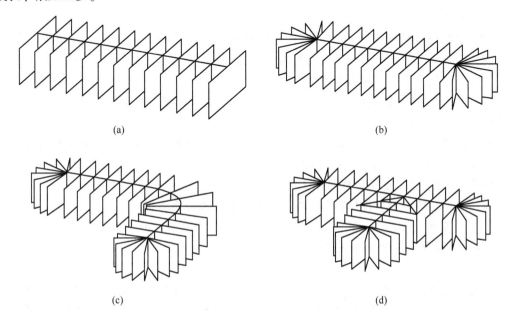

(a)

(b)

(c)

(d)

图 7-34　长轴类锻件的流动平面

（a）Ⅱ-1 组锻件的理想化变形平面；（b）Ⅱ-1 组锻件的变形平面；
（c）Ⅱ-2 组锻件的变形平面；（d）Ⅱ-3 组锻件的变形平面

前人已就第Ⅱ类锻件的制坯工步选择进行了系统研究，总结了成套的经验图表。对有一定生产实践经验的技术人员，也可用类比法选择制坯工步。

7.5.2.1 计算毛坯图

长轴类锻件制坯的目的是使坯料在终/预锻前的体积分布接近热锻件各部位需要，以便锻件填充良好、飞边均匀，这样既节省材料，又减轻模膛磨损。所以，设计制坯工步前应明了热锻件及飞边的体积分配情况。

热锻件及飞边的体积分配情况用计算毛坯图表示，包含截面变化图和直径图。

计算毛坯的长度 L 就是热锻件的总长度（暂不考虑两端头的飞边）。计算毛坯是基于平面应变假设而做出的，即认为模锻时金属在各自所在的与轴线垂直的平面内流动（图7-34（a）），不存在轴向流动。所以，各横剖面面积等于热锻件上相应剖面积与飞边剖面积之和，即：

$$A_{计} = A_{锻} + 2\eta A_{飞} \tag{7-5}$$

式中　$A_{计}$——计算毛坯截面积，mm^2；

$A_{锻}$——相应位置上锻件的剖面面积，mm^2；

$A_{飞}$——相应位置上飞边槽的剖面面积，mm^2；

η——充满系数，取值范围为 0.4～0.8，形状简单的锻件取值偏小，形状复杂的取值偏大，由于未将两端的飞边体积纳入，两端的 η 通常取 1.0。

计算毛坯图一般应绘制在毫米级坐标纸上，为提高准确度，全部采用细线。作图步骤如下：

（1）绘出热锻件图。所绘热锻件图应含冲孔连皮、变形敷料等（图 7-35（a））。为读图方便，比例取 1：1。为便于绘制剖面图，应绘出具有代表性的主、俯两个视图。对称形状可省略一半。

（2）选取剖面位置并编号。沿锻件主轴选取若干拟截剖面的位置。为提高准确度，截面变化急剧的部位，各剖面之间的距离应小些；截面变化平缓的部位，各剖面之间的距离可大些。各剖面依次编号为 1，2，3，…，i，…，n。

（3）绘断面图并求其面积。绘出所选各剖面轮廓（对称形状同样可省略一半）或读出锻件的剖面积 $A_{锻}$。

按初选飞边槽计算出相应位置飞边剖面积 $2\eta A_{飞}$。为便于观察，将飞边轮廓也绘制在热锻件周围（图 7-35（a）中双点画线）。

按式（7-5）计算出毛坯截面积 $A_{计}$。

应用 Pro/E 等造型软件作各断面图，并求出其面积非常方便。

（4）绘制截面变化图。选择适当的缩尺比 M（通常取 $M = 20～50mm^2/mm$）将计算毛坯截面积 $A_{计}$ 换算成高度 $h_{计}$（mm），即

$$h_{计} = A_{计} / M \tag{7-6}$$

在与热锻件图对齐的位置上，以锻件轴向尺寸 L 为横坐标，$A_{计}$ 为纵坐标建立二维空间（图 7-35（b））。在所选各剖面位置以相应 $h_{计}$ 为纵坐标描出各点；光滑连接各点，得到表示截面积变化情况的曲线（p 线），即截面变化图。若有必要，也可先绘制锻件截面变化曲线（q 线），在相应位置上加上飞边面积 $2\eta A_{飞}$ 就得到截面变化曲线（p 线）。

（5）绘制直径图。假设计算毛坯为圆形断面，则各剖面的直径 $d_{计}$（mm）由计算毛坯截面积 $A_{计}$ 换算而来，即：

$$d_{计} = (4A_{计} / \pi)^{1/2} \tag{7-7}$$

以锻件轴向尺寸为横坐标（对称轴），以 $d_{计}$ 为纵坐标（上下平分，各取 $d_{计}/2$）描出各点，光滑连接各点得到表示直径变化情况的图形（图 7-35（c）），即圆形断面计算毛坯（直径图）这一回转体的素线。为了便于对比观察，直径图也应与热锻件图对齐。

（6）计算毛坯图的修正。由金属塑性流动规律可知，典型 II-1 组锻件模锻时，金属的流动平面如图 7-34（b）所示，端部约为半个轴对称流动（图 7-29）；位于轴线上的盲孔/凹坑局部也接近轴对称变形。所以，就这些部位而言，基于平面流动假设所作出的计算毛坯图并未反映金属流动的真实情况，不能满足成型需要。例如，图 7-35（b）大头出现马鞍形，这样的坯料模锻必然会出现横向折叠。所以，对这样的部位必须作出合理的修正。

修正应遵循的原则有两点：一是体积相等，即图 7-35（b）中增加的竖线部分面积等于减少的横线部分的面积；二是最大截面积 A_{max}（直径）不变或稍大，最大截面积的位置应在轴对称变形的轴上。

图 7-35（b）中的 s 线、图 7-35（c）中的 t 线分别为修正后的截面变化图和直径图。这样的计算毛坯不仅符合金属流动规律，而且起伏较平缓（形状圆浑），便于制坯。后续设计工作显然应一律按修正后的形状进行。用这样的毛坯模锻，一般能获得填充良好、飞边均匀的锻件。

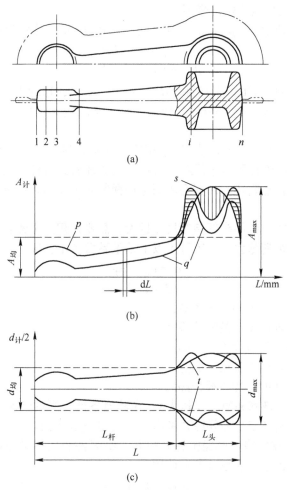

图 7-35 锻件的计算毛坯图

（a）热锻件图的主要视图；（b）截面变化图；（c）直径图

p—坯料（含飞边）截面变化曲线；q—锻件截面变化曲线；

s—修正的坯料（含飞边）截面变化曲线；t—修正的坯料直径轮廓

7.5.2.2 计算毛坯图的分析与利用

不难理解，截面变化图横坐标以上，曲线 p 以下，长度 L 范围内的面积就是计算毛坯的体积 $V_{计}$（热体积）（mm^3），即

$$V_{计} = \int_0^L A_{计} \, dL = M \int_0^L h_{计} \, dL \tag{7-8}$$

实际工作中，一般通过数坐标方格求 $V_{计}$。减去飞边部分即为热锻件体积。

计算毛坯质量 G 为

$$G = V_{计}\,\gamma\,/\,[\,100(1+\delta)\,]^3 \tag{7-9}$$

式中　G——计算毛坯质量，kg；

$\quad V_{计}$——计算毛坯体积，mm³；

$\quad \gamma$——材料密度，g/cm³；

$\quad \delta$——终锻温度下金属的收缩率。

计算毛坯的平均截面积 $A_{均}$（mm²）和平均直径 $d_{均}$（mm）分别为：

$$A_{均} = V_{计}\,/L \tag{7-10}$$

$$d_{均} = (4A_{均}\,/\pi)^{1/2} \tag{7-11}$$

由图 7-35（c）可以看出，平均直径 $d_{均}$（虚线）与 t 线的交点将直径图划分为两部分，$d_{计} > d_{均}$ 部分称为头部，$d_{计} < d_{均}$ 部分称为杆部；或者说，$A_{计} > A_{均}$ 部分称为头部，$A_{计} < A_{均}$ 部分称为杆部。

不难设想，采用直径恰与平均直径 $d_{均}$ 相等的坯料直接模锻，虽然总体积足够，却会出现头部体积不足而杆部体积富余问题。可见，由原坯料到锻件之间，需要对金属体积进行重新分配，即需要合理制坯。计算毛坯图是选择制坯工步和设计有关制坯模膛、确定坯料尺寸的重要依据。

模锻生产实践表明，锻件头部相对尺寸越大，需要体积聚集量越多；锻件相对长度越长，需要轴向转移的距离越大。两者可用以下繁重系数表示，即

$$\alpha = d_{max}/d_{均} \tag{7-12}$$

$$\beta = L/d_{均} \tag{7-13}$$

式中　α——金属流入头部的繁重系数；

$\quad \beta$——金属沿轴向流动的繁重系数；

$\quad d_{max}$——计算毛坯的最大直径，mm；

$\quad L$——计算毛坯的总长度，mm；

$\quad d_{均}$——计算毛坯的平均直径，mm。

此外，锻件越大，坯料越重（G 越大），在其他条件相同的情况下，需要转移的绝对量越大。因此，选用制坯工步需要综合考虑 G、α、β 共 3 个因素。

图 7-36 所示是依据锤锻生产经验建立的 Ⅱ-1 组锻件制坯工步选择图，从中可查得初步制坯方案。其他设备上模锻也可参考使用。

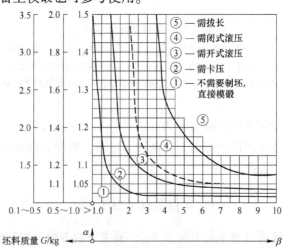

图 7-36　Ⅱ-1 组锻件制坯工步选择

由于生产实际情况千变万化，按该图选择的方案可能会被修改。研究表明，部分小型锻件（坯料质量 $G < 0.5\text{kg}$），α、β 数据处于②区乃至③区也可不经制坯，直接模锻。

7.6 锤锻坯料尺寸

与自由锻基本相同，锤锻坯料体积 V_0 是锻件本体体积与工艺性消耗体积之和，工艺性消耗包括飞边、连皮、钳料头和烧损等部分。

确定模锻坯料尺寸的问题主要是选择合适的坯料直径，与锻件种类、成型方法有关，且应符合国家标准规格系列。选好坯料规格，就可以计算出下料长度。

7.6.1 短轴类锻件

短轴类锻件常用镦粗制坯，坯料直径应便于下料和镦粗变形。实践证明，平砧镦粗坯料的高度 H_0 与直径 D_0 之比（H_0/D_0）的取值范围为 $1.25 \sim 2.50$。将此值代入 $V_0 = \pi D_0^2 H_0/4$，得

$$D_0 = \sqrt[3]{\frac{4V_0}{(1.25 \sim 2.5)\pi}} \approx (0.80 \sim 1.01)\sqrt[3]{V_0} \tag{7-14}$$

就是说，坯料直径在此范围均可满足工艺要求。若为局部镦粗，H_0 仅取变形部分计算。

7.6.2 长轴类锻件

长轴类锻件成型过程的共同特点是自坯料开始，长度逐步增大；除头部范围外，横截面减小。头部范围横截面经滚压工步可能有所增大，但幅度有限。因此，坯料横截面至少需大于平均截面积 $A_{均}$（图 7-35），或取头部平均截面积，乃至接近最大计算截面积 A_{max}，才能满足锻件需要。

（1）对应于图 7-36 区域①~④，有：

$$A_0 = kA_{均} \tag{7-15}$$

式中　A_0——坯料截面积；

　　　$A_{均}$——计算坯料平均截面积；

　　　k——扩大系数。

区域①不用制坯，$k = 1.02 \sim 1.05$；区域②用卡压或成形制坯，$k = 1.05 \sim 1.30$；区域③、④用滚压制坯，$k = 1.05 \sim 1.20$。一头一杆锻件应选用较大值，一头两杆锻件选用较小值。

（2）对应于图 7-36 区域⑤，用拔长制坯，则：

$$A_0 = V_{头}/L_{头} \tag{7-16}$$

式中　$V_{头}$——锻件头部的体积；

　　　$L_{头}$——锻件头部长度。

（3）用"拔长+滚压"联合制坯，则：

$$A_0 = (0.75 \sim 0.90)A_{max} \tag{7-17}$$

式中 A_{max} ——计算毛坯最大截面积。

需要指出，模锻时坯料变形十分复杂，计算得出的坯料截面积（直径）仅能作为选择坯料规格的参考依据；批量生产之前，应通过试模验证最终确定批量生产所用坯料尺寸。

7.7 制坯模膛设计

长轴类锻件用到的制坯工步种类较多，如滚压、拔长、弯曲、压扁、卡压、成型等，短轴类锻件用到的制坯工步种类少，主要是镦粗或成型镦粗。完成各种制坯工步的模膛总称为制坯模膛。

7.7.1 滚压模膛

7.7.1.1 滚压模膛的作用

用直径图所表达的理想坯料模锻，能获得填充良好、飞边均匀的长轴类锻件。要获得这种理想坯料，就需要使用滚压模膛。

接近计算毛坯平均直径 $d_{均}$ 的坯料在滚压模膛内发生的变形如图 7-37（a）所示，杆部被压扁、延伸并伴有一定展宽，部分体积转移到头部；由于前后两端的作用，头部横截面积增大（聚料）。不过杆部与模膛接触区较长，且两端受到阻碍，使得杆部体积转移效率不够高，头部聚料也不够快。为此，需将坯料绕主轴旋转 90° 再次锤击，如此反复滚摆若干次。滚压时，坯料不作轴向送进，操作劳动强度比拔长低，但仍较大，一般适用于 5t 及其以下吨位的锻锤。

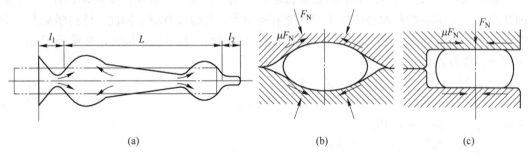

图 7-37 滚压模膛构造及其对坯料的作用
（a）纵剖面；（b）横断面/闭式；（c）横断面/开式
l_1—钳口；L—模膛本体；l_2—尾刺槽；F_N—正压力；μF_N—摩擦力

滚压具有两方面的作用：一是减小某些长度范围的断面积，同时增大另一些长度范围的断面积，对原坯料或经拔长改制坯料在长度方向的体积分配进行更精确的调整；二是使坯料外形圆浑流畅，纵向纤维沿外形轮廓分布。

滚压模膛横断面与坯料的关系如图 7-37（b）（c）所示。

底面为不可展曲面（横断面轮廓为凹弧），模具打靠时两侧封闭的模膛称为闭式模膛。闭式模膛可对坯料产生正压力的水平分力，与摩擦力共同作用，能在很大程度上约束坯料展宽，迫使坯料沿轴向流动，获得较高的变形效率。同时，闭式滚压获得的坯料较圆浑，有利于后续变形，适用于截面变化较大的锻件。

底面为可展曲面（横断面轮廓为直线），模具打靠时侧面敞开的模膛称为开式模膛。不难理解，坯料在开式模膛中滚压的变形效率较低，获得的坯料不如闭式滚压圆浑，但好于拔长。开式模膛结构简单，制造方便，适用于截面变化不大的锻件，以及 H 形断面、需锻出盲孔或需劈叉的锻件。这些锻件采用矩形截面坯料更有利于成形，或方便在后续工位上定位。

7.7.1.2　滚压模膛的尺寸

滚压模膛由钳口、模膛本体和尾刺槽三部分组成。滚压模膛设计主要是确定模膛本体高度 $h_滚$、宽度 B。

（1）模膛本体高度。滚压工步的目标是直径图，所以，直径图是设计滚压模膛本体纵向主剖面的主要依据。要获得预期变形效果，杆部模膛高度 $h_杆$ 与头部高度 $h_头$ 应区别对待，不能简单照搬直径图。

1）杆部模膛高度。滚压时必然伴随展宽，使得高度与直径图相同的模膛得到的坯料截面会大于计算坯料截面，所以，杆部模膛高度 $h_杆$ 应小于杆部对应的计算毛坯直径 $d_杆$。

就闭式滚压而言，近似认为得到长轴（宽度）为 $b_{杆闭}$，短轴（高度）为 $h_{杆闭}$ 的椭圆状截面，且长短轴之比 $b_{杆闭}/h_{杆闭} \approx 3/2$，于是

$$\frac{\pi}{4} b_{杆闭} h_{杆闭} = \frac{\pi}{4} d_杆^2 \tag{7-18}$$

即

$$h_{杆闭} = \sqrt{\frac{2}{3}} d_杆 \approx 0.81 d_杆 \tag{7-19}$$

考虑到滚压时上下模未必打靠，即使模膛偏浅，加深模膛更方便（只需修磨），故 $h_{杆闭}$ 应再酌量减小，实践中一般取

$$h_{杆闭} = (0.80 \sim 0.70) d_杆 \tag{7-20}$$

同理，近似认为开式滚压得到长边（宽度）为 $b_{杆开}$，短边（高度）为 $h_{杆开}$ 的长方形，且长短边之比 $b_{杆开}/h_{杆开} \approx 1.25 \sim 1.50$，于是

$$b_{杆开} h_{杆开} = \frac{\pi}{4} d_杆^2 \tag{7-21}$$

即

$$h_{杆开} = \sqrt{\frac{\pi}{4 \times (1.25 \sim 1.50)}} d_杆 \approx (0.79 \sim 0.72) d_杆 \tag{7-22}$$

实践中一般取

$$h_{杆开} = (0.75 \sim 0.65) d_计 \tag{7-23}$$

2）头部模膛高度。头部模膛的作用是聚料，应尽量减小金属流入的阻力，头部模膛高度 $h_头$ 应比计算毛坯直径 $d_计$ 略大，实践中一般取

$$h_头 = (1.05 \sim 1.15) d_计 \tag{7-24}$$

头部与杆部交点处的模膛高度可与计算毛坯的直径近似相等。

3）主剖面轮廓形状的简化与表达。按上述方法确定的滚压模膛本体纵向主剖面轮廓形状可能存在台阶或波浪，考虑坯料后续还需变形，实际设计工作中可以适当简化，主剖

面轮廓形状应尽量以圆弧和直线表示，并标注完整的尺寸。图 7-38 所示为某滚压模膛的尺寸标注。

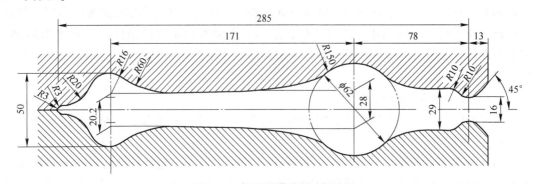

图 7-38 某滚压模膛尺寸标注

对于 Ⅱ-3 组等分模面上存在非对称形体构造的锻件，附属部分体积所占比例不太大的情况下，可将头部模膛做成上下深度不相等的不对称形状（图 7-39），使之兼有滚压与成型功能。这样不仅可省略成型模膛，而且成型效果更好。但上下深度差别太大将限制滚压的连续翻滚，故一般限制在 $h_\text{上}/h_\text{下} < 1.8$ 范围内。考虑到模膛深度较浅更容易去除氧化皮，一般将较浅的模膛设于下模。不对称滚压模膛采用开式断面操作较方便。

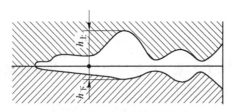

图 7-39 不对称滚压模膛

4）闭式滚压模膛断面形状。闭式滚压模膛断面一般为凹弧形，圆弧半径由模膛宽度 B 和高度 h 决定（图 7-40（a）），由于模膛高度 $h_\text{滚}$ 沿纵轴线是变化的，所以，在高度不同的横截面上，圆弧半径是不同的。为简化标注，一般标 $R_\text{选}$。

坯料直径 $d_\text{坯}$ 大于 80mm 时，杆部模膛断面也可设计成菱形（图 7-40（b）），类似于自由锻形砧拔长中的 V 形砧，以增强滚压效果。由于相同宽度和高度的菱形截面小于椭圆截面，故菱形截面模膛宽度要增大。

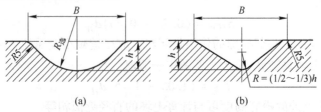

图 7-40 闭式滚压模膛断面

（a）弧形断面；（b）菱形断面

（2）模膛宽度。模膛宽度偏小时，尽管可以缩小模块尺寸，但模膛闭合后容易出现坯料展宽超出模膛边缘的情况，坯料翻转后会形成折叠（图 7-41）；宽度较大时，操作方便些，但所需模块尺寸增大，对于闭式模膛来说，因侧壁阻力减小而降低滚压效率（图 7-42）。所以，模膛宽度应适当。

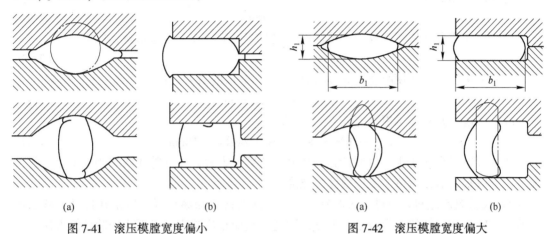

图 7-41　滚压模膛宽度偏小
（a）闭式模膛；（b）开式模膛

图 7-42　滚压模膛宽度偏大
（a）闭式模膛；（b）开式模膛

模膛高度确定之后，由计算毛坯截面积就可以求出所需模膛的宽度 B。

1）未拔长坯料。对于闭式滚压，忽略轴向流动，杆部模膛椭圆横断面积应不小于坯料横断面积，即应满足

$$\frac{\pi b_{杆} h_{杆}}{4} \geq \frac{\pi d_{杆}^2}{4} \qquad 即 \qquad b_{杆} \geq \frac{d_{杆}^2}{h_{杆}} \tag{7-25}$$

所以

$$b_{杆max} = \frac{d_{杆}^2}{h_{杆min}} \tag{7-26}$$

式中　$b_{杆}$，$b_{杆max}$——杆部模膛宽度与杆部模膛最大宽度，mm；

　　　　$h_{杆}$，$h_{杆min}$——杆部模膛高度与杆部模膛最小高度，mm；

　　　　　　$d_{杆}$——坯料直径，mm。

为了避免坯料滚摆后锤击时失稳（图 7-42（a）），取 $b_{杆}/h_{杆min} \leq 2.8$，代入 $b_{杆} \geq \frac{d_{杆}^2}{h_{杆}}$，得

$$b_{杆} \leq 1.67 d_{坯} \tag{7-27}$$

头部模膛宽度 $b_{头}$ 应比计算毛坯头部的最大直径 d_{max} 稍大些，以利体积积聚，一般

$$b_{头} \geq 1.10 d_{max} \tag{7-28}$$

综上所述，闭式滚压模膛宽度 $B_{闭}$ 应满足

$$1.10 d_{max} \leq B_{闭} \leq 1.67 d_{坯} \tag{7-29}$$

对于开式滚压（图 7-42（b）），就杆部来说，同样应遵循面积相等原则，即

$$b_{杆} h_{杆} \geq \frac{\pi}{4} d_{坯}^2 \qquad 即 \qquad b_{杆} \geq \frac{\pi d_{坯}^2}{4 h_{杆}} \tag{7-30}$$

式中　$b_{杆}$——杆部模膛宽度，mm；

$\quad\quad h_{杆}$——杆部模膛高度，mm；

$\quad\quad d_{坯}$——坯料直径，mm。

将 $b_{杆}/h_{杆\min} \leqslant 2.8$ 代入得

$$b_{杆} \leqslant 1.48d_{坯}^2 \tag{7-31}$$

但开式模膛存在坯料被放偏的可能性，模膛宽度应增加一定宽裕量，所以

$$b_{杆} \leqslant 1.48d_{坯}^2 + 10\text{mm} \tag{7-32}$$

就头部来说，头部模膛宽度 $b_{头}$ 应比计算毛坯头部的最大直径 $d_{\max}$ 稍大些，一般

$$b_{头} \geqslant d_{\max} + 10\text{mm} \tag{7-33}$$

综上所述，开式滚压模膛宽度 $B_{开}$ 应满足

$$d_{\max} + 10\text{mm} \leqslant B_{开} \leqslant 1.48d_{坯} + 10\text{mm} \tag{7-34}$$

能用圆坯料直接滚压，说明计算毛坯截面差别不太大，在不等式两端相差不太大的情况下，可取较大值作为整个滚压模膛的宽度。

2）拔长改制坯料。经过拔长改制的坯料一般头部仍为原坯料，区别在杆部，杆部截面减小，转移到头部的体积减小，滚压模膛宽度也应相应减小，以下为经验计算方法。

闭式滚压模膛宽度 $B_{闭}$ 范围为

$$1.10d_{\max} \leqslant B_{闭} \leqslant (1.40 \sim 1.60)d_{坯} \tag{7-35}$$

式中　$d_{\max}$——计算毛坯头部的最大直径，mm；

$\quad\quad d_{坯}$——拔长后杆部的直径，mm，一般需折算。

开式滚压模膛宽度 $B_{开}$ 范围为

$$d_{\max} + 10\text{mm} \leqslant B_{开} \leqslant (1.40 \sim 1.60)d_{坯} + 10\text{mm} \tag{7-36}$$

无论开式还是闭式，经拔长改制的坯料头部与杆部截面积相差较大，若计算结果表明头部与杆部的宽度之比大于1.5，应采用变宽度。

（3）模膛其他尺寸。

1）钳口。钳口的作用是在滚压过程中将坯料本体和钳持部分分开，留下较小截面的连接部分，这样可以减少料头消耗。连接部分太大，会降低聚料效果；连接部分太小将难于承受坯料重量。钳口尺寸设计请参阅有关手册。

在钳持部分坯料不参与滚压变形的情况下，可不设钳料头，滚压模膛就不需要钳口。

2）尾刺槽。尾刺槽用来容纳滚压时产生的端部毛刺，对端部质量良好的坯料也可省略尾刺槽，而以较大圆弧过渡到分模面。尾刺槽尺寸设计请参阅有关手册。

7.7.1.3　滚压模膛结构形式的选用

滚压模膛横断面、宽度、主剖面三方面存在变数，设计工作中应注意借鉴成功经验，视具体情况组合选用。

按横断面构造差别，滚压模膛有三种，除了开式模膛、闭式模膛外，还可采用混合式模膛，即杆部和头部分别采用闭式和开式断面（图7-43（a））。

按宽度差别，滚压模膛有等宽和不等宽两种。

（1）等宽滚压模膛。模膛全长范围宽度相等。开式模膛和大部分闭式模膛一般为等宽形式。

（2）不等宽滚压模膛。坯料头部与杆部截面积差别大，减小杆部模膛宽度有利于成

型时采用，用于部分闭式和混合式模膛（图7-43（b））。

按主剖面构造差别，滚压模膛有对称和不对称两种。

（1）对称滚压模膛。上下模膛各深度相等，相对于分模线呈对称分布。

（2）非对称滚压模膛。上下模膛局部深度不相等，相对于分模线呈不对称分布。

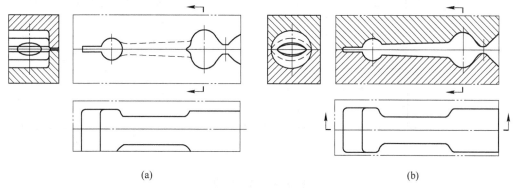

(a)　　　　　　　　　　　　　　　　　　　(b)

图7-43　混合式滚压模膛和不等宽闭式滚压模膛

(a) 混合式滚压模膛；(b) 不等宽闭式滚压模膛

7.7.2　拔长模膛

计算坯料头部与杆部横截面积相差较大或杆部较长的情况下（对应于图7-36中区域⑤），需采用拔长方法对原坯料进行改制。拔长一般安排在滚压之前进行，坯料发生的变形情况及操作方法与自由锻相同，即坯料间歇送进，伴随绕主轴反复旋转90°，锤击一次，坯料动作一次，直到坯料获得预期变形量。由于操作劳动强度大，拔长主要适用于3t及更小吨位锻锤上生产的锻件。获得不同截面坯料的方法还有辊锻、楔横轧、平锻聚料等，大批量生产可以考虑订购周期轧制坯料。

7.7.2.1　拔长模膛的构造

拔长模膛一般位于模块的最边缘（左边或右边，参见图7-19），由拔长坎和仓部组成（图7-44）。与滚压模膛类似，拔长坎也有开式与闭式两种形式。开式拔长坎由可展曲面组成（图7-44（a）），其拔长效率较低，但容易制造；闭式拔长坎由不可展曲面组成，坯料在其中变形类似于自由锻中型砧拔长，效率较高，且得到的坯料较圆浑（图7-44（b））。

仓部除了发挥容纳功能外，还用于控制拔长尺寸和避免坯料弯曲，但占据了较大比例的承击面；对于杆部较长的锻件，可将模膛中心线相对燕尾中心线偏转一定角度（一般不大于20°），以利用模块外的空间，减少其占据承击面的比例。

杆部位于端头且长度较短的情况，可不设仓部，拔长模膛就转化为拔长台（图7-45），拔长效果由操作者掌握。

7.7.2.2　拔长模膛尺寸

拔长模膛需控制的主要尺寸包括拔长坎高度 a、长度 c 以及纵剖面圆弧半径 R_b（图7-44）。

（1）坎部高度 a。坯料同一截面在拔长变形时一般是在相互垂直的两个方向（与主轴垂直）各压扁1~2次，但坯料拔长后的截面并不是以模具预定压靠高度 a 为边长的正

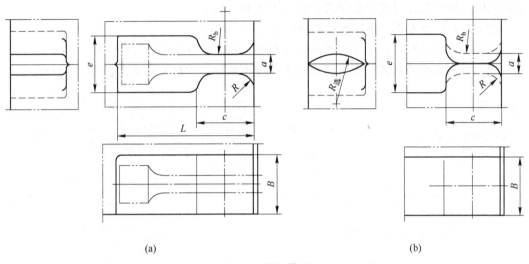

图 7-44 拔长模膛

（a）开式拔长坎；（b）闭式拔长坎

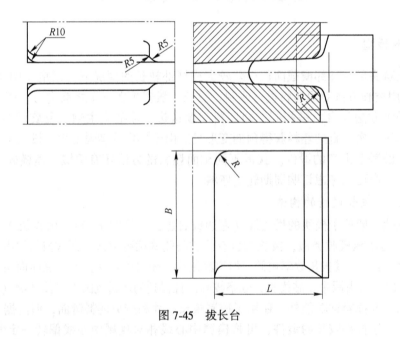

图 7-45 拔长台

方形，而是近似长方形，截面的平均宽度 $b_均$ 与压靠高度 a 之比一般为 $b_均/a \approx 1.25 \sim 1.50$，代入 $A_{杆计} = b_均 a$ 得

$$a \approx (0.89 \sim 0.80)\sqrt{A_{杆计}} \tag{7-37}$$

式中 $A_{杆计}$ ——计算毛坯杆部截面积，mm^2。

杆部截面积变化不大，仅用拔长工步制坯时，取计算毛坯的最小截面积；杆部截面变化较大，拔长后还须滚压时，取计算毛坯杆部平均截面积。杆部较短（长度<200mm）时取较大系数；杆部较长（长度大于500mm）时取较小系数。

（2）坎部长度 c。拔长坎长度 c 应适当，长度太短得到的坯料表面容易呈波浪形，不利于后续变形；太长则降低拔长效率。一般按下式确定，即：

$$c = (1.1 \sim 1.6)d_坯 \tag{7-38}$$

式中　　$d_坯$——坯料直径，mm。

坯料需拔长的部分较长时取较大系数。

（3）坎部纵剖面圆弧半径 R_b。拔长坎的纵剖面宜做成凸圆弧，有助于坯料轴向流动，提高拔长效率。一般按下式确定：

$$R_b = 2.5c \tag{7-39}$$

入口及与仓部过渡的圆角半径 $R \approx c/4$。

拔长台入口圆角半径不宜过大，否则难于咬住坯料，且操作不安全，取入口边缘圆角 $R \approx d_坯/4$。

（4）其余尺寸。模膛宽度 B 一般取坯料直径 $d_坯$ 的 1.5 倍左右，$d_坯$ 较小（<40mm）时 B 应适当增大。必要时，模膛可以设计成不等宽，坎部较宽，仓部较窄。

模膛总长 L 及仓部高度 e 以能容纳杆部且不压伤小头为度。

7.7.3　弯曲模膛

对于分模面内弯曲及空间弯曲的锻件，模锻之前须将原坯料或经拔长、滚压改制的坯料在弯曲模膛内压弯成合适的形状。弯曲通常只打击一次。

模锻件坯料的弯曲可分为两种情况：仅有一个弯时（V 形件），坯料变形过程中遇到的阻力较小，不会被明显拉长，称为自由弯曲（图 7-46（a））；若需要多处同时弯曲（如多拐曲轴），各弯之间的坯料变形过程中遇到的阻力较大，坯料会被明显拉长，称为夹紧弯曲（图 7-46（b））。

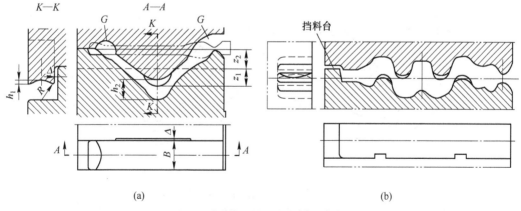

图 7-46　锻件坯料在弯曲模膛内弯曲

（a）自由弯曲；（b）夹紧弯曲

坯料弯曲后，要送入终（预）锻模膛继续变形，所以，终（预）锻模膛边缘轮廓是弯曲模膛设计的重要依据。弯曲模膛设计需要解决以下几个问题。

7.7.3.1　坯料支撑与定位

下模膛须有两个支撑点（一般是前后各有一个），且能使坯料在受力变形时不会发生轴向窜动（偏移），支撑点未必在同一高度，但应保证坯料放置上来后不出现纵向溜动；

同时，弯曲模膛应朝打击方向敞开，以便坯料弯曲后能无障碍出模。

坯料纵向定位可借助钳口颈，或模膛端部的台阶。

支撑点横断面呈浅 U 形（图 7-46），以保证坯料横向定位。

7.7.3.2 模膛主剖面轮廓

主剖面轮廓参照终（预）锻模膛轮廓设计，但必须作出必要调整。将多处弯曲的工件分段来看，仍可作为 V 形件弯曲对待，所以，重点讨论 V 形件弯曲问题。

（1）直杆部分的轮廓比终（预）锻模膛轮廓窄，或者说高度方向尺寸要适当减小，使坯料在弯曲的同时受到压扁/卡压作用（单边压扁量为 1~5mm），这样的坯料能较方便地放入终（预）锻模膛中（图 7-47（a）），然后以镦粗方式填充。

（2）就弯头部分而言，由图 7-34（c）可知，模锻时内侧各流动平面之间相互挤拥、汇合，各质点流动受阻甚至停顿；而直杆部分各流动平面呈平行状态，不存在相互挤拥，质点流动阻力较小，流速较快，于是，弯头部分极易形成折叠。为避免在锻件本体上形成折叠，必须使该部分坯料一开始就占据模膛边缘。所以，弯头内侧（V 形弯曲的凸模顶）圆角要明显增大，直至适量超出终（预）锻模膛轮廓（图 7-47（a））；否则，折叠将侵入锻件本体（图 7-47（b））。

为保证弯头外侧模锻填充良好，外侧模膛（V 形弯曲的凹模底）要适当超出终（预）锻模膛轮廓线（图 7-46（a）中 h_2），在过渡圆弧的作用下，能形成一定的聚料作用。其副作用是为脱落的氧化皮提供了容纳空间和滑出通道。若弯头部分坯料体积不足，弯曲前应采用不对称滚压制。

（3）为了避免碰伤直杆自由端（含小头），上模部分应开出适当避让空间（图 7-46（a）中 G 部位）。

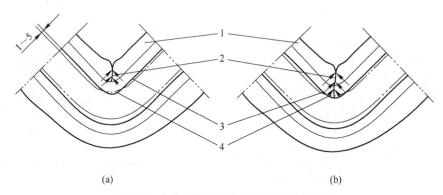

(a)   (b)

图 7-47 弯曲坯料内圆角与锻件折叠的关系

（a）圆角半径较大，仅飞边存在折叠；（b）圆角半径偏小，折叠侵入锻件本体

1—飞边；2—折叠；3—锻件轮廓；4—坯料弯曲后放入模膛的状况

在以上工作的基础上，用圆弧和直线段组合成模膛主剖面轮廓形状。模膛轮廓应圆滑平顺，局部细节可以简化。图 7-48 所示为某弯曲模膛尺寸标注实例。

7.7.3.3 断面形状

除了支承点横断面做成浅 U 形外，压弯着力点（上模的凸起部分）的横断面也应做成浅∩状（图 7-46（a）中 h_1 及 R），以确保坯料弯曲时不发生横向移动。其余断面一般

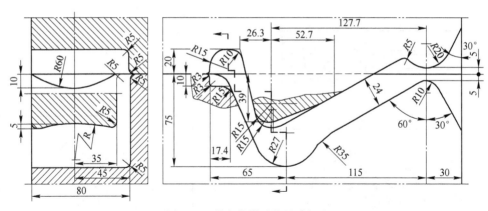

图 7-48 某弯曲模膛的尺寸标注

允许做成开式断面（图 7-47），若有必要，也可做成半闭式断面。

7.7.3.4 模膛宽度 B

坯料弯曲时将被压扁展宽，模膛宽度 B 应保证弯曲后坯料仍不超出模膛。一般取：

$$B = A_{坯} / h + 10\text{mm} \tag{7-40}$$

式中 $A_{坯}$——坯料截面积，mm^2；

  h——对应处的模膛的高度，mm。

不同截面处须分别计算，对比后取最大值作为整个模膛的宽度。

7.7.3.5 模块分配

为了使上下模有大致相等的可供翻新的模具高度，弯曲模膛在高度方向的位置最好满足 $z_1 \approx z_2$（图 7-46（a）），这样既方便加工制造，又方便弯曲操作。

为了节省锤锻模材料，弯曲模膛凸出部分也可做成镶块式或采用焊接结构。

为避免凸模侧向与凹模相碰，上下模相互叠合处应留有侧向间隙 Δ（4~10mm）。

弯曲模膛的钳口形式和尺寸大小与滚压模膛相同。

各种设备上锻造的弯曲模膛设计要点基本相同。

7.7.4 镦粗台和压扁台

（1）镦粗台。镦粗台（图 7-49）用于短轴类锻件，通过合适的模膛高度 h 来控制镦粗后坯料的直径 d。镦粗台平面尺寸略大于镦粗后坯料直径，即 $c \approx 10 \sim 20\text{mm}$。边缘圆角 $R \approx 8\text{mm}$。

镦粗台应设置在模块的左前角或右前角，为减小偏心力矩，应尽量靠近终锻模膛布置，可占用部分飞边槽仓部（需斜面过渡）。还要求燕尾中心线及键槽中心线两侧尺寸差距小于 40%，即

$$(B - B_1)/B_1 < 1.4 \qquad A_1/(A - A_1) < 1.4 \tag{7-41}$$

用于成形镦粗的镦粗台设计方法类似。

对于无须严格控制镦粗后坯料尺寸的情况，可直接利用承击面作镦粗台，不用在模块上挖去一角。

（2）压扁台。压扁台（图 7-50）用于宽度较大的长轴类锻件。坯料压扁后的高度通常由操作者控制。

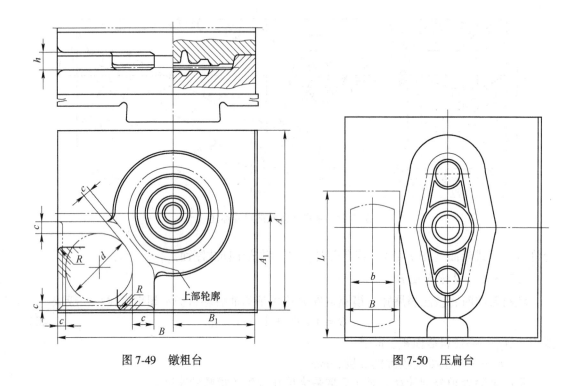

图 7-49 镦粗台　　　　　　　　　图 7-50 压扁台

压扁台设置于模块的前方边角部位。设计要点与镦粗台类似。

7.8 锻锤吨位的确定

锻件在锻锤提供的动能作用下逐步成型，锻锤吨位过大，金属流动不易控制，金属横向流动迅速，容易形成折叠；能量多余不仅造成浪费，还需通过锻模吸收，降低锻模使用寿命，或增加锻件出模的困难。锻锤吨位偏小，尽管可以多次打击，提供累积能量，但填充效果差（尤其是深而窄的模膛），锻件质量不易保证；打击次数过多，生产效率低，锻件在模膛内停留时间长，变形抗力增大，也会降低锻模使用寿命。可见，选用适当吨位的锻锤至关重要。

锤锻需要若干工步，但消耗能量最大的是终锻工步。所以，选用锻锤吨位要满足终锻需要。

终锻是一个瞬时完成的复杂动态过程，模锻变形力与模膛面积、模膛复杂程度（深浅变化）、模膛表面状态（表面粗糙度、润滑情况）、变形材料高温力学性能、变形瞬时温度等诸多因素（有些因素还具有随机性）有关，要获得其精确理论解是异常困难的。很多学者就此发表了不少研究成果（可参阅相关论著），但计算环节烦琐，精度有限，实用性不佳。

实际生产活动中，多用经验公式确定设备吨位；有经验的设计人员可以参照类似锻件判断所需的锻锤吨位。

选用双作用锻锤的简便经验公式时，主要考虑变形面积和材质两个因素。

$$G = (3.5 \sim 6.3)kA \tag{7-42}$$

式中　G——锻锤吨位，kg；

　　　k——钢种系数，在 0.90~1.25 范围内选取，成分复杂的合金钢取上限，成分简单的低碳钢取下限；

　　　A——实际变形面积，cm^2，含终锻模膛、冲孔连皮及飞边桥部面积，曲面分模应展开成平面计算。

系数（3.5~6.3）表达生产效率差别，取值 6.3 时模锻（含预、终锻）打击次数较少，能获得高生产效率；取值 3.5 时则需较多打击次数，生产效率不够高。若考虑量纲关系，可将其看做经验载荷强度。

若为单作用锤，需再增加 50%~80%。

若为对击锤，所需能量为：

$$E = (20 \sim 25)G \tag{7-43}$$

式中　E——对击锤能量，J；

　　　G——双作用锻锤吨位，kg。

由于设备规格数据不连续，实际使用的设备吨位不是偏大就是偏小。所以，得出计算结果后，应返回调整飞边桥部尺寸。设备吨位偏小时，应减小飞边桥部宽度，增加桥部高度；反之，可适当增加飞边桥部宽度和适当减小桥部高度。

7.9　锤锻模结构设计

锤锻模的结构设计主要考虑模膛的布排、错移力的平衡以及锤锻模的强度、模块尺寸、导向等。

7.9.1　模膛的布排

模膛的布排要根据模膛数以及各模膛的作用和操作方便安排。锤锻模一般有多个模膛，终锻模膛和预锻模膛的变形力较大，在模膛布置过程中一般首先考虑这两类模锻模膛。

7.9.1.1　终锻与预锻模膛的布排

A　锤锻模中心与模膛中心

（1）锤锻模中心。锤锻模一般都是利用楔铁和键块配合燕尾紧固在下模座和锤头上，如图 7-51 所示。锤锻模中心指锤锻模燕尾中心线与燕尾上键槽中心线的交点，它位于锤杆轴心线上，应是锻锤打击力的作用中心。

（2）模膛中心。锻造时模膛承受锻件反作用力的合力作用点叫模膛中心。模膛中心与锻件形状有关。当变形抗力分布均匀时，模膛（包括飞边桥部）在分模面的水平投影的形心可当作模膛中心，可用传统的吊线法寻找。变形抗力分布不均匀时，模膛中心则由形心向变形抗力较大的一边移动，如图 7-52 所示。移动距离的大小与模膛各部分变形抗力相差程度有关，可凭生产经验确定。一般情况下不宜超过表 7-5 所列的数据。

可利用计算机绘图软件自动查找形心。

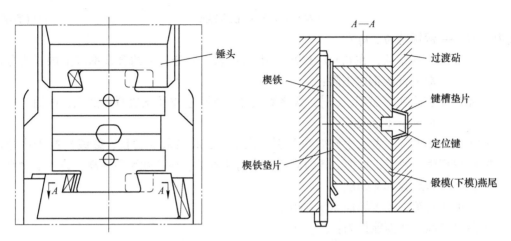

图 7-51　锤锻模燕尾中心线与燕尾上键槽中心线

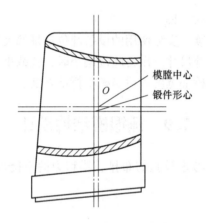

图 7-52　模膛中心的偏移

表 7-5　允许移动距离 L

锤吨位/t	1~2	3	5
L/mm	<15	<25	<35

B　模膛中心的布排

当模膛中心与锻模中心位置相重合时，锻锤打击力与锻件反作用力在同一垂线上，不产生错移力，上下模没有明显错移，这是理想的布排。当模膛中心与锻模中心偏移一段距离时，锻造时会产生偏心力矩，使上下模产生错移，造成锻件在分模面上产生错差，增加设备磨损。模膛中心与锻模中心的偏移量越大，偏心力矩越大，上下模错移量以及锻件错差量越大。因此，终锻模膛与预锻模膛布排设计的中心任务是最大限度减小模膛中心对锻模中心的偏移量。

无预锻模膛时，终锻模膛中心位置应取在锻模中心。

有预锻模膛时，两个模膛中心一般不能都与锻模中心重合。为了减少错差，保证锻件品质，应力求终锻模膛和预锻模膛中心靠近锻模中心。

模膛布排时要注意：

（1）在锻模前后方向上，两模膛中心均应在键槽中心线上，如图 7-53 所示。

（2）在锻模左右方向上，终锻模模膛中心与燕尾中心线间的允许偏移量，不应超过表 7-6 所列数值。

表 7-6 终锻模模膛中心与燕尾中心线件的允许偏移量 a

设备吨位/t	1	1.5	2	3	5	10
a/mm	25	30	40	50	60	70

（3）一般情况下，终锻的打击力约为预锻的 2 倍，为了减少偏心力矩，预/终锻模膛中心至燕尾中心线距离之比，应等于或略小于 1/2，即 $a/b < 1/2$，如图 7-53 所示。

（4）预锻模膛中心线必须在燕尾宽度内，模膛超出燕尾部分的宽度不得大于模膛总宽度的 1/3。

（5）当锻件因终锻模膛偏移使错差量过大时，允许采用 $L/5 < a < L/3$，即 $2L/3 < b < 4L/5$。

在这种条件下设计预锻模膛时，应当预先考虑错差量 Δ。Δ 值由实际经验确定，一般为 1~4mm，如图 7-53 中 $A—A$ 剖视图所示。锤吨位小者取小值，大者取大值。

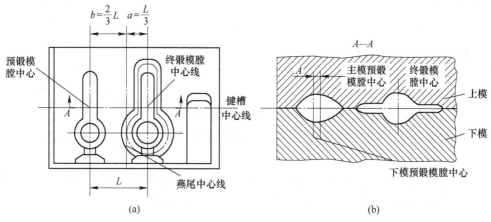

图 7-53 终锻、预锻模膛中心的布排

（a）终锻预锻模膛布排；（b）终锻预锻模膛局部剖切

（6）若锻件有宽大的头部（如大型连杆锻件），两个模膛中心距超出上述规定值，或终锻模膛因偏移使错差量超过允许值，或预锻模膛中心超出锻模燕尾宽度，则需使用两台锻锤联合锻造。这样两个模膛中心便可都处于锻模中心位置上，能有效减少错差，提高锻模寿命，减少设备磨损。

（7）为减小终锻模膛与预锻模膛中心距 L，保证模膛模壁有足够的强度，可选用下列排列方法：

1）平行排列法，如图 7-54 所示，终锻模膛和预锻模膛中心位于键槽中心线上，L 值减小的同时前后方向的错差量也较小，锻件品质较好。

2）前后错开排列法，如图 7-55 所示，预锻模膛和终锻模膛中心不在键槽中心线上。前后错开排列能减小 L 值，但增加了前后方向的错移量，适用于特殊形状的锻件。

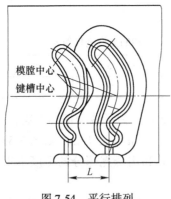

图 7-54　平行排列

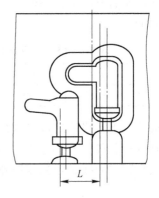

图 7-55　前后错开排列法

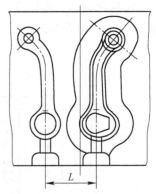

图 7-56　反向排列法

3）反向排列法，如图 7-56 所示，预锻模膛和终锻模膛反向布排，这种布排能减小 L 值，同时有利于去除坯料上的氧化皮并使模膛更好充满，操作也方便，主要用于上下模对称的大型锻件。

C　终锻模膛、预锻模膛前后方向的排列方法

终锻模膛、预锻模膛的模膛中心位置确定后，模膛在模块上还不能完全放置，还需要对模膛的前后方向进行排列。具体排列方法有以下几种：

（1）如图 7-57 所示的排列法，锻件大头靠近钳口，使锻件质量大且难出模的一端接近操作者，这样操作方便、省力。

（2）如图 7-58 所示的排列法，锻件大头难充满部分放在钳口对面，对金属充满模膛有利。这种布排法还可利用锻件杆部作为夹钳料，省去夹钳料头。

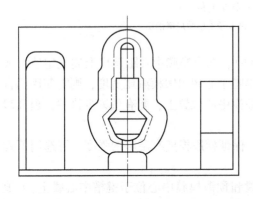

图 7-57　锻件大头靠近钳口的终锻模膛布置

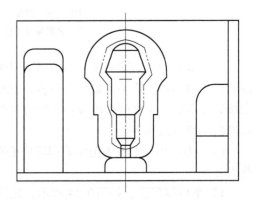

图 7-58　锻件大头在钳口对面的终锻模膛布置

7.9.1.2　制坯模膛的布排

除终锻模膛和预锻模膛以外的其他模膛由于成形力较小，可布置在终锻模膛与预锻模膛两侧，具体原则如下：

（1）制坯模膛尽可能按工艺过程顺序排列，操作时一般只让坯料运动方向改变一次，以缩短操作时间。

（2）模膛的排列应与加热炉、切边压力机和吹风管的位置相适应。例如，氧化皮最多的模膛是头道制坯模膛，应位于靠近加热炉的一侧，且在吹风管对面，不要让氧化皮吹落到终锻、预锻模膛内。

（3）弯曲模膛的位置应便于将弯曲后的坯料顺手送入终锻模膛内，如图 7-59（a）所示。图 7-59（a）所示的布置较图 7-59（b）的布置为佳。大型锻件锻造时，要多考虑工人的操作方便性。

（4）拔长模膛位置如在锻模右边，应采用直式；如在左边，应采取斜式，这样可方便操作。

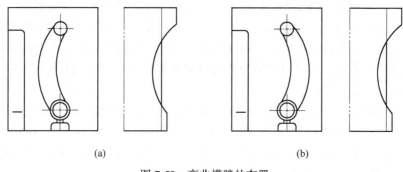

（a）　　　　　　　　　　　　　　（b）

图 7-59　弯曲模膛的布置
（a）合理；（b）不合理

7.9.2　错移力的平衡与锁扣设计

错移力一方面使锻件错移，影响尺寸精度和加工余量；另一方面加速锻锤导轨磨损，使锤杆过早折断。因此，错移力的平衡是保证锻件尺寸精度和减少锤杆失效的一个重要问题。

设备的精度对减小锻件的错差有一定的影响，但是最根本、最有积极意义的是在模具设计方面采取措施，因为后者的影响更直接，更具有决定作用。

7.9.2.1　有落差的锻件错移力的平衡

当锻件的分模面为斜面、曲面，或锻模中心与模膛中心的偏移量较大时，在模锻过程中会产生水平分力。这种分力通常称为错移力，会引起锻模在锻打过程中错移。

若锻件分模线不在同一平面上（即锻件具有落差），在锻打过程中，分模面上会产生水平方向的错移力，错移力的方向明显。错移力一般比较大，在冲击载荷的作用下，容易发生生产事故。

为平衡错移力和保证锻件品质，一般采取如下措施：

（1）对小锻件可以成对进行锻造，图 7-60 所示。

（2）当锻件较大、落差较小时，可将锻件倾斜一定角度锻造，如图 7-61 所示。由于倾斜了一个角度 γ，锻件各处的模锻斜度发生变化。为保证锻件锻后能从模膛取出，角度 γ 值不宜过大。一般 $\gamma < 7°$，且以小于模锻斜度为佳。

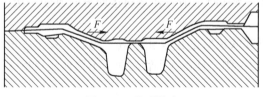

图 7-60 成对锻造

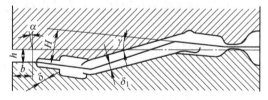

图 7-61 倾斜一定角度

（3）若锻件落差较大（15～50mm），用第二种方法解决不好时可采用平衡锁扣，如图 7-62 所示。锁扣高度等于锻件分模面落差高度。由于锁扣所受的力很大，容易损坏，故锁扣的厚度 b 应不小于 $1.5h$。锁扣的斜度 α 值：当 $h = 15～30mm$ 时，$\alpha = 5°$；$h = 30～60mm$ 时，$\alpha = 3°$。锁扣间隙 $\delta = 0.2～0.4mm$，且必须小于锻件允许的错差的一半。

（4）若锻件落差很大，可以联合采用（2）（3）两种方法，如图 7-63 所示，既将锻件倾斜一定角度，也设计平衡锁扣。具有落差的锻件，采用平衡锁扣平衡错移力时模膛中心并不与键槽中心重合，而是沿着锁扣方向向前或向后偏离 s 值，目的是为了减少错差量与锁扣的磨损，有如下情况：

1）平衡锁扣凸出部分在下模，如图 7-64（a）所示。模膛中心应向平衡锁扣相反方向离开锻模中心，其距离 $s_1 = (0.2 ～ 0.4)h$。

2）平衡锁扣凸出部分在上模，如图 7-64（b）所示。模膛中心应向平衡锁扣方向离开锻模中心，其距离 $s_2 = (0.2 ～ 0.4)h$。

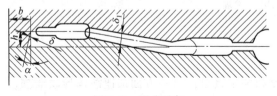

图 7-62 平衡锁扣

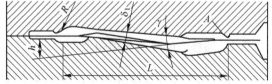

图 7-63 倾斜锻件并设置锁扣

7.9.2.2 模膛中心与锤杆中心不一致时错移力的平衡

模膛中心与锤杆中心不一致，或因工艺过程需要（例如设计有预锻模膛），终锻模膛中心偏离锤杆中心，都会产生偏心力矩。设备的上下砧面不平行，模锻时也会产生水平错移力。为减小由这些原因引起的错移力，除设计时尽量使模膛中心与锤杆中心一致外，还可采用导向锁扣。

导向锁扣的主要功能是导向，平衡错移力，它补充了设备的导向功能，便于模具安装和调整。常用于下列情况：

（1）一模多件锻造，锻件冷切边以及要求锻件小于 0.5mm 的错差等。

（2）容易产生错差的锻件的锻造，如细长轴类锻件、形状复杂的锻件以及在锻造时模膛中心偏离锻模中心较大时的锻造。

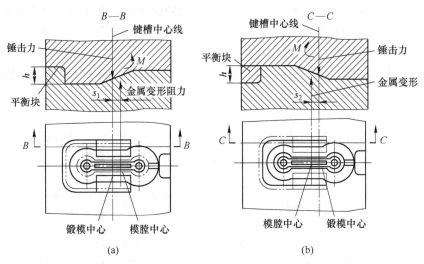

图 7-64　带平衡锁扣模膛中心的布置

（a）锁扣凸出部分在下模；（b）锁扣凸出部分在上模

（3）不易检查和调整其错移量的锻件的锻造，如齿轮类锻件、叉形锻件、工字形锻件等。

（4）锻锤锤头与导轨间隙过大，导向精度低。

常用的锁扣形式如下：

（1）圆形锁扣，一般用于齿轮类锻件和环形锻件。这些锻件很难确定其错移方向。

（2）纵向锁扣（图 7-65），一般用于直长轴类锻件，能保证轴类锻件在直径方向有较小的错移，常应用于一模多件的模锻。

（3）侧面锁扣（图 7-66），用于防止上模与下模相对转动或在纵横任一方向发生错移，但制造困难，较少采用。

（4）角锁扣（图 7-67），作用和侧面锁扣相似，但可在模块的空间位置设置 2 个或 4 个角锁扣。

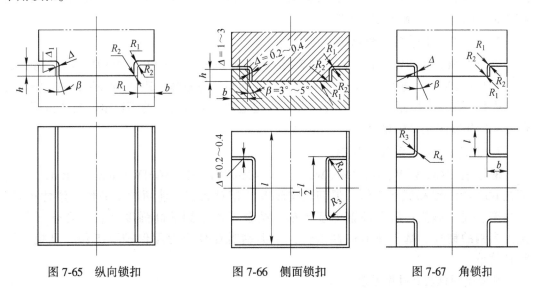

图 7-65　纵向锁扣　　　　图 7-66　侧面锁扣　　　　图 7-67　角锁扣

锁扣的高度、宽度、长度和斜度一般都按锻锤吨位确定，设计锁扣时应保证有足够的强度。为防止模锻时锁扣相碰撞，在锁扣导向面上应设计有斜度，一般取 3°~5°。

上下锁扣间应有间隙，一般在 0.2~0.4mm。这一间隙值是上下模打靠时锁扣间的间隙尺寸。未打靠之前，由于上下锁扣导向面上都有斜度，间隙大小是变化的，因此，锁扣的导向主要在模锻的最后阶段起作用。与常规的导柱、导套导向相比，导向的精确性差。

采用锁扣可以减小锻件的错移，但是也带来了一些不足之处，例如模具的承击面减小，模块尺寸增大，减少了模具可翻新的次数，增加了制造费用等。

7.10 锻模材料及锻模的使用与维护

锻模不仅要承受极大的冲击载荷（高达 2000MPa），在高温条件下（工作状态温度通常达 400~500℃，局部可能达 600℃）还会受到氧化皮及流动金属的剧烈摩擦，而且冷热频繁交变。如此恶劣的服役条件，对锻模材料提出了极高要求。就使用方面来说，高温条件下，锻模材料应具有较高的强度、硬度和冲击韧性，较好的抗氧化，较好的导热性、耐热疲劳性和耐回火性；就制造方面来说，锻模材料应具有良好的淬透性且热处理畸变小，具有良好的切削加工性能和抛光性能，同时价格合理。

7.10.1 锻模材料

可用作锻模的钢号很多，一般主要按耐热程度和韧性差别分类。

7.10.1.1 半耐热高韧性钢

钢号有 5CrNiMo、5CrMnMo、5Cr2NiMoV、4CrMnSiMoV 等，适合工作温度 350~425℃。其中，5CrNiMo 用于制造最小边长大于 400mm 的大型锻模；5CrMnMo 的韧性稍逊，但在我国 Ni 资源缺乏时代发挥了很大的作用，适用于制造最小边长为 300~400mm 的中型锻模；5Cr2NiMoV 适用于制造大型重负荷锻模，寿命达 5CrNiMo 的 2~3 倍；4CrMnSiMoV 适用于制造大中型锻模。

7.10.1.2 中等耐热韧性钢

钢号有 4Cr5MoSiV（H11）、4Gr5W2SiV、4Cr5MoSiV1（H13）、4Cr4MoWSiV 等，适合工作温度 600℃，均可用于制造锻模镶块和高能高速锤锻模。其中，4Cr5MoSiV1 钢综合性能优秀，获普遍好评；4Cr4MoWSiV 用于锻造塑性变形抗力大的不锈钢、耐热钢等，寿命是 4Cr5W2SiV 的 2 倍以上。

7.10.1.3 耐高温抗磨损钢

钢号有 3Cr2W8V、4Cr3Mo3W2V、5Cr4Mo2W2VSi、5Cr4W5Mo2V（RM2）等，可在 600~700℃高温下工作，但韧性均较差。相对而言，前两种钢韧性、塑性稍好，而强度、硬度偏低；后两种钢为基体钢，结合了高速钢的高强度与较低合金元素含量工具钢的韧性。基于锤锻的冲击性，该类钢需在预应力圈保护下工作，且模膛形状较简单。

锤锻模用钢及其硬度见表 7-7。

表 7-7　锤锻模用钢及其硬度

锻模 种类	锻模尺寸 规格	推荐钢号	硬度 HRC		备 注
			模膛部位	燕尾部分	
整体型	小型 锻模	5CrMnMo，5CrNiMo， 4CrMnSiMoV	42~47① 39~44②	35~39	模块高度 <250mm
	中型 锻模		39~44① 37~42②	32~37	模块高度 250~325mm
	大型 锻模	5Cr2NiMoV，5CrNiMo， 4CrMnSiMoV	35~39	30~35	模块高度 325~400mm
	重型 锻模		32~37	28~35	模块高度 >400mm
	校正模	5CrNiMo	42~47	32~37	
镶块型	模体	ZG50Cr，5CrNiMo			硬度与整体型 相同
	镶块	4Cr5MoSiV1，3Cr2W8V， 4Cr3Mo3W2V，4CrMnSiMoV			硬度与整体型 相同

①用于模膛浅、形状简单的锻模。
②用于模膛深、形状复杂的锻模。

7.10.2　锻模损坏形式及其原因

7.10.2.1　破裂

破裂有冲击破裂和疲劳破裂两种形式。

锤击时，锻模受瞬时冲击载荷，当产生的应力超过材料强度极限，裂纹首先在应力集中部位（残存刀痕、内部缺陷、模膛内凹圆角半径过小等）产生（图 7-68），然后迅速发展破裂。

锻模若未经预热，其抗冲击能力较弱，模具与坯料温差大，交变热应力作用尤其明显，两者叠加，就可能引起锻模早期脆裂。

更为多见的破裂是疲劳破裂，即锻模承受较小的交变应力，经过较长时间积累作用形成微裂纹，而后逐渐扩展，导致破裂。疲劳破裂也是从应力集中部位开始的。

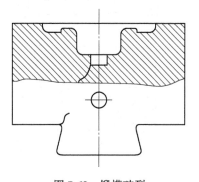

图 7-68　锻模破裂

7.10.2.2　表层热裂

模膛表面工作时，一会儿与高温坯料接触，受热膨胀（承受压应力）；一会儿与润滑冷却剂接触，降温收缩（承受拉应力）。这个过程间隔时间短，且不断重复，致使模膛表层疲劳，形成不规则网状分布而深度不大的裂纹（龟裂）。轻度热裂主要影响锻件表面质量，重度热裂会引起锻模表层剥落，造成锻模不能继续使用；也可能沿某些薄弱位置扩展，导致整体开裂。

7.10.2.3 磨损

金属在模腔内流动时，夹带着氧化皮与模腔表面发生激烈摩擦，造成表面磨损。磨损一般是非均匀的，凸台、靠近飞边桥口部等部位磨损较快。磨损改变了模腔尺寸，降低了模腔表面质量，也就降低了锻件质量。磨损是难以避免的，磨损速度决定了模具使用寿命。

磨损与成形方法有关，压入法成型时，磨损较快。

模腔表面光洁，磨损较慢；若模腔表面出现热裂，磨损将加快，在炽热金属的流动冲刷作用下，形成沟痕。

反之，坯料与模具的剧烈摩擦也会出现坯料黏附在模具上的现象（类似于切削加工中的"切削瘤"），导致模腔局部尺寸改变，表面质量下降。

7.10.2.4 变形

如果模腔内局部温度过高，则强度下降，在坯料高压力作用下将发生变形，致使模腔尺寸变样。容易发生变形的部位如图 7-69 所示。压入成型容易产生模腔边角处内陷（图7-69 (a)），因而影响锻件出模；镦粗成型则易将模腔边角处压堆（图 7-69 (b)），并使模锻斜度增大；模腔内冲孔凸台容易发生镦粗（图 7-69 (c)），飞边槽桥部容易出现压坍（图 7-69 (d)）。

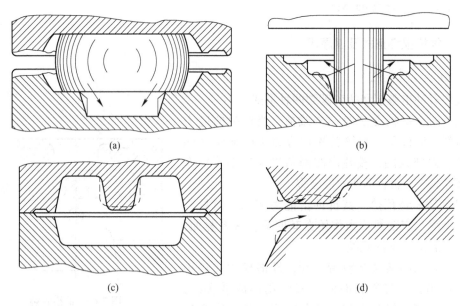

图 7-69 模腔局部变形
(a) 内陷；(b) 压堆；(c) 镦粗；(d) 压坍

承击面积不足会造成锻模过早被压陷，导致模腔整体高度减小。

7.10.3 锻模的使用与维护

生产批量大于锻模寿命时，延长锻模寿命具有明显的经济意义。锻模寿命除了取决于设计制造等因素外，使用和维护是否得当也是影响锻模寿命的直接因素。

锻模的正确使用和维护包括正确安装、锻模预热、控制终锻温度、及时润滑冷却和清除氧化皮、随时修磨出现的缺陷等方面。

7.10.3.1 锻模预热

锻模预热到 150~350℃ 后，可减小内外温差，降低温度应力，既提高抗冲击能力，又有助于坯料保温，降低坯料的变形抗力，减轻模具负荷。

常用预热方法是喷烧燃气或用热铁烘烤，要求严格的场合可用电热棒、感应器等。预热时间要足够，以保证热透、热均匀。热铁烘烤时应避免热铁直接接触模膛，造成退火，硬度降低。若停锻时间较长，模具已降温，重新工作时应再度预热。

常用检验预热温度的方法是经验法，如将手指伸入锻模起重孔内，凭感觉达到烫手即可；要求严格的场合可借助于仪表。

7.10.3.2 锻模冷却与润滑

锻模工作时温度会很快升高，为防止高温引起模具回火软化，模具温度一般应尽量控制在 400℃ 以下。所以，在模锻过程中必须对锻模作适当的冷却。

锻模在冲击条件下工作，难于设置内冷装置，故一般采用外冷法——喷压缩空气，还兼有吹去氧化皮的作用。如果需要强化冷却效果，则可适度喷水雾。

锻模与热坯料之间的剧烈摩擦不仅造成模膛磨损，还会阻碍深、窄模膛的填充，容易造成锻件欠充满，以及阻碍锻件出模。为降低摩擦，可使用适当的润滑剂。

由于希望冷却与润滑联合进行，故锻模润滑剂一般为液态，溶液、乳浊液可喷涂，悬浊液需涂抹。

锻模润滑剂应具备一定性能：

(1) 在锻模上有良好的黏附力，以保证在高温下不被挤出。
(2) 燃点高，无烟，在高温下仍保持润滑性能。
(3) 润滑剂及其燃烧物应无毒无害，以保持环境卫生和安全。
(4) 便于喷涂，并便于清除干净。
(5) 价廉并兼有冷却剂功效。

常用润滑剂有水基胶体石墨乳（稀释）、食盐水、湿锯末（扬撒到模膛中）、MoS_2（成本较高）等。某些润滑剂（如玻璃粉）也可包裹在坯料上使用，兼有隔绝空气与隔热作用。

思 考 题

7-1 确定分模面的基本原则有哪些，对锻件质量有何影响？

7-2 确定模锻斜度和锻件圆角半径的基本原则有哪些，对锻件质量有何影响？

7-3 锻件内外圆角半径如何影响锻件成型和锻模寿命？

7-4 锻件公差为何呈非对称分布？

7-5 为什么锤上模锻上模模膛比下模模膛容易充满？

7-6 何谓计算毛坯图，修正计算毛坯截面变化图和直径图的依据是什么？

7-7 除考虑收缩率外，热锻件图与锻件图还有哪些区别？

7-8 飞边槽的作用和设计原则有哪些？

7-9　预锻模膛的作用和设计原则有哪些？

7-10　锤锻模为何需要承击面？

7-11　确定锻件制坯工步主要考虑哪些因素，如何确定？

7-12　锤锻模的终锻模膛和预锻模膛如何布排？

7-13　多模膛如何布排，布排不当会造成什么后果？

7-14　锻模破坏主要有哪几种形式，其原因是什么？

7-15　试描述影响锤锻模寿命的主要因素和提高寿命的主要途径。

7-16　滚压模膛轮廓依据什么来设计？

7-17　何谓镦粗成型，何谓压入成型，有哪些区别？

7-18　锤上模锻件常见缺陷有哪些，原因是什么，如何消除，形成折叠的类型、原因是什么，如何防止？

7-19　锤锻模导向为何不用导柱导套？

7-20　短轴类和长轴类锻件制坯工艺特点和制坯模膛设计原则有哪些？

7-21　试述锤锻模中心、模膛中心和压力中心的意义和确定方法。

8 常见压力加工设备上模锻

8.1 机械压力机上模锻

获得广泛应用的蒸汽-空气模锻锤（以下简称为锻锤，并将锤上模锻简称为锤锻）已有200多年历史，为机械制造业发展做出了不可磨灭的贡献。由工作原理与结构特点所决定，锤锻存在一些与人性化、环境保护、节能等现代生产要求不相适应的缺点，在模锻设备中所占比例正在逐步降低，越来越多的锻造厂点在新建或技术改造时选用机械压力机（过去常称为热模锻压力机，以下简称为压力机；并将机械压力机上开式模锻简称为机锻）进行模锻件生产。

压力机的核心是"曲柄-连杆-滑块"机构（图8-1）。与板料加工用曲柄压力机比较，

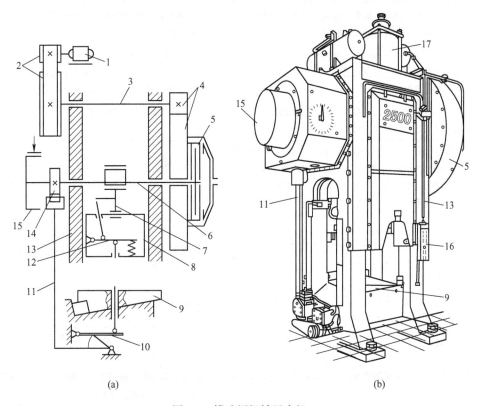

(a)   (b)

图 8-1 锻造用机械压力机

（a）原理图；（b）外观图

1—电动机；2—带轮；3—传动轴；4—齿轮；5—离合器；6—偏心主轴（曲柄）；7—连杆；
8—滑块；9—工作台；10—下顶杆；11—下顶出拉杆；12—上顶杆；13—机身；
14—凸轮；15—制动器；16—控制面板；17—平衡器

其特点是整体刚性约提高一个数量等级，滑块工作频率更高（达 40~80 次/min），滑块内及工作台下配置了较强劲的顶出机构，设置了解脱"闷车"的装置，配备了更完善的控制系统（如设置了压力监控装置、润滑系统警报器等）。

机锻与锤锻的差别见表8-1。一般认为，机锻主要适宜于靠镦粗方式成型的锻件。压力机也可用于挤压、精压、多向模锻、闭式模锻（下模座内需采用碟簧缓冲机构）等，适应面比锻锤宽。但锻锤仍存在其他设备尚不具备的优点，以及受经济条件限制，短时期内还不能被全部淘汰。

表 8-1 机锻与锤锻设备特点与工艺特点比较

机　锻	锤（双作用）锻
滑块行程和压力不可调，在前方另配去氧化皮设备和制坯设备（如辊锻机、楔横轧机、锻锤、平锻机）为妥。大量生产时，也可以订制周期轧坯	可利用锤头的摆动循环，调节打击能量（可轻可重，灵活方便），便于拔长、滚压等制坯操作，便于去除热坯料氧化皮
在同一模膛内连压无效，变形量大的复杂锻件须分若干步在对应的各副模具内分步成型（对工艺过程设计要求严格）。锻透性好，得到锻件的力学性能较均匀	可在同一模膛内连击，使锻件逐步成型，通用性较好，对工艺过程设计要求不太严格
滑块施压速度低（一般为 0.3~1.5m/s），金属在高度方向填充能力较差（图8-2），而在水平方向流动较为强烈，飞边大；但对耐热合金、镁合金等变形速度敏感的低弹塑性材料成型有利，可用挤压法锻造深模膛锻件	锤头打击速度高（6.0~8.0m/s），金属在高度方向（尤其上模）的填充能力强，飞边较小（节省材料）。模膛过深的锻件需要较大的模锻斜度，否则脱模困难
高度方向尺寸稳定；可靠的模具导向便于保证水平方向精度，可设较小切削余量；有顶出机构配合，可采用较小的模锻斜度，还可省去钳料头	锤头的行程不固定，模具导向效果难于保证，锻件精化程度不够高（大批量生产时经济性不是最好），锻件尺寸精度与工人操作技巧关系密切
操作简单，对操作工人技术要求不高；节拍固定，便于实现自动化（及组成全自动生产线）	工人需掌握操作技巧，节拍难于固定，难以实现自动化
模具承受静压力，可使用硬度高而抗冲击性稍差的材料，可采用镶拼/组合结构，能在多个工位设置行程可调的顶出机构（模具结构有些复杂）；模块较小巧，便于制造、调整、更换、维修，费用较低；但模架（一般为通用）需要大型切削加工设备	模具必须耐冲击，多采用整体结构，难以设置顶出机构（个别可在下模设置单点顶出）；模块笨重，费用高
抗偏载能力较强，工作台尺寸较大，模具可在较宽范围布置，便于设置多工步，乃至切边等。大吨位压力机采用楔传动，抗偏载能力更强	依靠直径不大的锤杆传递剧烈而巨大的打击力，抗偏载能力差
压力机存在下死点，超载后果严重（损坏某机件或闷车造成生产中断），操作责任心要求高	锻锤不存在过载损坏问题
设备结构复杂，调整、维修要求较高	设备结构较简单，调整、维修较容易，但个别零件（如锤杆等）容易损坏
自带电动机驱动，能源利用率较高，也需要空气压缩等配套设备	需另配动力站（锅炉供高压蒸汽或空气压缩机供压缩空气）及管道，能耗高
设备昂贵，初期投资大，但对地基要求稍低	初期投资较小，但对地基要求高
劳动环境较好（封闭机身，工作时无振动，但也存在不太大的离合器、制动器工作噪声），对周边影响小，安全性好	劳动环境恶劣（振动、噪声），对周边影响大，厂房需抗振，必须注意生产安全

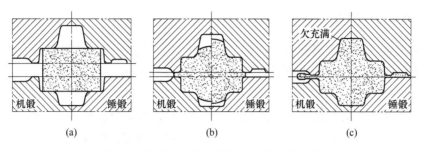

图 8-2 机锻与锤锻金属填充模膛效果比较
（a）变形前；（b）变形过程中；（c）变形结束

8.1.1 锻件分类

锻件几何形体结构复杂程度差异，决定其模锻工艺和模具设计有明显区别，明确锻件结构类型是进行工艺设计的必要前提。业内将一般机锻件分为 3 类，每类中再细分为 3 组，共 9 组。

第Ⅰ类——主体轴线立置于模膛成型，水平方向二维尺寸相近（圆形/回转体居多、方形或近似形状）的锻件。该类锻件模锻时通常会用到镦粗工步。根据成型难度差异细分为 3 组。

Ⅰ-1 组。以镦粗并略带压入方式成型的锻件，如轮毂-轮缘之间高度变化不大的齿轮。

Ⅰ-2 组。以挤压并略带镦粗方式及兼有挤压、压入和镦粗方式成型的锻件，如万向节叉、十字轴等。

Ⅰ-3 组。以复合挤压方式成型的锻件，如轮毂轴等。

第Ⅱ类——主体轴线卧置于模膛成型，水平方向一维尺寸较长的直长轴类锻件。根据垂直主轴线的断面积的差别程度细分为 3 组。

Ⅱ-1 组。垂直主轴线的断面积差别不大（最大断面积与最小断面积之比大于 1.6，可不用其他设备制坯）的锻件。

Ⅱ-2 组。垂直主轴线的断面积差别较大（最大断面积与最小断面积之比大于 1.6，前方需要其他设备制坯）的锻件，如连杆等。

Ⅱ-3 组。端部（一端或两端）为叉形/枝丫形的锻件，除按以上两组确定是否需要制坯外，必须合理设计预锻工步，如套管叉等。

第Ⅰ、Ⅱ类锻件一般为平面分模或对称曲面分模，非对称曲面分模增加了锻件的复杂程度。

第Ⅲ类——主体轴线曲折，卧置于模膛成型的锻件。根据主体轴线走向细分为 3 组。

Ⅲ-1 组。主体轴线在铅垂面内弯曲（分模面为起伏平缓的曲面或带落差），但平面图为直长轴形（类似第Ⅱ类），一般无须设计专门的弯曲工步即可成型的锻件。

Ⅲ-2 组。主体轴线在水平面内弯曲（分模面一般为平面），必须安排弯曲工步才能成型的锻件。

Ⅲ-3 组。主体轴线为空间弯曲（非对称面分模）的锻件。

还有兼备两类或三类结构特征，复杂程度更高的锻件，如多数汽车转向节锻件。

8.1.2 锻件图设计特点

机锻模锻件图设计原则及设计过程与锤锻相似，但基于压力机的结构及模锻工艺特点，在参数的选取及一些具体问题上与锤上模锻件有些不同。

8.1.2.1 分模面

多数情况下，机锻和锤锻的分模面位置是相同的，但对某些形状的锻件，由于压力机具备顶出机构，使得机锻的分模面位置可区别于锤锻。例如，图 8-3 所示为带有粗大头部的杆形锻件，锤锻时分模面为 A—A（卧锻），分模线长，飞边体积较多（浪费材料），更主要是大头内凹部无法锻出，余块/敷料多；若用机锻，则可选取 B—B 分模面，将坯料立于模膛中局部镦粗并锻出大头内凹部，杆部（及整个锻件）依靠顶出机构脱模。

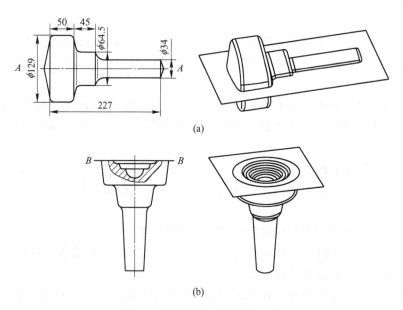

(a)

(b)

图 8-3　杆形件的两种分模方法
（a）锤锻分模面；（b）机锻分模面

8.1.2.2 模锻斜度

模具内不设顶件机构时，模锻斜度与锤锻相同或稍大些（锤锻可利用振动脱模）；模具内设置顶件机构时，模锻斜度可比锤锻减小 2°～3°。

8.1.2.3 切削余量和公差

机锻件预留的切削余量可比锤锻件小 30%～50%，公差也可相应小些，尤其是高度方向尺寸精度可比锤锻件提高一个档次（参照国家标准 GB/T 12362—2016 确定）。

8.1.2.4 圆角半径

机锻件切削余量小于锤锻件，为获得同样质量的零件，机锻件的外圆角半径应相应减小。从模具受力角度考虑，机锻件也可小于锤锻件。但过小的外圆角半径填充困难，且不利于提高模具使用寿命，故外圆角半径一般与锤锻件相同。

机锻不能像锤锻那样先轻后重，在同一模膛内逐步变形，机锻件的内圆角半径应大于锤锻件。较小的内圆角，应通过多个模膛分步获得。

8.1.3 模锻力及设备吨位确定

影响变形力的因素较多，包括模膛平面投影面积、模膛复杂（深浅变化）程度、变形材料高温力学性能、变形瞬时温度、飞边尺寸（特别是桥部尺寸）等。如果逐一考虑并进行分析计算，那么过程非常烦琐、效率低，精确度也不高。

实际应用中进行了合理简化：

（1）将锻造温度范围内材料力学性能差别折合为一系数。

（2）忽略复杂程度差别，在变形面积内视为均布载荷。

（3）将飞边桥部视同模膛，合并计算变形面积。

这样得到变形力经验计算式为

$$F = kqA$$

式中　F——变形力，N；

　　　k——钢种系数，在 0.90~1.25 范围内选取，成分复杂的合金钢取上限，成分简单的低碳钢取下限；

　　　q——经验载荷强度，MPa，取值范围为 640~730MPa，形状简单、容易充满（过渡圆角较大，外圆角较大，比较肥厚圆浑）的锻件可偏小，反之，形状复杂、不容易充满的锻件应偏大；

　　　A——模膛与飞边桥部平面投影图面积之和，mm^2。

一般情况下，按终锻模膛计算变形力。但预锻变形程度大且形成明显飞边时，需按预锻模膛计算变形力。若预锻变形更大，则应按预锻力选设备。

实际生产时，常常还存在一些意外因素，为确保设备使用安全，选用的设备吨位应稍大于最大变形力，一般应留有约 20% 的富余量。

挤压、闭式模锻变形力计算请参考有关手册。

8.2　平锻机上模锻

8.2.1 平锻机工艺特点

平锻机又称水平锻造机或卧式锻造机，从锻造机械分类看，它属于机械压力机类。根据压力机工作机构运行方向的不同，通常把工作部分作水平往复运动的模锻设备简称为平锻机；模锻锤、热模锻压力机、螺旋压力机等模锻设备的工作部分（锤头或滑块）是作垂直往复运动的，把这些锻压设备称为立式锻压设备。

平锻机属于曲柄压力机类设备，所以它具有热模锻压力机上模锻的很多特点，如行程固定，滑块工作速度与位移保持严格的运动学关系，锻件成型部分长度方向尺寸稳定性好；振动小，不需要很大的设备基础；为了提高模具寿命，模具与工件接触易损部分常常设计为可以更换的镶块式、组合式锻模。

平锻机与其他曲柄压力机区别的主要标志是：平锻机具有两个滑块（主滑块和夹紧滑块），可以产生两向运动，使锻模具有两个互相垂直的分模面。一个分模面（主分模面）在冲头和凹模之间，另一个分模面（夹紧分模面）在可分的两半凹模之间。这一特点决定了平锻机上模锻工步的分类和顺序。

根据凹模分模方式的不同，平锻机分为垂直分模平锻机和水平分模平锻机两类。从使用的角度来看，虽然各有特点，但锻造成形的特性是一样的。图8-4所示为垂直分模平锻机工作原理图。平锻机起动前，棒料放在固定凹模6的型槽中，并由前挡料板4定位，以确定棒料变形部分的长度 L_0。然后，踏下脚踏板，使离合器工作。平锻机的曲柄和凸轮机构保证按下列顺序工作：在主滑块2前进过程中，侧滑块9使活动凹模7迅速进入夹紧状态，将 L_p 部分的棒料夹紧；前挡料板4退回；凸模（冲头）3与热坯料接触，并使其产生塑性变形直至充满型槽为止。当主滑块回程时，机构运动顺序是：冲头从凹模中退出，侧滑块带动活动凹模体回到原位，冲头同时回到原位，工作循环结束。从凹模中取出锻件。

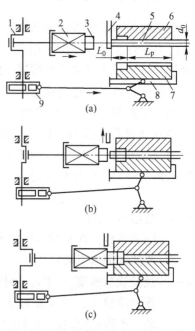

图8-4 垂直分模平锻机工作原理图
（a）棒料定位；（b）活动凹模夹紧棒料；
（c）凸模运动使坯料变形
1—曲柄；2—主滑块；3—凸模；4—前挡料板；5—坯料；
6—固定凹模；7—活动凹模；8—夹紧滑块；9—侧滑块

平锻机在工艺上有如下特点：

（1）锻造过程中坯料水平放置，其长度不受设备工作空间的限制，可以锻造出立式锻压设备不能锻造的长杆类锻件，也可以用长棒料进行逐件连续锻造。

（2）有两个分模面，可以锻出一般锻压设备不易成型的两个方向上有凹槽、凹孔的锻件（如双凸缘轴套、双联齿轮等），锻件形状更接近零件形状。

（3）平锻机滑块导向性好，行程固定，锻件长度方向尺寸稳定性比锤上模锻高。但是，平锻机传动机构受力产生的弹性变形随锻压力的增大而增加。所以，要合理地预调冲头闭合尺寸，否则将影响锻件长度方向的精度。

（4）平锻机可进行开式和闭式模锻，可以进行终锻成型和制坯，也可进行弯曲、切边、切料等工步。

但是，平锻机上模锻也存在如下缺点：

（1）平锻机是模锻设备中结构最复杂的一种，价格贵、投资大。

（2）靠凹模夹紧棒料进行锻造成型，坯料一般要用较高精度热轧棒料或冷拔料，否则会出现夹不紧或在凹模间产生大的纵向毛刺。

（3）锻前须用特殊装置清除坯料上的氧化皮，否则锻件表面粗糙度值比锤上模锻的锻件高。

（4）平锻机工艺适应性较差，不适宜模锻非对称锻件。

垂直分模平锻机与水平分模平锻机和曲柄压力机相比，不易实现机械化和自动化操作。有资料显示，平锻机的夹紧力与设备主滑块的模锻力 $F_主$ 的关系式是：水平分模平锻机夹紧力为 $(1\sim1.3)F_主$，而垂直分模平锻机夹紧力只有 $(0.25\sim0.3)F_主$。实际选用时，可根据锻件的成型特性，进一步参照相关设计资料确定。

8.2.2 平锻机上模锻工步与锻件分类

8.2.2.1 平锻机上模锻工步

平锻机上任一模锻过程，无论锻件是如何复杂，都是由几个简单工步组成的。平锻机锻件的初始坯料一般采用按规定长度截取的棒料（锻造杆状零件时），在棒料的一端或两端进行变形或采用经过预锻的坯料。夹紧凹模主要用于夹紧棒料和封闭模具型槽，但也可以用于某些成型，如压肩。成型过程一般用固定在主滑块上的凸模或冲头来完成。夹紧凹模在平锻机上是对开的，因此，模具型槽依次安排在一套夹紧凹模中，由此可以产生以下工步。

平锻机上模锻常用的基本工步有聚集、冲孔、成形、切边、穿孔、切断、压扁和弯曲（图8-5），有时也用到挤压。在一些制坯工步中还可以完成局部卡细或胀形。

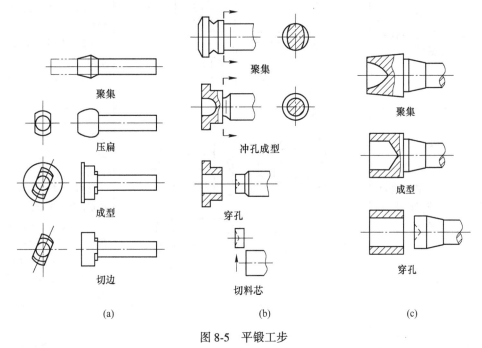

图 8-5 平锻工步

（a）杆件平锻工步；（b）通孔件平锻工步；（c）环件平锻工步

（1）聚集（局部镦粗）工步。目的是加粗坯料的头部或中部，获得圆柱形或圆锥形，为后续成形提供合理的中间坯料，它是平锻机上模锻成型中最基本的制坯工步。

（2）冲孔工步。目的是使坯料获得不穿透的孔腔。

（3）成型工步。目的是使锻件本体预锻成形或终锻成型。大多用主滑块，有时用夹紧凹模进行有飞边或无飞边模压成型。

（4）切边工步。目的是切除锻件上的飞边。切边冲头固定在主滑块凸模夹座上，切边凹模做成镶块形式并分成两半，一半紧固在固定凹模体上，另一半紧固在活动凹模体上。

（5）穿孔工步。目的是冲穿内孔，并使锻件与棒料分离，从而获得通孔类锻件。

（6）切断工步。目的是切除穿孔后棒料上遗留的芯料，为下一个锻件的锻造做好准备。切断型槽主要由固定刀片（安装在固定凹模体上）和活动刀片（紧固在活动凹模体上）组成。

8.2.2.2　锻件分类

在平锻机上模锻的锻件（平锻件）品种、尺寸范围较广，其外形直接确定了模锻工艺的特性。为了便于进行工艺及模具设计工作，依据锻件形状这个分类指标，一般可将平锻机模锻件分为4组，见表8-2。

表 8-2　平锻机模锻件分类

组别	类别	简　图	工艺特点
第1组	具有粗大部分的杆形锻件	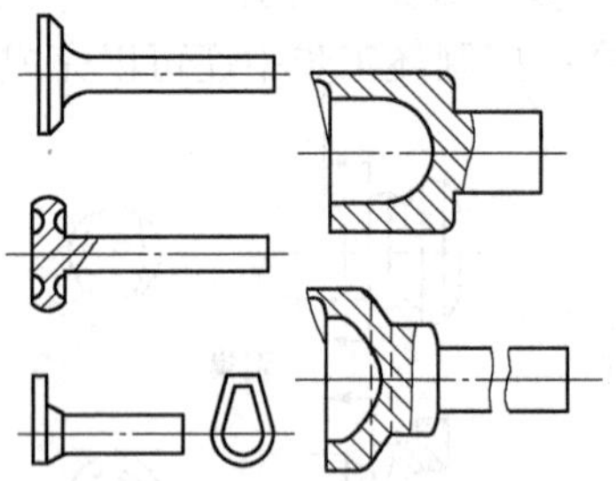	（1）坯料直径按锻件杆部选取； （2）多为单件，采用后定位方式； （3）平锻工步为聚料、成型； （4）开式模锻时有切边工步
第2组	具有通孔或盲孔的锻件	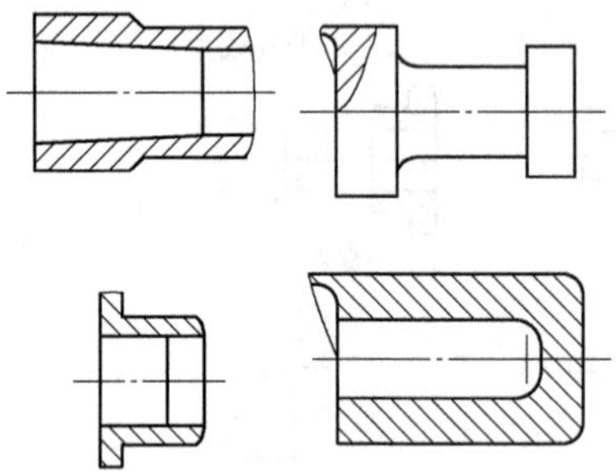	（1）通孔类坯料直径尽量按锻件孔径选取；无孔或盲孔类坯料直径按工艺选定； （2）多为长棒料，采用前定位连续锻造； （3）主要工步通孔类为聚料、冲孔、成型、穿孔；无孔或盲孔类为聚料、冲孔、预成型和终成型、切断
第3组	管类锻件	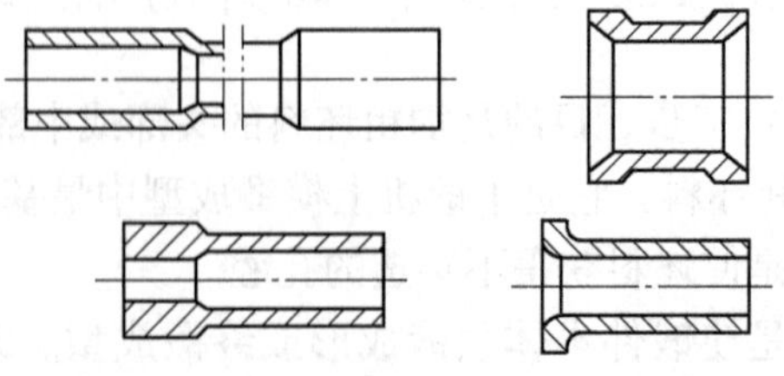	（1）坯料直径按锻件杆部管料规格选取； （2）多为单件后定位模锻； （3）加热长度不宜太长； （4）主要工步为聚料、预成型或成型

续表 8-2

组别	类别	简　图	工艺特点
第 4 组	联合模锻的锻件	平锻制坯－锤锻成形 平锻制坯－扩孔机成形	可根据锻件形状、尺寸采用不同的联合模锻工艺，如先平锻制坯再在其他锻压设备上成型，或反之

8.2.3　聚集规则

平锻工艺过程，是把加热后的棒料在模具夹持下逐步聚集（镦粗）的过程。所以，首先要考虑怎样聚集才能使棒料不会发生弯曲或折叠，否则，锻件的质量就无法得到保证。实践证明，聚集过程受到一定条件的制约，通常将这些制约条件称为聚集（镦粗）规则。遵循这些规则，锻造过程就比较顺利，就能够保证锻件的质量。

在坯料端部的局部镦粗称为聚集或顶镦。坯料聚集时，如果直径为 D_0 的坯料变形部分的长度 l_0 或长径比 $\varphi = l_0/d_0$ 过大时，将会出现失稳而产生弯曲，严重时会发展成折叠，如图 8-6（b）所示。聚集时，影响变形的主要问题就是弯曲和折叠。因此，研究聚集或顶镦问题应首先以防止弯曲为主要出发点，其次是尽可能减少聚集次数以提高生产率。

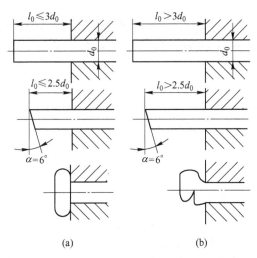

图 8-6　自由顶镦变形情况
（a）无折叠；（b）有折叠

聚集（顶镦）是平锻机上模锻的基本工步，与立式锻压设备上的一些局部镦粗的根本区别是，棒料放入型槽不是自由的，而是在局部夹紧情况下产生金属变形的，所以它具有更大的稳定性。实验研究发现，在坯料端面平整且垂直于棒料轴线，其长度和直径之比 ψ 为 3.2 时，坯料一次自由镦粗不会出现纵向弯曲。实际生产中通过以下规则来保证坯料在镦粗时不出现纵向弯曲或折叠现象。

聚集第一规则：当长径比 $\psi \leqslant 3$，且端部较平整时，可在平锻机一次行程中自由镦粗到任意大的直径而不产生弯曲，即所允许的长径比 $\psi_{允} = 3$，如图 8-6（a）所示。

但是，在实际生产中，由于坯料端面常带有斜度且与轴线也不垂直等原因，容易引起弯曲，故生产中实际允许的 $\psi_{允}$ 应该要小一些。其值随坯料直径的减小、端面斜度的增大而减小。此外，还与冲头形状有关，具体数值按表 8-3 确定。

表 8-3　一次行程聚集条件

冲头形状	一次行程局部镦粗条件	说明
平冲头	$\varphi_{允} = 2\text{mm} + 0.01D_0$	坯料端面斜度 $\alpha < 2°$ （锯床下料、精密下料、已镦坯料）
平冲头	$\varphi_{允} = 1.5\text{mm} + 0.01D_0$	坯料端面斜度 $\alpha = 2° \sim 6°$ （一般剪床下料、平锻机切断端面）
带凸台冲头	$\varphi_{允} = 1.5\text{mm} + 0.01D_0$	坯料端面斜度 $\alpha < 2°$
带凸台冲头	$\varphi_{允} = 1.0\text{mm} + 0.01D_0$	坯料端面斜度 $\alpha = 2° \sim 6°$

在平锻机上聚集时，大多数锻件变形部分的长径比 ψ 均大于 3，例如气阀的 $\psi \approx 13$。对这样的细长杆进行聚集顶镦产生弯曲是不可避免的，关键问题是如何防止其发展成折叠。解决的办法是将坯料放入凹模和凸模内进行聚集，通过模壁对坯料杆部弯曲加以限制，如图 8-7 所示。而模壁型腔的直径 D_m 可通过受压杆塑性变形纵向弯曲的临界条件的分析来求解。

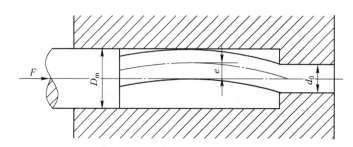

图 8-7　杆件塑性纵弯示意图

已知产生塑性变形的力 F 为：

$$F = \sigma_s A \tag{8-1}$$

式中　A ——毛坯变形部分的截面面积；

　　　σ_s ——金属塑性变形时的流动极限。

当坯料长径比大于 $\psi_{允}$，必然会产生塑性失稳。若有模腔壁部的限制，且塑性变形的外力矩小于杆体内部的抗力矩时，则镦粗（聚集）时将不产生坯料杆体塑性失稳现象。

在凹模圆柱形模腔中聚集，当 $\psi > \psi_{允}$ 时，就会产生弯曲。由于有模腔壁部的限制，则不至于弯曲过大而导致折叠，即其临界条件为

$$Fe \leq \sigma_s W_p \tag{8-2}$$

$$e \leq \sigma_s W_p / F = \sigma_s W_p / (\sigma_s A) = W_p / A \tag{8-3}$$

式中　e ——偏心距；

　　　W_p ——抗弯截面系数。

根据材料力学有关知识，对于圆形截面杆件，$W_p = d_0^3/6$，而 $A = \pi d_0^2/4$，代入上式得

$$e \leq 2/(3\pi) d_0 \approx 0.2 d_0 \tag{8-4}$$

$$D_m = d_0 + 2e \approx 1.4 d_0 \tag{8-5}$$

由此可见，当加载偏心距 $e \leq 0.2d_0$ 时，压杆不会产生进一步失稳现象。生产中常采用 $D_m = (1.25 \sim 1.50)d_0$。

由上述分析，可得平锻机聚集的第二、第三规则。

聚集第二规则：当 $\psi > \psi_允$，在凹模圆柱形模膛内聚集时（图 8-8（a）），可进行正常的局部镦粗而不产生折叠所允许外露的坯料长度 f 的条件是：（1）$D_m \leq 1.5d_0$ 时，$f \leq d_0$；（2）$D_m \leq 1.25d_0$ 时，$f \leq 1.5d_0$。

在凹模圆柱形模膛中聚集时，金属可能会从坯料端部和凹模分模面间挤出形成毛刺，再次聚集时，会被压入锻件内部而形成折叠，影响锻件表面质量，目前已很少采用；而在凸模锥形模膛中聚集时不会产生此问题，所以生产中常采用在凸模内锥形模膛内聚集顶镦。

聚集第三规则：当 $\psi > \psi_允$ 时，在凸模的锥形模膛内聚集（图 8-8（b））。若（1）当 $D_m \leq 1.5d_0$ 时，或者（2）当 $D_m \leq 1.25d_0$，可进行正常的局部镦粗而不产生折叠，则允许外露的坯料长度：（1）$f \leq 2d_0$，（2）$f < 3d_0$。

当在锥形冲头内进行多次顶镦（加粗变形工步），如果第二次顶镦后的坯料大头直径

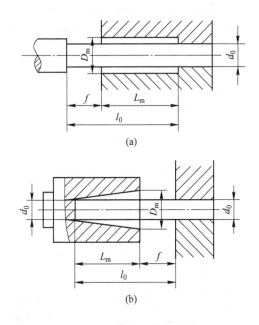

(a)

(b)

图 8-8　在凹模与凸模型腔中顶锻

（a）在凹模圆柱形模膛内聚集；（b）在凹模锥形模膛内聚集

$D_m \le 1.5(d_{m1} + D_{m1})/2$ 时，则允许外露的坯料长度：$f \le (d_{m1} + D_{m1})/2$。有时为了增加顶镦部分的体积而减少镦粗工步，可以在凹模内进行使坯料界面形状由圆到方、由方到圆的顶镦过程，具体可参照相关设计资料。

使用这种方法的最大优点是可以通过多次聚集使 ψ 达到 14 或更高。不过受设备空间限制和坯料温度下降的影响，一般很少会遇到这种情况。

通常（1）用于 $\psi < 10$ 的情况，而（2）用于 $\psi > 10$ 的情况。可见，每次聚集的压缩量是有限的，当坯料的 L（全部用料长度）较长时，要经过多次聚集，使中间坯料尺寸在满足聚集第一规则的要求后再变形到所需的尺寸和形状。

聚集第一规则说明了细长杆局部镦粗时，不产生纵向弯曲的工艺条件。聚集第二、第三规则说明了细长杆局部镦粗时，虽产生纵向弯曲，但不致引起折叠的工艺条件。

由上可见，坯料在冲头腔内聚集允许伸出模腔外面的坯料长度大于在凹模腔内聚集的长度。其原因是：聚集时坯料一端有凹模夹持，另一端多为自由端，坯料弯曲最大处靠近自由端一侧。在弯曲最大处，冲头中的锥形型槽与坯料间的间隙要比在凹模中的圆柱形型槽与坯料的间隙小得多，因此可以及时限制棒料产生的弯曲变形。

8.2.4　管类平锻件的工艺分析

在许多机器和装置中，都要使用管类件。管类件，特别是长管件，如果需要局部成型，在平锻机上完成是非常方便的。管料的聚集只是局部的镦粗，即制出具有某一形状的粗大部分，这一点与杆类锻件的镦粗（聚集）非常相似。

管坯的聚集，通常情况下分五种方式，见表 8-4。

表 8-4　管坯局部聚集成型方式

聚集特征	示　意　图	成型特性
管坯的内径保持不变，增加外径	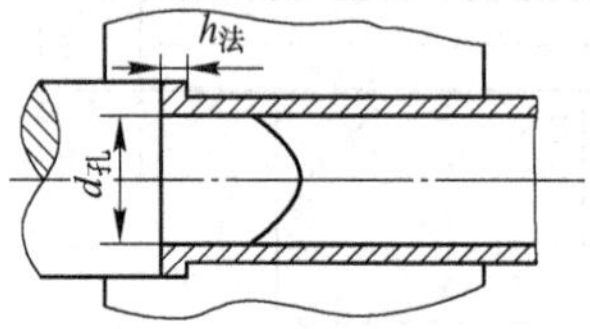	管坯内径有冲子的支撑，只是外径的聚集，稳定性较好
管坯的外径保持不变，内径缩小	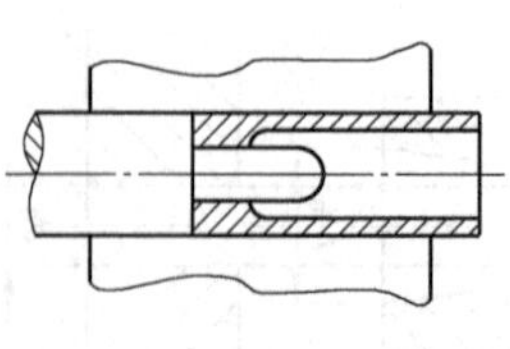	管坯的外径被模具夹持，聚集时的稳定性好
管坯增大外径同时减小内径	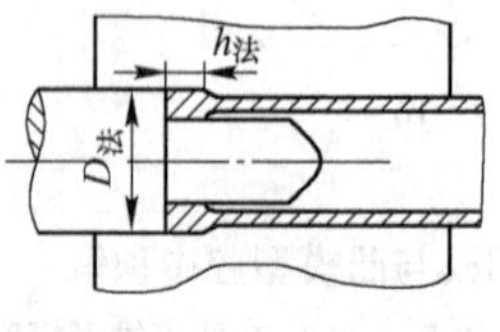	聚集时内、外径都呈自由状态，变形稳定性差，并易出现折纹

聚集特征	示意图	成型特性
同时增大外径和内径	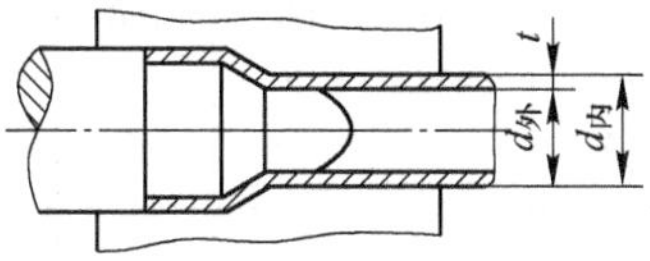	终变形时内壁不容易产生凹缩，也不易成形折纹，聚集稳定性较好
在凸模的锥形模膛镦粗	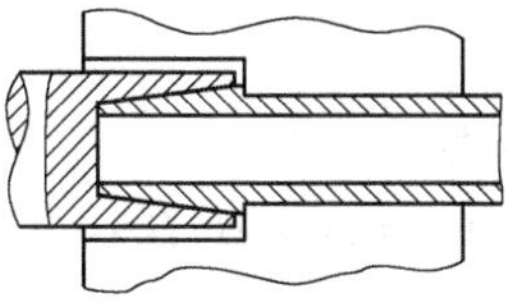	头部可能产生纵向毛刺，锻件的断面不会产生折纹

管坯局部镦粗要避免因管壁失稳而产生纵向弯曲和形成折叠。实践证明，产生弯曲的方向是向外。因此，管坯镦粗主要是限制外径，而锻件孔径一般可不加限制。

管坯局部镦粗时同样要遵守聚集规则，不过基本参数有所不同。管坯顶锻规则如下：

（1）当待镦部分长度 l_0 与管壁厚度 t 的比值 $l_0/t < 3$ 时，允许在一次行程中将管坯自由镦粗到较大壁厚。

（2）当 $l_0/t > 3$ 时，应在多道模膛内镦粗，每道镦粗时允许加厚的管壁 t_n 应满足 $t_n \le (1.3 \sim 1.5) t_{n-1}$。

管坯平锻工艺也可按以下方法计算：

（1）若管坯带有长度 $l = (0.5 \sim 1.0) t$ 的凸缘时，管坯端部可镦出 $D = (2 \sim 2.5) d_{外}$ 的凸缘。

（2）若 $l \le 0.75 d_{外}$ 和 $D \le \sqrt{d^2 + 0.75 d_0^2}$ 时，可用两道工步镦出粗大部分。第一道工步，使内径缩小（缩小值不超过原管坯内径的 $1/2$），外径不变；第二道工步，使内径扩大到原始直径，外径达到锻件尺寸。

（3）在 $l > 0.75 d_{外}$ 和 $D \le \sqrt{d^2 + 0.75 d_0^2}$ 时，应经过三道或更多道工步。

计算管坯的镦粗变形长度后，还要根据管料的壁厚差来验算，最后确定。因管坯镦粗易产生向外弯曲，引起锻件折皱，所以，只要锻件形状允许时，成形工步的顺序总是先进行缩小内径的聚集，后进行增大外径的聚集，这样可减少聚集工步次数。

8.2.5 平锻机吨位的确定

常用的平锻机规格有两种表示方式（表 8-5）：一是以所能锻制的棒料直径（用英寸（in））表示；二是以主滑块所能产生的模锻力（kN）表示。这里介绍以下三种确定方式。

表 8-5 可锻棒料直径与平锻机规格表示法关系

平锻机公称 压力/kN		1000	1600	2500	4000	6300	8000	10000	12500	16000	20000	25000	31500
可锻 棒料 直径	mm	20	40	50	80	100	120	140	160	180	210	240	270
	in①	1	1.5	2	3	4	5	—	—	—	—	—	—
可锻锻件 直径/mm		40	55	70	100	135	155	175	195	225	255	275	315

①1 in=25.4mm。

8.2.5.1 经验-理论公式

按终锻成型工步顶锻变形所需力计算得

$$F_b = 0.005(1 - 0.001D)D^2\sigma_b \tag{8-6}$$

$$F_k = 0.005(1 - 0.001D)(D + 10)^2\sigma_b \tag{8-7}$$

式中 F_b——闭式模锻时平锻机的压力，kN；

F_k——开式模锻时平锻机的压力，kN；

D——锻件镦锻部分的最大直径，mm，应考虑收缩量和正公差尺寸；

σ_b——终锻温度下金属的抗拉强度，MPa。

上式只适用于 $D \leq 300$mm 的锻件。如锻件镦锻部分为非圆形，可用换算直径 $D_1 = 1.13\sqrt{A}$ 代入上式计算，A 为包括飞边在内的锻件在平面图上的投影面积。

8.2.5.2 经验公式

$$F = 57.5KA \tag{8-8}$$

式中 F——模锻时平锻机的压力，kN；

A——包括飞边在内的锻件最大投影面积，cm²；

K——钢种系数，对于中碳钢和低合金钢，如 45 钢、20Cr，取 $K = 1$，对于高碳钢及中碳合金钢，如 60、45Cr、45CrNi，取 $K = 1.15$，对高合金钢，如 GCr15、45CrNiMo，取 $K = 1.3$。

根据以上公式计算所得的模锻力，可以初步选择相近的平锻机。不过，在最终确定选用的平锻机吨位时，还应同时考虑到，若锻件是薄壁及复杂形状的锻件，或锻件精度要求较高时，应选用偏大规格的平锻机；相反，如进行单型槽模锻时，因锻造温度较高，则可按下限选用较小规格的平锻机。

8.2.5.3 查表法

按平锻时锻件最大成形面直径或平锻时棒料直径对照表 8-5，就可以用查表的方法初步选择相近的平锻机。同样，在最终确定所选用的平锻机吨位时，还应综合考虑锻件的形状、锻件精度要求和坯料成形时的锻造温度。

8.3 液压机上模锻

液压机是制品成型生产中应用最广的设备之一，自 19 世纪问世以来发展得很快，已成为工业生产中必不可少的设备之一，由于液压机在生产中的广泛适应性，使其在国民经济各部门获得了广泛的应用。

8.3.1　液压机工作原理及特点

液压机是由主机及液压传动与控制系统两大部分组成。主机部分包括机身、主缸、顶出缸等。液压传动与控制系统是由油箱、高压泵、低压控制系统及各种压力阀和方向阀等组成的，在电气装置的控制下，通过泵和液压缸及各种液压阀实现能量的转换、调节和输送，完成各种工艺动作的循环，液压机本体结构如图8-9所示。

按传递压力的液体种类，液压机可分为油压机和水压机两大类。水压机是以水基液体为工作介质的液压机。水压机在机械工程中主要用于锻压工艺。它的特点是，工作行程大，在全行程中都能对工件施加最大工作力，能有效地锻透大断面锻件，没有巨大的冲击和噪声，劳动条件较好，环境污染较小。水压机特别适用于锻压大型和难变形的工件。水压机可分为自由锻造水压机、模锻水压机、冲压水压机和挤压水压机等。模锻水压机要用模具，自由锻水压机不用模具。我国第一重型机械集团自主研制的15000t自由锻造水压机采用了适合大型锻造水压机特点的平接式预应力组合框架结构、方立柱16面可调间隙的平面导向结构，设计并制造了特大型整体箱形铸钢上横梁和活动横梁。

按结构形式液压机主要有四柱式、单柱式（C型）、卧式、立式框架等几种结构。

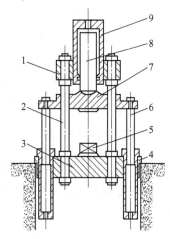

图8-9　液压机本体结构
1—上横梁；2—立柱；3—下横梁；
4—回程缸；5—毛坯；6—回程柱塞；
7—活动横梁；8—工作柱塞；9—工作缸

按工艺用途，锻压液压机可分为自由锻造液压机和模锻液压机两种。自由锻造液压机一般以钢锭为原材料，在有色金属加工中自由锻造液压机常用于镦粗、拔长、冲孔、马架扩孔、弯曲、扭转和切割等；模锻液压机以钢坯、锻坯为毛坯，采用不同模锻工艺生产各种模锻件。模锻液压机又分为中小型模锻液压机和大型模锻液压机。大型模锻液压机首先发展起来的是有色金属模锻液压机，主要用于模锻大型铝镁合金的模锻件。随着钛合金、高强度钢及耐热合金等新材料日益广泛的应用，以及对精化锻造毛坯需求的日益增长，自20世纪60年代以来，黑色金属模锻液压机，特别是多向模锻液压机发展很快。

液压机的工作特点：

（1）容易获得大压力。液压机是静压工作，框架系统受力平衡，不需要大的地基和砧座。同时采用液体传动，本体和动力设备可以分别布置，因而可以设计很大的吨位，如模锻水压机已造到800MN（我国第二重型机械集团公司）。

（2）容易获得大的工作行程。液压机在行程的任意位置能发挥全压、保压以及反向行程。这对于工作行程长的工艺，例如深拉深、挤压等十分有利。

（3）压力调节方便并能可靠地防止过载。一般大型液压机的工作缸是2个、3个甚至6个，这样就可以得到二级或三级压力，且压力可以在整个工作行程中保持恒定。液压传动还可以控制压力，因而可以防止液压机过载。

（4）液压机调速方便。活动横梁的速度是根据液体的流量大小来变化，而流量大小十分容易控制，因而液压机速度调节是很方便的。

此外，液压机操作方便，易于实现遥控，液压元件标准化、通用化程度高。

除了锻造液压机本体以外，锻造液压机组中还包括锻造操作机、转料台车及旋转碾子库等，锻造液压机与操作机动作相互协调。现代化的锻造液压机组采用计算机集中控制，提高了生产率并逐渐实现生产过程的自动化。

锻造液压机上锻件尺寸自动测量、液压机行程的自动控制及其操作机联动，是提高锻件尺寸精度、提高生产率和实现生产过程自动化的重要环节，它具有以下特点：

（1）锻件尺寸实现自动测量与数字显示，并根据锻件实际尺寸控制液压机行程、操作机送进量及钳杆转角大小，从而显著提高锻件尺寸精度及劳动生产率，减轻劳动强度，节约原材料，提高经济效益。

（2）可以在操作机上集中控制液压机和操作机的动作。

（3）可逐渐实现锻造过程的程序控制，实现锻件锻造过程的自动化。

8.3.2　液压机吨位计算

8.3.2.1　根据模锻材料及投影面积确定

所需模锻水压机吨位可根据锻件材料类别及其在分模面上的投影面积来确定，见表8-6。

表8-6　模锻水压机上生产的模锻件的投影面积

合金种类	锻件种类	水压机压力/kN			
		20000~40000	40000~100000	100000~200000	200000 以上
		锻件投影面积/cm²			
铝合金	预锻件	1290~2258	2258~5160	5160~12900	12900~32260
	一般锻件	516~1030	1030~2580	2580~5160	5160~14200
钢	预锻件	325~968	968~2420	2420~6450	6450~16130
	一般锻件	258~806	806~2015	2015~4520	4520~9680
钛合金	预锻件	325~645	645~2260	2260~4520	4520~14200
	一般锻件	258~516	516~1290	1290~2580	2580~7740
高温合金	预锻件	258~516	516~1290	1290~4520	4520~9680
	一般锻件	194~387	87~970	970~2580	2580~6450

8.3.2.2　根据公式计算

水压机的模锻压力 F 大致按下式计算：

$$F = zmAp \tag{8-9}$$

式中　　z ——变形条件系数；

　　　　m ——毛坯体积系数；

　　　　A ——被模锻的毛坯在垂直于变形力方向的平面上的投影面积（不包含飞边），mm²；

　　　　p ——单位压力，MPa。

对于带薄腹板和宽腹板的钛合金锻件，$p=588$MPa；对于其他锻件，系数 z 和 m 的数值列举如下：

加工种类	系数 z
自由锻	1.0
毛坯模锻	
外形简单的毛坯	1.5
外形复杂的毛坯	1.8
外形非常复杂的毛坯	2.0

模锻毛坯的体积/cm³	系数 m
25 以下	1.0
25～100	1.0
100～1000	1.0～0.9
1000～5000	0.8～0.7
5000～10000	0.7～0.6
10000～15000	0.6～0.5
15000～25000	0.5～0.4
25000	0.4

一般而言，出于生产效率的考虑，只有当必须采用慢速变形时，才选择液压机模锻。等温锻造一般要求的应变速率较低（约 $10^{-3}\,\text{s}^{-1}$），这时，只需将确定的应变速率和该锻造温度条件下的平均单位压力 p 值代入计算式，就可求出等温锻造所需设备的吨位。

8.3.3　液压机上模锻锻模设计及材料的选择

液压机上模锻的锻件轮廓尺寸大、数量少，因此，液压机上模锻的模具多为组合模，由多个零件组成，设计时应充分注意上下模座、上下垫板、导向装置、预（加）热系统的通用性。各个零件功用不同，受力状态也不一样，要求模具材料可以不一致，因此，模具设计人员可以从各种模具材料中选用。与热工件接触的零件可用热作模具钢。支撑用的零件采用廉价的低合金钢，这样做的好处是可以避免采用大模块，节省费用。一套典型的水压机模具的零件可以由十几种钢材组成，设计人员必须对钢种、物理性能和工艺状态有充分的了解，以避免因材料不同而带来诸如膨胀系数、强度等不同所造成的问题。

当液压机上等温模锻时，应根据锻件材料的锻造温度范围来选择模具材料。对模具材料的要求如下：

（1）锻模材料在锻件锻造温度范围内应具有一定的安全系数，要有较高的高温持久强度。

（2）在高温下长期工作基本无氧化，并要具备一定的高温强度，以保证锻件尺寸稳定。

（3）要具备较高的热传导系数，特别是铸造高温合金模具；否则，加热时会因温度应力作用而导致模具开裂。

等温模锻钛合金锻件时，常采用铸造镍基高温合金。此外，模具寿命是模具材料优化选择的一个重要因素，然而，影响模具寿命的因素是多方面的，除了模具材料本身是重要因素外，模具的基体与表面热处理强化，表面处理新技术（如热喷涂、热熔覆、离子注入等技术）的应用，模具结构设计与制造加工等方面技术措施的改善，都可提高模具的内在性能，工作时模具的冷却、润滑与毛坯预处理等可改善模具的外部工作环境，这些技术的优化都能提高模具的工作寿命，从而也间接影响了模具用材的选择。

8.4　螺旋压力机上模锻

8.4.1　螺旋压力机工作原理和工作特性

螺旋压力机是利用驱动装置直接或间接驱动飞轮，使飞轮旋转并蓄能，然后通过螺旋副将能量传递给滑块的一种锻压设备。其结构比较简单，使用和维修比较方便，在中、小批量生产和精密成形中，螺旋压力机应用较广。

螺旋压力机具有锻锤和机械压力机的双重工作特点，其工艺适应性广，可通过多次打击获得所需变形；其行程不固定，可以采用模具打靠的方法，消除机械压力机因机身变形对工件高度方向尺寸精度的影响，锻件精度高。与模锻锤相比，其变形速度低，有利于金属充分再结晶；螺旋压力机机架受力，形成封闭力系，在成型加工过程中，冲击振动小，改善了劳动条件。与机械压力机相比，螺旋压力机每分钟行程次数少，传动效率较低。

8.4.1.1　分类

按工作原理，螺旋压力机可分为惯性（传统）螺旋压力机和高能（离合器-液压）螺旋压力机。

按驱动方式，螺旋压力机可分为摩擦螺旋压力机、液压螺旋压力机、电动螺旋压力机、复合传动螺旋压力机等。

8.4.1.2　工作原理

惯性（传统）螺旋压力机采用惯性飞轮，打击前飞轮处于惯性运动状态，打击过程中，飞轮的惯性力矩经螺旋副转化为打击力使坯料变形，直到动能全部释放，打击过程结束。由于打击过程的时间很短，可产生很大的打击力，打击力具有冲击特性。

惯性（传统）螺旋压力机每次打击都需要重新积累动能。其运动部分总动能包括飞轮、螺杆和滑块的动能，大中型压力机有时要考虑上模的质量。在传动系统的作用下，经过规定的向下驱动行程所储存的能量 E 由直线运动动能和旋转运动动能两部分组成，常将 E 称为飞轮能量。一般情况下，前者仅为后者的 $2\% \sim 9\%$。其每次打击的能量是固定的，属定能型设备。

$$E = \frac{1}{2}mv^2 + \frac{1}{2}I\omega^2 = \frac{1}{2}\left(\frac{h^2}{4\pi^2}m + I\right)\omega^2 \tag{8-10}$$

式中　　m ——飞轮、螺杆和滑块的质量，kg；

　　　　I ——飞轮、螺杆的转动惯量，kg·m²；

　　　　v ——打击时的最大线速度，m/s；

　　　　ω ——打击时的飞轮最大角速度，rad/s；

　　　　h ——螺杆螺纹的导程，m。

飞轮的频繁正反转是螺旋压力机效率不高的主要原因，因为在加速、减速及制动过程中会消耗大量能量。

如果飞轮无需换向，效率就可以大大提高。基于这一思想，德国辛佩坎公司在1979年成功研制离合器式螺旋压力机（又称为高能螺旋压力机），如图8-10所示。

离合器式螺旋压力机采用调速飞轮，飞轮与螺杆之间靠离合器连接，与机械压力机相似。飞轮在工作过程中始终向一个方向旋转，无需停止和反向，其尺寸和转动惯量可远大于普通摩擦压力机。当需打击时，离合器结合，由于靠螺杆一边的部件转动惯量极小（只有飞轮的1.0%），在极短的时间（约全程的5%）螺杆即可达到额定速度。成型过程中，靠飞轮减速释放能量，直至离合器打滑，然后离合器迅速脱开，液压缸推动滑块-螺杆快速上升返回原位，打击力和能量由离合器控制。一般当飞轮减速达12.5%时，可达到最大打击力。

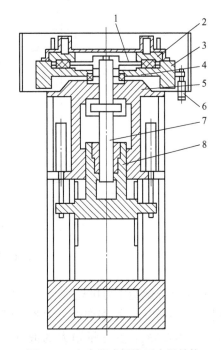

图8-10 离合器式螺旋压力机结构
1—离合器从动盘；2—离合器；3—飞轮；4—轴承；
5—机身；6—电动机；7—螺杆；8—滑块

$$E = \frac{1}{2}\left(\frac{h^2}{4\pi^2}m + 2I\delta\right)\omega^2 \qquad (8-11)$$

式中　m ——飞轮、螺杆和滑块的质量，kg；

　　　I ——飞轮、螺杆的转动惯量，kg·m²；

　　　ω ——打击时的飞轮角速度，rad/s；

　　　h ——螺杆螺纹的导程，m；

　　　δ ——飞轮的转差率。

8.4.1.3　螺旋压力机力能关系

螺旋压力机力能关系是指一次打击后毛坯消耗的变形功、机械损耗的摩擦功与打击力之间的关系。

传统螺旋压力机的打击能量 E 在模锻过程中消耗于三个方面：使金属产生塑性变形所消耗的功 E_p，在金属变形抗力的作用下设备构件弹性变形所消耗的功 E_d，以及用于克服摩擦力所消耗的功 E_f。根据能量守恒原理有：

$$E = E_p + E_d + E_f \qquad (8-12)$$

由于弹性变形功 E_d 随着变形力的增大而急剧增加，当消耗于锻件塑性变形的功 E_p 一定时，E_p 等于平均变形力 F 和塑性变形量 ΔS 的乘积，所以，锻件的变形量越小，打击时的变形力 F 越大；所需的变形力 F 越大，锻件所吸收的能量 E_p 反而越小，这时，大部分能量消耗于模具和机身的弹性变形。由此可见，传统螺旋压力机是能量限定设备（图8-11），由力能关系可知，在设计和生产中，既要考虑螺旋压力机的打击能量，又要考虑其允许的使用压力。

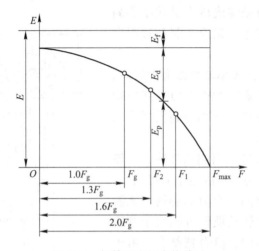

图 8-11 螺旋压力机力能关系

选用传统螺旋压力机规格时，必须考虑工步种类和变形的大小。当产生塑性变形所消耗的功 E_p 一定时，根据变形力 F 选用螺旋压力机公称压力 F_g 的一般原则是：变形量小的锻件，$F \leqslant 1.6F_g$；变形量稍大的锻件，$F = 1.3F_g$；变形量大而需要大能量的锻件，$F = (0.9 \sim 1.1)F_g$。

离合器式螺旋压力机是能量恒定设备，变形能不随变形力 F 变化，是常量。在模锻过程中，一般不预选打击力，恒定的变形能 E 使金属产生一定的变形量 ΔS，由 ΔS 与变形力 F 之间的关系，决定变形力 F 的大小。离合器式螺旋压力机在恒定的变形能下的最大变形力是工作时允许的最大压力。此压力约为公称压力的 1.6 倍，即 $F_{max} = 1.6F_g$。

离合器式螺旋压力机具有打击能量大、滑块的加速性能好、打击次数多、整机效率高等优点。

8.4.2 螺旋压力机上模锻工艺特点

8.4.2.1 摩擦螺旋压力机上模锻的工艺特点

摩擦压力机是现代工业最早出现的螺旋压力机，它具有结构简单、维修方便、价格低廉的优点，但传动效率低，摩擦带容易磨损。目前，我国最大的摩擦压力机公称压力已达 80000kN。

摩擦压力机分为无盘和有盘两类。前者由于结构和使用性能等原因，尚未得到广泛应用；后者又分为三盘、单盘（左右盘分别驱动）和双盘三种。目前，国内用得最多的是双盘摩擦压力机。

图 8-12 所示为双盘摩擦压力机的传动系统简图及实物。

两个摩擦盘装在传动轴 4 上，轴的左端设有带轮，由电动机 1 通过传送带 2 直接带动传动轴和摩擦盘转动；轴的右端有拨叉，当滑块和飞轮位于行程最高点时，压下手柄 12，传动轴右转，左摩擦盘 3 压紧飞轮 6，通过大螺母 8 和螺杆 9 的传动驱动滑块 11 向下；随着飞轮向下运动，摩擦盘与飞轮接触点的半径逐渐增大，使飞轮不断加速，在滑块将要接触锻件时，滑块上的下限程块与下碰块相碰，使传动轴左移，飞轮与左摩擦盘脱开，此时飞轮已加速到一定转速，积累大量的旋转动能；通过螺旋副将飞轮的旋转运动转化为滑块沿导轨的直线运动，借助模具对锻件进行打击，使锻件变形。在打击最后阶段，由于螺旋副并不自锁，滑块在锻件和机身弹性恢复力的作用下产生回弹，促使飞轮反转；此时，抬起手柄，操纵系统把传动轴拉向左边，右摩擦盘压紧飞轮，摩擦力使飞轮反转，带动滑块向上运动；当滑块接近行程最高点时，固定在滑块上的限程块与上碰块接触，通过操纵机构使传动轴右移，飞轮与右摩擦盘脱开，飞轮在惯性的作用下继续带动滑块上行，通过制动装置吸收飞轮的剩余旋转动能，使滑块停在上死点，以待下一次打击。上下限程块可以适当调节，以适应模具闭合高度的要求。

摩擦压力机的主要问题是电动机需带动摩擦盘始终高速旋转，飞轮在一个循环中需改变旋转方向，在换向时飞轮和摩擦盘产生"打滑"，会降低传动效率（其总效率为 10% ~ 15%），加剧摩擦带的磨损。由于造价方面的优势，小吨位螺旋压力机目前仍以摩擦压力机为主。

摩擦压力机上模锻的工艺特点如下：

（1）靠冲击力使金属变形，但滑块的打击速度低（0.7 ~ 1m/s），每分钟的打击次数少，适合于锻造低塑性合金钢和有色金属。

（2）可以采用组合式模具结构，简化了模具设计与制造，可锻造更复杂的锻件，如两个方向有内凹的法兰、三通阀体等。

（3）螺杆和滑块间是非刚性连接，承受偏心载荷能力较差，一般只能进行单模膛模锻。

（4）有顶出装置，可以锻造出小模锻斜度（或无模锻斜度）的锻件，锻件精度较高。

（5）行程不固定，可实现轻击和重击，能进行多次锻击，还可进行弯曲、精压、校正等工序。

在摩擦压力机上，坯料在模膛中的变形一般是在多次打击下完成的，由于有下顶出装置，某些锻件可以立起来顶镦。对圆饼类锻件，可在模座上安排镦粗台进行镦粗制坯、去氧化皮。

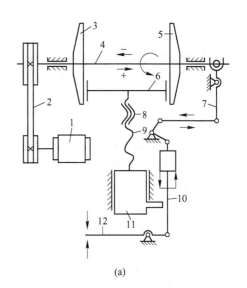

(a)

(b)

图 8-12　双盘摩擦压力机

（a）传动系统简图；（b）实物图片

1—电动机；2—传送带；3，5—摩擦盘；

4—传动轴；6—飞轮；7，10—连杆；

8—大螺母；9—螺杆；11—滑块；12—手柄

由于摩擦螺旋压力机设备刚度较差，螺杆直径小，承受偏心载荷能力较差，因此模膛的中心距离应不超过丝杠的节圆半径，而且由于其每分钟的打击次数少，对需要拔长、滚压、预锻等工步的锻件，一般需要用其他设备来制坯，或顺序地用两台螺旋压力机来完成。通常在螺旋压力机上所完成的变形工步是终锻、预锻、镦粗、顶镦、弯曲、成型、压扁等。

8.4.2.2 新型惯性螺旋压力机上模锻的工艺特点

液压螺旋压力机按驱动方式有液压缸驱动和液压马达驱动。液压螺旋压力机与摩擦压力机的动作原理基本相同，只是采用液压传动来取代机械摩擦传动。与摩擦传动相比，液压传动效率高，泵的总效率在70%~80%，柱塞泵可达到90%以上，还可利用蓄能器储存减速制动时的能量。由于液压螺旋压力机能够采用多个液压马达同时驱动大齿轮-飞轮旋转，使设备能力的大型化成为可能，是螺旋压力机实现大型化的主要途径之一，但结构复杂，维修成本高。无锡透平叶片有限公司成功地引进了40000kN液压螺旋压力机，在叶片及连杆等生产中积累了大量的模锻经验。

图8-13所示为单螺杆推力液压缸式液压螺旋压力机。高压液体进入固定于上横梁上的液压缸5的上腔时，推动活塞4及与其刚性相连的滑块9下行，螺母3固定在上横梁上，通过螺旋副滑块带动螺杆2及飞轮1加速转动而积蓄能量，在打击锻件之前，液压缸提前排液卸荷，依靠积蓄在飞轮中的动能来打击锻件。

电动螺旋压力机分直接用电动机驱动和电动机、传动机构驱动两大类。电动螺旋压力机因传动链最短、结构简单紧凑、维修方便、传动效率高，发展很快。

电动机直接驱动多用于小型螺旋压力机，如利用可逆式电动机不断作正反方向的换向转动，带动飞轮和螺杆旋转，使滑块作上下运动。它具有结构简单、体积小、效率高等优点。较大型的螺旋压力机如直接用电动机驱动，必须采用大功率低速电动机，设备轮廓尺寸大、整机重、造价高。因此，大型螺旋压力机多采用电动机、传动机构驱动，其中以电动机通过减速齿轮传动用得最多。红原铸锻公司成功地引进了80000kN电动螺旋压力机，在叶片、飞机零件的生产中发挥了巨大作用。电动螺旋压力机结构简图如图8-14所示。

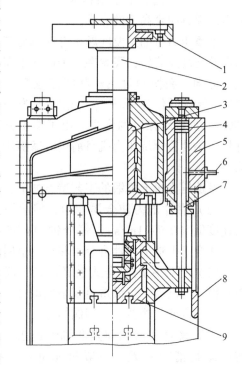

图8-13 单螺杆推力液压缸式液压螺旋压力机
1—飞轮；2—螺杆；3—螺母；
4—活塞；5—液压缸；6—管道；
7—活塞杆；8—机身；9—滑块

目前，液压及电动螺旋压力机已发展到较高水平，最大吨位达到315MN，新型惯性螺旋压力机除具备摩擦压力机的优点外，其设备刚度、滑块导向精度、传动效率等比摩擦压力机都有较大改善。其工艺特点如下：

（1）锻件精度高，可进行精密锻造，如叶片等。

（2）导轨间隙小，导向长度长，导向精度高，抗偏载能力较强。

（3）可以进行能量预选，方便地调节能量和打击力，使模具承受最佳的应力和合适的闷模时间，模具的使用寿命高。

（4）传动效率、行程次数较高，成型速度较快。

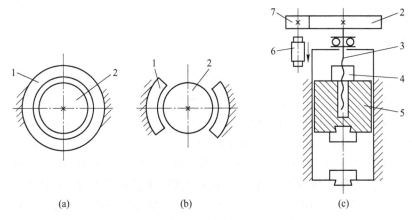

图 8-14　电动螺旋压力机结构简图

（a）电机结构（一）；（b）电机结构（二）；（c）设备结构

1—定子；2—飞轮；3—螺杆；4—螺母；5—滑块；6—电动机；7—传动齿轮

螺旋压力机制造成本低，其价格为同等规格的机械压力机的 1/4 左右，设备动能容量系数大，螺旋压力机为 1.5~2.2，机械压力机为 0.5；螺旋压力机的设备重量系数比机械压力机低，螺旋压力机为 0.05~0.06，机械压力机为 0.06~0.10。

8.4.2.3　离合器式螺旋压力机上模锻的工艺特点

离合器式螺旋压力机是对摩擦压力机一种成功的改进，它是一种机电液一体化的新型先进锻造设备，是对螺旋压力机的经验集成及技术突破。这种压力机在原理上具有模锻锤、机械压力机及惯性螺旋压力机的优点，在结构上与电动、液压螺旋压力机相似。

我国在 20 世纪 80 年代末开始开发离合器式螺旋压力机，独创性地设计制造出适合我国国情的全气动离合器式螺旋压力机。其主要优点是：打击能量大，是摩擦压力机的 3 倍，所以又称高能螺旋压力机；效率高，比摩擦压力机节能 30%~40%；生产率高，循环时间仅为摩擦压力机的 70%；可在大的行程范围获得最大打击力和最大成形速度；电流冲击小，仅为普通摩擦压力机的 1/3 左右。离合器式螺旋压力机的滑块导轨为组合式导轨，导向精度高。根据螺旋压力机偏载曲线，离合器式螺旋压力机抗偏载能力较强。在相同公称压力的情况下，离合器式螺旋压力机偏载距离为 0.8 倍的螺杆直径，而摩擦螺旋压力机偏载距离为 0.5 倍的螺杆直径。

与惯性螺旋压力机相比，离合器式螺旋压力机上模锻的工艺特点如下：

（1）能量消耗少，提供有效能量大，在很短时间内达到很大的打击力。

（2）可以进行行程和能量预选。

（3）行程时间短，成型速度快。

（4）锻件精度高。

（5）抗偏载能力较强，适宜进行多模膛锻造。

（6）闷模时间短，模具使用寿命长。各种模锻设备上模具寿命对比见表 8-7。

表 8-7　各种模锻设备上模具寿命对比

机　型	模具接触时间 τ/ms	模具寿命 n/次
离合器式螺旋压力机	8~15	16000
摩擦螺旋压力机	15~25	10000
机械压力机	25~40	5000
液压机	120~150	5000
模锻锤	2~10	10000

目前，该类压力机国内已有北京机电研究所、青岛青锻锻压机械有限公司等生产，国外由德国奥姆科公司生产的离合器式螺旋压力机最大打击力可达 355MN。无锡透平叶片有限公司引进的公称压力 224MN 离合器式螺旋压力机最大打击力可达 355MN。国内一些企业也成功引进离合器式螺旋压力机，在各行业都发挥了重要作用，对我国模锻业尤其是精密锻造生产起到了巨大的推动作用。基于离合器式螺旋压力机的优点，在中小批量生产中，主机采用离合器螺旋压力机成为发展方向。

8.4.3　锻件图设计特点

螺旋压力机通用性强，所生产的模锻件品种多于其他模锻设备。为便于进行工艺及模具设计，根据所生产的锻件外形特点、成形特点和所用模具类型的不同，将其分为六类，见表 8-8。

表 8-8　锻件分类

	A. 头部为回转体的锻件	B. 头部为复杂形状的锻件	C. 头部带内凹的锻件
第Ⅰ类 ——带粗大头部的长杆类锻件			
	A. 形状简单的回转体锻件	B. 形状复杂的回转体锻件	C. 形状复杂的非回转体锻件
第Ⅱ类 ——饼块类锻件			

续表 8-8

	A. 直轴线的锻件	B. 带枝丫的锻件	C. 弯轴线的锻件
第Ⅲ类——变断面复杂形状的长轴线锻件			
	A. 圆孔筒形锻件	B. 异形孔的筒形锻件	C. 筒壁带槽的锻件
第Ⅳ类——筒形锻件			
	A. 侧面带间纹的锻件	B. 侧面带凸筋的锻件	C. 带双凸缘的锻件
第Ⅴ类——上下面及侧面均带内凹或凸块的锻件			
	A. 带齿的锥齿轮精密模锻件	B. 带花键和凹槽的齿环精密模锻件	C. 扭曲叶片精密模锻件
第Ⅵ类——精密模锻件			

　　在螺旋压力机上生产的模锻件，其锻件图制订的原则和内容与锤上模锻件基本相同，如机械加工余量、公差、圆角半径和冲孔连皮等的确定。其机械加工余量、公差可参照 GB/T 12362—2016《钢质模锻件——公差及机械加工余量》的规定进行设计。螺旋压力机承受冲击载荷，其模锻件的圆角半径可按锤上模锻或 GB/T 12361—2016《钢质模锻件——通用技术条件》选用。内圆角半径取外圆角半径的 2~3 倍。模膛深度越深，圆角半径值越大。为了便于制模和锻件检测，圆角半径尺寸已经形成系列，其标准是 1mm、1.5mm、2mm、2.5mm、3mm、4mm、5mm、6mm、8mm、10mm、12mm、15mm、20mm、25mm 和 30mm 等。

螺旋压力机上生产的模锻件的锻件图区别于锤上模锻锻件图，说明如下。

8.4.3.1 分模面的选择

螺旋压力机上模锻分模面的选择原则和锤上模锻相同。由于螺旋压力机打击速度低，可用组合式模具结构，其带有顶杆装置，可顶出锻件或凹模，因此，确定分模面的位置时和锤上模锻有所不同。根据锻件形状的不同，分模面的数目有一个或多个。第Ⅰ类、第Ⅳ类和第Ⅴ锻件多采用无飞边或小飞边模锻，分模面的位置一般设在金属最后充满的地方；第Ⅴ类锻件可采用组合凹模，同时有两个分模面；第Ⅳ类锻件、第Ⅵ类锻件分别是反挤压工艺和近净成形工艺在螺旋压力机上的应用。对于第Ⅲ类锻件，其分模面位置的选定和锤上模锻相同。

由于螺旋压力机上开式模锻多为无钳口模锻，故当不采用顶杆装置时，确定分模面的位置，更应特别注意减少模膛深度方向的尺寸，以利于锻件出模。

8.4.3.2 模锻斜度

确定螺旋压力机上生产的模锻件的模锻斜度大小，主要取决于有无顶杆装置，同时也与锻件高径比、高度和横向尺寸之比以及材料种类有关。模锻斜度设计可参考相关手册。

8.4.4 螺旋压力机公称压力的选择

8.4.4.1 惯性螺旋压力机公称压力的选择

螺旋压力机没有固定的下死点，一般不会出现"闷车"的情况。螺旋压力机工作时的打击力，一般允许为公称压力的1.6倍，打击时滑块速度处于最大值，工艺适应性强。螺旋压力机是定能量设备，床身和螺杆的弹性变形可通过滑块进一步向下移动来补偿，只要有足够的打击能量，就一定能够保证上下模打靠，锻件精度靠模具打靠和导柱导向来保证，机器受力零件的变形与锻件高度尺寸精度无关。由于锻件变形后床身、锻模和锻件的弹性变形，使滑块立即向上返回，闷模时间短，锻件温度比机械压力机上的锻件温度下降慢，金属容易充满模膛，模具温度上升也较慢。

（1）普通模锻时，常用的计算主要有费舍尔公式：

$$F_g = 2K\sigma_s A \tag{8-13}$$

式中　σ_s——终锻时金属的流动极限，N/mm^2；

K——主要考虑变形速度及其他因素的系数，一般取5；

A——锻件在平面上的投影面积，mm^2。

另外还有列别利基公式：

$$F_g = \alpha(2 + 0.1A\sqrt{A}/V)\sigma_s A \tag{8-14}$$

式中　α——与模锻形式有关的系数，对于开式模锻取 $\alpha = 4$，对于闭式模锻取 $\alpha = 5$；

A——锻件在平面上的投影面积，mm^2；

V——锻件体积，mm^3；

σ_s——终锻时金属的流动极限，N/mm^2。

根据实际生产经验，费舍尔公式计算结果一般偏大，一些件的计算结果与实际误差超过50%，对中小型锻件，不建议采用费舍尔公式；列别利基公式计算结果也偏大，但对以镦挤成型的形状复杂的锻件和精密锻造比较准确。

（2）精密模锻时，螺旋压力机公称压力的选择可按下式确定：

$$F_g = KA/q \qquad\qquad (8-15)$$

式中　F_g——螺旋压力机公称压力；

　　　K——系数，在热锻和精压时约为 $80kN/cm^2$，锻件轮廓比较简单时约为 $50kN/cm^2$，对于具有薄壁高筋的锻件约为 $110\sim150kN/cm^2$；

　　　A——锻件总变形面积，cm^2，包括锻件面积、冲孔连皮面积和飞边面积，飞边面积按仓部 $1/2$ 计；

　　　q——变形系数，变形程度小的精压件取 1.6，变形程度不大的锻件取 1.3，变形程度大的锻件取 $0.9\sim1.1$。

8.4.4.2　离合器式螺旋压力机公称压力的选择

离合器式螺旋压力机的飞轮安装在机身框架的顶端，由电动机拖动作连续的单向旋转运动，摩擦盘和螺杆做成一体，静止不动。在进行打击时，首先高压油进入离合器的液压缸中，使摩擦盘和飞轮结合，由于从动部分（包括摩擦盘、螺杆及滑块）的转动惯量相对比较小，为飞轮转动惯量的 $1\%\sim1.5\%$，所以螺杆被迅速地加速，一般滑块向下运动 $100mm$ 飞轮和螺杆就可达到同步转速。滑块接触到工件后，工件发生塑性变形，打击力逐渐增大，当打击力达到预定的数值后，惯性机构相对转动打开卸压阀，使油压下降，离合器先打滑，然后脱开，螺杆停止转动，由液压缸将滑块拉回初始位置（在此过程中螺杆反转），以便进行下一次打击；然后飞轮在电动机的拖动下逐渐加速，恢复到打击前的转速，完成一个工作循环。

离合器式螺旋压力机突破了螺旋压力机的传统结构，在飞轮和螺杆间加装一摩擦离合器，通过离合器的结合和脱开来实现打击，飞轮连续旋转，不需要频繁的加速和停止，电动机在额定转速附近工作，效率高。采用惯性盘作加速度传感器，反应灵敏、可靠。但离合器在大转矩下相对滑动不仅消耗了大量的摩擦功，使摩擦元件的使用寿命下降、整机效率降低，而且在滑动时飞轮对螺杆做功，使最终打击力升高。最终打击力大小不仅受锻造工艺的影响，与摩擦功的大小也有很大的关系。

为了保证锻件的厚度公差，在模锻时上下模必须打靠。用离合器式螺旋压力机进行模锻时，离合器打滑时的打击力应稍大于锻件所要求的最大工艺力，以保证在坯料尺寸和温度略有变化时设备仍有足够的能量将模具打靠。离合器脱开时间的长短直接影响最终打击力的大小，因为在离合器滑动过程中，飞轮对螺杆所做的功将超过螺杆部分所具有的动能。

离合器式螺旋压力机在打击过程的第一阶段（离合器打滑前），打击性质同惯性螺旋压力机一样，通过飞轮的转速降来释放工件变形所需要的能量，但允许释放的能量不同。

离合器式螺旋压力机在打击过程的第二阶段，和具有打滑飞轮的惯性螺旋压力机打滑阶段的工作情形一样，飞轮不仅对螺杆做功，使最终的打击力增大，滑动本身也消耗大量的摩擦功，导致摩擦元件的磨损加速，整机效率降低。

离合器式螺旋压力机在打击过程的第三阶段，由于驱动螺杆的主要原动力离合器转矩已经卸去，从动部分的惯性较小，所剩动能不多，打击强度不大，即结束打击过程。在冷击时不会产生惯性螺旋压力机那样的冷击力。

在实际工程应用时，希望公称压力的计算、选择和锻件的工艺参数密切联系，对设计有现实的参考价值。通过对比离合器式螺旋压力机和传统螺旋压力机的力能关系，考虑离合器式螺旋压力机的原理和结构特点，得到选择离合器式螺旋压力机公称压力的经验公式。

（1）普通模锻时，在选择高能螺旋压力机公称压力的公式时，根据离合器式螺旋压力机与传统螺旋压力机不同的力能关系，在列别利基公式中引进一个力能关系修正系数 β。确定 β 的一般原则是：变形量小的锻件，$\beta = 1.6/1.6 = 1$；变形量稍大的锻件，$\beta = (1.3 \sim 1.1)/1.6 = 0.8125 \sim 0.6875$，修正为 $\beta = 0.81 \sim 0.68$；变形量大而需要大能量的锻件，$\beta = (0.9 \sim 0.6)/1.6 = 0.5625 \sim 0.375$，修正为 $\beta = 0.55 \sim 0.37$。

选择离合器式压力机公称压力的计算公式为：

$$F = \beta\alpha(2 + 0.1A\sqrt{A}/V)\sigma_s A \tag{8-16}$$

式中　β——力能关系修正系数，由表 8-9 确定；

其他符号的含义与前述内容相同。

表 8-9　力能关系修正系数 β

离合器式螺旋压力机系数	精密锻造、精压成形（变形量较小）	镦挤成形（变形量较大）	镦粗成形（变形量大）
β	1	0.81~0.68	0.55~0.37

可明显地看出，离合器式螺旋压力机对大变形量、需要大能量锻件所需的公称压力要比传统螺旋压力机小得多。

（2）精密模锻时，$\beta = 1$，离合器式螺旋压力机的公称压力可按传统惯性螺旋压力机相关公式选取。

思 考 题

8-1　与锤锻相比较，机锻工艺有哪些特点？

8-2　机锻工艺中将一般锻件如何分类？

8-3　机锻锻件图设计特点有哪些？

8-4　机锻工艺过程设计要注意哪些方面？

8-5　试述平锻机的基本工作原理与平锻机上模锻的特点。

8-6　聚集工步有哪些成形工艺条件？如何使用？

8-7　平锻模具的结构特点是什么？

8-8　如何解决平锻成形中容易出现的质量问题？可采取的措施有哪些？

8-9　试述液压机上模锻与锤上模锻时，坯料的变形特征有何不同？

8-10　液压机上模锻时的锻模材料该如何选用，与锤上模锻时锤锻模材料的选用有何不同？

8-11　液压机上模锻和锤上模锻相比各有什么特点？应用范围有何不同？

8-12　请叙述摩擦压力机上模锻的工艺特点。

8-13　试分析为何摩擦压力机上锻模一般只设置单模腔？

9 特种锻造

9.1 等温锻造

9.1.1 等温锻造的原理

等温锻造是指坯料在几乎恒定的温度条件下模锻成型。为了保证恒温成型的条件，等温模锻的模具也必须加热到与坯料相同的温度，常用于航空航天工业中钛合金、铝合金、镁合金等复杂程度较高的零件的精密成型，是目前国际上实现净成型或近净成型技术的重要方法之一。

在常规锻造条件下，钛合金等金属材料的锻造温度范围比较窄。尤其在锻造具有薄的腹板、高筋和薄壁零件时，坯料的热量很快地向模具散失，温度降低，变形抗力迅速增加，塑性急剧降低，不仅需要大幅度地提高设备吨位，也易造成锻件和模具开裂。尤其是钛合金更为明显，它对变形温度非常敏感，例如 Ti-6Al-4V 钛合金，当变形温度由 920℃ 降为 826℃ 时，变形抗力几乎增加 1 倍。钛合金等温模锻时的变形力只有普通模锻变形力的 1/5~1/10。

某些铝合金和高温合金对变形温度很敏感，如果变形温度较低，变形后为不完全再结晶组织，则在固溶处理后易形成粗晶；或者由于变形金属内部变形不均匀而引起组织性能的差异，致使锻件性能达不到技术要求。

在等温锻造过程中，毛坯变形产生的热效应会引起温度升高，而热效应与金属成型时的应变速率有关。为保证等温成型条件，变形速率要较低，应尽可能选用运动速度低的设备，如液压机等。

等温锻造时，为使模具易于加热、保温和便于使用维护，常采用电感应法或电阻法加热模具，如图9-1所示。

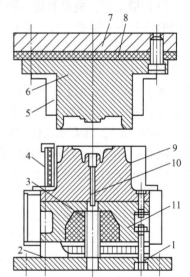

图 9-1　等温锻造模具装置原理图

1—下模板；2—中间垫板；3, 8—隔热层；
4, 5—加热圈；6—凸模；7—上模板；
9—凹模；10—顶杆；11—垫板

9.1.2 等温锻造的分类

等温锻造可分为以下三类：

（1）等温精密模锻。即金属在等温条件下锻造得到小斜度或无斜度、小余量或无余量的锻件的方法。这种方法可以生产一些形状复杂、尺寸精度要求一般、受力条件要求较高、外形接近零件形状的结构锻件。

（2）等温超塑性模锻。即使金属在等温且极低的变形速率（$10^{-4}s^{-1}$）条件下，呈现出异常高的塑性状态，从而使难变形金属获得所需的形状和尺寸的方法。等温超塑性模锻前坯料需要进行超塑性处理以获得极细的晶粒组织。

由于在闭式模锻和挤压时金属处于强烈的三向压应力状态，工艺塑性较好，因此，塑性大小不是主要矛盾；而等温超塑性模锻的生产效率低，超塑性处理工艺复杂，因此，除个别钛合金零件外，等温超塑性模锻远远不如等温模锻和超塑性胀形应用普遍。

（3）粉末坯等温锻造。即以粉末冶金预制坯（通过热等静压或冷等静压）为等温锻造原始坯料，在等温超塑性条件下使坯料产生较大变形、压实，从而获得锻件的方法。该方法可以改善粉末冶金传统方法制成件的密度低、使用性能不理想等问题。

上述三类等温锻造方法可根据锻件选材及使用性能要求选用，同时还应考虑工艺的经济性和可行性等。

9.1.3　等温锻造的特点

等温锻造常用的成型方法也是开式模锻、闭式模锻和挤压等，它与常规锻造相比，具有以下特点：

（1）锻造时，模具和坯料要保持在相同的恒定温度下。这一温度是介于冷锻和热锻之间的一个中间温度，对于某些材料，也可等于热锻温度。

（2）考虑到材料在等温锻造时具有一定黏性，即应变速率敏感性，等温锻造时的变形速度应很低，因此，一般在运动速度较低的液压机上进行。应根据锻件的外形特点、复杂程度、变形特点和生产率要求，以及不同的工艺类型，选择合理的运动速度。一般等温锻造要求液压机滑块的工作速度为 $0.2 \sim 2.0$mm/s 或更低。此时，坯料能获得的应变速率低于 $1 \times 10^{-2}s^{-1}$，具有超塑性趋势。应变速率的降低，可以保证变形金属充分再结晶，不仅使流动应力降低，还可改善模具的受力状况。例如，在等温条件下 Ti-6Al-6V-2Sn 合金在接近 β 转变的温度范围内，当滑块速度由 1.27m/min 降到 0.015m/min 时，其变形抗力下降了大约 70%。

（3）可提高设备的使用能力。由于变形金属在极低的应变速率下成形，即使没有超塑性的金属，也可以在蠕变条件下成形，这时坯料所需的变形力是相当低的。因此，在吨位较小的设备上可以锻造较大的工件，例如用 5000kN 液压机等温锻，可替代常规锻造时的 20000kN 水压机。

（4）由于等温锻造时坯料一次变形程度很大，故再进行适当的热处理或形变热处理，锻件就能获得非常细小而均匀的显微组织，不仅避免了锻件缺陷的产生，还可以保证锻件的力学性能，减小锻件的各向异性。

（5）采用等温锻造工艺生产薄腹板的筋类、盘类、梁类、框类等精密件具有很大的优越性。目前，普通模锻件筋的最大高宽比为 6：1，一般精密成型件筋的最大高宽比为 15：1，而等温精密锻造时筋的最大高宽比达 23：1，筋的最小宽度为 2.5mm，腹板厚度可达 $0.5 \sim 2.0$mm。

由等温锻造工艺特点所决定，等温锻件具有以下优点：

（1）余量小、精度高、复杂程度高、锻后加工余量小，或局部加工甚至不加工。

（2）锻件纤维连续，力学性能好，各向异性不明显。由于等温锻造毛坯一次变形量大且金属流动均匀，锻件可获得等轴细晶组织，使锻件的屈服强度、低周疲劳性能及抗应力腐蚀能力有显著提高。

（3）锻件无残余应力。毛坯在高温下以极慢的应变速率进行塑性变形，金属充分软化，内部组织均匀，不存在常规锻造时变形不均匀所产生的内外应力差，消除了残余变形，热处理后尺寸稳定。

（4）材料利用率高。采用了小余量或无余量锻件优化设计，使材料利用率由常规锻造时的 10%~30% 提高到等温锻造时的 60%~90%。

（5）提高了金属材料的塑性。在等温慢速变形条件下，变形金属中的软化行为进行得较为充分，使得难变形金属具有很好的塑性。

9.1.4 等温锻造模具设计的一般原则

等温锻造模具结构较为复杂，成本较高。在设计、制造和使用时，应充分考虑等温锻造模具的使用寿命和使用效率，尽量降低锻件制造成本。因此，选择等温锻造工艺及模具设计时应遵循以下原则：

（1）选择形状复杂、在常规锻造时不易成型或需经多火次成型的锻件以及组织、性能要求十分严格的锻件作为等温锻件。

（2）选择开式或闭式模锻方法，应根据锻件结构、尺寸及后续加工要求和设备安模空间来确定。

（3）模具总体设计应能满足等温锻造工艺要求，结构合理，便于使用和维护。

（4）锻模工件部分应有专门的加热、保温、控温等装置，并能达到等温锻造成形所需的温度。

（5）除特殊锻件需专用模具外，模具应设计为通用型。

（6）应合理选用模具各部分所用的材料，以保证模具零件在不同温度下有可靠的使用性能。用于等温模锻的模具材料应具有良好的高温强度、高温耐磨性、耐热疲劳性以及良好的抗氧化能力。对铝合金和镁合金，模具材料可用 5CrNiMo、4Cr5W2SiV、3Cr2W8V 等模具钢。钛合金等温模锻时，要求把模具加热到 760~980℃，某些镍基合金可满足工作要求。

（7）等温锻造模具温度高，为防止热量散失和过多地传导给设备，应在模座和底板之间设置绝热层，上下底板还应开水槽通水冷却；同时还应注意电绝缘，以保证设备正常工作和生产人员安全。

（8）应考虑导向和定位问题。因等温锻造模具被放置在加热炉中，不能发现模具是否错移，故应在模架和模块上考虑导向装置，内外导向装置应协调一致；同时毛坯放进模具中应设计定位块，以免坯料放偏。

9.2 辊 锻

9.2.1 辊锻的原理

辊锻是将轧制工艺应用到锻造生产中而发展起来的一种锻造工艺，其工艺原理如图 9-2 所示。

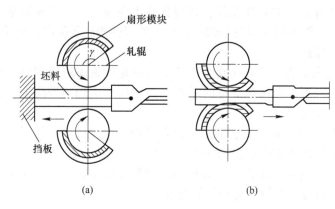

图 9-2　辊锻工艺原理
（a）变形前；（b）变形后

型槽开设在轧辊上的扇形模块上，当扇形模块转离工作位置时，坯料在两轧辊的间隙中送进，依靠挡板定位，以保证变形毛坯的合适长度。当轧辊继续旋转时，借助扇形模块上的型槽使毛坯产生塑性变形。随着轧辊的转动，毛坯逐步充满型槽，并退出轧辊，从而获得所需要的锻件或中间毛坯。辊锻的毛坯一般都比较短。

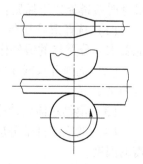

辊锻变形的实质是毛坯连续性的拔长变形过程。毛坯在高度方向经辊锻压缩后，除一小部分金属横向流动而使毛坯宽度略有增加外，大部分被压缩的金属沿着毛坯的长度方向流动。如图 9-3 所示，被辊锻的毛坯横断面积减小，长度增加。因此，辊锻工艺适用于减小毛坯断面的锻造过程，如杆件的拔长、沿杆件轴向分配金属体积等变形过程。

图 9-3　辊锻变形过程

9.2.2　辊锻的分类及特点

辊锻通常按型槽的作用可分为制坯辊锻和成型辊锻；按型槽的数量又可以分为单型槽辊锻和多型槽辊锻；按型槽的形式可以分为开式和闭式；按变形温度可分为热辊锻和冷辊锻。

制坯辊锻中单型槽辊锻是采用开式型槽一次或多次辊锻，或采用闭式型槽一次辊锻，主要应用于毛坯端部拔长或作为模锻前的制坯工步，如扳手的杆部拔长。多型槽辊锻则是在几个开式型槽中连续辊锻或在闭式与开式的组合型槽中辊锻，主要用于模锻前的制坯工步，如汽车连杆的制坯辊锻。

成型辊锻又分为完全成型辊锻、预成型辊锻和部分成型辊锻。完全成型辊锻是在开式型槽、闭式型槽或开式与闭式组合型槽中完成锻件的全部成型过程，具有产品精度高、生产率高、产品质量好的优点，适用于小型锻件的直接辊锻成型，如各类叶片的冷、热精密辊锻。预成型辊锻是在辊锻机上基本成型锻件，在辊锻后需要用其他设备进行最终成型，适用于截面差较大、形状较为复杂的锻件，如内燃机连杆的预成型。部分成型辊锻是在辊锻机上成型锻件的一部分形状，而另外部分采用模锻或其他工艺成型，适用于长杆类或板片类锻件，如汽车变速器操纵杆。

　　冷辊锻是在开式型槽中一次或多次辊锻，用于终成型辊锻或作为辊锻最后的精整工步，它可以使锻件得到较低的表面粗糙度值（Ra 值为 $0.8\mu m$）及提高锻件力学性能，如叶片的冷辊锻。

　　辊锻变形过程是一个连续的静压过程，没有冲击和振动，具有如下特点：

　　（1）产品精度高，表面粗糙度值小。如辊锻叶片的叶形精度一般要比普通模锻的精度高一个等级。

　　（2）锻件质量好，具有好的金属流线。如叶片、连杆类锻件辊锻后，金属流线与受力方向一致。另外，精密辊锻后无需加工，避免了流线切断或外露的不利。

　　（3）材料利用率高，多型槽辊锻成型毛坯的金属消耗量比锤上多型槽模锻降低 6% ~10%。

　　（4）锻辊连续转动，生产效率高。

　　（5）模具寿命长。辊锻是静压过程，金属和模具间相对滑动较少，因而，辊锻模寿命可比锻模寿命长 5~10 倍。

　　（6）所需设备吨位小。辊锻是局部变形，变形力小。

　　（7）工艺过程简单，无冲击、振动等，劳动条件好，易于实现自动化。

思 考 题

9-1　何谓等温锻造，等温锻造适合在何种应变速率下进行，等温锻造为何能改善锻件的力学性能？

9-2　辊锻模为何寿命长，辊锻为何生产效率高？

10 模锻后续工序

　　开式模锻件均带有飞边，某些带孔锻件还有连皮，通常采用冲切法去除飞边和连皮；为了消除模锻件的残余应力，改善其组织和性能，需要进行热处理；为了清除锻件表面氧化皮，便于检验表面缺陷和切削加工，要进行表面清理；锻件在切边、冲连皮、热处理和清理过程中若有较大变形，应进行校正；对于精度要求较高的锻件，则应进行精压；最终，锻件的质量要进行检验。以上各工序，均在模锻工序之后进行，因此称为模锻的后续工序。

　　后续工序在整个锻件生产过程中所占的时间远比模锻工序长。这些工序安排得合理与否，直接影响锻件的生产率和成本。本章分别介绍切边、冲孔、锻件冷却和热处理、表面清理等工序。

10.1　切边与冲孔

10.1.1　切边和冲孔的方式及模具类型

　　切边和冲孔通常在切边压力机上进行。

　　图 10-1 所示为切边和冲孔的示意图。切边模和冲孔模主要由凸模（冲头）和凹模组成。切边时，锻件放在凹模孔口上，在凸模的推压下，锻件的飞边被凹模刃口剪切与锻件分离。由于凸凹模之间存在间隙，因此在剪切过程中伴有弯曲和拉伸的现象。通常切边凸模只起传递压力的作用，推压锻件；而凹模的刃口起剪切作用。但在特殊情况下，凸模与凹模需同时起剪切作用。冲孔时，凹模起支承锻件的作用，而凸模起剪切作用。

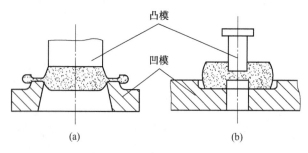

图 10-1　切边和冲孔示意图

（a）切边；（b）冲孔

　　切边和冲孔分为热切、热冲和冷切、冷冲两类方式。热切和热冲是模锻后立刻进行切边和冲孔。冷切和冷冲则是在模锻以后集中在常温下进行。

　　热切、热冲时所需的冲切力比冷切、冷冲要小得多，约为后者的 20%；同时，锻件在热态下具有较好的塑性，不易产生裂纹，但锻件容易走样。冷切、冷冲的优点是劳动条件好，生产率高，冲切时锻件走样小，凸凹模的调整和修配比较方便；缺点是所需设备吨位大，锻件易产生裂纹。

模锻件的冲切方式，应根据锻件的材料性质、形状尺寸以及工序间的配合等因素综合分析确定。通常，对于大、中型锻件，高碳钢、高合金钢、镁合金锻件以及切边冲孔后还须进行热校正、热弯曲的锻件，应采用热切和热冲；碳的质量分数低于0.45%的碳钢和低合金钢的小锻件以及非铁合金锻件，可采用冷切和冷冲。

切边、冲孔模分为简单模、连续模和复合模三种类型。简单模用来完成切边或冲孔的单一工步操作（图10-1）；连续模是在压力机的一次行程内同时进行两个工步的简单操作，即第一个工步切边，第二个工步冲孔（图10-2）；复合模是压力机在一次行程中同时完成一个锻件上的两个工步，即切边和冲孔（图10-3）。

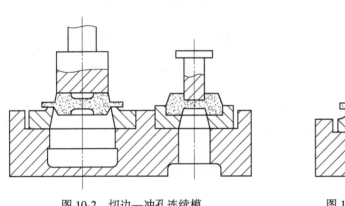 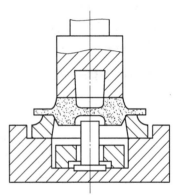

图 10-2　切边—冲孔连续模　　　　图 10-3　切边—冲孔复合模

选择模具结构类型主要依据生产批量和切边冲孔方式等因素。锻件批量不大时，宜采用简单模；大批量生产时，提高劳动生产率具有特别重大的意义，应采用连续模或复合模。

10.1.2　切边模

切边模一般由切边凹模、切边凸模、卸飞边装置等零件组成。

10.1.2.1　切边凹模的结构及尺寸

切边凹模有整体式（图10-4）和组合式（图10-5）两种。整体式凹模适用于中小型锻件，特别是形状简单、对称的锻件。组合式凹模由两块以上的凹模组成，制造比较容易，热处理时不易碎裂，变形小，便于修磨、调整、更换，多用于大型锻件或形状复杂的锻件。图10-5所示连杆锻件的组合式切边凹模由三块组成。其叉形舌部单独分成一块，杆部为两块。在刃口磨损后，可将各分块接触面磨去一层，修整刃口即可重新使用。

凹模的刃口一般有三种形式，如图10-6（a）（b）（d）所示。图10-6（a）为直刃口，在刃口磨损后，将顶面磨去一层即可使刃口恢复锋利，并且刃口的轮廓尺寸保持不变。直刃口维修虽方便，但由于剪切工作带增高，切边力较大，一般用于整体式凹模。图10-6（b）为斜刃口，切边省力，但易磨损，主要用于组合式凹模。刃口磨损后，轮廓尺寸扩大，可将分块凹模的接合面磨去一层，重新调整，或用堆焊方法修补，如图 10-6 （c）所示。堆焊刃口的凹模可用铸钢浇注而成，刃口用模具钢堆焊，可大大降低模具成本。图 10-6（d）为对咬刃口，上下模有对称的尖锐刃口，切边时飞边在上下模刃口接触时被对咬切断，主要用于低弹塑性材料，如镁合金锻件的切边，其他场合极少采用。

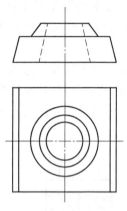

图 10-4　整体式凹模

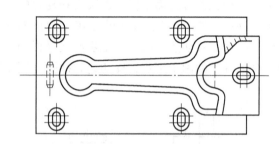

图 10-5　组合式凹模

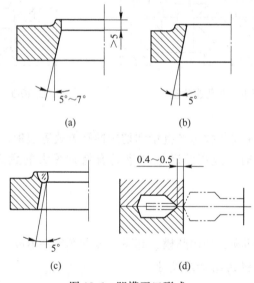

(a)　　　　　　　(b)

(c)　　　　　　　(d)

图 10-6　凹模刃口形式

前两种刃口形式，在刃口下部带有 5° 斜度的通孔，称为落料孔，用以保证切边后锻件自由落下。为使锻件平衡地放在凹模孔口上并减少刃口修复时的磨削工作量，通常将刃口顶面做成凸台形式。凸台宽度 L 应比飞边桥部宽度略小些，凸台高度 h 随飞边仓部深度而定，一般 $h = 10 \sim 15\text{mm}$。

切边凹模的刃口用来剪切锻件飞边，应制成锐角。刃口的轮廓线按锻件图上的轮廓线制造。若为热切应按热锻件图设计，并用铅件配制；若为冷切应按冷锻件图配制。如果凹模刃口与锻件配合过紧，则锻件放入凹模困难，切边时锻件上的一部分敷料会连同飞边一起切掉，影响锻件表面质量；若凹模与锻件间隙过大，则切边后锻件有较大毛刺，增加了打磨毛刺的工作量。

切边凹模多用楔铁或螺钉紧固在凹模底座上，如图 10-7 所示。楔铁紧固方式简单、牢固，一般用于整体凹模或由两块组成的凹模。螺钉紧固方法多用于 3 个以上的组合凹模，以便于调整凸凹模之间的间隙。

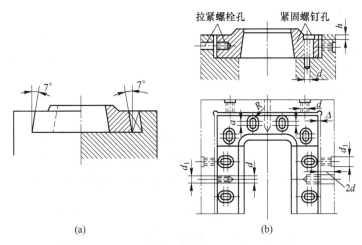

图 10-7　凹模紧固方法

（a）用楔铁紧固；（b）用螺钉紧固

带导柱导套的切边模，其凹模均采用螺钉固定，以调整凸凹模之间的间隙。轮廓为圆形的小型锻件，也可用压板固定切边凹模（图 10-8）。

10.1.2.2　切边凸模设计及固定方法

切边时，切边凸模起传递压力的作用，要求与锻件有一定的接触面积（推压面），而且其形状应基本吻合。不均匀接触或推压面积太小，切边时锻件因局部受压会发生弯曲、扭曲和表面压伤等缺陷，影响锻件质量，甚至造成废品。另外，为了避免啃伤锻件的过渡断面，应在该处留出空隙 Δ（图 10-9）。Δ 值等于锻件相应处水平尺寸正偏差之半加 0.3~0.5mm。

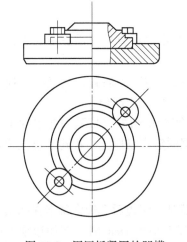

图 10-8　用压板紧固的凹模

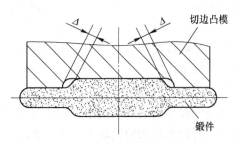

图 10-9　切边凸模与锻件间的间隙

为了便于凸模加工，并不需要凸模与锻件所有的表面都接触，可适当简化（图10-10），并应选择锻件形状简单的一面作为切边时的推压面（图10-11）。

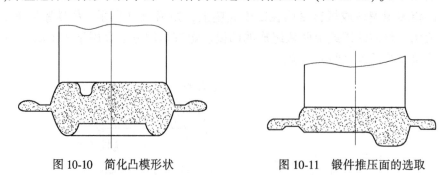

图 10-10　简化凸模形状　　　　　　　图 10-11　锻件推压面的选取

切边时，凸模一般进入凹模内，凸凹模之间应当有适当的间隙 δ。δ 靠减小凸模轮廓尺寸保证。间隙过大，不利于凸凹模位置的对准，易产生偏心切边和不均匀的残留毛刺；间隙过小，飞边不易从凸模上取下，而且凸凹模有互啃的危险（图10-12）。

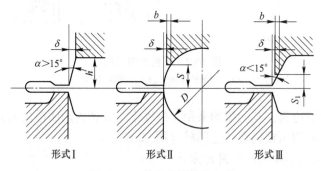

形式 I　　　　　　　形式 II　　　　　　形式 III

图 10-12　简化凸凹模的间隙

切边凸凹模的作用不同，间隙也不同。当凹模起切刃作用时，间隙 δ 较大；凸凹模同时起切刃作用时，间隙 δ 较小。对于凹模起切刃作用的凸凹模间隙 δ，可根据锻件垂直于分模面的横截面形状和尺寸按相关经验确定。

凸模紧固方法主要有三种：

（1）楔铁紧固。如图10-13（a）所示，用楔铁将凸模燕尾直接紧固在滑块上，前后用中心键定位，多用于大型锻件的切边。

（2）直接紧固。如图10-13（b）所示，利用压力机上的紧固装置，直接将凸模尾柄紧固在滑块上，其特点是夹持方便，适于紧固中小型锻件的切边凸模。

（3）压板紧固。如图10-13（c）所示，用压板、螺栓将凸模直接紧固在滑块上。此外，中小型锻件的切边凸模也常用键槽钉或楔铁和燕尾固定在模座上，再将模座固定在压力机的滑块上。

10.1.2.3　卸飞边装置

当凸凹模之间的间隙较小，切边又需凸模进入凹模时，切边后飞边常常卡在凸模上不易卸除。所以当冷切边间隙 δ 小于 0.5mm，热切边间隙 δ 小于 1mm 时，在切边模上应设置卸飞边装置。

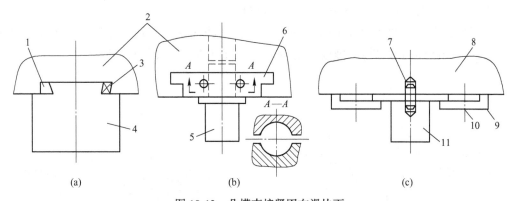

图 10-13　凸模直接紧固在滑块下

（a）楔铁紧固；（b）直接紧固；（c）压板紧固

1—键；2，8—滑块；3—楔；4，5，11—凸模；6—紧固装置；7—定位销；9—压板；10—螺栓

　　卸飞边装置有刚性的（图 10-14（a）（b））和弹性的（图 10-14（c））两种，也可分为板式（图 10-14（a））和钩式（图 10-14（b））两种。板式是常用的一种结构，适用于中小型锻件的冷、热切边；钩形卸飞边装置适用于大中型锻件的冷、热切边。对于高度尺寸较大的锻件，为防止模具闭合后凸模肩部碰到卸料板，可用图 10-14（c）所示的卸飞边装置。

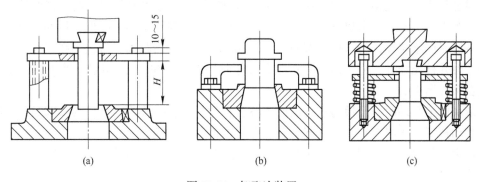

图 10-14　卸飞边装置

10.1.3　冲孔模和切边冲孔复合模

10.1.3.1　冲孔模

　　单独冲除锻件孔内连皮时，可将锻件放在凹模内，靠冲孔凸模端面的刃口将连皮冲掉，如图 10-15 所示。凸模刃口部分的尺寸按锻件孔形尺寸确定。凹模起支撑锻件的作用。凹模内凹穴被用来对锻件进行定位，其垂直方向的尺寸按锻件上相应部分的公称尺寸确定，但凹穴的最大深度一般小于锻件的高度。形状对称的锻件，凹穴的深度可比锻件相应厚度之半小一些。凹穴水平方向的尺寸，在定位部分（图 10-15 中的尺寸 C）的侧面与锻件应有间隙，其值为 $e/2+(0.3\sim0.5)\,\mathrm{mm}$，$e$ 为锻件在该处的正偏差。在非定位部分（图 10-15 中的尺寸 B）间隙可大一些，而且该处的制造精度也可低一些。

　　锻件底面应全部支承在凹模上，故凹模孔径 d 应稍小于锻件底面的内孔直径。凹模孔

的最小高度 H_{min} 应不小于 $s+15mm$，s 为连皮厚度。

若锻件靠近凹模的面没有压凹（图 10-16），则凸凹模均起切刃作用，相当于板料冲孔。为此，凸凹模的边缘均应做成尖锐的刃口；凸凹模的间隙应小一些。

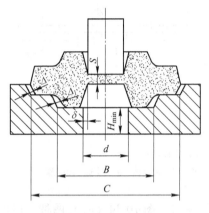

图 10-15　冲连皮凹模尺寸

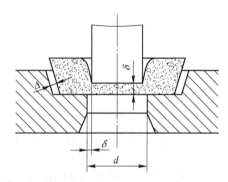

图 10-16　锻件一面无压凹时冲连皮模结构简图

10.1.3.2　切边冲孔复合模

切边冲孔复合模的结构与工作过程如图 10-17 所示。压力机滑块处于最上位置时，拉杆 5 通过其头部将托架 6 拉住，使横梁 15 及顶件器 12 处于最高位置，此时将锻件放入凹模 9 并落于顶件器上；滑块下行时，拉杆与凸模 7 同时向下移动，托架、顶件器以及锻件靠自重同时向下移动；当锻件与凹模刃口接触时，与顶件器脱离；滑块继续下移，凸模与锻件接触并推压锻件，将飞边切除；随后锻件内孔连皮与冲头 13 接触，冲连皮完毕后锻件落在顶件器上。

滑块向上移动时，凸模与拉杆同时上移，在拉杆上移一段距离后，其头部又与托架接触，带动托架、横梁与顶件器一起上移，并将锻件顶出凹模。

在生产批量不大的情况下，可在一般的切边模上增加一个活动冲头，用来首先冲除内孔的连皮。

10.1.4　切边力和冲孔力的计算

切边力和冲孔力的数值可按下式计算，即

$$F = \lambda \tau A \tag{10-1}$$

式中　F——切边力或冲孔力，N；

　　　τ——材料的抗剪强度，通常 $\tau = 0.8\sigma_b$，σ_b 为金属在切边或冲孔温度下的抗拉强度，MPa；

　　　A——剪切面积，mm^2，$A = LZ$；

　　　L——锻件分模面的周长，mm；

　　　Z——剪切厚度，mm，$Z = 2.5t + B$；

　　　t——飞边桥部或连皮厚度，mm；

　　　B——锻件高度方向的正偏差，mm；

λ——考虑到切边或冲连皮时锻件发生弯曲、拉伸、刃口变钝等现象，实际切边或冲连皮力增大所取的系数，一般取 $\lambda = 1.5 \sim 2.0$。

整理上式得：

$$F = 0.8\lambda\sigma_b L(2.5t + B) \tag{10-2}$$

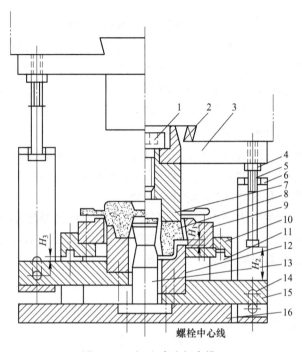

图 10-17　切边冲孔复合模

1—螺栓；2—楔；3—上模板；4—螺母；5—拉杆；6—托架；7—凸模；8—锻件；9—凹模；
10—垫板；11—支撑板；12—顶件器；13—冲头；14—螺栓；15—横梁；16—下模板

10.1.5　切边、冲孔模材料

切边、冲孔模材料及其热处理硬度参考表 10-1。

表 10-1　切边、冲孔模材料及热处理硬度

零件名称	主要材料		代用材料	
	钢号	热处理硬度	钢号	热处理硬度
冷切边凹模	Cr12MoV、Cr12Si	444~514HBW	T10A、T9A	444~514HBW
热切边凸模	8Cr3	368~415HBW	5CrNiMo、7Cr3、5CrNiSi	368~415HBW
冷切边凸模	9CrV	444~514HBW	8CrV	444~514HBW
热冲连皮凹模	8Cr3	321~368HBW	7Cr3、5CrNiSi	321~368HBW
冷冲连皮凹模	T10A	56~58HRC	T9A	56~58HRC
热冲连皮凸模	8Cr3	368~415HBW	3Cr2W8V、6CrW2Si	368~415HBW
冷冲连皮凸模	Cr12MoV、Cr12V	56~60HRC	T10A、T9A	56~60HRC

10.2 锻件冷却与热处理

10.2.1 锻件的冷却

锻件的冷却是指锻件从终锻温度出模冷却到室温的过程。对于一般钢料的小型锻件的冷却放在地上空冷即可，但对于合金钢、钛合金等锻件以及大型锻件则应考虑不同情况，确定合适的冷却规范，否则就会产生各种缺陷，如果锻后冷却处理不当，锻件可能因产生裂纹或白点而报废，也可能延长生产周期而影响生产率。因此，了解锻件冷却过程的特点及其缺陷形成的原因，对于选择冷却方法，制订冷却规范是非常必要的。

10.2.1.1 锻件在冷却过程中的内应力

坯料在冷却过程中与加热时一样也会引起内应力。由于锻件冷却后期温度低、塑性差，冷却内应力的危险性比加热内应力更大。按冷却时内应力产生原因不同，有温度应力、组织应力和锻造变形不均匀引起的残余应力。

（1）温度应力。温度应力是由于锻件在冷却过程中内外温度不同，造成冷缩不均而产生的，如图 10-18 所示。冷却初期，锻件表面温度比心部低，表层收缩受心部阻碍，在表层产生拉应力，而心部产生压应力与之平衡。

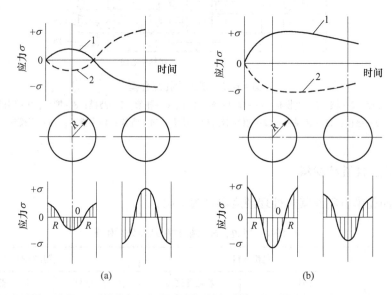

图 10-18　锻件冷却过程温度应力（轴向）的变化和分布
（a）软钢锻件；（b）硬钢锻件
1—表层应力；2—心部应力

对于软钢锻件，在冷却初期温度仍较高，变形抗力小，塑性较好，还可产生微量变形，使温度应力得以松弛；到冷却后期，锻件表面已接近室温，基本不收缩，这时表层反而阻碍心部继续收缩，导致温度应力符号发生改变，心部由压应力转为拉应力，表层则相反，如图 10-18（a）所示。

对于抗力大、塑性低的硬钢锻件，冷却初期产生的应力得不到松弛，冷却后期虽心部收缩对表层产生附加压应力，但只能使表层的拉应力稍有降低，不会使符号发生变化，表层仍为拉应力，心部为压应力，如图 10-18（b）所示。

综上分析可知，软钢锻件冷却时可能出现内部裂纹，硬钢锻件冷却时容易产生外部裂纹。

（2）组织应力。锻件在冷却过程中若有相变发生，由于相变前后组织的比体积不同，而且转变是在一定温度范围内完成的，故在相与相之间产生组织应力。当锻件表里冷却不一致时，这种组织应力更为明显。例如钢，奥氏体的比体积为 $0.120 \sim 0.125 cm^3/g$，马氏体的比体积为 $0.127 \sim 0.131 cm^3/g$，如锻件在冷却过程中有马氏体转变，则随着温度降低，表层先进行马氏体转变。由于马氏体比体积大于奥氏体比体积，这时所引起的组织应力表层为压应力，心部为拉应力；但此时心部温度较高，处于塑性良好的奥氏体区，通过局部塑性变形，使组织应力得到松弛。随着锻件继续冷却，心部也发生马氏体转变，这时产生的组织应力心部为压应力，表层为拉应力，应力不断增大，直到马氏体转变结束为止。

冷却时产生的组织应力也和加热时产生的组织应力一样是三向应力，且其中切向应力最大，这是引起表面纵向裂纹的主要原因。锻件冷却过程中组织应力（切向）的变化与分布如图 10-19 所示。

（3）残余应力。由于锻件在变形过程中变形不均或加工硬化所引起的应力，如未能及时经再结晶软化将其消除，锻后冷却时便成为残余应力保留下来。残余应力在锻件内的分布视变形不均情况而有所不同，可能是表层为拉应力，心部为压应力，或与此相反。

一般锻件尺寸越大、形状越复杂、热导率越小、冷速越快，温度应力和组织应力越大。锻件在冷却过程中，存在以上三种内应力，总的内应力为三者叠加。如果冷却不当，叠加的应力值超过强度极限，便会在锻件相应部分产生裂纹。如果叠加后的内应力没有造成破坏，冷却后保留下来，则称为锻件的残余应力。

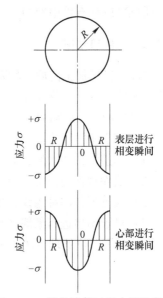

图 10-19　锻件冷却过程中组织应力（切向）的变化和分布示意图

10.2.1.2　锻件的冷却方法

按照冷却速度的不同，锻件的冷却方法有三种：在空气中冷却，在干燥的灰、砂坑（箱）内冷却，在炉内冷却。

（1）在空气中冷却。锻件锻后单件或成堆直接放在车间地面上冷却，但不能放在潮湿地面上或金属板上，也不要放在有穿堂风的地方，以免冷却不均或局部急冷引起裂纹，冷却速度较快。

（2）在干燥的灰、砂坑（箱）内冷却。一般钢件入砂温度不应低于 500℃，周围灰、砂厚度不小于 80mm，冷却速度较慢。

（3）在炉内冷却。锻件锻后直接放入炉内冷却，钢件入炉温度不应低于 600~650℃，炉温与入炉锻件温度相当。由于炉冷可通过炉温调节来控制锻件的冷却速度，因此，适用于高合金钢、特殊合金钢锻件及大型锻件的锻后冷却。炉内冷却的冷却速度最慢。

10.2.1.3　锻件的冷却规范

制订锻件冷却规范的关键是冷却速度，应根据锻件材料的化学成分、组织特点、锻件的断面尺寸和锻造变形情况等因素来确定合适的冷却速度。一般来说，合金化程度较低、断面尺寸较小、形状比较简单的锻件，允许的冷却速度快，锻后空冷，反之则应缓慢冷却或分阶段冷却。

通常用轧材锻制的锻件允许比钢锭锻成的锻件冷却速度快。

含碳量较高的钢（如工具钢及轴承钢），应先空冷或喷雾快冷至 700℃，然后坑冷或炉冷，避免钢状碳化物析出。

对于在空冷中容易产生马氏体相变的钢（如高速钢，不锈钢 Cr13、Cr17Ni2、Cr18，高合金工具钢 Cr12 等），为避免裂纹，锻后必须缓冷。

对于白点敏感的钢（如 34CrNiMo ~ 34CrNi4Mo 等），应按一定规范炉冷，防止产生白点。

对于铝、镁合金因导热性好，可空冷或直接用水冷却；钛合金因变形抗力大、导热性差，需坑冷或在石棉中冷却。

10.2.2　锻件热处理

锻件在机械加工前后，均须进行热处理。机械加工前的热处理称为锻件热处理（也称毛坯热处理或第一热处理）；机械加工之后的热处理称为零件热处理（也称最终热处理或第二热处理）。通常锻件热处理是在锻压车间进行的。

锻件热处理的目的：

（1）调整锻件的硬度，以利于切削加工。

（2）消除锻件内应力，以免在机械加工时变形。

（3）改善锻件内部组织，细化晶粒，为最终热处理做好组织准备。

（4）对于不再进行最终热处理的锻件，应保证达到规定的力学性能要求。

锻件常用的热处理方法有退火、正火、调质、淬火与低温回火、淬火与时效等。

10.3　表 面 清 理

10.3.1　表面清理的目的

在锻造生产过程中，为控制锻件质量，防止表面缺陷扩大到内层，同时也便于检查、发现缺陷和改善锻件的切削加工性能，需要对坯料、半成品和锻件进行清理，以去除氧化皮和其他表面缺陷（如裂纹、折叠等）。

清除原材料、中间坯料和锻件上局部表面缺陷（如裂纹、折叠、划伤等）的方法有风铲清理、砂轮清理、火焰清理等。

模锻前清理热坯料氧化皮的方法有用钢丝刷（钢丝直径 0.2 ~ 0.3mm）、刮板、刮轮等工具清理，或用高压水清理；在锤上模锻使用制坯工步，也可去除一部分热坯料上的氧化皮。

对于模锻后或热处理后锻件上的氧化皮，生产中广泛使用的清理方法有滚筒清理、振动清理、喷砂（丸）清理、抛丸清理以及酸洗。

10.3.2　滚筒清理

滚筒清理是将锻件装在旋转的滚筒（其内可装入混合一定比例的磨料和添加剂）中，靠相互撞击和研磨清理锻件表面的氧化皮及毛刺。这种清理方法设备简单、使用方便，但噪声大，适用于能承受一定撞击而不易变形的中小型锻件。

滚筒清理分为有磨料和无磨料滚筒清理两种：前者要加入石英石、废砂轮碎块等磨料和苏打、肥皂水等添加剂，主要靠研磨进行清理；后者不加入磨料，可加入直径为 10~30mm 的钢球或三角铁等，主要靠相互碰撞清除氧化皮。

10.3.3　喷砂（丸）清理

喷砂或喷丸都以压缩空气为动力［喷砂的工作压力为$(2~3)×10^5$Pa，喷丸的工作压力为$(5~6)×10^5$Pa］，使砂粒（粒度为 1.5~2mm 的石英砂，对有色金属用 0.8~1mm 的石英砂）或钢丸（粒度为 0.8~2mm）产生高速运动（10~20m/s），喷射到锻件表面以打掉氧化皮。这种方法对各种结构形状和质量的锻件都适用。

喷砂清理灰尘大、生产率低、费用高，只用于有特殊技术要求和特殊材料的锻件（如不锈钢和钛合金锻件），而且必须采取有效的除尘措施。

10.3.4　抛丸清理

抛丸清理是靠高速转动叶轮的离心力，将钢（铁）丸抛射到锻件上以除去氧化皮。钢丸用碳的质量分数为 50%~70%，直径为 0.8~2mm 的钢丝切断制成，切断长度一般等于钢丝直径，淬火后硬度为 60~64HRC。对于有色合金锻件，则采用铁的质量分数为 5% 的铝丸，粒度尺寸也为 0.8~2mm。抛丸清理生产率高，比喷丸清理高 1~3 倍，清理质量也较好，但噪声大，在锻件表面上可能打出印痕。

喷丸和抛丸清理在击落氧化皮的同时，使锻件表面层产生加工硬化，有利于提高零件的抗疲劳能力，但表面裂纹等缺陷可能被掩盖。因此，对于一些重要锻件应采用磁性探伤或荧光检验等方法来检验锻件的表面缺陷。

10.3.5　光饰

光饰是将锻件混合一定配比的磨料和添加剂，放置在振动光饰机的容器中，靠容器的振动使锻件与磨料相互研磨，把锻件表面氧化皮和毛刺磨掉。一次清理后锻件表面粗糙度 Ra 值为 5~20μm，多次清理后锻件表面粗糙度 Ra 值为 0.04~0.08μm，这种清理方法适用于中小型精密模锻件的清理和抛光。

10.3.6　酸洗

酸洗清理是将锻件放于酸洗槽中，靠化学反应达到清理目的，需经除油污、酸液腐蚀、漂洗、吹干等若干道工序。酸洗清理的表面质量高，清理后锻件的表面缺陷（如发裂、折纹等）显露清晰，便于检查。对锻件上难清理的部分，如深孔、凹槽等清理效果明显，而且锻件也不会产生变形。因此，酸洗广泛应用于结构复杂、扁薄细长等易变形和重要的锻件。一般酸洗后的锻件表面比较粗糙，呈灰黑色，有时为了提高锻件非切削加工表面质量，酸洗后再采用抛丸等机械方法清理。

碳素钢和合金钢锻件使用的酸洗溶液是硫酸或盐酸；高合金钢和有色金属使用多种酸复合溶液，有时还需使用碱-酸复合酸洗。

由于酸洗后废溶液的排放会污染水源、环境，受到环保部门严格限制，故在清理锻件表面时一般尽量不采用酸洗。

10.3.7 局部表面缺陷的清理

原毛坯、中间坯料和锻件上的局部表面缺陷，如裂纹、折纹和残余毛刺等，应及时发现和清除，以避免这些缺陷在继续加工过程中扩大和造成报废。为了避免清理过的部位在继续加工时产生折纹和裂纹等缺陷，清理后的工件表面和凹槽应是圆滑的，且凹槽的宽高比应大于5。

思 考 题

10-1 切边凹模设计不当时，会引起哪些缺陷，如何预防？

10-2 切边凸模能否简化，如何简化？

10-3 锻件冷却时会产生哪些缺陷？说明其产生原因。

10-4 锻后冷却与锻前加热产生的缺陷是否相同，如何减小应力叠加？

10-5 锻件为什么要进行表面清理，常用的表面清理方法有哪几种？

第三篇　冲压工艺与模具设计

11　冲压工艺基础知识

11.1　冲压工艺特点及应用

11.1.1　冲压的概念

冲压是指在常温下靠压力机和模具对板材、带材、管材和型材等施加外力，使之产生塑性变形或分离，从而获得所需形状和尺寸的工件的加工办法。冲压生产的产品称为冲压件。冲压所用的模具称为冲压模具，简称冲模。图 11-1 所示为典型冲压应用举例。

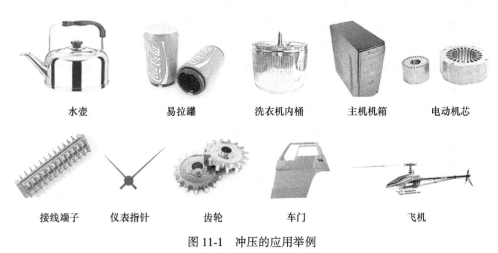

| 水壶 | 易拉罐 | 洗衣机内桶 | 主机机箱 | 电动机芯 |

| 接线端子 | 仪表指针 | 齿轮 | 车门 | 飞机 |

图 11-1　冲压的应用举例

由冲压基本概念可知：

（1）冲压是在常温下进行的，无需加热，故又称为冷冲压。

（2）冲压加工的对象绝大多数都是薄板料，故又称为板料冲压。

（3）冲压是由设备和模具完成其加工过程的，需具备三个要素，即设备（压力机）、模具、原材料，如图 11-2 所示。

（4）冲压是塑性变形的基本形式之一，与锻造均为压力加工，通常简称锻压。

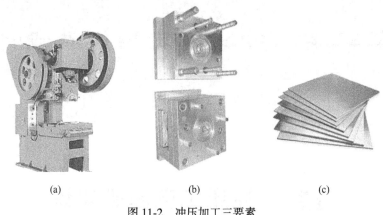

(a)　　　　　　　　　(b)　　　　　　　　　(c)

图 11-2　冲压加工三要素

(a) 设备；(b) 模具；(c) 原材料

11.1.2　冲压的特点及应用

冲压生产主要是利用冲压设备和模具在常温下对金属板料进行加工，因此冲压加工具有以下特点：

(1) 生产率高，操作简单，对操作工人几乎没有技术要求，易于实现机械化和自动化。

(2) 尺寸精度高，互换性好。模具与产品有"一模一样"的关系，同一副模具生产出来的同一批产品尺寸一致性高，具有很好的互换性。

(3) 材料利用率高。普通冲压的材料利用率一般可达 70%～85%，有的高达 95%，几乎无需进行切削加工即可满足普通的装配和使用要求。

(4) 可加工其他方法难以加工的或无法加工的形状复杂的零件，如壁厚为 0.15mm 的薄壳拉深件。

(5) 由于塑性变形和加工硬化的强化作用，可得到质量小、刚性好且强度大的零件。

(6) 无需加热，可以节省能源，且表面质量好。

(7) 批量越大，产品成本越低。

由此可见，冲压能集优质、高效、低能耗、低成本于一身，这是其他加工方法不能与之媲美的，因此冲压的应用十分广泛。在汽车、拖拉机产品中，冲压件的比例占零件总数的 60%～70%；在电视机、录音机、计算机等产品中，冲压件占 80% 以上；在自行车、手表、洗衣机、电冰箱等日常家用电器中，冲压件占 85% 以上；在电子仪表产品中，冲压件占 35%；还有日常生活中，诸如各种不锈钢餐具等。从精细的电子元件、仪表指针到重型汽车的覆盖件、大梁以及飞机蒙皮等，均需进行冲压加工。

11.2　冲压工艺的分类

冲压加工几乎应用于国民经济的各行各业，冲压加工出来的产品形状各异，因此冲压加工方法也各种各样，主要有以下几种分类方法。

11.2.1　按变形性质分类

11.2.1.1　分离工序

分离工序的目的是使板料的一部分与另一部分沿一定的轮廓线发生断裂而分离，从而形成一定形状和尺寸的零件。分离工序主要包括落料、冲孔、切断、切口、剖切等基本冲压工序，见表 11-1。

表 11-1　分离工序

工序名称	简图		模具简图	特点
	冲压前	冲压后		
落料	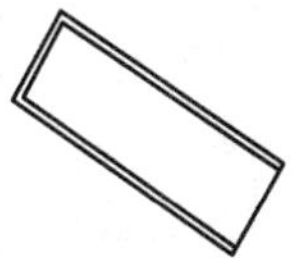	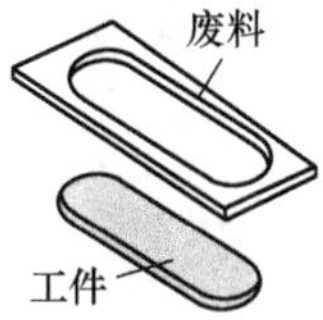 废料　工件	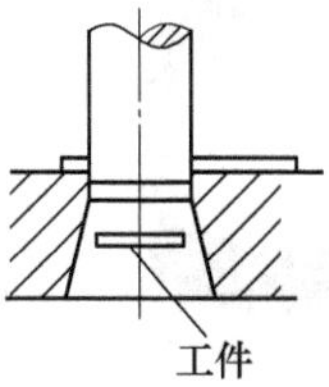 工件	沿封闭轮廓冲压，落下来的是工件
冲孔		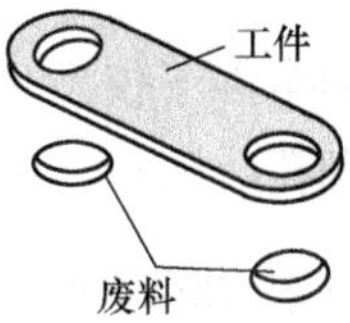 工件　废料	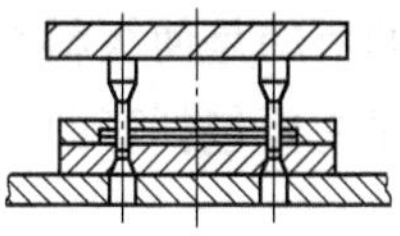	沿封闭轮廓冲压，落下来的是废料
切断	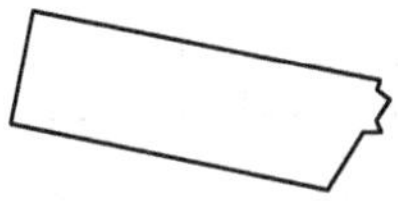	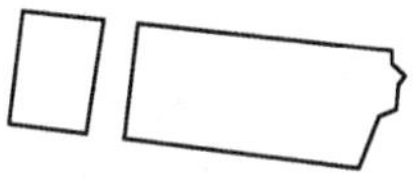	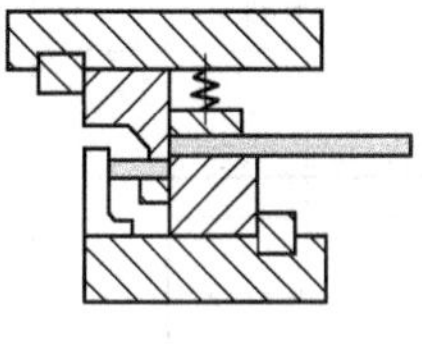	沿不封闭轮廓冲切，使板料分离
切舌	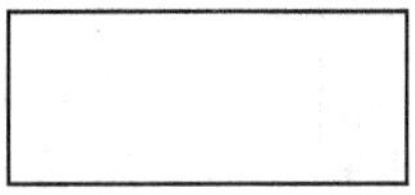		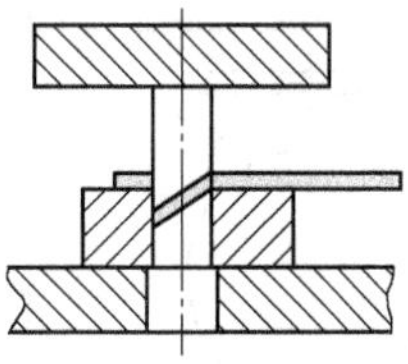	沿三边冲切，保持一边与板料相连
切口	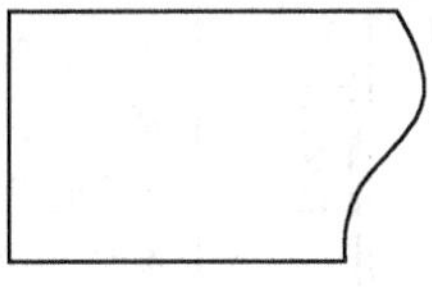	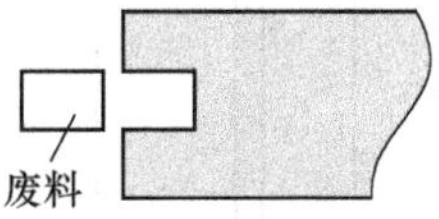 废料	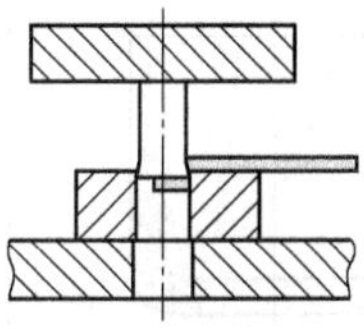	从毛坯或半成品制件的内外边缘上，沿不封闭的轮廓分离，冲下来的是废料

工序名称	简　图		模具简图	特点
	冲压前	冲压后		
切边	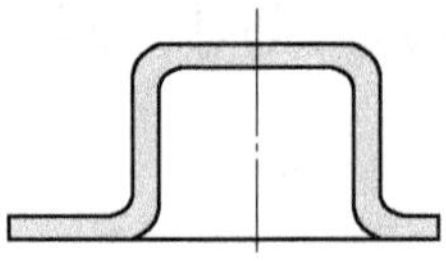	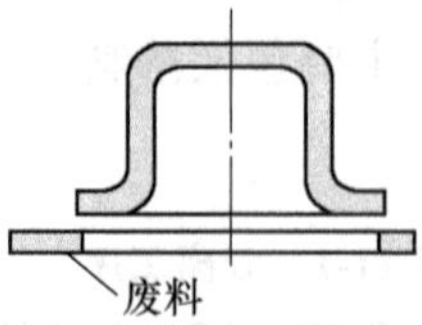 废料	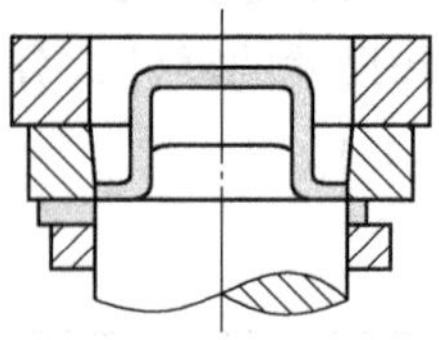	切去成形制件多余的边缘材料，使成形制件的边缘成一定形状
剖切		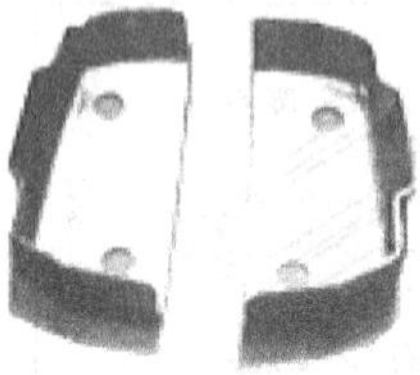	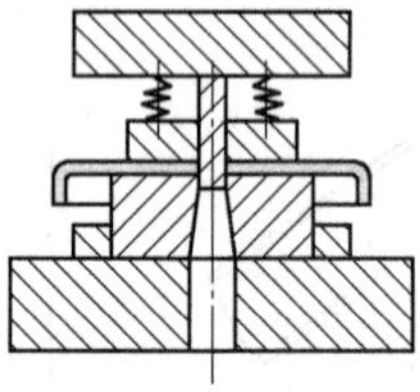	沿不封闭轮廓将半成品制件切离为两个或数个制件

11.2.1.2　成型工序

成型工序的目的是使板料在不破坏的条件下仅发生塑性变形，制成所需形状和尺寸的工件。成型工序主要包括弯曲、拉深、翻孔、胀形、缩口等基本冲压工序，见表 11-2。

表 11-2　成型工序

工序名称	简　图		模具简图	特点
	冲压前	冲压后		
弯曲	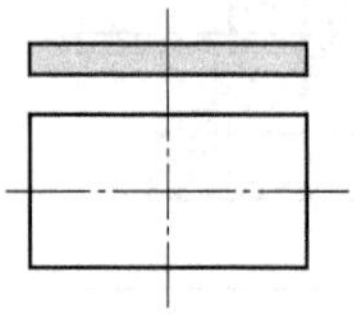	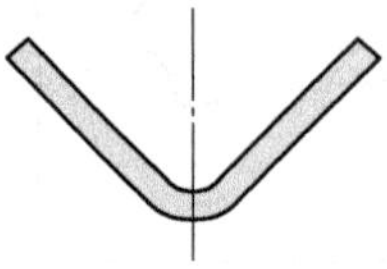	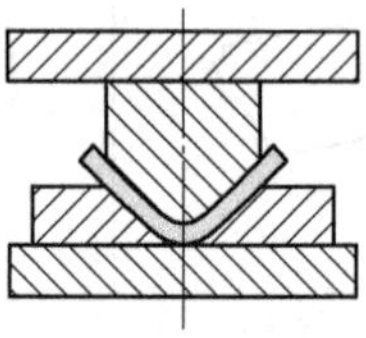	将毛坯或半成品制件弯成一定的角度和形状
拉深	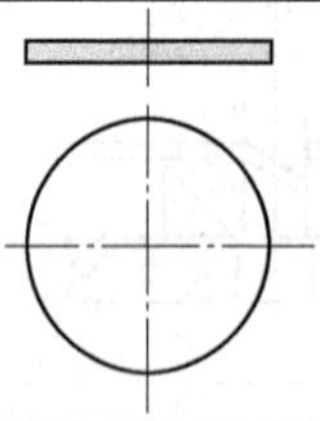	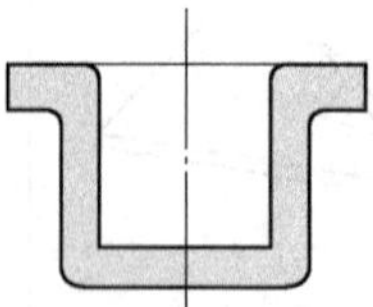	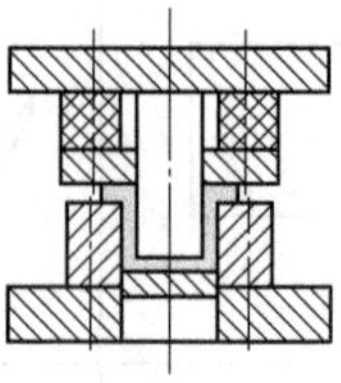	把毛坯拉压成空心体或者把空心体拉压成外形更小而板厚没有明显变化的空心体
变薄拉深	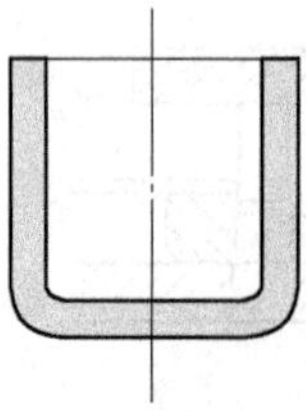	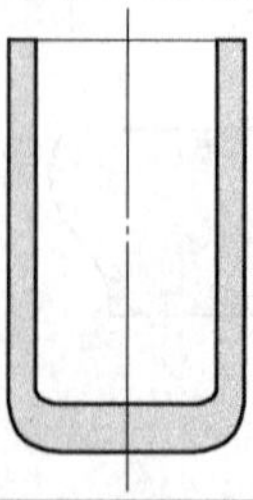	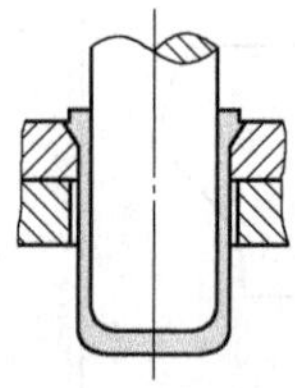	凸、凹模之间间隙小于空心毛坯壁厚，把空心毛坯加工成侧壁厚度小于毛坯厚度的薄壁制件

工序名称	简 图		模具简图	特点
	冲压前	冲压后		
翻孔	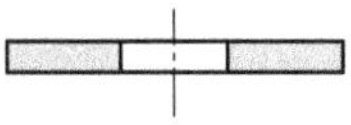	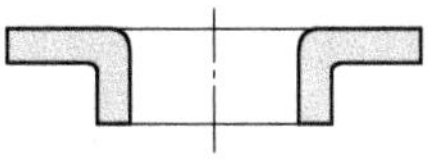	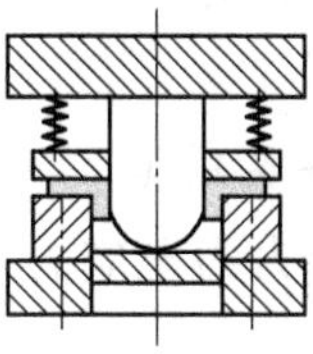	在预先制好孔的半成品上或未先制孔的板料上冲制出竖立孔边缘
卷边		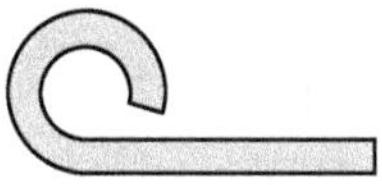	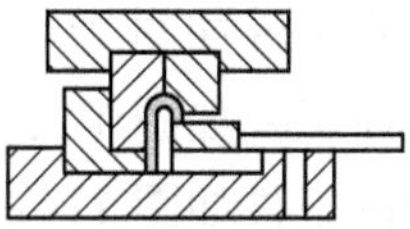	把板料端部弯曲成接近封闭圆筒
胀形	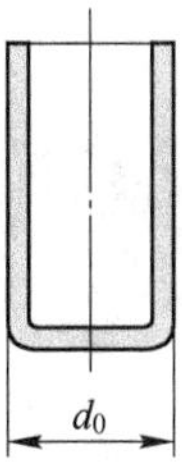 d_0	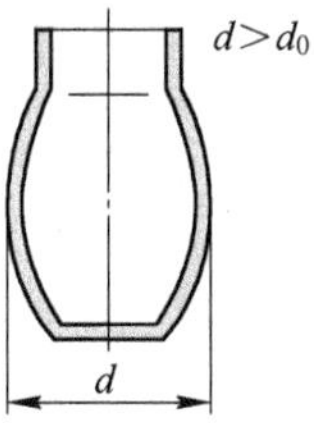 $d > d_0$ d	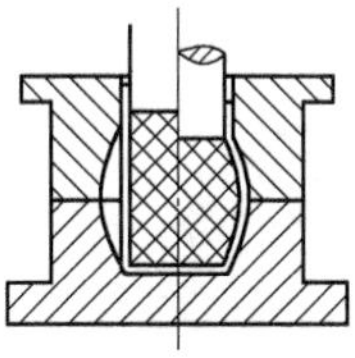	使空心毛坯内部在双向拉应力作用下，产生塑性变形制得凸肚形制件
压筋、压凸包		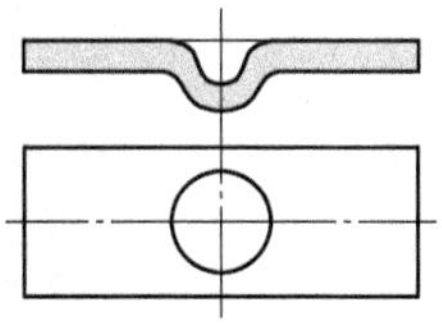	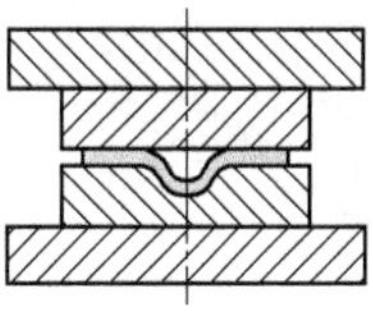	在毛坯上压出凸包或筋
缩口	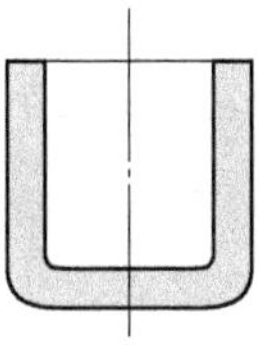	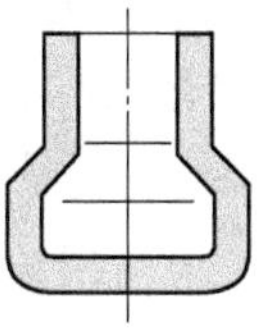	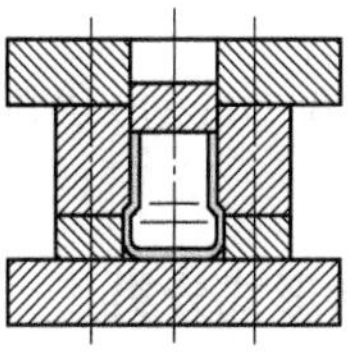	使空心毛坯或管状毛坯端部的径向尺寸缩小

11.2.2　按变形区受力性质分类

11.2.2.1　伸长类成型

变形区最大主应力为拉应力，其破坏形式为拉裂，特征是变形区材料厚度减薄，如胀形。

11.2.2.2　压缩类成型

变形区最大主应力为压应力，其破坏形式为起皱，特征是变形区材料厚度增厚，如拉深。

11.2.3　按基本变形方式分类

（1）冲裁。冲裁工件如图 11-3（a）所示。

（2）弯曲。弯曲工件如图 11-3（b）所示。

（3）拉深。拉深工件如图 11-3（c）所示。

（4）成型。成型工艺包括翻孔、翻边、胀形、压印、缩口、压筋、扩口等。成型工件如图 11-3（d）（e）所示。

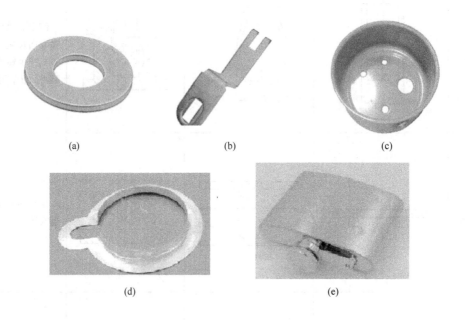

(a)　　　　　　　　　　(b)　　　　　　　　　　(c)

(d)　　　　　　　　　　(e)

图 11-3　冲压工序举例

（a）冲裁工件；（b）弯曲工件；（c）拉深工件；（d）翻孔工件；（e）压印工件

11.2.4　按工序组合形式分类

按工序组合形式冲压可分为单工序冲压、复合冲压和级进冲压，见表 11-3。

表 11-3　三种工序组合形式

工序组合形式	定义	应用举例	模具数量	简图
单工序冲压	在压力机的一次行程中，只能完成一道冲压工序的冲压	工件名称：垫圈 基本冲压工序： 落料、 冲孔	2	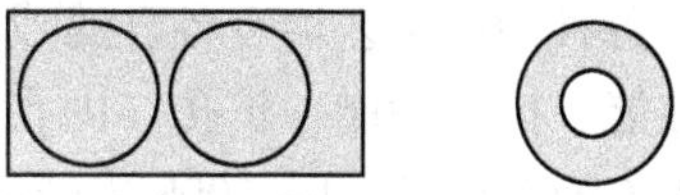 第一道工序：落料 第二道工序：冲孔
复合冲压	在压力机的一次行程中，同时完成两种或两种以上冲压工序的单工位冲压	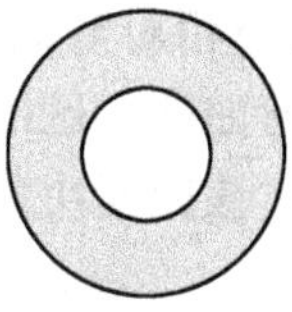	1	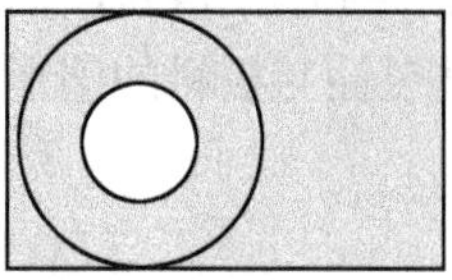 同一工位：落料和冲孔
级进冲压	在压力机的一次行程中，在送料方向连续排列的多个工位上同时完成多道冲压工序的冲压		1	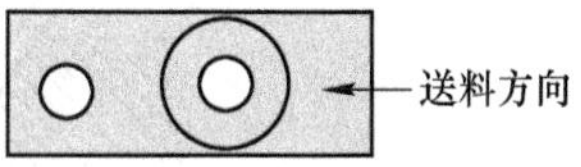 ←送料方向 第一工位：冲孔 第二工位：落料

11.3　冲压材料

冲压材料是冲压加工三要素之一。

冲压所用的材料，不仅要满足产品设计的性能要求，还应满足冲压工艺要求和冲压后续的加工要求（如切削加工、焊接、电镀等）。对冲压材料的基本要求如下：

（1）满足使用性能的要求。冲压件应满足具有一定的强度、刚度、冲击韧度等力学性能要求。此外，有的冲压件还有一些特殊的要求，如电磁性、耐蚀性、传热性和耐热性等。例如，用来冲制装酸性溶液的金属罐就应该选用耐酸好的材料。

（2）满足冲压工艺要求。冲压加工是塑性加工的基本形式之一，要求所选材料具有较好的塑形、较低的变形抗力等，即适合塑性加工。

满足使用性能的要求是第一位的，在满足使用要求的前提下应尽可能满足冲压工艺要求。

11.3.1　冲压材料的工艺要求

冲压材料的工艺要求主要体现在板料的冲压成型性能、板料的化学成分和组织、板料厚度公差、板料表面质量等方面。

11.3.1.1　冲压成型性能

冲压成型性能是指冲压材料对冲压加工的适应能力。材料的冲压成型性能好，是指其便于冲压加工，能用简单的模具、较少的工序、较长寿命的模具得到高质量的工件。因此，冲压成型性能是一个综合性的概念，其涉及的因素很多，主要体现为抗破裂性、贴模性和定形性三个方面。

（1）抗破裂性。抗破裂性是指金属薄板在冲压成型过程中抵抗破裂的能力，反映各种冲压成型工艺的成型极限，即板料在冲压成型过程中能达到的最大变形程度，一旦材料的变形超过这个极限就会产生废品。

各种冲压工艺均有各自的成型极限指标。GB/T 15825.1—2008 规定了薄板冲压的胀形性能、拉深性能、扩孔（内孔翻边）性能、弯曲性能和复合成形性能指标。图 11-4 所示为 GB/T 15825.1—2008 中薄板弯曲性能（弯曲成形时，金属薄板抵抗变形区外层拉应力引起破裂的能力）的示意图，性能指标以最小相对弯曲半径 R_{min}/t 衡量，即当薄板的相对弯曲半径小于该材料的 R_{min}/t 时，就会在弯曲变形区的外侧引起弯裂，造成废品。显然，抗破裂性与板料的塑形、强度等密切相关，该因素决定了板料能否冲压成功。

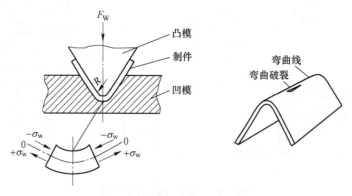

图 11-4　薄板弯曲性能的示意图

（2）贴模性。贴模性是指金属薄板在冲压成型加载过程中获得模具形状和尺寸且不产生皱纹等板面几何缺陷的能力。影响贴模性的因素有多种，如板料屈服极限、塑性应变比、模具结构、工件形状等。

（3）定形性。定形性是指冲压成型制件脱模后抵抗回弹、保持其在模内既得形状和尺寸的能力。在影响定形性的诸多因素中，回弹是最主要的因素，而回弹值的大小与材料的屈服极限、硬化指数、弹性模量有关。

贴模性和定形性决定了工件形状和尺寸精度的高低。

综上所述，冲压成型性能的好坏可以通过板料的力学性能指标进行衡量，这些性能指标可以通过试验获得。板料的冲压性能试验方法很多，一般可分为直接试验和间接实验两类。

（1）直接试验法。直接试验法是采用专用设备模拟实际冲压工艺过程进行实验。GB/T 15825—2008 规定了金属薄板成型性能和试验方法，共分 8 个部分，分别是金属薄板成形性能和指标、通用试验规程、拉深与拉深载荷试验、扩孔试验、弯曲试验、锥杯试验、凸耳试验及成型极限图（FLD）测定指南。

这类试验方法试样所处的应力状态和变形特点基本上与实际的冲压过程相同，所以能直接可靠地鉴定板料某类冲压成形性能，但由于需要专用设备，给实际使用带来不便。

（2）间接试验法。间接试验法有拉伸试验、剪切试验、硬度试验、金相试验等，由于试验时试件的受力情况与变形特点都与实际冲压时有一定的差别，因此这些试验所得结果只能间接反映板料的冲压成形性能。但由于这些试验在通用试验设备上即可进行，故常采用。下面仅就最常用的间接试验——拉伸试验进行介绍。

在待试验板料上按标准截取并制成如图 11-5 所示的拉伸试样，然后在万能材料试验机上进行拉伸。根据试验结果或利用自动记录装置，可得到图 11-6 所示应力与应变之间的关系曲线，即拉伸曲线。

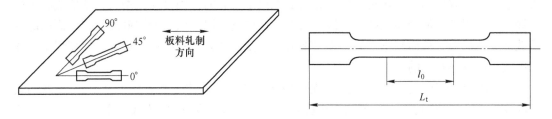

图 11-5　试样截取

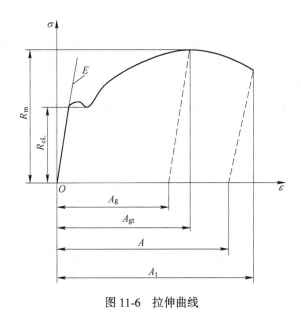

图 11-6　拉伸曲线

通过拉伸试验可测量板料的各项力学性能指标。板料的力学性能与冲压成型性能有很紧密的关系，可从不同角度反映板料的冲压成型性能，简要说明如下。

1）总伸长率 A 与均匀伸长率 A_g。A 是在拉伸试验中试样破坏时的伸长率，称为总伸长率。A_g 是在拉伸试验中出现缩颈时的伸长率，称为均匀伸长率。A_g 表示板料产生均匀变形或稳定变形的能力。一般情况下，冲压成型都在板材的均匀变形范围内进行，故 A_g 对冲压性能有较为直接的意义。在伸长类变形工序中，如圆孔翻边、胀形等工序中，A_g 越大，则极限变形程度越大，说明材料的抗破裂性好。

2）屈强比（R_{eL}/R_m）。R_{eL}/R_m 是材料的屈服极限与强度极限的比值，称为屈强比。屈强比小，即 R_m 大、R_{eL} 小，说明材料易塑性变形而不易断裂，允许的塑性变形区间大，利于提高冲压成形极限，说明材料的抗破裂性、贴模性好，这对所有的冲压成型都是有利的。尤其对拉深变形而言，屈强比小，变形区易于变形而不易起皱，而传力区又不易拉裂，有利于提高拉深变形程度。凸缘加热拉深，就是利用凸缘和筒底的温度差来减小屈强比，从而提高其变形程度。

3）弹性模量 E。弹性模量是材料的刚度指标。弹性模量越大，在成型过程中抗压失稳能力越强，卸载后弹性恢复越小，说明材料的定形性好，利于提高零件的尺寸精度。

4）硬化指数 n。硬化指数 n 表示材料在冷塑性变形中材料加工硬化的程度。n 值越大，加工硬化效应越大，这对于伸长类变形来说是有利的。因为 n 值增大，变形过程中材料局部变形程度增加会使该处变形抗力增大，这样就可以补偿该处因截面积减小而引起的承载能力的减弱，从而制止了局部集中变形进一步发展，具有扩展变形区、使变形均匀化和增大极限变形程度的作用。

5）塑性应变比 r。塑性应变比 r 是指板料试样单向拉伸时宽向真实应变 ε_b 与厚向真实应变 ε_t 之比，即 $\varepsilon_b/\varepsilon_t$。$r$ 值的大小反映平面方向和厚度方向变形难易程度的比较。r 值越大，则板平面方向上越容易变形，而厚度方向上较难变形，说明材料不容易变薄和起皱，这对冲压成形是非常有利的。

6）塑性应变比各向异性度 Δr。板料经轧制后其力学、物理性能在板平面内出现各向异性，称为塑性应变比各向异性。通常顺着纤维方向的塑性指标高于其他方向，因此沿板料不同方向得到的成形极限将不相同。拉深件拉深后口部不齐，出现"凸耳"，就是由板料的各向异性而引起的。

塑性应变比各向异性度 Δr 可用塑性应变比 r 在沿轧制方向的 r_0、45°方向的 r_{45} 和 90° 方向的 r_{90} 来表示，即

$$\Delta r = \frac{r_0 + r_{90} - 2r_{45}}{2} \tag{11-1}$$

由于 Δr 会增加冲压工序（切边工序）和材料的消耗，影响冲压件质量，因此生产中应尽量降低 Δr 值。

11.3.1.2 板料的化学成分和组织

不同的化学成分所表现出来的力学性能不同。冲压用的板料的硫和磷的含量不允许超过规定的值，否则容易造成脆性，影响冲压件的质量。

11.3.1.3 对材料厚度公差的要求

材料的厚度公差应符合国家规定的标准。因为模具间隙主要由材料厚度决定，如果材料厚度公差不符合国家标准，而模具间隙又按国家标准选取，其结果不仅影响冲压件的质量，还可能导致模具和压力机的损坏。

11.3.1.4 对表面质量的要求

材料的表面应光洁平整，无机械性质的损伤，无锈斑及其他附着物。表面质量好的材料，冲压时不易破裂，不易擦伤模具，所得产品表面质量好。

11.3.2 常用冲压材料及下料方法

11.3.2.1 常用冲压材料及规格

A 常用冲压材料

常用冲压材料有金属材料和非金属材料，但主要是经热轧或冷轧的金属材料。金属材料又分为黑色金属及其合金和有色金属及其合金两类。

常用的黑色金属及其合金如下。

（1）碳素结构钢，如 Q195、Q235 等。

（2）优质碳素结构钢，如 08、08F、10、20、15Mn、20Mn 等。

（3）低合金高强度钢，如 Q345 等。

（4）电工硅钢板，如 DR510、DR440 等。

（5）不锈钢，如 12Cr13 等。

常用的有色金属及其合金如下。

（1）铜及铜合金，如 T1、T2、H62、H68 等。它们的塑形、导电性与导热性均很好。

（2）铝及铝合金，如 1060、1050A、3A21、2A12 等。它们有较好的塑形，变形抗力小。

此外还有镁锰合金板、锡磷青铜板、钛合金板及镍铜合金板等。

非金属材料有胶木板、橡胶、塑料板等。

B 常用金属材料冲压的供应规格

常用的有各种规格的宽钢带、钢板、纵切钢带等，轧钢厂均有成品提供，如图 11-7 所示。冷轧钢板和钢带的尺寸、外形、质量及允许偏差有相应的国家推荐标准。这里的钢带是指成卷交货，轧制宽度不小于 600mm 的宽钢带；钢板是指由宽钢带横切而成；纵切钢带是指由宽钢带纵切而成，主要用于大量生产，由开卷机和送料机组成自动送料装置实现自动冲压。

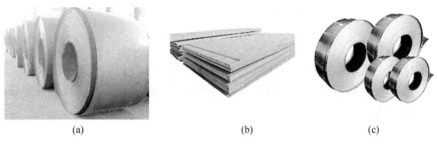

(a)　　　　　　　　　　(b)　　　　　　　　　　(c)

图 11-7　冲压用板料和卷料

（a）宽钢带；（b）钢板；（c）纵切钢带

GB/T 708—2019 规定钢板和钢带的尺寸范围如下：

（1）钢板和钢带（含纵切钢带）的公称厚度为 0.3~4.0mm，公称厚度在 1mm 以下的钢板和钢带，有按 0.05mm 倍数的任何尺寸；公称厚度在 1mm 以上的钢板和钢带，有按 0.1mm 倍数的任何尺寸。

（2）钢板和钢带的公称宽度为不大于 2150mm，有按 10mm 倍数的任何尺寸。

（3）钢板的公称长度为 1000~6000mm，有按 50mm 倍数的任何尺寸。

（4）根据需方要求，经供需双方协商，可以供应其他尺寸的钢板和钢带。

实际应用时一般根据需要选用，并可查阅其他金属板料的标准。

11.3.2.2　冲压材料的下料办法

从市场购得的板料需要根据冲压件的尺寸大小剪切成各种规格的条料，才能进行冲压，即所谓的下料。下料工序一般是首道工序，通常在冲压厂的下料车间完成，是冲压前的毛坯制备工序。常见的下料方法如下。

A　剪板机下料

剪板机是借助运动的上刀片和固定的下刀片，对各种厚度的金属板料施加剪切力，使板料按所需尺寸断裂分离的设备。剪板机有液压剪板机、机械剪板机等多种类型，是冲压厂最常见的下料设备，主要用于板料的直线剪切。液压剪板机主要用于厚料的剪切；机械剪板机主要用于薄料的剪切。剪板机如图 11-8 所示。

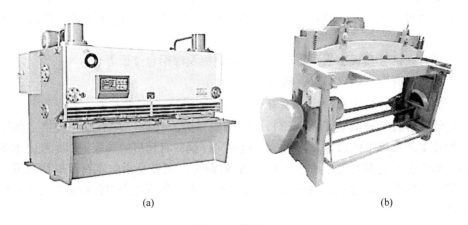

(a)　　　　　　　　　　　　　　　　(b)

图 11-8　剪板机

（a）数控液压剪板机；（b）机械剪板机

B　圆盘剪床下料

圆盘剪床的主要功能是将宽钢带卷沿长度方向（即纵向）剪切成较窄的一定尺寸的窄钢带卷，或将板料剪切成条料。由于有多对圆盘刀同时剪切板料，因此效率很高。圆盘剪床如图 11-9 所示。

图 11-9　圆盘剪床

C　其他下料方法

上述两种剪床常用来剪切直线边缘的板料毛坯。当需要异形毛坯时，或在生产批量不大或试制新产品时，可选择激光切割机、等离子切割机、高压水切割机、电火花线切割机、电冲剪等进行下料。尤其是电冲剪，携带方便，操作简单，使用时非常灵活，可以切割出任意形状的板料毛坯。电冲剪切割如图 11-10 所示。

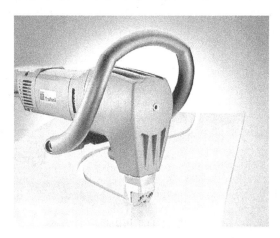

图 11-10　电冲剪切割

11.4　冲压设备

冲压设备是完成冲压加工的三要素之一。冲压设备的选择需要考虑冲压工序的性质、冲压力的大小、模具结构形式、模具几何尺寸以及生产批量、生产成本、生产质量等诸多因素，并结合单位现有设备条件进行。

冲压设备的种类繁多，分类方法也多。按照滑块驱动力不同有机械压力机、液压机和气压机等；按照床身的结构不同有开式和闭式压力机等；按照滑块数量不同有单动（一个滑块）、双动（两个滑块）压力机等；按照连杆数量不同有单点（一个连杆）、双点（两个连杆）、四点（四个连杆）压力机等。使用最多的冲压设备是机械传动的曲柄压力机，其次是液压机。其中伺服电动机驱动的伺服压力机的使用越来越普遍。压力机如图 11-11 所示。

开式曲柄压力机由于床身的 C 形结构，冲压时床身的变形较大，压力机的精度会受到影响，因此吨位不能太大，主要用于小型冲压件的冲压，但其操作比较方便，可以从三面送料。常见的典型结构有开式固定台曲柄压力机（图 11-11（a））和开式可倾曲柄压力机（图 11-11（b））；图 11-11（c）所示为适应大面积薄板冲裁及高效自动化级进模生产的宽台面开式双点曲柄压力机。闭式曲柄压力机具有封闭的框架床身结构，能承受较大的力，因此大吨位的压力机均采用闭式床身结构。闭式曲柄压力机主要用于大中型冲压件的冲压，送料只能是前后方向。液压机工作平稳，能提供较大的工作压力，尤其适用于厚板的拉深和成形。

本节主要介绍在冲压生产中广泛应用的曲柄压力机。

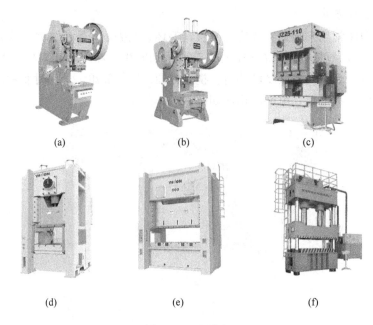

(a)   (b)   (c)

(d)   (e)   (f)

图 11-11 压力机

（a）开式固定台曲柄压力机；（b）开式可倾曲柄压力机；（c）宽台面开式双点曲柄压力机；
（d）闭式单点曲柄压力机；（e）闭式双点曲柄压力机；（f）单动薄板冲压液压机

11.4.1 曲柄压力机工作原理及主要组成

图 11-12 所示为开式可倾曲柄压力机的组成及工作原理。它主要由工作机构、传动系统、操作系统、支撑部件、辅助系统和附属装置组成。冲压前将模具的上模部分固定在压力机的滑块上，下模部分固定在压力机的工作台上。压力机的工作过程是，电动机的动力通过大小带轮带动传动轴转动，进而带动大小齿轮转动，当离合器的状态为合时，齿轮的旋转运动通过曲轴（柄）和连杆带动滑块上下往复运动，完成冲压工作。

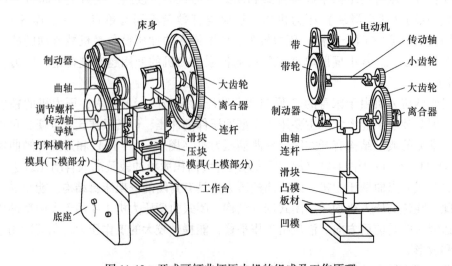

图 11-12 开式可倾曲柄压力机的组成及工作原理

11.4.1.1 工作机构

如图 11-13 所示，由曲柄 5、连杆（3 和 4 组成）和滑块 2 组成曲柄滑块机构，其作用是将旋转运动转化为滑块的上下往复运动，以此带动安装于滑块上的上模完成冲压工作。连杆由调节螺杆 3 和连杆体 4 通过螺纹连接而成，由于是螺纹连接，故其长度可调，可以适合不同高度的模具。滑块内有打料横杆 1，模具的上模部分利用模柄夹持块 6、夹紧螺钉 7 和顶紧螺钉 8 固定在滑块上。

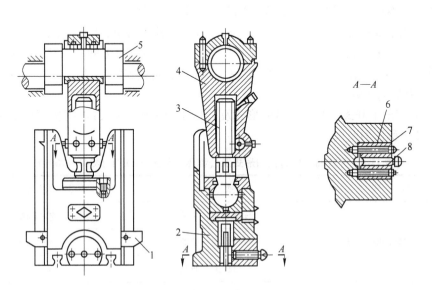

图 11-13　压力机曲柄滑块机构图
1—打料横杆；2—滑块；3—调节螺杆；4—连杆体；5—曲柄；
6—模柄夹持块；7—夹紧螺钉；8—顶紧螺钉

11.4.1.2 传动系统

传动系统主要由带传动、齿轮传动等机构组成，其作用是将电动机的运动和能量按照一定要求传给曲柄滑块机构。

11.4.1.3 操作系统

操作系统主要由空气分配系统、离合器、制动器、电气控制箱等组成。

11.4.1.4 支撑部件

支撑部件主要为床身。开式可倾曲柄压力机则由床身和底座组成。

11.4.1.5 能源系统

能源系统由电动机、飞轮等组成。

此外，压力机还有多种辅助系统和附属装置，如气路系统和润滑系统，安全保护装置以及气垫等。

11.4.2　曲柄压力机的型号及公称压力范围

曲柄压力机的型号用汉语拼音字母、英文字母和数字表示，如 JB23-63 型号的意义如下：

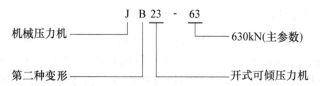

第一个字母为类的代号,"J"表示机械压力机。

第二个字母代表同一型号产品的变形顺序号。凡主参数与基本型号相同,而其他某些次要参数与基本型号不同的称为变形。"B"表示第二种变形产品。

第三、四个数字为列、组代号,"2"表示开式双柱压力机,"3"表示可倾机身。

横线后的数字代表主参数,一般用压力机的公称压力作为主参数,型号中的公称压力用工程单位"吨"表示,故转换为法定单位 kN 时,应将此数字乘以10。例中63代表63t,乘以10即为630kN。

表 11-4 列出了开式曲柄压力机的形式及公称压力范围;表 11-5 列出了闭式曲柄压力机的形式及公称压力范围。

表 11-4　开式曲柄压力机的形式及公称压力范围（GB/T 14347—2009）

形　　式	类　　型	公称压力范围/kN
开式可倾曲柄压力机	标准类型（Ⅰ类）	40~1600
	短行程型（Ⅱ类）	250~1600
	长行程型（Ⅲ类）	250~1600
开式固定台曲柄压力机	标准类型（Ⅰ类）	250~3000
	短行程型（Ⅱ类）	250~3000
	长行程型（Ⅲ类）	250~3000

表 11-5　闭式曲柄压力机形式及公称压力范围（JB/T 1647. 1—2012）

形　　式	公差压力范围	
闭式单点曲柄压力机	Ⅰ型	1600~20000
	Ⅱ型	1600~10000
闭式双点曲柄压力机	Ⅰ型	1600~50000
	Ⅱ型	1600~16000
闭式四点曲柄压力机	Ⅰ型	4000~25000
	Ⅱ型	4000~10000

11.4.3　曲柄压力机的技术参数

曲柄压力机的技术参数表示压力机的工艺性能和应用范围,是选用压力机和设计模具的主要依据。开式曲柄压力机的主要技术参数有如下几个:

(1) 公称压力 F（或称额定压力、名义压力）。指滑块离下死点前某一特定距离（此特定距离称为公称压力行程 S_g 、额定压力行程或名义压力行程）或曲柄旋转到离下死点前某一特定角度（此特定角度称为公称压力角 α_g 、额定压力角或名义压力角）时，滑块上所允许承受的最大作用力。曲柄滑块机构运动简图如图 11-14 所示。例如 J31—315 压力机的公称压力为 3150kN，其是指滑块离下死点 10.5mm（相当于公称压力角为 20°）时滑块上所允许承受的最大作用力。公称压力已经系列化。

公称压力并不是发生在整个滑块行程中，而是随着滑块行程在变化。

（2）滑块行程 S 。指滑块从上死点到下死点所经过的距离，其大小随工艺用途和公称压力的不同而不同。例如 J31-315 压力机的滑块行程为 315mm，JB23-63 压力机的滑块行程为 100mm。

（3）滑块每分钟行程次数 n 。指滑块每分钟从上死点到下死点，然后再回到上死点所往复的次数。例如 J31-315 压力机滑块的行程次数为 20 次/min。行程次数的大小反映了生产效率的高低。

（4）最大装模高度 H_{max} 。最大装模高度如图 11-15 所示，是指压力机闭合高度调节机构处于上极限位置（即连杆长度调到最短）和滑块处于下死点时，滑块下表面至工作台垫板上表面之间的距离。压力机闭合高度调节机构允许的调节距离（即连杆长度调节量）称为压力机装模高度调节量 ΔH 。例如 J23-63 压力机的最大装模高度是 300mm，装模高度调节量是 70mm。

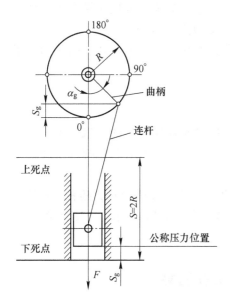

图 11-14 曲柄滑块机构运动简图

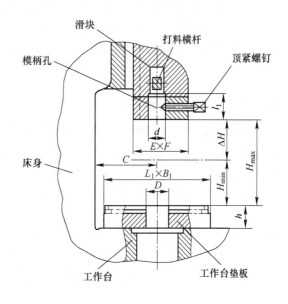

图 11-15 压力机技术参数

（5）工作台垫板尺寸（$L_1 \times B_1$）、滑块底面尺寸（$E \times F$）及喉深 C。这些参数与模具外形尺寸及模具安装方法有关，通常要求留给模具足够的安装位置。

（6）模柄孔尺寸。当模具通过模柄与压力机相连时，模柄的直径及模柄露出上模座的高度应与滑块模柄孔的尺寸 d 和 l_1 相协调。

11.5 冲模常用标准

11.5.1 冲模标准化意义

冲模标准是指在冲模设计与制造中应该遵循和执行的技术规范。冲模标准化是模具设计与制造的基础,也是现代冲压模具生产技术的基础。冲模标准化的意义有以下几个方面。

(1) 可以缩短模具设计与制造周期,提高模具制造质量和使用性能,降低模具成本。因为模具结构及制造精度与冲压件的形状、尺寸精度以及生产批量有关,所以冲模的种类繁多而且结构十分复杂。比如精密级进模的模具零件有时上百个(甚至更多),使得模具的设计与制造周期很长。而实现模具标准化后,所有的标准件都可以外购,从而减少了模具零件设计与制造的工作量,缩短了模具的制造周期。

模具零件实现标准化后,模具标准件可由专业厂家大批量生产代替各模具厂家单件和小规模生产,保证模具设计和制造中必须达到的质量规范,提高了材料利用率,因此模具标准化程度的提高可以有效地提高模具质量和使用性能,降低模具成本。

(2) 模具标准化有利于模具工作者摆脱大量重复的一般性设计,将主要精力用来改进模具结构,解决模具关键技术问题,进行创造性劳动。

(3) 模具标准化有利于模具的计算机辅助设计与制造,是实现现代化模具生产技术的基础,可以这样说,没有模具标准化就没有模具的计算机辅助设计与制造。

(4) 模具标准化有利于国内、国际的商业贸易和技术交流,增强企业、国家的技术经济实力。

11.5.2 冲模常用标准简介

我国在模具行业中推广使用的模具标准是经国家技术监督局批准的国家标准(GB)和机械行业标准(JB)。另外还有国际模具标准化组织 ISO/TC29/SC8 制定的冲模和成形模标准。

除此之外,由于一些企业从国外引进了大量级进模与汽车覆盖件模具,随着模具的引进,国外冲模标准也在我国一些企业中引用,如日本三住商事株式会议(MISUMI)的 MI-SUMI 标准、德国 HASCO 标准、美国 DME 标准等。

11.6 冲模的现状与发展趋势

11.6.1 冲模的现状

到 2014 年,我国模具产业产值约 1.8 万亿元人民币,居世界模具产业首位,我国已经成为真正的模具大国。作为模具中的重要一员,冲模无论在数量、质量、技术和能力等方面都有了很大的发展,行业总体水平显著提高。

代表冲模发展方向的多工位多功能精密冲模发展趋势强劲,涵盖了电子、通信、汽车、机械、军工、轻工、电动机、电器、仪器仪表、医疗器械、自动化装备、轨道交通、航空航天、新能源和家电等领域。部分国产高档模具在模具的复杂程度、制造精度、使用寿命、性能、技术含量、制品质量和加工周期等方面已接近或相当于国外同类先进冲模水平，不仅实现进口替代，还有相当一部分出口到美国、日本等工业发达国家和地区。如单列直径 120mm 伺服电动机铰链铁心级进模；一模可冲四列直条电动机定子铁心产品的级进模，开料宽度 1200mm、开料步距精度 5μm 以内、送料速度可达 80m/min 的葫芦形料开料大型级进模；冲速 280～320 次/min，具有自动送料、冲压成形、扭槽回转、叠片计量、厚度分组、铁心组合和产品输出等功能以及智能化技术、使用寿命接近 2 亿次的电动机铁心自动叠片级进模；质量约 4000kg、模具长度 2m、制造精度 2μm、使用寿命达 5 亿次的大型换热器翅片级进模；可实现 3000 次/min 稳定生产的电子连接器小型精密级进模，此外生产汽车结构件的大型多工位级进模也取得了实质性的突破，如成功研发出汽车类气缸盖大型级进模，质量达 20000kg、一模两件的大型汽车结构件级进模等。

在汽车覆盖件冲模方面，我国大型外覆盖件模具的研发制造能力提升很快，目前国内一些汽车模具龙头企业已具备中高级轿车 A 类零件（侧围、翼子板）模具的研发能力，外覆盖件 B 类零件不但实现了国产化，并逐渐出口美国、日本等发达国家和地区，结束了以往中高档轿车外覆盖件模具完全依赖进口的局面。在以自动化模具技术为基础的自动冲压生产线、轻量化材料（铝合金、镁合金、碳纤维）成型技术、高强度钢板热冲压成型技术等方面发展迅猛，CAD/CAM/CAE 技术在汽车模具企业得到普遍应用，PDM、ERP 等信息化系统平台也得到越来越多汽车模具企业的重视及引进。

快速经济模具和快速成型技术在我国的研究发展已有 40 多年，广泛应用于新产品开发和小批量试制，成为各类产品更新换代必不可少的基础。近年来随着高新技术的迅猛发展，快速经济模被赋予了新的使命和全新的内涵，制模材料和工艺也在不断创新和突破，与之配套的设备不断增加，特别是在汽车行业快速发展的引领下，我国的快速经济模技术已接近国际先进水平，并服务于高档轿车的新车型开发，用于覆盖件模具及产品的试制上。

智能模具是指具有感知、分析、决策和控制功能的模具，近年也得到了发展，如我国生产的四列直流风扇（直条 BLDC）电动机铁心高速冲压级进模，就是一种模内具有质量和安全检测功能、全自动冲压装配一体化的、有部分智能体现的自动化模具。

随着我国模具制造技术的发展，国内的模具标准件制造水平有了很大提高，品种规格比较齐全，可以满足我国模具工业的发展需要。但由于我国缺乏自己的模具标准件的标准体系和专门的模具标准件研发机构，使得在标准件的研发创新和标准件的品牌创立方面与国际先进水平还有一定差距。

尽管我国冲压技术有了突飞猛进的发展，但我国冲模的技术水平仍然不能满足国民经济快速发展的需求，与世界先进水平仍有较明显的差距，尤其是一些大型、精密、复杂、长寿命、多功能的高技术含量模具和智能模具还依赖进口，如高档轿车的覆盖件模具国内的自给率只有 60% 左右，超大规模集成电路模具以及精密电子产品的模具还主要以进口为主，为汽车零部件配套的大型多工位级进模刚起步不久，对板料热冲压成形及其模具技术的研究和智能模具的研究也尚处在起步阶段，厚板精密冲裁的精密冲裁模具发展缓慢等。国内模具企业还需要在模具的研发、调试检测技术、结构优化、精细化制造、表面处理技术、信息化管理等方面共同努力。

11.6.2 冲模的发展趋势

2015 年 5 月 19 日，国务院正式印发了我国实施制造强国战略的第一个十年行动纲领——《中国制造 2025》。随着科学技术的不断进步和工业 4.0 的提出，现代工业产品生产日益复杂与多样化，产品性能和质量也在不断提高，因而对冲压技术提出了更高的要求。我国正面临着前所未有的重大机遇与挑战，模具工业具有如下的发展趋势。

（1）模具已经从基础工艺装备向信息化、智能化的集成制造单元发展，从单一功能的工艺装备向为客户提供一体化解决方案发展，如国内生产的伺服电动机铰链铁心级进模，除了具有自动送料、冲压成形、叠片计量、厚度分组、铁心组合和产品输出等功能外，还能完成铰链装配连接，使产品能灵活旋转开闭。最近国际上又出现了模内焊接组装工艺，将冲压和激光焊接结合在一起，省去了单独的焊接和组装工艺。从类别上分，未来的模具制造单元有 2 种：一种是多个零件在一副模具内完成多道制造工序的模具制造单元；另一种是以模具为核心，结合其他设备组建成一种模具制造单元。

（2）加强国际交流是我国模具转型升级的重要途径。通过扩大模具的进出口，加强与国际先进模具企业的交流合作，提升国内模具企业的理念、技术和创新意识。

（3）模具的智能化已成为模具企业突破技术的关键，成为模具行业快速发展的重要途径，并为模具向信息化、智能化的集成制造单元发展打下基础。

（4）新材料引发的新工艺为模具发展提供了新的机遇与挑战，如为成型新型合金材料，必须开发出新的成型工艺与模具，因此模具发展与新材料不断出现息息相关。

（5）模具企业将趋向于制件生产，采用"以模带冲、以冲养模、模冲并举"的发展思路，以解决部分模具企业产能过剩的现象，并发挥模具企业制件生产技术的优势。

（6）模具企业实行专业化模具企业集群，以促进模具产业（园区）集群的升级转型。

（7）产品的多样化促使模具朝柔性化和专业化的方向发展。

（8）高效、精密的大型多工位、多功能级进模是冲模的重要发展方向。

思 考 题

11-1 什么是冲压，它与其他加工方法相比有什么特点？

11-2 为何冲压加工的优越性只能在批量生产的情况下才能得到充分体现？

11-3 冲压工序可分为哪两大类，它们的主要区别和特点是什么？

11-4 试判断图 11-16 所示各零件所需的基本冲压工序。

图 11-16 冲压件图片举例

11-5 何谓材料的冲压成形性能，冲压成形性能主要包括哪些方面的内容，材料冲压成形性能良好的标志是什么？

11-6 何谓塑性应变比，它对板材拉深性能有何影响？

11-7 简述曲柄压力机的工作原理和主要结构。

12 冲裁工艺与模具设计

冲裁是利用模具使板料的一部分与另一部分沿一定的轮廓形状分离的冲压方法。包括落料、冲孔、切断、切边、切舌、剖切等工序，其中落料和冲孔是两道最基本的冲裁工序。

沿封闭轮廓线分离，且分离的目的是为了获得封闭轮廓形状以内的部分（即落下来的是工件），则为落料。如图 12-1（a）所示；如果分离的目的是为了得到封闭轮廓形状以外的部分（即落下来的是废料，带孔的是工件），则为冲孔，如图 12-1（b）所示。

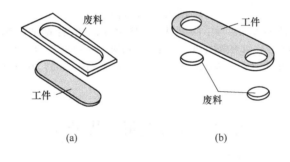

图 12-1　落料与冲孔

（a）落料；（b）冲孔

冲裁是冲压工艺最基本的工序之一，在冲压加工中应用极广。它既可直接冲出成品零件，也可以为弯曲、拉深和成形等其他冲压工序准备毛坯，还可以在已成型的工件上进行再加工，如切边、切舌、冲孔等工序。

冲裁所使用的模具称为冲裁模，它是冲裁过程必不可少的工艺装备。根据冲裁变形机理的不同，冲裁工艺可分为普通冲裁、精密冲裁和微冲裁。本章主要讨论普通冲裁。

图 12-2 所示为一副典型的落圆形工件的普通落料模。冲裁开始前，将条料 3 沿导料销 20 并贴着凹模 18 的上表面送进模具，由挡料销 4 挡料。冲裁开始时，上模下行，卸料板 17 首先接触条料 3 并将其压向凹模 18 的表面，接着凸模 9 与条料 3 接触，施加给其冲裁力，并穿过条料 3 完成工件外形的冲裁，冲裁结束后由凸模 9 推出落在凹模 18 孔内的工件，被凸模 9 穿过并箍在凸模 9 外面带孔的条料 3 由弹性卸料装置（由卸料板 17、弹簧 5 和卸料螺钉 8 组成）卸下，一次冲裁工作结束。

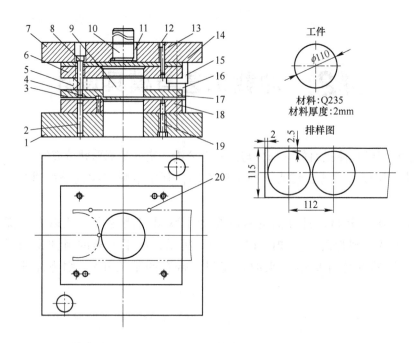

图 12-2 落料模

1—下模座；2，13—销；3—条料；4—挡料销；5—弹簧；6—凸模固定板；
7—上模座；8—卸料螺钉；9—凸模；10—模柄；11—止转销；12，19—螺钉；
14—垫板；15—导套；16—导柱；17—卸料板；18—凹模；20—导料销

12.1 冲裁变形过程分析

为了正确理解冲裁过程中出现的各种现象，从而控制冲裁件的质量和成本，必须充分理解冲裁工艺过程的变形规律。

12.1.1 冲裁过程板料受力情况分析

图 12-3 所示为无压料装置的模具对板料进行冲裁时的情形。冲裁时，将板料平放在凹模上并由定位装置定位，凸模在压力机滑块的带动下下行与板料接触并开始冲裁。冲裁

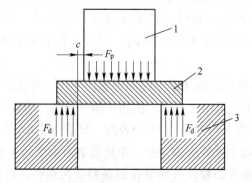

图 12-3 无压料装置的模具对板料进行冲裁时的情形

1—凸模；2—板料；3—凹模

模和板料刚接触瞬间，凸模施加给板料的力 F_p 均匀地作用在两者的接触面上，凹模施加给板料的反作用力 F_d 也均匀地作用在两者的接触面上。

由于凸、凹模之间存在间隙 c，故 F_p、F_d 不在同一垂直线上，图 12-3 所示的现象只存在于冲裁开始的瞬间，随即板料就会受到弯矩 $M \approx F_p c / 2 = F_d c$ 的作用，使凹模表面上的板料翘起，而位于凸模下面的板料将会被凸模压进凹模孔内，即发生翘曲现象，使得模具表面和板料的接触面仅限在刃口附近的狭小区域内。冲裁过程中板料受力分析如图 12-4 所示。因为材料的翘曲变形，将在接触面上产生侧压力 F_3、F_4。由于模具与板料的接触面上有正压力并有相对运动，因此还会在板料与模具刃口的接触面上产生摩擦力 μF_1、μF_2、μF_3、μF_4。各个力的分布并不均匀，离模具刃口越近摩擦力越大。

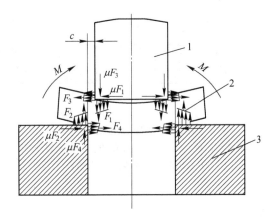

图 12-4　冲裁过程中板料受力分析

1—凸模；2—板料；3—凹模；

F_1，F_2—凸、凹模对板料的垂直作用力；F_3，F_4—凸、凹模对板料的侧压力；

μF_1，μF_2—凸、凹模端面与板料间的摩擦力；μF_3，μF_4—凸、凹模侧面与板料间的摩擦力

12.1.2　冲裁变形过程

冲裁变形过程就是利用冲裁模具使板料发生分离的过程。如果模具间隙合适，整个过程可以分为三个阶段。

12.1.2.1　弹性变形阶段

弹性变形阶段如图 12-5（a）所示。在凸模压力下，材料首先产生弹性压缩。由于凸、凹模之间有间隙 c，使得板料受到弯矩 M 的作用，产生拉伸和弯曲变形，使凹模上的板料向上翘曲，凸模下面的材料略挤入凹模孔内，两者的过渡处（凸、凹模刃口处）形成很小的圆角。间隙越大，弯曲和上翘越严重。此时板料内部的应力不满足塑性变形条件。

12.1.2.2　塑性变形阶段

塑性变形阶段如图 12-5（b）所示。凸模继续下压，施加给板料的力不断增大，当材料内的应力满足屈服准则时便开始进入塑性变形阶段，此时锋利的凸模和凹模刃口同时对板料进行塑性剪切，形成光亮的塑性剪切面。由于此时凸模挤入板料的深度增大，会有更

多的材料被挤入凹模孔口，因此已经形成的小圆角会进一步变大，材料的塑性变形程度增大，变形区材料硬化加剧，冲裁变形抗力不断增大，直到刃口附近侧面的材料由于拉应力的作用出现微裂纹时，塑性变形结束，此时冲裁变形抗力达到最大值。

12.1.2.3　断裂分离阶段

断裂分离阶段如图 12-5（c）所示。在刃口侧面已形成的上下微裂纹随凸模继续下压不断向材料内部扩展。当上下裂纹重合时，板料便被剪断分离。随后，凸模将分离的材料推入凹模孔内，完成冲裁。

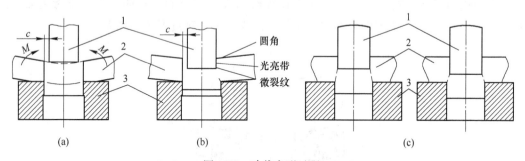

图 12-5　冲裁变形过程
（a）弹性变形阶段；（b）塑性变形阶段；（c）断裂分离阶段
1—凸模；2—板料；3—凹模

12.1.3　冲裁变形区位置

由于冲裁时板料受力主要集中在模具刃口附近，因此冲裁变形区也主要集中在刃口附近，位于上下刃口连线的纺锤形区域（图 12-6 所示的 4 区），且其大小随着冲裁过程的进行不断缩小，如图 12-6（b）所示。

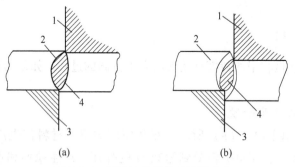

图 12-6　板料冲裁时的变形区分布
（a）冲裁开始；（b）冲裁过程
1—凸模；2—板料；3—凹模；4—变形区

12.2　冲裁件质量分析控制

冲裁件质量是指断面状况、尺寸精度和形状误差。断面应尽可能垂直、光洁、毛刺小；尺寸精度应保证在图样规定的公差范围之内；零件外形应该满足图样要求，表面尽可能平直，即拱弯小。

12.2.1 冲裁件断面特征及其影响因素

12.2.1.1 冲裁面的断面特征

正常间隙下，冲裁件断面由塌角带、光亮带、断裂带和毛刺 4 个部分组成，如图 12-7 所示。

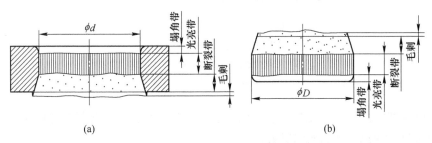

图 12-7 冲裁件断面质量

(a) 冲孔件；(b) 落料件

A 塌角带（或圆角带）

塌角带开始于弹性变形阶段，在塑性变形阶段变大，是由于刃口附近的材料产生弯曲和拉伸变形的结果。材料的塑性越好、模具间隙越大，塌角带越大。

B 光亮带

光亮带形成于塑性变形阶段，是由于锋利的凸、凹模刃口对板料进行塑性剪切而形成的。由于同时受模具侧面的挤压力，该区不仅光亮而且与板平面垂直，是断面上质量最好的区域。

C 断裂带

断裂带形成于冲裁变形的断裂分离阶段，是裂纹向板料内部扩展的结果，是冲裁件断面上质量最差的部分，不仅粗糙而且带有斜度。

D 毛刺

毛刺开始于冲裁变形过程的塑性变形阶段，形成于断裂分离阶段。这是由于材料在凸、凹模刃口处产生的微裂纹不在刃尖处（图 12-8），而是在距刃尖不远的模具侧面，裂纹的产生点和刃尖的距离 h 即为毛刺的高度。在普通冲裁中，毛刺是不可避免的。毛刺的存在会影响冲裁件的使用，因此毛刺越小越好。

上述四个区域所占比例与被冲材料性能、模具间隙、模具刃口状态等多种因素有关。通常光亮带越大，毛刺、塌角带和断裂带越小，断面质量越好。

12.2.1.2 影响冲裁件断面质量的因素

A 材料的力学性能

当材料具有较好的塑性时，可以推迟微裂纹的产生，从而延长刃口对板料的塑性剪切时间，扩大光亮带的范围，同时也可增大塌角带。而塑性差的材料容易被拉断，材料被剪

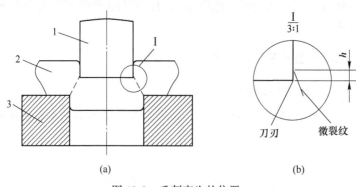

图 12-8　毛刺产生的位置

(a) 毛刺位置；(b) 毛刺尖端局部放大

1—凸模；2—板料；3—凹模

切不久就出现裂纹，使断面光亮带所占的比例小，圆角小，大部分是粗糙的断裂面。因此塑性好的材料，冲裁后断面质量较好。

B　模具间隙

模具间隙是影响断面质量最重要的因素。图 12-9 所示为模具间隙对断面质量影响示意图。

当间隙合适时，凸、凹模刃口处产生的裂纹重合（图 12-9（a）），光亮带约占整个板厚的 $1/3 \sim 1/2$，断面质量满足普通使用要求。

当模具间隙偏小时，弯矩减小，由弯矩引起的拉应力成分减小，压应力成分增加，将推迟裂纹的产生，使光亮带所占比例增加，塌角带减小，断面质量较好。但如果模具间隙继续减小时，凸、凹模刃口处产生的裂纹将不会重合，位于两条裂纹之间的材料将被第二次剪切，形成第二光亮带或断续的光亮块，同时部分材料被挤出，在表面形成薄而高的毛刺（图 12-9（b）），此时断面质量不是很理想。

当模具间隙偏大时，弯矩增加，由弯矩引起的拉应力成分增加，压应力成分减小，裂纹提前产生，光亮带所占比例减小，断裂带所占比例增加，塌角带增大，断面质量差。模具间隙继续增大时，凸、凹模刃口处产生的裂纹不会重合，位于两条裂纹之间的材料将被强行拉断，制件的断面上形成两个斜度的断裂带，且塌角带增大，断面质量最差，如图 12-9（c）所示。

C　模具刃口状态

冲裁凸、凹模要求其刃口锋利。当凸、凹模刃口磨钝后，即使间隙合理也会在冲裁件上产生根部粗大的毛刺。图 12-10 所示为模具刃口状态对断面质量的影响。当凸模刃口磨钝时，会在落料件上端产生毛刺（图 12-10（a））；当凹模刃口磨钝时，会在冲孔件的孔口下端产生毛刺（图 12-10（b））；当凸、凹模刃口同时磨钝时，则冲裁件上、下端都会产生飞边（图 12-10（c））。冲裁件允许的毛刺高度参见 JB/T 4129—1999。

12.2.2　冲裁件尺寸精度及其影响因素

12.2.2.1　冲裁件的尺寸精度

冲裁件的尺寸精度是指冲裁件的实际尺寸与图样上公称尺寸之差。差值越小，精度越

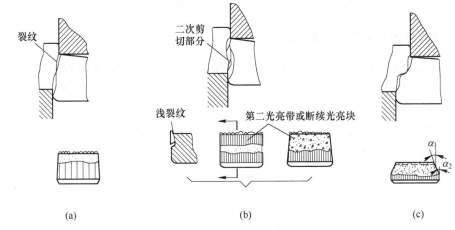

图 12-9　模具间隙对断面质量的影响

（a）间隙合适；（b）间隙过小；（c）间隙过大

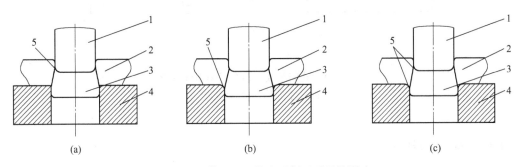

图 12-10　模具刃口状态对断面质量的影响

（a）凸模刃口磨钝；（b）凹模刃口磨钝；（c）凸、凹模刃口同时磨钝

1—凸模；2—冲孔件；3—落料件；4—凹模；5—粗大的毛刺

高。冲裁件的尺寸精度与许多因素有关，如冲裁模的制造精度、材料性质和冲裁间隙等。

12.2.2.2　影响冲裁件尺寸精度的因素

A　冲裁模的制造精度

冲裁模的制造精度对冲裁件尺寸精度有直接影响。冲裁模的制造精度越高，冲裁件的精度也越高。冲裁模的制造精度与冲裁模结构、加工、装配等多方面因素有关。

B　材料性质

材料性质对该材料在冲裁过程中的弹性变形量有很大影响。对于比较软的材料，弹性变形量较小，冲裁后的回弹值也小，因而工件精度高；而硬的材料，情况正好与此相反。

C　冲裁间隙

当间隙过大，板料在冲裁过程中将产生较大的拉伸与弯曲变形，冲裁后因材料弹性恢复，而使冲裁件尺寸向实体方向收缩。对于落料件，其尺寸将会小于凹模刃口尺寸；对于冲孔件，其尺寸将会大于凸模刃口尺寸。但因拱弯的弹性恢复方向与以上相反，故偏差值是两者的综合结果。当间隙过小，则在板料的冲裁过程中除剪切外还会受到较大的挤压作用，冲裁后材料的弹性恢复使冲裁件尺寸向实体的反方向胀大。对于落料件，其尺寸将会大于凹模刃口尺寸；对于冲孔件，其尺寸将会小于凸模刃口尺寸。

12.2.3　冲裁件形状误差及其影响因素

冲裁件形状误差是指翘曲、扭曲、变形等缺陷。冲裁件呈曲面不平现象称为翘曲，是由间隙过大、弯矩增大、拉伸和弯曲成分增多造成的。另外，材料的各向异性和卷料未矫正时也会产生翘曲。冲裁件呈扭歪现象称为扭曲，这是由于材料的不平、间隙不均匀、凹模对材料摩擦不均匀等造成的。冲裁件的变形是由于坯料的边缘冲孔或孔距太小等，侧向挤压而产生，如图 12-11 所示。

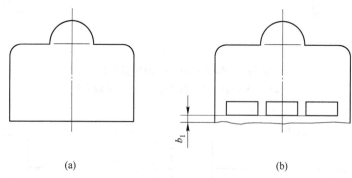

(a)　　　　　　　　　　　　　　　(b)

图 12-11　孔间距或孔边距过小引起变形

（a）冲孔前；（b）冲孔后

12.2.4　冲裁件质量控制

从上述影响冲裁件质量的因素可知，要想控制冲裁件的质量，就需要控制影响冲裁件质量的各关键因素。

12.2.4.1　模具工作部分尺寸偏差的控制

模具工作部分尺寸偏差的大小直接影响冲裁件的尺寸和形状，可以通过以下措施进行控制。

（1）适当提高模具制造精度。

（2）适当增减模具间隙。

（3）保持刃口锋利，及时修理模具刃口。

（4）改善冲裁时刃口的受力状态。

（5）对刃口实施热处理，保证刃口具有足够的硬度和耐磨性。

需要说明的是，不能完全依靠提高模具制造精度来保证冲裁件的精度要求，当冲裁件有很高的精度要求时，应考虑采用精密冲裁。

12.2.4.2　模具间隙的控制

冲裁模具间隙值的合理与否直接影响冲裁件的形状、尺寸和断面质量等。合理间隙值的选取应在保证冲裁件尺寸精度和断面质量的前提下，综合考虑模具寿命、模具结构、冲裁件尺寸和形状以及生产条件等因素后确定。具体间隙值见 GB/T 16743—2010《冲裁间隙》，但对下列情况应进行适当调整。

（1）同样条件下，冲孔间隙大于落料间隙。

（2）冲小于材料厚度的孔时，间隙适当放大，以避免细小凸模的折断。

（3）硬质合金冲裁模的间隙应比钢模的间隙大 30%。

（4）冲含硅量大的硅钢片时，间隙适当增大。

（5）采用弹性压料装置时，间隙适当增大。

（6）高速冲压时，间隙适当增大。

（7）热冲压时，间隙适当减小。

（8）斜壁刃口的模具间隙应小于直壁刃口的模具间隙。

12.2.4.3　冲裁材料的控制

具有较好塑性的材料将有利于保证冲裁件的质量。但除了选用高塑性的材料外，也应该关注材料的品质，如材料性能的均匀性等。材料的表面质量、力学性能、厚度偏差等可以通过加强检测进行控制。

12.2.4.4　其他方面因素的控制

其他方面，如压力机、模具结构等，应尽量选用具有较高导向精度和较好刚性床身的压力机，并对其进行及时维护和检查；另外还可选用有较高导向精度的精密导向模架等。

12.3　冲裁工艺计算

12.3.1　排样设计

12.3.1.1　排样与材料利用率

A　排样

冲制图 12-12（a）所示工件的材料为 Q235，料厚 2mm。选用的板料规格为 1420mm×710mm。当将工件以不同的方式摆放在条料上进行冲裁时，同样一块板料最终得到的工件数量却不相同。如图 12-12（b）~（d）所示，如采用图 12-12（b）图示方式摆放，可裁宽度为 45mm 的条料 15 条，每条条料可冲 30 件，总共冲出 450 件；如采用图 12-12（c）图示方式摆放，可裁宽度为 50mm 的条料 14 条，每条条料可冲 33 件，总共冲出 462 件；如采用图 12-12（d）图示方式摆放，可裁宽度为 75.5mm 的条料 9 条，每条条料可冲 65件，总共冲出 585 件。

可以看出，冲裁件在条料上不同的摆放方式将影响材料的利用程度。这里把冲裁件在板料或条料上的排列方法称为排样。排样的合理与否将直接影响产品的最终成本。因为在大批量生产中，材料的成本占产品成本的 60% 以上。合理的排样不仅能降低产品成本，提高材料利用率，也是保证冲裁件质量及提高模具寿命的有效措施。

B　材料利用率

材料利用率是指冲裁件的实际面积与所用板料面积的百分比。它是衡量是否合理利用材料的经济性指标。图 12-13 所示一个进距内的材料利用率的计算式为：

$$\eta = \frac{A}{BS} \times 100\% \qquad\qquad (12-1)$$

式中　A——一个进距内冲裁件的实际面积，mm^2；

　　　B——条料宽度，mm；

　　　S——进距，mm，即每次条料送进模具的距离。

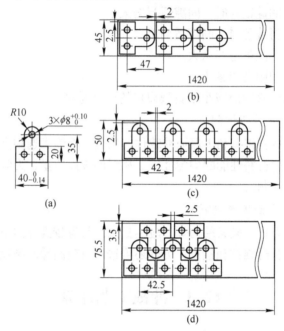

图 12-12　工件在条料上的不同摆放方式

（a）零件图；（b）摆放方式一；（c）摆放方式二；（d）摆放方式三

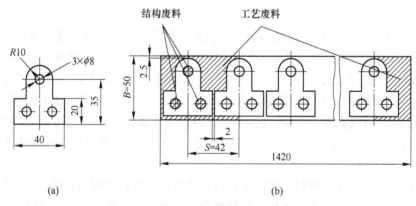

图 12-13　材料利用率的计算

（a）零件图；（b）摆放方式

若考虑料头、料尾和边余料的材料消耗，则一张板料（或带料、条料）上总的材料利用率 $\eta_{总}$ 的计算式为：

$$\eta_{总} = \frac{NA}{LB} \times 100\% \tag{12-2}$$

式中　N——一张板料（或带料、条料）上冲裁件的总数目，个；

A——一个冲裁件的实际面积，mm^2；

L——板料的长度，mm；

B——板料的宽度，mm。

【例 12-1】 试计算图 12-13（a）所示工件在一个步距内和总的材料利用率，选用的钢板规格为 1420mm×710mm。

解：工件面积 $A = 40 \times 20 + 15 \times 20 + \dfrac{1}{2} \times 3.14 \times 10^2 = 1257\text{mm}^2$

一个步距内的材料利用率为 $\eta = \dfrac{A}{BS} \times 100\% = \dfrac{1257}{50 \times 42} \times 100\% = 59.86\%$。

选用 1420mm×710mm 的板料作为该冲裁件的冲裁用材料，则总的材料利用率计算如下。

（1）沿 710mm 的宽度方向进行纵裁，共裁得宽度为 50mm 的条料 710÷50 得 14 条，余 10mm 宽料边。

（2）每条条料的长度为 1420mm，则可冲出冲裁件的个数为（1420-2）÷42 得 33 件，余 34mm 料尾。

（3）整板上的材料利用率为 $\eta = \dfrac{NA}{LB} \times 100\% = \dfrac{14 \times 33 \times 1257}{1420 \times 710} \times 100\% = 57.60\%$。

C 提高材料利用率的方法

从图 12-13 可以看出，材料利用率的高低与冲裁时所产生废料的多少直接有关。冲裁时所产生的废料有两种：

（1）结构废料。即工件结构上必须产生的废料，如冲孔产生的废料，这种废料不可避免，如图 12-13（b）所示。

（2）工艺废料。指料头、料尾、工件与工件之间的废料、工件与条料侧边之间的废料以及作为定位用的定位孔等，如图 12-13（b）所示。这是冲裁工艺要求产生的，如果工艺合理，将会在一定程度上减少此类废料。

因此为了提高材料利用率，应从减少工艺废料着手。减少工艺废料的措施如下：

（1）设计合理的排样方案。图 12-12 所示的第三种排样的材料利用率就高于其他两种。

（2）选择合适的板料规格和合理的裁板法，以减少料头、料尾和边余料。

（3）利用废料制作小工件，如图 12-14 所示。

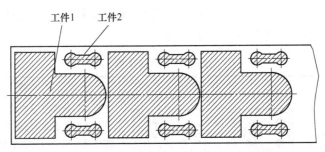

图 12-14 利用废料冲制同材料同厚度的小工件

对于结构废料，虽然不能减少，但也可以充分利用。当两个不同冲裁件的材料和厚度完全相同时，在尺寸允许的情况下，较小尺寸的冲裁件可在较大尺寸冲裁件中间的冲孔废料中冲制出来。如电动机转子硅钢片，就是利用定子硅钢片的废料冲出的（图 12-15），这样就使结构废料得到了充分利用。另外，在使用条件许可，并征得产品设计单位同意后，也可以改变产品的结构形状，提高材料利用率，如图 12-16 所示。

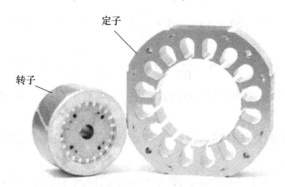

图 12-15　合理利用结构废料

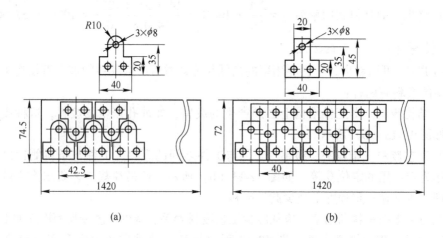

(a)　　　　　　　　　　　　(b)

图 12-16　结构改变前后材料利用率的变化

（a）修改前材料利用率 72.94%；（b）修改后材料利用率 78.55%

12.3.1.2　排样类型

不同的排样方式之所以会导致不同的材料利用率，是因为产生废料的多少不同，因此排样可以根据废料的多少进行分类，见表 12-1。

表 12-1　排样类型

序号	排样类型	示　意　图	特　　　点
1	有废料排样		沿工件全部外形冲裁，工件与工件之间、工件与条料侧边之间都存在废料（剖面线部分）。工件尺寸完全由冲模来保证，精度高，模具寿命也高，但材料利用率低

续表 12-1

序号	排样类型	示意图	特　　点
2	少废料排样	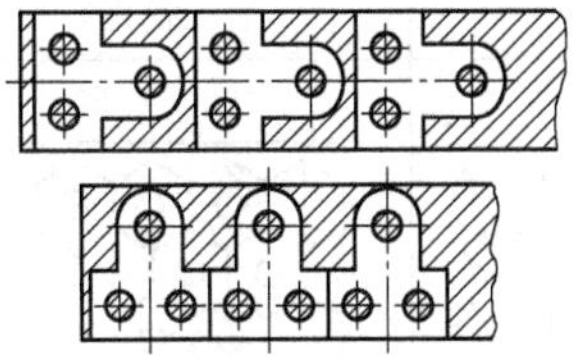	沿工件部分外形冲裁，在工件与工件之间或工件与条料侧边之间或料头料尾留有废料。工件质量稍差，模具寿命缩短，但材料利用率稍高，冲模结构简单
3	无废料排样	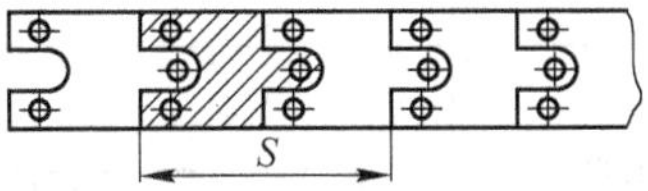 S	工件与工件之间或工件与条料侧边之间均无废料，沿直线或曲线冲裁条料获得工件。工件质量和模具寿命差，但材料利用率最高。另外，当进距为 S 时，一次冲裁便能获得两个工件，有利于提高劳动生产率

每一种排样类型都有不同的排样形式，如单排、多排、直排或斜排等，见表 12-2。

表 12-2　排样形式

排样形式	有废料排样		少、无废料排样	
	简图	应用	简图	应用
直排	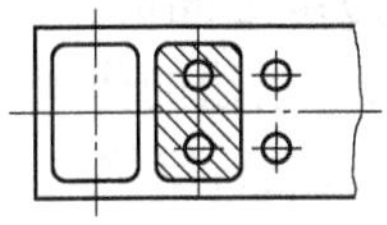	用于简单几何形状（方形、圆形、矩形等）的工件	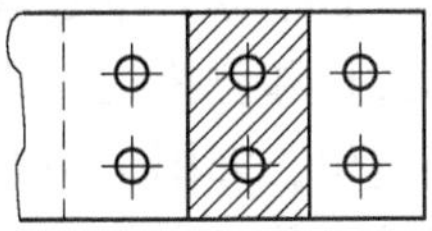	用于矩形或方形工件
斜排	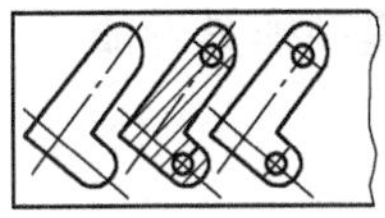	用于 T 形、L 形、S 形、十字形、椭圆形等的工件	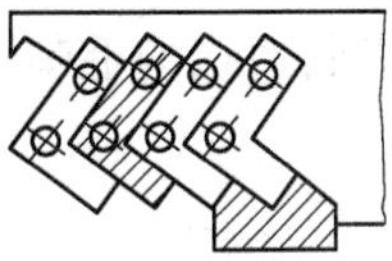	用于 L 形或其他形状的工件，在外形上允许有少量的缺陷
直对排	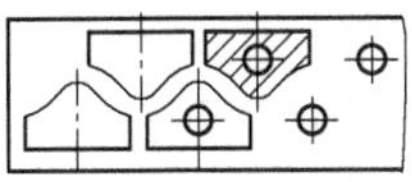	用于 T 形、Л 形、山形、梯形、三角形、半圆形等工件	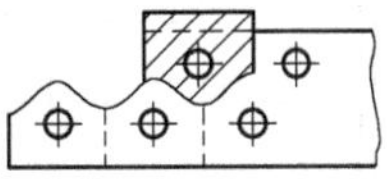	用于 T 形、Л 形、山形、梯形、三角形等的工件，在外形上允许有少量的缺陷
斜对排	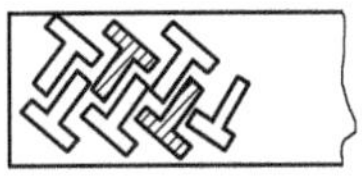	多用于 T 形工件	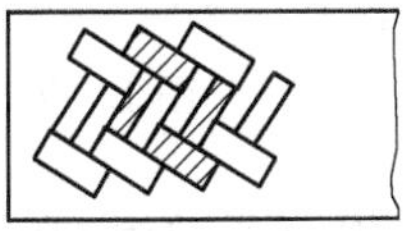	多用于 T 形工件
混合排	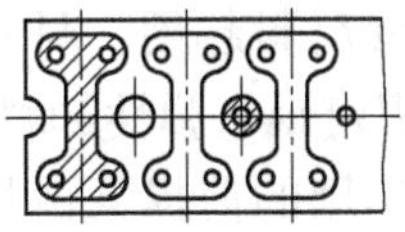	用于材料和厚度都相同的两种以上的工件	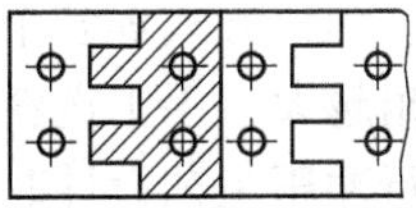	用于两个外形互相嵌入的不同工件（铰链等）

续表 12-2

排样形式	有废料排样		少、无废料排样	
	简图	应用	简图	应用
多排		用于大批量生产中尺寸不大的圆形、六角形、方形、矩形等的工件		用于大批量生产中尺寸不大的方形、矩形及六角形工件
冲裁搭边		大批量生产中用于小的窄工件（表针类的工件）或带料的连续拉深		用于宽度均匀的条料或带料冲裁长形件

12.3.1.3　搭边、进距及料宽的确定

A　搭边及其作用

搭边是指排样时，工件与工件之间、工件与条（板）料边缘之间的工艺余料，有搭边（图 12-17 所示的 a_1）和侧搭边（图 12-17 所示的 a）之分。搭边的作用有 4 个：

（1）用于条料的定位，如图 12-17 所示利用挡料销挡住搭边进行定位。

（2）补偿定位误差和剪板误差，确保冲出合格工件。

（3）增加条料刚度，方便条料送进，提高劳动生产率。

（4）避免冲裁时条料边缘的毛刺被拉入模具间隙，从而提高模具寿命。

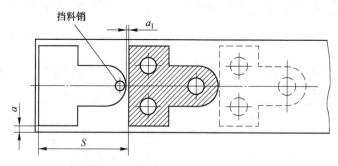

图 12-17　搭边及搭边的定位作用

尽管搭边是废料，从提高材料利用率的角度希望该值越小越好，但其值大小对冲裁过程及冲裁件质量有很大的影响，而且受到材料力学性能、材料厚度、冲裁件的形状与尺寸、送料及挡料方式、卸料方式等多个方面因素的影响。通常材料越硬、材料厚度越小、外形越简单且过渡圆角越大、手工送料且采用侧压装置、侧刃定距、弹性卸料时，搭边值可以相对取小。在进行冲压工艺设计时，搭边值应在保证其作用的前提下尽量取最小值，可以按表 12-3 选取。

表 12-3　最小搭边值 　　　　　　　　　　　　（mm）

材料厚度 t	手工送料						自动送料	
	圆形		非圆形		对排			
	a_1	a	a_1	a	a_1	a	a_1	a
≤ 1	1.5	1.5	1.5	2	2	3	2	3
1 ~ 2	1.5	2	2	2.5	2.5	3.5	2	3
2 ~ 3	2	2.5	2.5	3	3.5	4	2	3
3 ~ 4	2.5	3	3	4	4	5	3	4
4 ~ 5	3	4	4	5	5	6	4	5
5 ~ 6	4	5	5	6	6	7	5	6
6 ~ 8	5	6	6	7	7	8	6	7
> 8	6	7	7	8	8	9	7	8

注：冲制皮革、纸板、石棉等非金属材料时，搭边值应乘以 1.5~2。

B　进距的确定

进距也称步距，是指模具每冲裁一次，条料在模具上前进的距离，如图 12-18 所示的 S，其值的大小与排样方式及工件的形状和尺寸有关。当单个进距内只冲裁一个工件时，送料进距的大小等于条料上两个相邻工件对应点之间的距离。

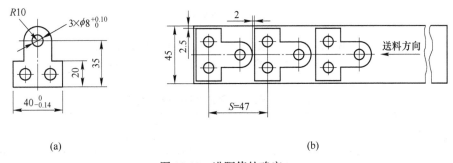

(a)　　　　　　　　　　　　　　　　　　(b)

图 12-18　进距值的确定

（a）工件；（b）进距计算举例

C　料宽的确定

当排样方案和搭边值确定后，条料的宽度也就可以确定了。条料宽度的确定与条料在模具中的定位方式有关。

（1）有侧压装置时条料宽度的确定。利用导料板和挡料销对条料定位，导料板内有侧压装置，如图 12-19 所示。此时条料始终靠着一边的导料板向前送进，条料宽度为：

$$B_{-\Delta}^0 = (D + 2a)_{-\Delta}^0 \tag{12-3}$$

导料板之间的距离为：

$$A = B + e \tag{12-4}$$

式中　B——条料宽度，mm；

　　　D——冲裁件在垂直送料方向上的最大外形尺寸，mm；

　　　a——侧搭边值，mm，见表 12-3；

　　　Δ——条料宽度的单向极限偏差，mm，见表 12-4；

　　　A——导料板之间距离，mm；

　　　e——条料与导料板之间间隙，mm，见表 12-5。

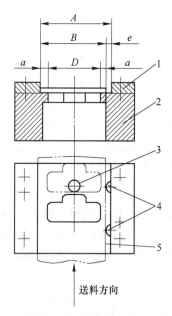

图 12-19　导料板内有侧压装置时条料宽度的确定

1—导料板；2—凹模；3—挡料销；4—侧压块；5—条料

表 12-4　条料宽度的单向极限偏差 Δ　　　　（mm）

材料厚度 t	条料宽度				
	≤50	50~100	100~150	150~220	220~300
≤1	0.4	0.5	0.6	0.7	0.8
1~2	0.5	0.6	0.7	0.8	0.9
2~3	0.7	0.8	0.9	1.0	1.1
3~5	0.9	1.0	1.1	1.2	1.3

注：表中数值用于龙门剪床下料。

表 12-5　条料与导料板之间间隙 *e*　　　　　　　　　　（mm）

材料厚度 *t*	无侧压装置			有侧压装置	
	条料宽度				
	≤100	100~200	200~300	≤100	>100
≤1	0.5	0.6	1.0	5.0	8.0
1~5	0.8	1.0	1.0	5.0	8.0

（2）无侧压装置时条料宽度的确定。利用导料板和挡料销对条料定位，导料板内无侧压装置，如图 12-20 所示。应考虑在实际送料过程中因条料的摆动而使侧面搭边减少（图 12-20（b））。为了补偿侧面搭边的减少，条料宽度应增加一个条料可能的摆动量 *e*。因此条料宽度为：

$$B^0_{-\Delta} = (D + 2a + e)^0_{-\Delta} \tag{12-5}$$

导料板之间距离为：

$$A = B + e \tag{12-6}$$

公式中各参数的含义同式（12-4）。

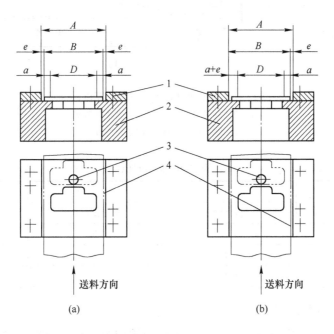

图 12-20　导料板内无侧压装置时条料宽度的确定
（a）理想送料状态；（b）实际送料状态
1—导料板；2—凹模；3—挡料销；4—条料

（3）用导料板和侧刃定位时条料宽度的确定。侧刃定位的模具中，导料板带有一个台阶，利用导料板的台阶进行挡料，条料要想继续送进模具，必须将被导料板台阶挡住的料边（图 12-21（b）所示阴影部分）切除，侧刃就是用来切除该料边的（因装在侧边，故名侧刃），因此采用侧刃定位时，条料宽度必须增加侧刃切去的料边宽度 *b*，此时条料宽度为：

$$B^0_{-\Delta} = (L + 2a' + nb)^0_{-\Delta} = (L + 1.5a + nb)^0_{-\Delta} \tag{12-7}$$

式中 B——条料宽度，mm；

L——冲裁件在垂直送料方向上的最大外形尺寸，mm；

a'——裁去料边后的侧搭边值，mm，$a' = 0.75a$（a 是侧搭边值，见表 12-3）；

n——侧刃数，个；

b——侧刃冲切的料边宽度，mm，见表 12-6；

Δ——条料宽度的单向极限偏差，mm，导料板之间的距离 $A = B + 2e$，$A' = B' + 2e'$，e' 是冲切后的条料与导料板之间的间隙，mm，见表 12-6；

e——条料与导料板之间的间隙，mm，见表 12-5。

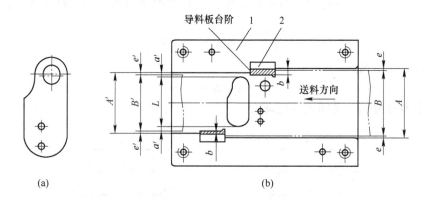

图 12-21 导料板和侧刃定位时条料宽度的确定

（a）工件；（b）侧刃定位条料宽度的确定

1—导料板；2—侧刃切去的料边

表 12-6 b 和 e' 值 （mm）

材料厚度 t	b		e'
	金属材料	非金属材料	
≤1.5	1.5	2	0.10
1.5~2.5	2.0	3	0.15
2.5~3	2.5	4	0.20

12.3.1.4 排样图的绘制

排样设计的结果以排样图表达。一张完整的排样图应标注条料宽度尺寸 $B^0_{-\Delta}$、条料长度 L、材料厚度 t、进距 S、工件间搭边 a_1 和侧搭边 a，并习惯以剖面线表示冲压位置，以反映冲压工序的安排，如图 12-22 所示。排样图是模具结构设计的依据之一，通常绘制在模具总装图的右上角。

12.3.2 冲裁工艺力与压力中心的计算

冲裁过程中的主要工艺力有冲裁力、卸料力、推件力和顶件力。计算冲裁工艺力的目的是：(1) 选择冲压设备；(2) 校核模具强度。

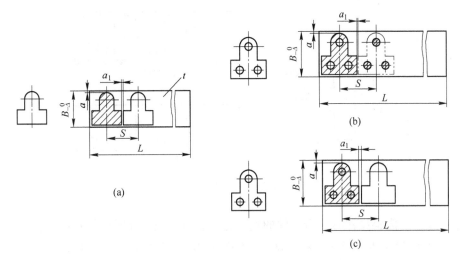

图 12-22　排样图的绘制

（a）单工序冲压；（b）级进冲压；（c）复合冲压

12.3.2.1　冲裁力的计算

冲裁力是冲裁过程中所需的压力，其大小随凸模行程不断变化，这里指冲裁过程中所需的最大压力 $F_{\max}$。当用普通平刃口模具（图 12-23（b））冲裁时，其冲裁力 F 的计算式为：

$$F = KLt\tau_b \qquad (12\text{-}8)$$

式中　K——安全系数，一般取 1.3；

　　　L——剪切长度，mm，特别强调：L 不等于工件的轮廓长度；

　　　t——板料厚度，mm；

　　　τ_b——板料的抗剪强度，MPa。

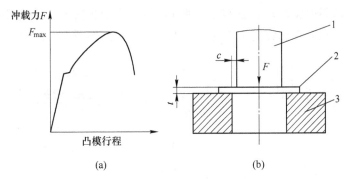

图 12-23　冲裁力的计算

（a）冲裁力随凸模行程的变化曲线；（b）平刃口模具

1—凸模；2—板料；3—凹模

【**例 12-2**】　冲制图 12-24 所示工件，已知材料为 Q235，材料厚度为 2mm，抗剪强度为 310MPa，采用平刃口模具冲裁，试计算两种排样类型下所需冲裁力。

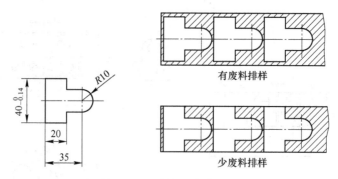

图 12-24 冲裁力计算实例

解：（1）有废料排样时，沿工件的整个轮廓进行冲裁，此时剪切长度为：

$$L = 40 + 20 \times 2 + (40 - 20) + (35 - 20) \times 2 + \pi \times 10 = 161.4 \text{mm} \quad (12\text{-}9)$$

由式（12-8）得冲裁力：

$$F = KLt\tau_b = 1.3 \times 161.4 \times 2 \times 310 = 130088.4 \text{N} \quad (12\text{-}10)$$

（2）少废料排样时，沿工件的部分轮廓进行冲裁，此时剪切长度为：

$$L = 40 + (40 - 20) + (35 - 20) \times 2 + \pi \times 10 = 121.4 \text{mm} \quad (12\text{-}11)$$

由式（12-8）得冲裁力：

$$F = KLt\tau_b = 1.3 \times 121.4 \times 2 \times 310 = 97848.4 \text{N} \quad (12\text{-}12)$$

12.3.2.2 降低冲裁力的措施

当冲裁大尺寸、高强度的厚板时，有可能使所需冲裁力过大，甚至超出现有设备吨位，此时就必须采取措施降低冲裁力。生产中常见降低冲裁力的方法有斜刃口冲裁、阶梯凸模冲裁和加热冲裁。

（1）斜刃口冲裁。斜刃口冲裁是指将凸模或凹模的刃口做成斜的，如图 12-25 所示，此时由于避免了刃口同时对板料进行剪切，因此能达到降低冲裁力的目的。为了保证得到平整的冲裁件，落料时将凹模做成斜刃，冲孔时将凸模做成斜刃，并使刃口对称，可以保证模具受力均衡，只有在切舌时刃口才可以做成单面斜，如图 12-25（f）所示。

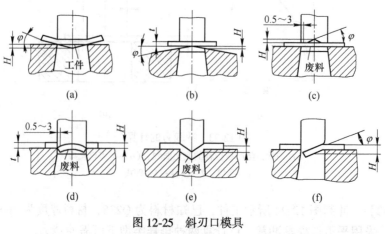

图 12-25 斜刃口模具
（a）~（f）模具形态

（2）阶梯凸模冲裁。在多凸模的冲模中，当采用图 12-26（a）所示的结构时，由于各凸模冲裁力同时达到最大值，因此总的冲裁力等于各凸模冲裁力之和，结果可能会导致总的冲裁力过大。此时可将凸模设计成不同长度，使工作端面呈阶梯式布置（图 12-26（b）），这样，各凸模冲裁力的最大峰值不同时出现，从而达到降低冲裁力的目的。

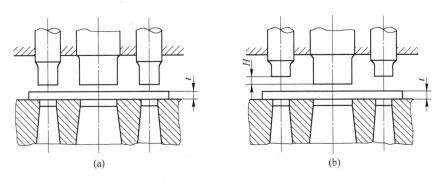

图 12-26　阶梯凸模冲裁
（a）凸模工作端在同一高度；（b）凸模工作端面不在同一高度

（3）加热冲裁。当所冲板料很厚（通常指超过 10mm）时可以考虑采用加热的方式进行冲裁。因为金属材料在加热到一定温度后，其抗剪强度会大幅度降低，从而达到降低冲裁力的目的。表 12-7 列出了部分钢在加热时的抗剪强度。从表中可以看出，当加热温度超过 700℃时，材料抗剪强度降低幅度很大。当温度超过 800℃时，虽然抗剪强度降低明显，但材料会发生氧化，因而建议一般钢加热到（750±50）℃，既能降低冲裁力，又能得到较好质量的冲裁件。

表 12-7　部分钢在加热时的抗剪强度 　　　　　　　　　　　　（MPa）

牌　号	加热温度/℃					
	室温	500	600	700	800	900
Q195、Q215、10、15	360	320	200	110	60	30
Q235、20、25	450	450	240	130	90	60
30、35	530	520	330	160	90	70
40、45、50	600	580	380	190	90	70

需要说明的是，上述三种降低冲裁力的方法在一般情况下不建议采用，因为斜刃口模具、阶梯模具无论从加工的角度，还是从修模的角度来说，都没有平刃口模具和长度相同的模具简单方便。加热冲裁更不可取，因为金属材料一旦加热，其原有的表面质量会受到破坏，将严重影响冲裁件的表面质量，所以一般不采用。

12.3.2.3　卸料力、推件力和顶件力的计算

一次冲裁结束后，冲下来的工件或废料由于弹性恢复会卡在凹模孔内，带孔的废料或工件因弹性恢复会紧箍在凸模外面，如图 12-27 所示。为使冲压能连续进行，必须取出凹模孔内和凸模外面的工件或废料。

卸料力是指从凸模或凸凹模上卸下箍着的工件或废料所需要的力；推件力是指顺着冲裁方向将工件或废料从凹模孔内推出所需要的力；顶件力是指逆着冲裁方向将工件或废料

从凹模孔内顶出所需要的力。这三个力分别由模具中的卸料装置、推件装置和顶件装置提供。

影响这三个力的因素很多，如材料的力学性能、材料的厚度、模具间隙、凹模孔口的结构、搭边大小、润滑情况、工件的形状和尺寸等，因此理论计算这些力比较困难，实际生产中常采用以下经验公式计算：

$$F_{卸} = K_{卸} F \tag{12-13}$$

$$F_{推} = n K_{推} F \tag{12-14}$$

$$F_{顶} = K_{顶} F \tag{12-15}$$

式中　　$F_{卸}$, $F_{推}$, $F_{顶}$——分别为卸料力、推件力、顶件力，N；

　　　　$K_{卸}$, $K_{推}$, $K_{顶}$——分别为卸料力系数、推件力系数、顶件力系数，见表 12-8；

　　　　F——平刃口模具冲裁时的冲裁力，N；

　　　　n——卡在凹模孔口内的料的件数，$n = h/t$，h 为凹模刃口高度（mm），见图 12-27，t 为板料厚度（mm）。

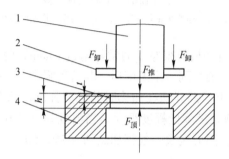

图 12-27　卸料力、推件力和顶件力

1—凸模；2—带孔的工件或废料；3—冲下来的工件或废料；4—凹模

表 12-8　卸料力系数 $K_{卸}$、推件力系数 $K_{推}$、顶件力系数 $K_{顶}$

材料厚度 t/mm		$K_{卸}$	$K_{推}$	$K_{顶}$
钢	≤0.1	0.065~0.075	0.1	0.14
	0.1~0.5	0.045~0.055	0.063	0.08
	0.5~2.5	0.04~0.05	0.055	0.06
	2.5~6.5	0.03~0.04	0.045	0.05
	>6.5	0.02~0.03	0.025	0.03
铝、钢合金		0.025~0.08	0.03~0.07	
纯铜、黄铜		0.02~0.06	0.03~0.09	

12.3.2.4　压力中心的计算

压力中心是指冲压合力的作用点。为使冲模能平稳工作，冲模与压力机固定时，必须使其压力中心通过模柄中心并与滑块的中心线重合，否则模具将受到偏载，造成凸、凹模之间的间隙分布不均，导向零件加速磨损，模具刃口及其他零件损坏，甚至会引起压力机导轨磨损，影响压力机精度。因此必须计算压力中心，并在模具安装时使其通过模柄中心并与滑块中心线重合。

形状对称的冲裁件，其压力中心位于冲裁轮廓的几何中心，不需计算，如图 12-28 所示。复杂形状冲裁件或多凸模冲裁件的压力中心，可按力矩平衡原理进行解析计算。

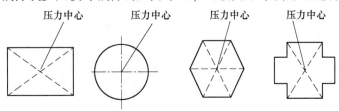

图 12-28　形状对称冲裁件的压力中心

（1）单凸模冲裁复杂形状工件压力中心的计算。计算步骤如下。

1）按比例画出冲裁工件的轮廓（图 12-29）。

2）建立直角坐标系 xOy。

3）将冲裁件的冲裁轮廓分解为若干直线段和圆弧段，并计算各线段的长度 l_1，l_2，l_3，$\cdots$，l_n。

4）计算各线段重心到坐标轴 x、y 的距离 y_1，y_2，y_3，$\cdots$，y_n 和 x_1，x_2，x_3，$\cdots$，x_n。

5）根据力矩平衡原理，得到计算压力中心 x_c、y_c 的公式为：

$$x_c = \frac{l_1 x_1 + l_2 x_2 + l_3 x_3 + \cdots + l_n x_n}{l_1 + l_2 + l_3 + \cdots + l_n} \tag{12-16}$$

$$y_c = \frac{l_1 y_1 + l_2 y_2 + l_3 y_3 + \cdots + l_n y_n}{l_1 + l_2 + l_3 + \cdots + l_n} \tag{12-17}$$

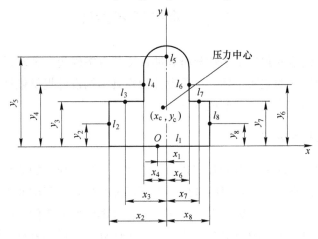

图 12-29　单凸模冲裁复杂形状工件压力中心的计算

（2）多凸模冲裁时模具压力中心的计算。确定多凸模模具的压力中心，首先应计算各单个凸模的压力中心，然后再计算模具的压力中心。计算步骤如下：

1）按比例并根据各凸模的相对位置画出每一个冲裁轮廓形状，如图 12-30 所示。

2）在任意位置建立直角坐标系 xOy。

3）分别计算每个冲裁轮廓的压力中心到 x、y 轴的距离 y_1，y_2，y_3，$\cdots$，y_n 和 x_1，x_2，x_3，$\cdots$，x_n。

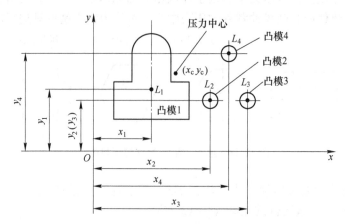

图 12-30　多凸模冲裁时模具压力中心的计算

4）分别计算每个冲裁轮廓的周长 L_1，L_2，L_3，$\cdots$，L_n。

5）根据力矩平衡原理，可得压力中心坐标 x_c、y_c 的计算公式为：

$$x_c = \frac{L_1 x_1 + L_2 x_2 + \cdots + L_n x_n}{L_1 + L_2 + \cdots + L_n} \tag{12-18}$$

$$y_c = \frac{L_1 y_1 + L_2 y_2 + \cdots + L_n y_n}{L_1 + L_2 + \cdots + L_n} \tag{12-19}$$

12.4　冲裁工艺设计

冲裁工艺设计包括冲裁件工艺性分析和冲裁工艺方案确定。劳动量和冲裁件成本是衡量冲裁工艺设计合理性的主要指标。工艺设计为模具结构设计提供依据，因此工艺设计的好坏直接影响模具的结构、产品的成本等。

12.4.1　冲裁件工艺性分析

冲裁件工艺性是指冲裁件对冲裁工艺的适应性，这是从加工的角度对冲裁件的形状结构、尺寸大小、精度高低、原材料的选用等方面提出的要求。所谓冲裁工艺性好，是指能用最简单的模具、最少的工序数，在生产率较高、成本较低的条件下就能得到质量合格的冲裁件，并能最大限度提高模具寿命。冲裁件工艺性分析的目的就是了解冲裁件加工的难易，为制订冲裁工艺方案奠定基础。

冲裁件的工艺性可以从冲裁件的结构工艺性、尺寸公差及冲裁件剪断面的表面粗糙度等方面进行分析。

12.4.1.1　冲裁件的结构工艺性

（1）冲裁件的结构应尽可能简单、对称，尽可能有利于材料的合理利用。如图 12-31 所示，该产品在使用时仅对孔间距有尺寸要求，对外形没有要求，故可以对其外形进行适当改进。改进后的结构不仅可以节省材料，而且生产效率也提高近 1 倍，使产品的成本大为降低。

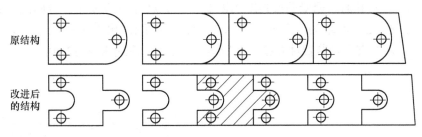

图 12-31 冲裁件的形状改进

（2）冲裁件的外形和内孔应避免尖锐的清角，宜有适当的圆角。这样做的目的是便于模具的加工，减少热处理变形，减少冲裁时尖角处的崩刃和过快磨损。一般圆角半径 R 应大于或等于板厚 t 的一半，即 $R \geqslant 0.5t$，如图 12-32 所示。

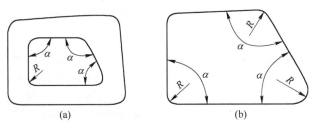

图 12-32 冲裁件圆角

（a）冲裁件内孔圆角；（b）冲裁件外形圆角

（3）冲裁件上应避免窄长的悬臂和凹槽。悬臂和凹槽如图 12-33 所示。一般凸出和凹入部分的宽度 B 应大于或等于板厚 t 的 1.5 倍，即 $B \geqslant 1.5t$。对高碳钢、合金钢等较硬材料，其值应增加 30% ~ 50%，对黄铜、铝等软材料应减少 20% ~ 25%。

（4）孔边距 A 和孔间距 B。孔边距 A 应大于或等于板厚 t 的 1.5 倍，即 $A \geqslant 1.5t$（图 12-34），$A_{\min} \geqslant 0.8$mm；孔间距 B 应大于或等于板厚 t 的 1.5 倍，即 $B \geqslant 1.5t$（图 12-34），$B_{\min} \geqslant 0.8$mm。如采用单工序冲孔或采用级进模冲孔，其值可适当减小。

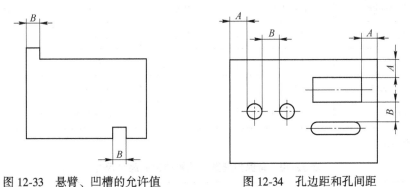

图 12-33 悬臂、凹槽的允许值　　　　图 12-34 孔边距和孔间距

（5）冲孔位置。在弯曲件或拉深件上冲孔时，孔边与直壁之间应保持一定距离，以避免冲孔时凸模受水平推力而折断，如图 12-35 所示。

（6）孔径。冲孔时，因受凸模强度的限制，孔的尺寸不应太小，否则凸模易折断或压弯。图 12-36（a）所示为无保护装置冲孔模，其所能冲出的最小尺寸见表 12-9。图 12-36（b）所示为有保护装置冲孔模，其所能冲出的最小尺寸见表 12-10。

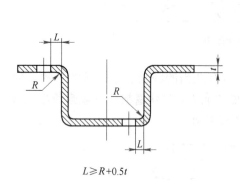

$L \geqslant R + 0.5t$

图 12-35　弯曲件上冲孔的位置

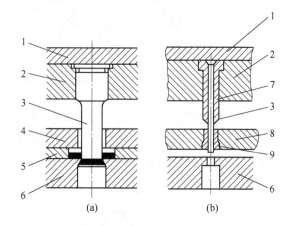

图 12-36　冲孔模具

（a）无保护装置冲孔模；（b）有保护装置冲孔模

1—垫板；2—固定板；3—凸模；4—刚性卸料板；5—导料板；
6—凹模；7—保护套；8—弹性卸料板；9—小导套

表 12-9　无保护装置冲孔模冲出的最小尺寸（JB/T 4378.1—1999）

材　料	d	a（正方形）	a（长方形）	a（长圆形）
钢 $R_m > 690\text{MPa}$	$d \geqslant 1.5t$ [①]	$a \geqslant 1.35t$	$a \geqslant 1.2t$	$a \geqslant 1.1t$
钢 $R_m > 490 \sim 690\text{MPa}$	$d \geqslant 1.3t$	$a \geqslant 1.2t$	$a \geqslant 1.0t$	$a \geqslant 0.9t$
钢 $R_m \leqslant 490\text{MPa}$	$d \geqslant 1.0t$	$a \geqslant 0.9t$	$a \geqslant 0.8t$	$a \geqslant 0.7t$
黄铜、铜	$d \geqslant 0.9t$	$a \geqslant 0.8t$	$a \geqslant 0.7t$	$a \geqslant 0.6t$
铝、锌	$d \geqslant 0.8t$	$a \geqslant 0.7t$	$a \geqslant 0.6t$	$a \geqslant 0.5t$
纸胶板、布胶板	$d \geqslant 0.7t$	$a \geqslant 0.7t$	$a \geqslant 0.5t$	$a \geqslant 0.4t$
硬纸	$d \geqslant 0.6t$	$a \geqslant 0.5t$	$a \geqslant 0.4t$	$a \geqslant 0.3t$

① t 为材料厚度。

表 12-10　有保护装置冲孔模冲出的最小尺寸

材　料	高碳钢	低碳钢、黄铜	铝、锌
圆孔直径 d	$0.5t$	$0.35t$	$0.3t$
长方孔宽度 a	$0.45t$	$0.3t$	$0.28t$

注：t 为材料厚度。

（7）端头圆弧半径 R。用条料冲制端头带圆弧的工件，且采用无废料排样时，其圆弧半径 R 应大于条料宽度 B（含正偏差 Δ）的 1/2（图 12-37），即 $R > (B + \Delta)/2$，否则会在两端产生台阶。

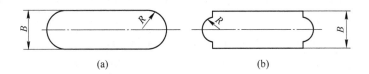

图 12-37　端头圆弧尺寸

（a）正确；（b）错误

12.4.1.2　冲裁件的尺寸公差

按照 GB/T 13914—2013 的规定，冲裁件的公差等级共分为 11 级，用符号 ST 表示，从 ST1 到 ST11 逐级降低。表 12-11 列出了冲裁件的尺寸公差。冲裁件的尺寸极限偏差按下述规定选用。

（1）孔（内形）尺寸的极限偏差取表 12-11 中给出的公差数值，标注"+"号作为上极限偏差，下极限偏差为 0。

（2）轴（外形）尺寸的极限偏差取表 12-11 中给出的公差数值，标注"-"号作为下极限偏差，上极限偏差为 0。

（3）孔中心距、孔边距等尺寸的极限偏差取表 12-11 中的公差数值的一半，标注"±"号分别作为上下极限偏差。

冲裁件公差等级选用见表 12-12。对于冲裁件上未注公差尺寸的极限偏差的处理办法按照 GB/T 15055—2007 的规定处理。

表 12-11　冲裁件的尺寸公差（GB/T 13914—2013）　　　　（mm）

公称尺寸		板材厚度		公差等级										
大于	至	大于	至	ST1	ST2	ST3	ST4	ST5	ST6	ST7	ST8	ST9	ST10	ST11
0.5	1	—	0.5	0.008	0.010	0.015	0.020	0.030	0.040	0.060	0.080	0.120	0.160	—
		0.5	1	0.010	0.015	0.020	0.030	0.040	0.060	0.080	0.120	0.160	0.240	—
		1	1.5	0.015	0.020	0.030	0.040	0.060	0.080	0.120	0.160	0.240	0.340	—
1	3	—	0.5	0.012	0.018	0.026	0.036	0.050	0.070	0.100	0.140	0.200	0.280	0.400
		0.5	1	0.018	0.026	0.036	0.050	0.070	0.100	0.140	0.200	0.280	0.400	0.560
		1	3	0.026	0.036	0.050	0.070	0.100	0.140	0.200	0.280	0.400	0.560	0.780
		3	4	0.034	0.050	0.070	0.090	0.130	0.180	0.260	0.360	0.500	0.700	0.980
3	10	—	0.5	0.026	0.036	0.036	0.050	0.070	0.100	0.140	0.200	0.280	0.400	0.560
		0.5	1	0.026	0.036	0.050	0.070	0.100	0.140	0.200	0.280	0.400	0.560	0.780
		1	3	0.036	0.050	0.070	0.100	0.140	0.200	0.280	0.400	0.560	0.780	1.100
		3	6	0.046	0.060	0.090	0.130	0.180	0.260	0.360	0.480	0.680	0.980	1.400
		6		0.060	0.080	0.110	0.160	0.220	0.300	0.420	0.600	0.840	1.200	1.600

续表 12-11

公称尺寸		板材厚度		公差等级										
大于	至	大于	至	ST1	ST2	ST3	ST4	ST5	ST6	ST7	ST8	ST9	ST10	ST11
10	25	—	0.5	0.026	0.036	0.050	0.070	0.100	0.140	0.200	0.280	0.400	0.560	0.780
		0.5	1	0.036	0.050	0.070	0.100	0.140	0.200	0.280	0.400	0.560	0.780	1.100
		1	3	0.050	0.070	0.100	0.140	0.200	0.280	0.400	0.560	0.780	1.100	1.500
		3	6	0.060	0.090	0.130	0.180	0.260	0.360	0.500	0.700	1.000	1.400	2.000
		6		0.080	0.120	0.160	0.220	0.320	0.440	0.600	0.880	1.200	1.600	2.400
25	63	—	0.5	0.036	0.050	0.070	0.100	0.140	0.200	0.280	0.400	0.560	0.780	1.100
		0.5	1	0.050	0.070	0.100	0.140	0.200	0.280	0.400	0.560	0.780	1.100	1.500
		1	3	0.070	0.100	0.140	0.200	0.280	0.400	0.560	0.780	1.100	1.500	2.100
		3	6	0.090	0.120	0.180	0.260	0.360	0.500	0.700	0.980	1.400	2.000	2.800
		6		0.110	0.160	0.220	0.300	0.440	0.600	0.860	1.200	1.600	2.200	3.000
63	160	—	0.5	0.040	0.060	0.090	0.120	0.180	0.260	0.360	0.500	0.700	0.980	1.400
		0.5	1	0.060	0.090	0.120	0.180	0.260	0.360	0.500	0.700	0.980	1.400	2.000
		1	3	0.090	0.120	0.180	0.260	0.360	0.500	0.700	0.980	1.400	2.000	2.800
		3	6	0.120	0.160	0.240	0.320	0.460	0.640	0.900	1.300	1.800	2.500	3.600
		6		0.140	0.200	0.280	0.400	0.560	0.780	1.100	1.500	2.100	2.900	4.200
160	400	—	0.5	0.060	0.090	0.120	0.180	0.260	0.360	0.500	0.700	0.980	1.400	2.000
		0.5	1	0.090	0.120	0.180	0.260	0.360	0.500	0.700	1.000	1.400	2.000	2.800
		1	3	0.120	0.180	0.260	0.360	0.500	0.700	1.000	1.400	2.000	2.800	4.000
		3	6	0.160	0.240	0.320	0.460	0.640	0.900	1.300	1.800	2.600	3.600	4.800
		6		0.200	0.280	0.400	0.560	0.780	1.100	1.500	2.100	2.900	4.200	5.800
400	1000	—	0.5	0.090	0.120	0.180	0.240	0.340	0.480	0.660	0.940	1.300	1.800	2.600
		0.5	1	—	0.180	0.240	0.340	0.480	0.660	0.940	1.300	1.800	2.600	3.600
		1	3	—	0.240	0.340	0.480	0.660	0.940	1.300	1.800	2.600	3.600	5.000
		3	6	—	0.320	0.450	0.620	0.880	1.200	1.600	2.400	3.400	4.600	6.600
		6		—	0.340	0.480	0.700	1.000	1.400	2.000	2.800	4.000	5.600	7.800
1000	6300	—	0.5	—	—	0.260	0.360	0.500	0.700	0.980	1.400	2.000	2.800	4.000
		0.5	1	—	—	0.360	0.500	0.700	0.980	1.400	2.000	2.800	4.000	5.600
		1	3	—	—	0.500	0.700	0.980	1.400	2.000	2.800	4.000	5.600	7.800
		3	6	—	—	—	0.900	1.200	1.600	2.200	3.200	4.400	6.200	8.000
		6		—	—	—	1.000	1.400	1.900	2.600	3.600	5.200	7.200	10.000

表 12-12　冲裁公差等级选用（GB/T 13914—2013）

加工方法	尺寸类型	公差等级										
		ST1	ST2	ST3	ST4	ST5	ST6	ST7	ST8	ST9	ST10	ST11
精密冲裁	外形											
	内形											
	孔中心距											
	孔边距											

加工方法	尺寸类型	公差等级										
		ST1	ST2	ST3	ST4	ST5	ST6	ST7	ST8	ST9	ST10	ST11
普通平面冲裁	外形											
	内形											
	孔中心距											
	孔边距											
成形冲压冲裁	外形											
	内形											
	孔中心距											
	孔边距											

12.4.1.3 冲裁件剪断面的表面粗糙度

冲裁件剪断面的表面粗糙度与材料塑性、材料厚度、冲模间隙、刃口锐钝以及冲模结构等有关。一般冲裁件剪断面的表面粗糙度见表 12-13。

表 12-13 一般冲裁件剪断面的表面粗糙度

材料厚度 t/mm	≤1	1~2	2~3	3~4	4~5
冲裁件剪断面的表面粗糙度 Ra/μm	3.2	6.3	12.5	25	50

【例 12-3】 冲裁图 12-38 所示冲裁件的材料为 Q235，材料厚度 2mm，试分析其冲裁工艺性。

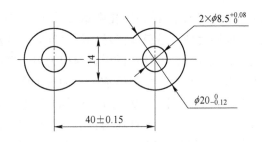

图 12-38 工艺分析举例

分析如下：

（1）该冲裁件结构对称，无凹槽、悬臂、尖角等，符合冲裁工艺要求。

（2）由表 12-11 和表 12-12 可知，内孔和外形尺寸的公差以及孔间距的公差均属于一般公差要求，采用普通冲裁即可冲出。

（3）由图 12-34 和表 12-9 可知，所冲孔的尺寸及孔边距和孔间距尺寸均满足最小值要求，可以采用复合冲裁。

（4）Q235 是常用的冲裁用材料，具有良好的冲裁工艺性。

综上所述，该冲裁件的冲裁工艺性良好，适合冲压。

12.4.2　冲裁工艺方案确定

工艺方案是指用哪几种基本冲裁工序，按照何种冲裁顺序，以怎样的工序组合方式完成冲裁件的冲裁加工。工艺方案是在工艺性分析的基础上结合产品的生产批量确定的，主要解决如下三个问题。

12.4.2.1　基本冲裁工序的确定

冲裁件所需基本冲裁工序一般可根据冲裁件的结构特点直接进行判断。图 12-39（a）所示的冲裁件需要落料和冲孔两道冲裁工序，图 12-39（b）所示的冲裁件只需要落料一道冲裁工序，图 12-39（c）所示的冲裁件需要落料和切舌两道冲裁工序完成。当工件的平面度要求较高时，还需在最后采用校平工序进行精压；当工件的断面质量和尺寸精度要求较高时，则可以直接采用精密冲裁工艺进行冲压。

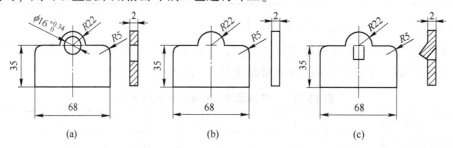

图 12-39　基本冲裁工序的确定
（a）落料+冲孔；（b）落料；（c）落料+切舌

12.4.2.2　基本冲裁工序的组合

图 12-39（a）所示的冲裁件需要落料和冲孔两道冲裁工序完成，而这两道冲裁工序是一步一步分别完成，还是同时完成，这就是工序的组合问题。冲裁工序的组合方式可分为单工序冲裁、复合冲裁和级进冲裁，所使用的模具对应为单工序模、复合模和级进模。

单工序冲裁是指在压力机的一次行程中只完成一道冲裁工序，因此对于需要多道工序才能完成的冲裁件就需要多副模具，图 12-39（a）所示的冲裁件就需要一副落料模和一副冲孔模。复合冲裁是指只有一个工位，并在压力机的一次行程中，同时完成两道或两道以上的冲裁工序，当用复合模冲制图 12-39（a）所示的冲裁件时就只需要一副模具。级进冲裁是指在压力机一次行程中在送料方向连续排列的多个工位上同时完成多道冲裁工序，当用级进模冲制图 12-39（a）所示的冲裁件时也只需要一副模具。表 12-14 列出了三种类型模具的特点对比。

表 12-14　三种类型模具的特点对比

模具类型	单工序模	复合模	级进模
工位数	1	1	2 或 2 以上
完成的工序数	1 种	2 或 2 种以上	2 或 2 种以上
适合的冲裁件尺寸	大、中型	大、中、小型	中、小型
对材料的要求	对条料宽度要求不高，可用边角料	对条料宽度要求不严，可用边角料	对条料或带料要求严格

模具类型	单工序模	复合模	级进模
冲裁件精度	低	高	介于两者之间
生产效率	低	高	很高
实现操作机械化、自动化的可能性	较易	难，工件与废料排除较复杂	容易
应用	适用于精度低、大中型件的中、小批量生产或大型件的大量生产	适用于形状较复杂、精度要求高的大中小型件的大批量生产	适用于形状复杂、精度要求较高的中小型件的大批量生产

12. 4. 2. 3　冲裁顺序的安排

当采用单工序或级进冲裁的方式进行加工时，是先落料还是先冲孔，就存在一个冲裁顺序的问题。

（1）级进冲裁时，无论冲裁件的形状多复杂，中间需要多少道工序，通常冲孔工序放在第一工位完成，目的是可以利用先冲好的孔为后面的工序定位；落料或切断工序（即使冲裁件与条料分离的工序）放在最后一个工位，目的是可以利用条料运送工序件（每冲好一步得到的均可以称为工序件）。图 12-40（a）所示工件需要落料和冲孔两道冲裁工序，现采用级进冲裁方案，图 12-40（b）所示为其排样图，第 1 工位冲孔，第 2 工位落料，在落料时以预先冲出的孔进行定位。

（2）采用单工序冲裁多工序的冲裁件，则需要首先落料使坯料与条料分离，再冲孔或冲缺口，主要目的是为了操作的方便。

（3）冲裁大小不同、相距较近的孔时，为减少孔的变形，应先冲大孔后冲小孔。

综上所述，当冲裁基本工序、工序组合方式及冲裁顺序都确定下来，则冲裁方案也就能定下来了，但这样确定的方案通常有多种，需要根据已知的产品信息，经过分析比较才能最终确定出一个技术上可行、经济上比较合理的最佳方案。

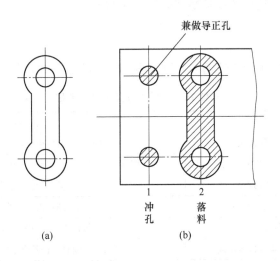

图 12-40　级进冲裁的工序顺序安排

（a）工件图；（b）排样图

12.4.2.4 冲压工艺方案确定的方法与步骤

冲裁工艺方案确定的方法与步骤如下。

（1）分析冲裁件的工艺性，指出该冲裁件在工艺上存在的缺陷及解决的办法。

（2）列出冲裁件所需的基本冲裁工序。

（3）在工艺允许的条件下，列出可能的几种工艺方案。

（4）从冲裁件的形状、尺寸、精度、批量、模具结构等方面进行分析比较，选择最佳工艺方案。

【例 12-4】 冲制图 12-38 所示冲裁件，年产量 300 万件，试制订其冲裁工艺方案。

（1）由例 12-3 分析可知，该冲裁件具有良好的冲裁工艺性，比较适合冲裁。

（2）该冲裁件需要落料、冲孔两道基本工序才能成形，有以下三种可能的工艺方案。

方案一：采用单工序模生产，即先落料，后冲孔。

方案二：采用复合模生产，即落料—冲孔复合冲裁。

方案三：采用级进模生产，即冲孔—落料级进冲裁。

（3）分析比较。方案一中模具结构简单，但需两道工序、两副模具，生产率较低，难以满足大量生产时对效率的要求。方案二只需一副模具，冲裁件的几何精度和尺寸精度容易保证，生产率比方案一高，但模具结构比方案一复杂，操作不方便。方案三也只需要一副模具，操作方便安全，易于实现自动化，生产率最高，模具结构较方案一复杂，冲出的工件精度能满足产品的精度要求。通过对上述三种方案的分析比较，该件的冲裁生产采用方案三为佳。

12.5 冲裁模总体结构设计

冲裁模是冲裁工艺必不可少的工艺装备，模具结构设计的合理与否将直接影响冲裁件的形状、尺寸和精度，同时也影响生产效率、模具寿命和操作的方便与安全。模具总体结构设计包含模具类型的选择和模具零件结构形式的确定。

12.5.1 冲模的分类

冲裁模是冲模中应用最为普遍的一种。表 12-15 列出了冲模的分类依据及名称。

表 12-15 冲模的分类依据及名称

序号	分类依据	名 称
1	冲压工序性质	冲裁模、弯曲模、拉深模、成形模
2	工序的组合程度不同	单工序模（简单模）、复合模、级进模（连续模、跳步模）
3	导向方式的不同	无导向模、导板模、导柱模等
4	卸料方式的不同	刚性卸料板、弹性卸料板
5	控制进距的方法不同	挡料销式、侧刃式、导正销式等
6	模具工件零件材料不同	硬质合金模具、锌基合金模、橡胶冲模等
⋮	⋮	⋮

12.5.2 冲裁模的典型结构

在表 12-15 的分类依据中，按工序的组合程度不同进行划分是最常见的分类依据，本节主要介绍各种单工序模、复合模和级进模的典型结构。

12.5.2.1 单工序模

单工序模也称为简单模，是指在压力机的一次行程中只完成一道冲压工序的模具。

图 12-41 所示为带弹性卸料装置下出件的单工序落料模。工作过程是：条料从前往后送进模具，由导料板 18 导向，挡料销 21 控制进距；冲裁开始时，上模下行，卸料板 4 首先与条料接触并将条料压向凹模 2 工作表面，接着上模继续下行，凸模 9 与条料接触并穿过条料完成冲裁；冲裁结束后，落下来的工件从凹模 2 的孔内由凸模 9 直接推下，带孔的条料由弹性卸料装置（卸料板 4、弹簧 16 和卸料螺钉 12 组成）卸下。这副模具的结构特点是采用弹性卸料装置卸料，以下出料的方式出件，中间导柱导套导向。

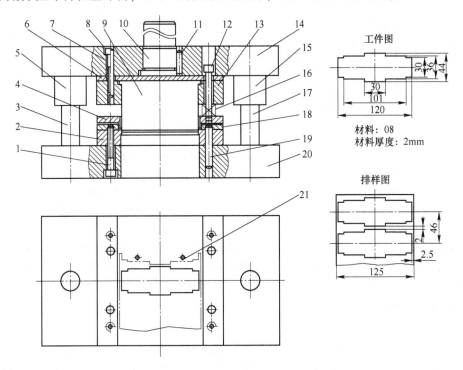

图 12-41　带弹性卸料装置下出件的单工序落料模

1，7—螺钉；2—凹模；3—导柱；4—卸料板；5—导套；6—垫板；
8，19—销；9—凸模；10—模柄；11—止转销；12—卸料螺钉；13—凸模固定板；
14—上模座；15—导套；16—弹簧；17—导柱；18—导料板；20—下模座；21—挡料销

图 12-42 所示为带弹性卸料装置上出件的单工序落料模。工作过程是：条料从前往后送进模具，由导料板 19 导向，挡料销 23 进行挡料；冲裁开始时，上模下行，卸料板 4 首先将条料压向凹模 2 工作表面，上模继续下行，凸模 13 施加给条料压力并与顶件块 22 将被冲部分夹紧进行冲裁；冲裁结束后，冲下来的工件由顶件块 22 从凹模 2 孔内向上顶出，箍在凸模 13 外面带孔的条料由弹性卸料装置（卸料板 4、弹簧 17 和卸料螺钉 12 组成）卸下。这副

模具的结构特点是采用弹性卸料装置卸料，以上出件方式出件，中间导柱导套导向。

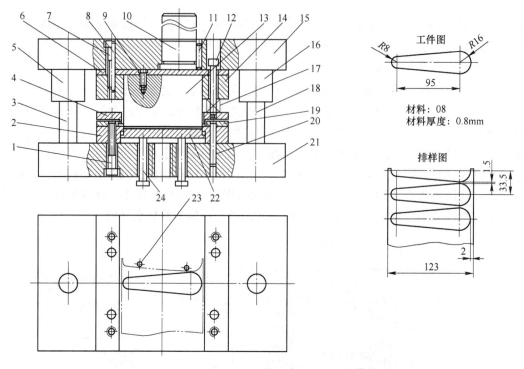

图 12-42　带弹性卸料装置上出件的单工序落料模

1，7，9—螺钉；2—凹模；3—导柱；4—卸料板；5—导套；6—垫板；8，20—销；
10—模柄；11—止转销；12—卸料螺钉；13—凸模；14—凸模固定板；15—上模座；
16—导套；17—弹簧；18—导柱；19—导料板；21—下模座；22—顶件块；23—挡料销；24—顶杆

如图 12-42 所示，条料送入模具后是在被卸料板、凹模、凸模和顶件块压紧的状态下进行冲裁的，所得工件的平面度较好。这种结构的模具通常用于料较薄、平面度有一定要求的冲裁件的冲压，但其缺点是出件不方便。而图 12-41 所示的下出件结构，冲裁完成后出件很方便，但工件得不到校平，因此图 12-41 所示的模具结构通常用于板较厚、对平面度无要求时的冲裁。

图 12-43 所示为同时冲 3 个孔的冲孔模。工作过程是：毛坯放入模具中，利用定位板 4 对毛坯的外形进行定位；冲孔结束后，冲孔废料由冲孔凸模 11、12、14 从凹模孔内直接推出，箍在冲孔凸模 11、12、14 外面的工件由弹性卸料装置（卸料板 5、弹簧 6 和卸料螺钉 10 组成）卸下。这副模具的结构特点是采用定位板进行定位，弹性卸料装置卸料，后侧导柱导套导向。

图 12-43 所示冲孔模虽然同时冲 3 个孔，但仍属于单工序模，这说明单工序模不一定只有一个凸模和凹模，也有可能是多凸模或多凹模的模具。

图 12-44 所示为带刚性卸料装置的单工序落料模。工作过程是：条料从前往后送进模具，由导料板 14 导向，挡料销 19 控制进距；冲裁结束后，落下来的工件从凹模 3 的孔内由凸模 11 直接推下，带孔的条料由刚性（或称固定）卸料板 4 卸下。这副模具的结构特点是采用刚性卸料装置卸料，以下出料的方式出件，中间导柱导套导向。

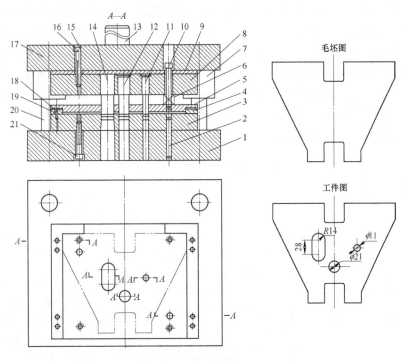

图 12-43　同时冲三个孔的单工序冲孔模

1—下模座；2，15，19—销；3—凹模；4—定位板；5—卸料板；6—弹簧；7—导套；8—凸模固定板；
9—垫板；10—卸料螺钉；11，12，14—凸模；13—模柄；16，18，21—螺钉；17—上模座；20—导柱

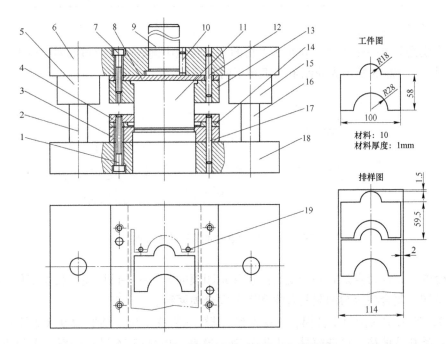

图 12-44　带刚性卸料装置的单工序落料模

1，7—螺钉；2—导柱；3—凹模；4—刚性卸料板；5—导套；6—上模座；8—垫板；9—模柄；10—止转销；
11—凸模；12，17—销；13—凸模固定板；14—导料板；15—导套；16—导柱；18—下模座；19—挡料销

通过对图 12-41～图 12-44 的结构进行分析可以发现，尽管冲裁模的具体结构各不相同，但它们却有共同的结构特点。在组成冲裁模的零件中，有一部分零件在冲裁过程中直接与料发生接触，直接参与完成冲裁工作，如凸模、凹模、导料板、挡料销、卸料板、顶件块等；而另一部分零件在冲裁的过程中不与料直接接触，如导柱、导套、模柄、固定板、垫板、螺钉、销、卸料螺钉、顶杆等。在冲模标准中，根据功能的不同将模具零件具体分成 5 种，见表 12-16。一副完整的具有典型结构的冲裁模均是由工作零件、定位零件、压料/卸料/送料零件、导向零件和固定零件这五部分零件组成的。

表 12-16　冲裁模的零件分类

模具零件类型	作　用	主要零件
工作零件	直接对条料进行冲裁加工的零件	凸模、凹模、凸凹模、定距侧刃等
定位零件	确定条料、工件或模具零件在冲裁模中正确位置的零件	定位销、定位板、导料板、挡料销、侧刃、导正销、始用挡料销、侧刃挡块、侧压板、限位柱等
压料、卸料、送料零件	压住条料和卸下或推出工件与废料的零件	卸料板、卸料螺钉、顶件块、顶杆、推件块、推杆、打杆、弹性元件、推板、废料切断刀、压边圈等
导向零件	保证运动导向和确定上下模相对位置的零件	导柱、导套、导板、凸模保护套等
固定零件	将凸模、凹模固定于上下模上，以及将上下模固定在压力机上的零件	上模座、下模座、固定板、垫板、模柄、螺钉、销、斜楔等

12.5.2.2　复合模

复合模是只有一个工位，并在压力机的一次行程中同时完成两道或两道以上的冲压工序的模具。图 12-45 所示为冲制电动机转子的复合模。

图 12-45　冲制电动机转子的复合模

复合模的结构特点是有一个既是凸模又是凹模的零件——凸凹模。根据工作零件安装位置的不同，复合模分为倒装复合模和正装复合模两种。

图 12-46 所示为倒装复合模，其中落料凹模 16 装在上模，凸凹模 9 装在下模。工作过程是：条料从前往后送进模具，由导料销 4 导料，挡料销 26 进行挡料，上模下行同时完成落料和冲孔；冲裁结束后，冲孔废料由冲孔凸模 17 从冲孔凹模孔内直接推下，工件由刚性推件装置（推件块 14 和打杆 23 组成）推出并由接料装置接走，箍在凸凹模 9 外面

的带孔条料由弹性卸料装置（卸料板5、弹簧6和卸料螺钉8组成）卸下，一次冲裁结束。这副模具的结构特点是：冲孔废料较易排出，操作方便。

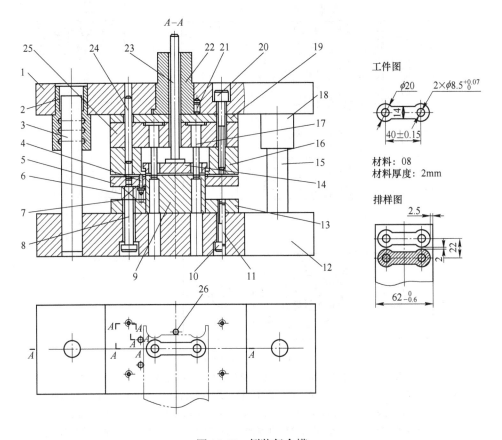

图 12-46   倒装复合模

1—上模座；2—导套；3—导柱；4—导料销；5—卸料板；6，7—弹簧；
8—卸料螺钉；9—凸凹模；10，20—螺钉；11，24—销；12—下模座；13—凸凹模固定板；
14—推件块；15—导柱；16—落料凹模；17—冲孔凸模；18—导套；19—垫板；21—止转销；
22—模柄；23—打杆；25—固定板；26—挡料销

图 12-47 所示为正装复合模，其中落料凹模 30 装在下模，凸凹模 14 装在上模。工作过程是：条料从前往后送进模具，由导料销 33 导料，挡料销 34 控制进距，上模下行，同时完成落料和冲孔；冲裁结束后，上模回程，冲孔废料由刚性推件装置（打杆 8、推板 6 和推件杆 5、7、11 组成）推出并由接料装置接走（或由高压空气吹离），工件由顶件装置（顶件块 20、带肩顶杆 23 及未画出的弹顶器组成）顶出到落料凹模 30 的工作表面并及时取走，箍在凸凹模 14 外面的条料由弹性卸料装置（卸料板 17、弹簧 16 和卸料螺钉 12 组成）卸下，一次冲裁工作结束。这副模具的结构特点是：上模下行时，首先由卸料板和凹模压紧位于凹模上的条料，同时凸模和顶件块压紧位于凸凹模下面的材料，条料是在被压紧的情况下完成冲裁变形的，因此能冲制出表面平面度较高的工件。

表 12-17 列出了正装复合模和倒装复合模两类模具的特点比较。

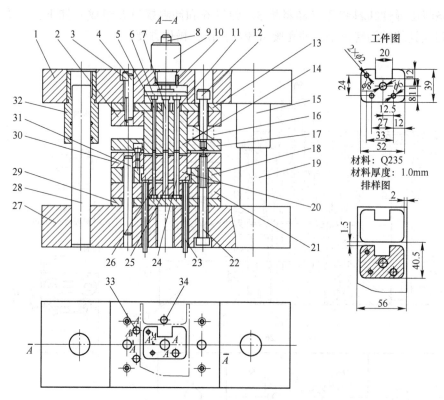

图 12-47 正装复合模

1—上模座；2—凸凹模固定板；3，22—螺钉；4，31—销；5，7，11—推件杆；
6—推板；8—打杆；9—模柄；10—止转螺钉；12—卸料螺钉；13—上模垫板；14—凸凹模；
15—导套；16—弹簧；17—卸料板；18—空心垫板；19—导柱；20—顶件块；21—凸模固定板；
23—带肩顶杆；24~26—冲孔凸模；27—下模座；28—导柱；29—下模垫板；30—落料凹模；
32—导套；33—导料销；34—挡料销

表 12-17 正、倒装复合模的特点比较

特点	模具类型	
	倒装复合模	正装复合模
落料凹模位置	上模	下模
工件的平整性	较差	有压料作用，工件的 平整性好
可冲工件的孔边距	较大	较小
操作方便与安全性	比较方便	出件不方便
应用范围	应用广泛	冲制材质较软或条料较薄且 平面度要求较高的冲裁件

图 12-48 所示为拉深件上的切边与冲孔倒装复合模，切边凹模 5 在上模，凸凹模 22 在下模。工作过程是：拉深件毛坯放入模具，由凸凹模 22 上的窝孔定位，上模下行的同时进行外形的切边和内部的冲孔；冲裁结束后，冲孔废料由冲孔凸模从冲孔凹模孔内直接推下，工件由刚性推件装置（推件块 18、推杆 11、推板 12、打杆 13 组成）推出并由接

料装置接走，第 1 次和第 2 次切下来的切边废料会紧箍在凸凹模 22 的外面，从第 3 次冲裁开始，第 1 次切边切下的环形废料由安装在凸凹模外侧的废料切断刀 3 切断后自行落下，完成卸料，此后随着冲裁不断进行，废料切断刀将连续切断第 2 次、第 3 次……切下来的切边废料，达到自行卸料的目的。这副模具的结构特点是：在凸凹模外面安装了两个废料切断刀，且使其刃口的高度低于凸凹模刃口高度 2 个材料厚度（通常为 2~3 个材料厚度，如图 12-48 所示的局部放大图），利用废料切断刀将封闭的废料切断为不封闭的形状，利用废料的自重进行卸料。

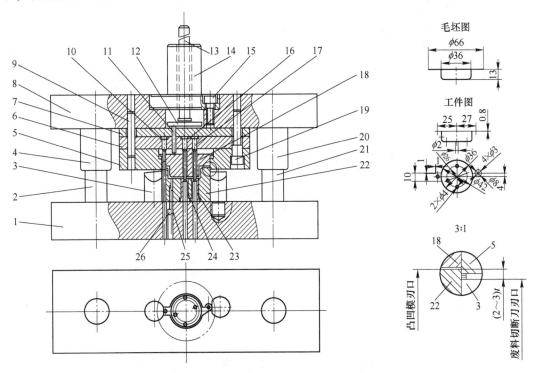

图 12-48 拉深件上的切边与冲孔倒装复合模

1—下模座；2—导柱；3—废料切断刀；4—导套；5—切边凹模；6—凸模固定板；
7—垫板；8—上模座；9，25—销；10，16，17—凸模；11—推杆；12—推板；13—打杆；
14—模柄；15，19，26—螺钉；18—推件块；20—导套；21—导柱；22—凸凹模；23，24—冲孔凹模

图 12-49 所示为带有刚-弹性推件装置的倒装复合模。工作过程是：条料从右往左送进模具，由挡料销 8 挡料，上模下行，推件块 19 和凸凹模 17、卸料板 18 和落料凹模 7 将条料压住，上模继续下行完成冲裁（冲孔和落料）；冲裁结束后，冲孔废料直接由凸凹模孔中落下，工件由弹性和刚性组合的刚-弹性推件装置（打杆 26、推板 2、推杆 3、弹簧 25、推件块 19 组成）推下，带孔的条料由弹性卸料装置（卸料板 18、弹簧 10、卸料螺钉 12 组成）卸下。这副模具的结构特点是：推件装置由弹性推件和刚性推件组成，既能起到压料作用，又能提供较大的推件力，因此这种结构适合于料较薄且平面尺寸较大冲裁件的冲裁。

12.5.2.3 级进模

级进模又称为连续模或跳步模，是指在压力机一次行程中，在送料方向连续排列的多个工位上同时完成多道冲压工序的模具。图 12-50 所示为冲定子、转子的多工位级进模。

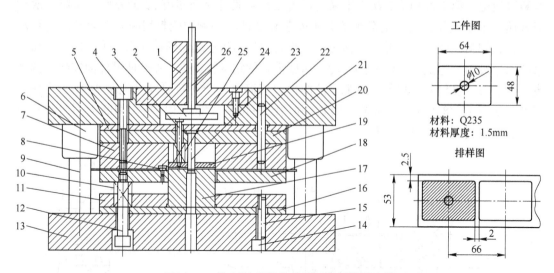

图 12-49 带有刚-弹性推件装置的倒装复合模
1—模柄；2—推板；3—推杆；4, 14, 24—螺钉；5—凸模垫板；6—导套；7—落料凹模；
8—挡料销；9—导柱；10, 25—弹簧；11—凸凹模固定板；12—卸料螺钉；13—下模座；
15, 22—销；16—凸凹模垫板；17—凸凹模；18—卸料板；19—推件块；20—凸模固定板；
21—上模座；23—冲孔凸模；26—打杆

工件图

材料：Q235
材料厚度：1.5mm

排样图

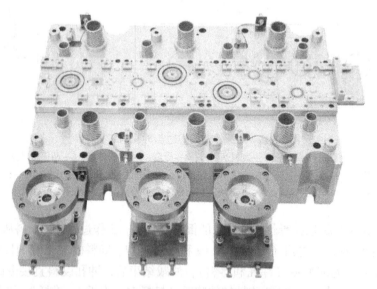

图 12-50 冲定子、转子的多工位级进模

图 12-51 所示为带导正销导正的两工位冲孔-落料级进冲裁模。工作过程是：条料从右往左送进模具，由导料板 19 导料；在第一工位上利用始用挡料装置（由挡块 24、弹簧 25、弹簧芯柱 26 组成）挡料，完成冲孔；冲孔结束后条料继续送进到第二工位，此时用固定挡料销 3 进行挡料，实现粗定距，利用装在落料凸模 9 上的导正销 5 插入在第一工位已经冲出的孔里进行精确定距，完成落料；冲下来的冲孔废料和落下来的工件均直接从各

自的凹模孔内被凸模推下，带孔的且箍在凸模上的条料由卸料板4、弹簧18和卸料螺钉13组成的弹性卸料装置卸下，完成一个工件的冲裁工作。这副模具的特点是：第一工位上利用始用挡料装置进行挡料，第二工位上用固定挡料销粗定距，导正销精确定距，采用弹性卸料装置卸料，对角导柱导套导向。

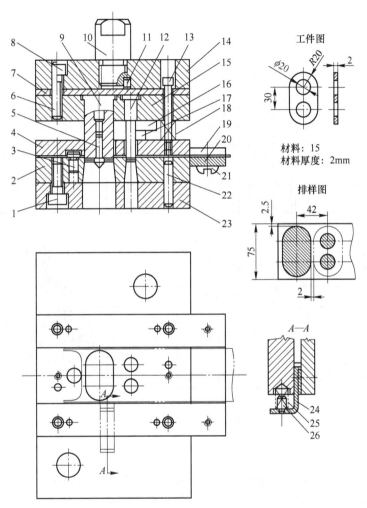

图 12-51　带导正销导正的两工位冲孔-落料级进冲裁模

1，8，21—螺钉；2—凹模；3—挡料销；4—卸料板；5—导正销；6，22—销；7—垫板；
9—落料凸模；10—模柄；11—止转螺钉；12—冲孔凸模；13—卸料螺钉；14—上模座；
15—凸模固定板；16—导套；17—导柱；18，25—弹簧；19—导料板；20—承料板；
23—下模座；24—挡块；26—弹簧芯柱

图 12-52 所示为利用侧刃和导正销联合定距的四工位级进冲裁模。由于所冲工件的内孔形状复杂，为简化模具结构并保证模具寿命，将其内孔分步冲出。工作过程是：条料从右往左送入模具，由后侧导料板21中的侧刃挡块25进行挡料；在第一工位侧刃冲去料边，同时冲出两个导正销孔以及工件上的12个孔；条料继续送进一个进距，到第二工位由导正销30先行导正并继续冲孔，完成工件内形的加工；第三工位再次导正并进行落料，

第四工位由第二个侧刃 31 冲去一个料边，一次循环结束；落下来的工件、冲孔废料及侧刃冲出的料边直接从漏料孔被推下，箍在凸模外面的条料由卸料板 5、卸料螺钉 17 和弹簧 20 组成的弹性卸料装置卸下。这副模具的结构特点是：利用侧刃粗定位，导正销进行精确定位，四导柱导套进行导向。

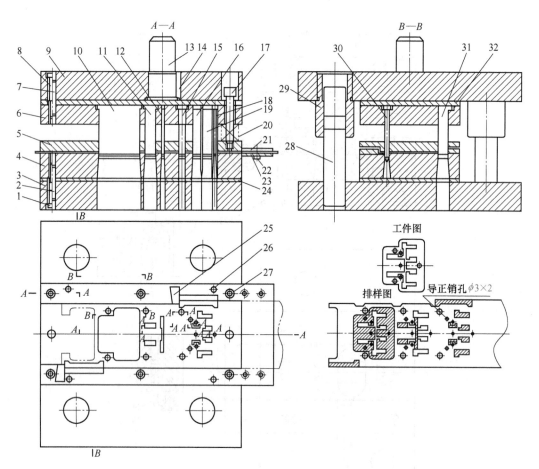

图 12-52　利用侧刃和导正销联合定距的四工位级进冲裁模

1，8，22，27—螺钉；2，7，26—销；3—下模座；4—凹模；5—卸料板；6—凸模固定板；
9—上模座；10—落料凸模；11，12，15，16，18，19—冲孔凸模；13—模柄；14—止转销；
17—卸料螺钉；20—弹簧；21—导料板；23—承料板；24—下垫板；25—侧刃挡块；
28—导柱；29—导套；30—导正销；31—侧刃；32—垫板

12.5.3　冲裁模的类型选择

当冲裁工艺方案确定后，模具类型即已经确定，但采用正装结构还是倒装结构，需要根据模具的结构特点、产品要求等方面进行考虑。对于单工序模，由于正装结构的模具出件方便，优先采用正装结构；但对于复合模，由于倒装复合模操作方便安全，实际生产中优先考虑倒装结构。当所冲条料较薄、孔间距稍小、对工件的平面度又有要求时，应选择正装结构的复合模。

12.6　模具主要零件的设计与标准的选用

12.6.1　工作零件的设计与标准的选用

工作零件主要包括凸模、凹模、凸凹模及侧刃（按照习惯，仍将侧刃的设计放到定位零件中讲述），它们的作用是直接对条料进行加工，保证得到所需形状和尺寸的工件。工作零件的设计主要包括：模具间隙的确定，凸、凹模刃口尺寸及公差的确定，结构形式及固定方式的确定，其他尺寸的确定，必要的校核等内容。

12.6.1.1　模具间隙的确定

根据 GB/T 16743—2010 的定义，冲裁模间隙是指冲裁模中凹模与凸模刃口侧壁之间的距离，用符号 c 表示，一般指单面间隙，如图 12-53 所示。冲裁模间隙是冲裁工艺过程中的重要参数，其大小是否合适，将影响到冲裁件质量、冲裁工艺力和模具寿命，因此模具间隙的选取是冲裁模设计过程中的重要一步。

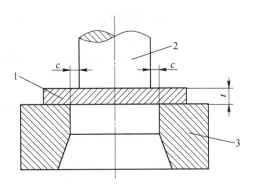

图 12-53　模具间隙
1—条料；2—凸模；3—凹模；
c—冲裁模间隙；t—条料厚度

A　间隙对冲裁过程的影响

a　间隙对冲裁件质量的影响

间隙是影响冲裁件质量的主要因素之一。间隙适当减小，利于提高冲裁件的断面质量。间隙对冲裁件质量的影响详见本章 12.2 节。

b　间隙对冲裁工艺力的影响

冲裁工艺力是指冲裁过程中所需要的各种工艺力。试验证明，随间隙增大，冲裁力有一定程度降低，但当单面间隙为材料厚度的 5%~20% 时，冲裁力降低不超过 5%~10%，因此在正常情况下，间隙对冲裁力的影响不是很明显。

间隙对卸料力、推件力、顶件力的影响比较显著。随着间隙增大，卸料力、推件力和顶件力都将减小。一般当单面间隙增大到材料厚度的 15%~25% 时，卸料力几乎降到零；但间隙继续增大会使毛刺增大，又将引起卸料力、推件力、顶件力迅速增大。反之间隙减小时，各冲裁工艺力会增加。因此要想降低冲裁工艺力，模具间隙应适当增大。

c　间隙对模具寿命的影响

模具从开始使用到报废所能加工的合格产品的总数，称为模具寿命。模具间隙主要影响模具的磨损和凹模刃口的胀裂，进而影响模具寿命。

通常间隙减小时，模具的磨损加剧，凹模刃口所受的向外胀裂力增大，因此模具的寿命缩短。当间隙增大时，模具的磨损减弱，凹模刃口所受的向外胀裂力减小，有利于延长模具寿命。因此为了减少凸、凹模的磨损，延长模具寿命，在保证冲裁件质量的前提下，应适当增大模具间隙；若采用小间隙冲裁，就必须提高模具硬度、精度，降低模具表面粗糙度值，并加强润滑。

B　合理间隙值的确定

由以上分析可见，要想提高冲裁件的质量，模具应取较小的间隙值。但要想降低冲裁工艺力和延长模具寿命，则应该取较大的模具间隙值。所以很难找到一个确定的间隙值能同时满足冲裁件质量最佳、模具寿命最长、各种冲裁工艺力最小的要求。确定合理间隙值的方法有两种，即理论计算法和经验值法。

a　理论计算法

从理论上说，冲裁时只要凸、凹模刃口产生的裂纹相互重合，即可认为模具间隙合理。图 12-54 所示为冲裁时裂纹重合的瞬时状态，根据图中几何关系可求得合理间隙 c 为：

$$c = t\left(1 - \frac{h}{t}\right)\tan\alpha \qquad (12\text{-}20)$$

式中　c ——理论上的合理间隙值，mm；

　　　t ——被冲条料厚度，mm；

　　　h ——裂纹重合瞬间凸模切入条料的深度，mm；

　　　α ——断裂角，(°)。

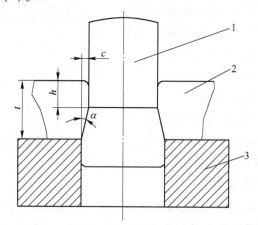

图 12-54　理论上合理间隙值的确定
1—凸模；2—条料；3—凹模

由式（12-20）可以看出，合理间隙 c 与材料厚度 t、凸模相对切入材料深度 h/t、断裂角 α 有关，而 h/t 和 α 又与材料塑性有关，具体见表 12-18，因此影响间隙值的主要因素是材料性质和厚度。材料厚度越厚、塑性越低的材料，所需间隙值就越大；材料厚度越薄、塑性越好的材料，则所需间隙值就越小。由于理论计算法在生产中使用不方便，故目前广泛采用的是经验数据。

表 12-18　h/t 和 α

材　料	h/t		$\alpha/(°)$	
	退火	硬化	退火	硬化
软钢、纯铜、软黄铜	0.5	0.35	6	5
中硬钢、硬黄铜	0.3	0.2	5	4
硬钢、硬青钢	0.2	0.1	4	4

b 经验值法。

GB/T 16743—2010 规定了厚度在 10mm 以下的金属条料和非金属条料的间隙。其中金属条料的冲裁间隙按冲裁件的尺寸精度、剪切面质量、模具寿命和力能消耗等主要因素分成五类，即 i 类（小间隙）、ii 类（较小间隙）、iii 类（中等间隙）、iv 类（较大间隙）和 v 类（大间隙）。金属板料冲裁间隙分类见表 12-19。表中各字母含义如图 12-55 所示。

表 12-19 金属板料冲裁间隙分类（GB/T 16743—2010）

项目名称		类别和间隙值				
		i 类	ii 类	iii 类	iv 类	v 类
剪切面特征		毛刺细长 α很小 光亮带很大 塌角很小	毛刺中等 α小 光亮带大 塌角小	毛刺一般 α中等 光亮带中等 塌角中等	毛刺较大 α大 光亮带小 塌角大	毛刺大 α大 光亮带最小 塌角大
塌角高度 R		$(2\% \sim 5\%)t$	$(4\% \sim 7\%)t$	$(6\% \sim 8\%)t$	$(8\% \sim 10\%)t$	$(10\% \sim 12\%)t$
光亮带高度 B		$(50\% \sim 70\%)t$	$(35\% \sim 55\%)t$	$(25\% \sim 40\%)t$	$(15\% \sim 25\%)t$	$(10\% \sim 20\%)t$
断裂带高度 F		$(25\% \sim 45\%)t$	$(35\% \sim 50\%)t$	$(50\% \sim 60\%)t$	$(60\% \sim 75\%)t$	$(70\% \sim 80\%)t$
毛刺高度 h		细长	中等	一般	较高	高
断裂角 α		—	4°~7°	7°~8°	8°~11°	14°~16°
平面度 f		好	较好	一般	较差	高
尺寸精度	落料件	非常接近凹模尺寸	接近凹模尺寸	稍小于凹模尺寸	小于凹模尺寸	小于凹模尺寸
	冲孔件	非常接近凸模尺寸	接近凸模尺寸	稍大于凸模尺寸	大于凸模尺寸	大于凸模尺寸
冲裁力		大	较大	一般	较小	小
卸、推料力		大	较大	最小	较小	小
冲裁功		大	较大	一般	较小	小
模具寿命		低	较低	较高	高	最高

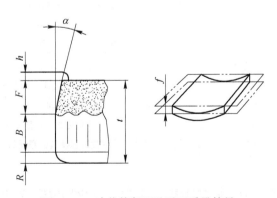

图 12-55 冲裁件断面及平面质量符号

冲裁间隙按金属条料的种类、供应状态、抗剪强度分成了与表 12-19 对应的 5 类间隙值，见表 12-20。厚度在 10mm 以下非金属板料冲裁间隙值，见表 12-21。

表 12-20　金属板料冲裁间隙值（GB/T 16743—2010）

材料	抗剪强度 τ_b/MPa	初始间隙（单边间隙）				
		i 类	ii 类	iii 类	iv 类	v 类
低碳钢 08F、10F、10、20、Q235A	≥210~400	(1.0%~2.0%)t	(3.0%~7.0%)t	(7.0%~10.0%)t	(10.0%~12.5%)t	21.0%t
中碳钢 45、不锈钢 12Cr18Ni9、40Cr13，膨胀合金（可伐合金）4J29	≥420~560	(1.0%~2.0%)t	(3.5%~8.0%)t	(8.0%~11.0%)t	(11.0%~15.0%)t	23.0%t
高碳钢 T8A、T10A、65Mn	≥590~930	(2.5%~5.0%)t	(8.0%~12.0%)t	(12.0%~15.0%)t	(15.0%~18.0%)t	25.0%t
纯铝 1060、1050A、1035、1200，铝合金（软态）3A21，纯铜（软态）T1、T2、T3	≥65~255	(0.5%~1.0%)t	(2.0%~4.0%)t	(4.5%~6.0%)t	(6.5%~9.0%)t	17.0%t
黄铜（硬态）H62，铅黄铜 HPb59-1，纯铜（硬态）T1、T2、T3	≥290~420	(0.5%~2.0%)t	(3.0%~5.0%)t	(5.0%~8.0%)t	(8.5%~11.0%)t	25.0%t
铝合金（硬态）2A12，锡青铜 QSn4-4-2.5，铝青铜 QA17，铍青铜 QBe2	≥225~550	(0.5%~1.0%)t	(3.5%~6.0%)t	(7.0%~10.0%)t	(11.0%~13.5%)t	20.0%t
镁合金 M2M、ME20M	120~180	(0.5%~1.0%)t	(1.5%~2.5%)t	(3.5%~4.5%)t	(5.0%~7.0%)t	16.0%t
电工硅钢	190	—	(2.5%~5.0%)t	(5.0%~9.0%)t	—	—

注：1. i 类冲裁间隙适用于冲裁件剪切面、尺寸精度要求高的场合；ii 类冲裁间隙适用于冲裁件剪切面、尺寸精度要求较高的场合；iii 类冲裁间隙适用于冲裁件剪切面、尺寸精度要求一般的场合，适用于连续塑性变形的工件的场合；iv 类冲裁间隙用于冲裁件剪切面、尺寸精度要求不高时，可优先采用大间隙，以有利于提高模具寿命的场合；v 类冲裁间隙适用于冲裁件剪切面、尺寸精度要求较低的场合。

　　　　2. 当凸、凹模配合使用时，凸、凹模之间的间隙将随着冲裁过程模具的磨损而变得越来越大，因此新模具的间隙应取间隙值中的最小值。

表 12-21　非金属板料冲裁间隙值（GB/T 16743—2010）

材料	初始间隙（单边间隙）
酚醛层压板、石棉板、橡胶板、有机玻璃板、环氧酚醛玻璃布	(1.5%~3.0%)t

材　　料	初始间隙（单边间隙）
红纸板、胶纸板、胶布板	$(0.5\% \sim 2.0\%)t$
云母片、皮革、纸	$(0.25\% \sim 0.75\%)t$
纤维板	$2.0\%t$
毛毡	$(0\% \sim 0.2\%)t$

C　冲裁间隙选用方法

选用金属条料冲裁间隙时，应针对冲裁件技术要求、使用特点和特定的生产条件等因素，首先按表 12-19 确定拟采用的间隙类别，然后按表 12-20 相应选取该类间隙值。

12.6.1.2　凸、凹模刃口尺寸及公差的确定

凸模和凹模的刃口尺寸和公差，直接影响冲裁件的尺寸精度。模具的合理间隙值也靠凸、凹模刃口尺寸及其公差来保证。因此，正确确定凸、凹模刃口尺寸和公差是冲裁模设计中的又一项重要工作。

A　凸、凹模刃口尺寸的计算原则

（1）落料时，选凹模作基准，首先设计凹模刃口尺寸，通过减小间隙得到凸模刃口尺寸。

（2）冲孔时，选凸模作基准，首先设计凸模刃口尺寸，通过增大间隙得到凹模刃口尺寸。

（3）取磨损后尺寸增大的基准模刃口尺寸等于或接近工件的下极限尺寸；取磨损后尺寸减小的基准模刃口尺寸等于或接近于工件的上极限尺寸。对磨损前后尺寸不发生变化的刃口尺寸取其等于工件的尺寸。

（4）工件尺寸公差与刃口尺寸的制造公差原则上按"入体"原则标注为单向极限偏差，即落料件和凸模刃口尺寸标注成单向负极限偏差，冲孔件和凹模刃口尺寸标注成单向正极限偏差，磨损后无变化的尺寸一般标注双向极限偏差。

B　刃口尺寸计算公式

为了便于模具零件磨损或损坏后的快速更换，生产中通常按凸、凹模的零件图分别加工到最后的尺寸，以保证其具有良好的互换性。按照上述计算原则，可列出表 12-22 中的计算公式。

表 12-22　模具刃口尺寸计算公式

基准模刃口尺寸磨损规律	尺寸标注	基准模刃口尺寸计算公式	非基准模刃口尺寸计算公式
越磨越大	$A_{-\Delta}^{0}$	$A_1 = (A - x\Delta)_0^{+\delta_1}$	$A_2 = (A_1 - 2c_{\min})_{-\delta_2}^{0}$
越磨越小	$B_0^{+\Delta}$	$B_1 = (B + x\Delta)_{-\delta_1}^{0}$	$B_2 = (B_1 + 2c_{\min})_0^{+\delta_2}$
磨损后尺寸不变	$C \pm \Delta'$	$C_1 = C \pm 1/2\delta_1$	$C_2 = C \pm 1/2\delta_2$
校核不等式	$\delta_1 + \delta_2 \leqslant 2(c_{\max} - c_{\min})$		

注：必须进行不等式校核，目的是为了保证加工出的凸、凹模之间具有合理间隙值。

表 12-22 中，A、B、C 分别是工件的公称尺寸（mm）；A_1、B_1、C_1 分别是基准模刃口

尺寸（mm），基准模是凹模时，将下标"1"改为"d"，基准模是凸模时，将下标"1"改为"p"；A_2、B_2、C_2 分别是非基准模刃口尺寸（mm），非基准模是凹模时，将下标"2"改为"d"，非基准模是凸模时，将下标"2"改为"p"；Δ 是工件公差（mm）；Δ' 是工件极限偏差（mm）；δ_1、δ_2 分别是基准模和非基准模的制造公差（mm），可分别用 δ_p、δ_d 代表凸模和凹模的制造公差，它们的值可按 IT6、IT7 级选用，当这种方法确定的 δ_p、δ_d 不符合表 12-22 中不等式的要求时，则取 $\delta_p = 0.8(c_{max} - c_{min})$，$\delta_d = 1.2(c_{max} - c_{min})$；$x$ 是磨损系数，见表 12-23；c_{max}、c_{min} 分别是冲裁模合理间隙的最大和最小值（mm），从表 12-19 和表 12-20 中查取。

表 12-23 磨损系数 x

材料厚度 t/mm	非圆形工件 x 值			圆形工件 x 值	
	1	0.75	0.5	0.75	0.5
	工件公差 Δ/mm				
1	<0.16	0.17 ~ 0.35	≥ 0.36	< 0.16	≥ 0.16
1 ~ 2	<0.20	0.21 ~ 0.41	≥ 0.42	< 0.20	≥ 0.20
2 ~ 4	<0.24	0.25 ~ 0.49	≥ 0.50	< 0.24	≥ 0.24
> 4	<0.30	0.31 ~ 0.59	≥ 0.60	< 0.30	≥ 0.30

12.6.1.3 工作零件的设计及标准选用

A 凸模的设计及标准选用

按其刃口截面形状的不同，凸模有圆形和非圆形（即异形）两种结构形式。小型圆凸模已有标准件可用。无论是哪种形式，基本结构都是由安装部分和工作部分组成，对于直径很小的凸模，有时会在这两部分之间增加过渡段，如图 12-56 所示。

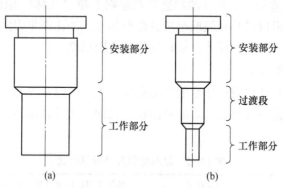

图 12-56 凸模结构形式
（a）无过渡段形式；（b）有过渡段形式

a 圆凸模的结构形式及固定方法

JB/T 5825—2008 ~ JB/T 5829—2008 分别规定了圆柱头直杆圆凸模（杆部直径 $\phi_D = 1 ~ 36mm$）、圆柱头缩杆圆凸模（杆部直径 $\phi_D = 5 ~ 36mm$）、锥头直杆圆凸模（刃口直径 $\phi_D = 0.5 ~ 15mm$）、60°锥头缩杆圆凸模（杆部直径 $\phi_D = 2 ~ 3mm$）和球锁紧圆凸模（直径 $\phi_D = 6.0 ~ 32mm$）的结构、尺寸及标记示例。凸模材料推荐采用 Cr12MoV、Cr12、

Cr6WV、CrWMn。硬度要求：Cr12MoV、Cr12、Cr6WV 的刃口硬度为 58~62HRC，头部固定部分硬度为 40~50HRC；CrWMn 刃口硬度为 56~60HRC，头部固定部分硬度为 40~50HRC。

图 12-57 所示为常用标准圆柱头缩杆圆凸模的结构形式及固定方法。表 12-24 所示为其标准尺寸。由于凸模的径向尺寸较小，因此需要采用凸模固定板固定。凸模以直径为 D 的圆柱面与凸模固定板采用 H7/m5 或 H7/n5 的过渡配合，并通过台阶 ϕD_1 压紧在固定板的台阶孔上，防止凸模被拉出。其他标准结构的圆凸模请参照相关标准选用。

标准圆凸模的选用依据是凸模刃口的计算尺寸。

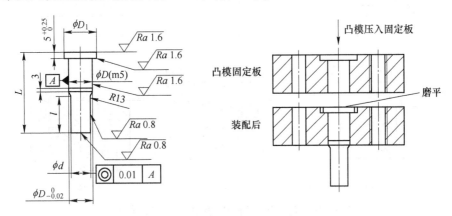

图 12-57　常用标准圆柱头缩杆圆凸模的结构形式及固定方法

表 12-24　圆柱头缩杆圆凸模　　　　　　　　　　　　　　　（mm）

D(m5)	d		D_1	L
	下限	上限		
5	1	4.9	8	
6	1.6	5.9	9	
8	2.5	7.9	11	
10	4	9.9	13	
13	5	12.9	16	45, 50, 56, 63, 71, 80, 90, 100
16	8	15.9	19	
20	12	19.9	24	
25	16.5	24.9	29	
32	20	31.9	36	
36	25	35.9	40	

注：刃口长度 l 由设计者自行设定。

大、中型圆凸模的结构形式及固定方法如图 12-58 所示。其中图 12-58（a）所示为整体式结构，为了减少切削加工量，将凸模的底面和侧面离刃口稍远的材料去除；图 12-58（b）所示为带凸缘的结构；图 12-58（c）所示为镶件结构，凸模的基体用普通材料（如 45 钢）加工，镶件用合金工具钢（如 Cr12MoV 或 Cr12）等制作，以降低模具成本，减小加工困难和热处理变形等。这三种凸模由于横截面的尺寸较大，可以直接在凸模上加工螺钉孔和销孔，用螺钉和销直接将其固定在上模座上。其中图 12-58（a）采用的是无销定位，利用凸模上的 D 与上模座上预先加工好的窝孔采用 H7/m6 的过渡配合进行定位；图 12-58（b）和图 12-58（c）直接用销进行定位。

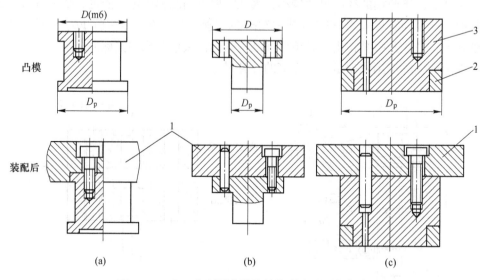

(a)　　　　　　　　　　(b)　　　　　　　　　　(c)

图 12-58　大、中型圆凸模的结构形式及固定方法
（a）整体式凸模；（b）整体式带凸缘凸模；（c）镶件凸模
1—上模座；2—凸模镶块；3—凸模基体

　　冲小孔凸模的结构形式及固定方法如图 12-59 所示。小孔一般指孔径 d 小于被冲条料的厚度或直径 $d < 1$mm 的圆孔或面积 $A < 1$mm^2 的异形孔。由于此时凸模直径极小，冲裁过程中容易折断或失稳，因此模具中需要增加保护装置，即在凸模的外面加上保护套，并由弹性卸料板对其起导向作用。保护套可以是局部的（图 12-59（a）），也可以是全程的（图 12-59（b））。

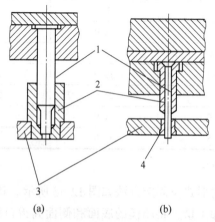

(a)　　　　　　　　　　(b)

图 12-59　冲小孔凸模的结构形式及固定方法
1—凸模；2—保护套；3—弹性卸料板；4—小导套

b 非圆形凸模的结构形式及固定方法

实际生产中广泛应用的是非圆形凸模。非圆形凸模的结构形式主要有两种，即台阶式结构和直通式结构，如图 12-60 所示。凡是截面为非圆形的凸模，如果采用台阶式结构，其固定部分应尽量简化成简单形状的几何截面（圆形或矩形）。只要工作部分截面是非圆形的，而固定部分是圆形的，当采用压入式固定到凸模固定板时，都必须在固定端接缝处加止转销。

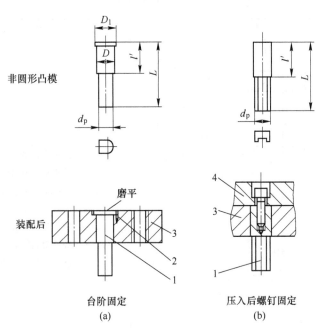

图 12-60 非圆形凸模结构及固定方式
（a）台阶式结构；（b）直通式结构
1—凸模；2—止转销；3—凸模固定板；4—垫板或上模座

c 凸模尺寸的确定

凸模长度尺寸应根据模具的具体结构，并考虑修磨、固定板与卸料板之间的安全距离、装配等的需要来确定。

当采用图 12-61 所示的刚性卸料板卸料、导料板导料的模具结构时，其凸模长度按下式计算：

$$L = h_1 + h_2 + h_3 + h_{附加} \qquad (12-21)$$

式中　L ——凸模长度，mm；

　　h_1 ——凸模固定板厚度，mm；

　　h_2 ——卸料板厚度，mm；

　　h_3 ——导料板厚度，mm；

$h_{附加}$ ——增加的长度，mm，一般取经验值 10～20mm，包括模具闭合时凸模固定板与卸料板之间的安全距离、凸模修磨量及凸模进入凹模的深度（0.5～1mm）。

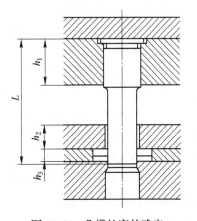

图 12-61 凸模长度的确定

d　凸模的强度校核

在一般情况下，凸模的强度和刚度是足够的，无须进行强度校核。但对特别细长的凸模或凸模的截面尺寸很小而冲裁的板料厚度较厚时，则必须进行承压能力和抗纵弯能力的校核，其目的是检查凸模的危险断面尺寸和自由长度是否满足要求，以防止凸模纵向失稳或折断。冲裁凸模的校核计算公式见表 12-25。

表 12-25　冲裁凸模的校核计算公式

校核内容		计算公式		式中符号意义
弯曲应力	简图	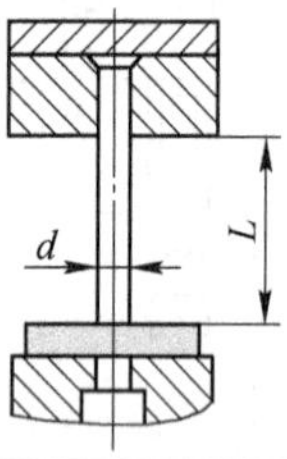 无导向	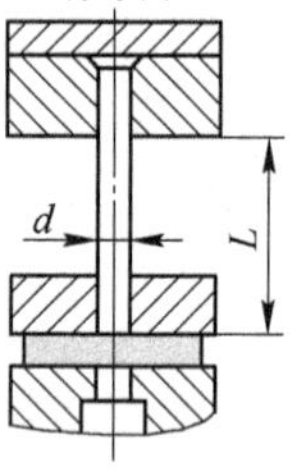 有导向	L——凸模允许的最大自由长度，mm; d——凸模最小直径，mm; J——凸模最小断面的惯性矩，mm^4; F——冲裁力，N; t——被冲材料厚度，mm; τ_b——被冲材料抗剪强度，MPa; $[\sigma_\text{压}]$——凸模材料的许用压应力，MPa
	圆形	$L \leqslant 90 \dfrac{d^2}{\sqrt{F}}$	$L \leqslant 270 \dfrac{d^2}{\sqrt{F}}$	
	非圆形	$L \leqslant 416 \sqrt{\dfrac{J}{F}}$	$L \leqslant 1180 \sqrt{\dfrac{J}{F}}$	
压应力	圆形	$d \geqslant \dfrac{4t\tau_b}{[\sigma_\text{压}]}$		
	非圆形	$d \geqslant \dfrac{F}{[\sigma_\text{压}]}$		

B　凹模的设计及标准选用

在典型结构的冲模中，可以根据凹模的结构形式和尺寸设计或选用模具中的多个零件，因此凹模设计很关键。凹模设计主要解决凹模的结构形式及固定方式、凹模刃口形式和凹模的外形设计。

a　凹模的结构形式及固定方式

凹模有整体式、组合式和镶块式三种。

（1）整体式凹模。根据冲模标准 JB/T 7643.1—2008 和 JB/T 7643.4—2008，整体式凹模有矩形和圆形两种，如图 12-62 所示，推荐材料有 T10A、9Mn2V、Cr12、Cr12MoV、CrWMn，热处理硬度为 60~64HRC，未注表面粗糙度 Ra 为 6.3μm；全部棱边倒角 C2。

这种整体式凹模是普通冲裁模最常用的结构形式。这种结构的优点是模具结构简单、强度较好，装配比较容易、方便；缺点是一旦刃口局部磨损或损坏就需要整体更换，同时由于凹模的非工作部分也采用模具钢，所以制造成本较高。这种结构形式适用于中小型冲压件的模具。由于平面尺寸较大，可以直接利用螺钉和销将其固定在下模座上，如图 12-63 所示。

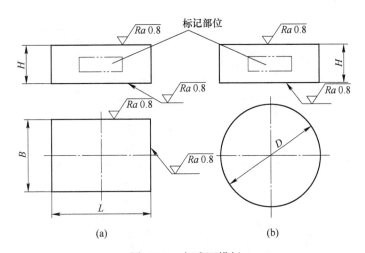

图 12-62　标准凹模板

（a）矩形凹模板；（b）圆形凹模板

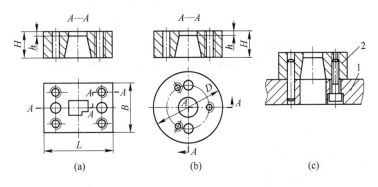

图 12-63　整体式凹模固定方式

（a）矩形凹模；（b）圆形凹模；（c）固定方式

1—下模座；2—凹模

（2）组合式凹模。圆形组合凹模有 A 型和 B 型两种，可以冲制直径 d 为 1~36mm 的圆形工件（d 的增量是 0.1mm）。由于凹模尺寸较小，采用凹模固定板固定后，再通过螺钉和销与下模座连接，如图 12-64 所示。这种结构的优点是节省模具材料，模具刃口磨损后只需更换凹模，维修方便，可降低维修成本。推荐材料 Cr12MoV、Cr12、Cr6WV、CrWMn，热处理硬度为 58~62HRC，未注表面粗糙度 $Ra=6.3$，全部外棱边倒角 C2，标准圆形组合凹模的选用依据是凹模刃口的计算尺寸。

（3）镶块式凹模。图 12-65 所示为镶块式凹模的结构形式及固定方式。所谓镶块式凹模，是指将凹模上容易磨损的局部凸起、凹进或局部薄弱的地方单独做成一块，再固定到凹模主体上的结构。这种结构的优点是加工方便，易损部分更换容易，降低了复杂模具的加工难度，适于冲制窄臂、形状复杂的冲压件。

b　凹模的刃口形式

凹模的刃口形式主要有图 12-66 所示的三种结构，其中图 12-66（a）所示的结构是直

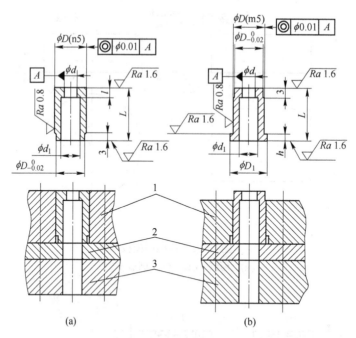

图 12-64　圆形组合凹模的结构形式及固定方式

（a）A 型圆形凹模及固定方式；（b）B 型圆形凹模及固定方式

1—凹模固定板；2—垫板；3—下模座

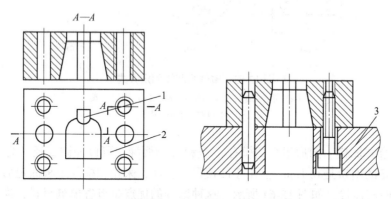

图 12-65　镶块式凹模的结构形式及固定方式

1—镶块；2—凹模主体；3—下模座

壁刃口并有带斜度的漏料孔，这种结构的刃口强度较高，修模后刃口尺寸不变，漏料孔由于带有斜度，利于漏料。图 12-66（b）所示为斜壁刃口，刃口强度不如直壁刃口高，刃口修模后尺寸发生变化，但刃口内不容易集聚废料。随着电火花线切割技术在模具制造上的大量使用，这两种刃口形式的凹模目前使用得非常普遍。图 12-66（c）所示的也是直壁刃口，与图 12-66（a）不同的是漏料孔也是直壁的，这种形式的刃口凹模目前主要用在倒装复合模中。

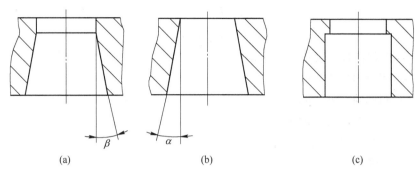

图 12-66 凹模的刃口形式

（a）直壁刃口带有斜度漏料孔；（b）斜壁刃口；（c）直壁刃口

c 凹模的外形设计

凹模的外形设计主要有两点：（1）设计形状；（2）设计外形尺寸。JB/T 7643—2008 对冲模凹模外形的形状及尺寸制定了标准。标准中规定凹模的外形只有两种形式，即矩形或圆形。通常情况下，如果所冲工件的形状接近矩形，则选用矩形凹模；如果所冲工件形状接近圆形，则选用圆形凹模。

整体式凹模外形尺寸的初步确定通常需要考虑工件的尺寸、凹模的壁厚 c ，可以借助经验公式。凹模外形尺寸的确定如图 12-67 所示。

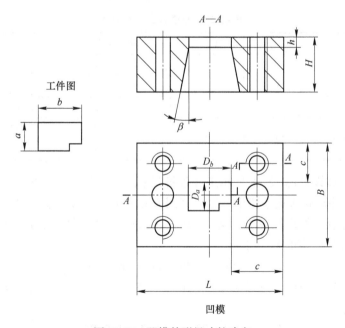

图 12-67 凹模外形尺寸的确定

$$H = Kb \geqslant 15\text{mm}$$
$$c = (1.5 \sim 2)H \geqslant 30 \sim 40\text{mm}$$

(12-22)

由此得到凹模外形的计算尺寸为

$$H = Kb$$
$$L = D_b + 2c$$
$$B = D_a + 2c \tag{12-23}$$

式中　H——凹模的厚度或高度，mm；

　　　L——凹模的长度，mm；

　　　B——凹模的宽度，mm；

　　　b——工件的最大外形尺寸，mm；

　　　K——系数，由表12-26选用；

　　　c——凹模壁厚，mm；

D_a，D_b——凹模刃口尺寸，mm。

凹模刃口 h 和 β 值见表12-27。

表 12-26　凹模厚度修正系数 K

工件的最大外形尺寸	材料厚度 t/mm				
b/mm	0.5	1.0	2.0	3.0	>3.0
<50	0.30	0.35	0.42	0.50	0.60
50~100	0.20	0.22	0.28	0.35	0.42
100~200	0.15	0.18	0.20	0.24	0.30
>200	0.10	0.12	0.15	0.18	0.22

表 12-27　凹模刃口 h 和 β 值

材料厚度 t/mm	α/(′)	β/(°)	刃口高度 h/mm	备 注
<0.5			≥4	
0.5~1	15	2	≥5	表列 α 值适合于钳工加工，采用线切割加工时 α=5′~20′
1~2.5			≥6	
2.5~6	30	3	≥8	
>6			≥10	

【例 12-5】　试设计图 12-68 所示工件落料凹模的外形及尺寸，材料厚度 t 为 2mm。

解：由于所冲形状接近于矩形，因此其凹模外形选择矩形，如图12-68所示。

根据工件的最大外形尺寸 $b = 40 + 20 = 60$mm 和材料厚度 2mm，查表12-26得 $K = 0.28$，则可计算出凹模的各尺寸。

$$H = Kb = 0.28 \times 60 = 16.8 \text{mm}$$

$$c = (1.5 \sim 2)H = (1.5 \sim 2) \times 16.8 = 25.2 \sim 33.6 \text{mm}, \quad 取 c = 30 \text{mm}$$

则

$$L = 40 + 19.88 + 30 \times 2 = 119.88 \text{mm}$$

$$B = 19.88 + 30 \times 2 = 79.88 \text{mm}$$

这是计算出来的凹模外形尺寸，依据计算出来的尺寸查表12-28可知实际的凹模外形尺寸应该为：

$$L \times B \times H = 125 \text{mm} \times 80 \text{mm} \times 18 \text{mm}$$

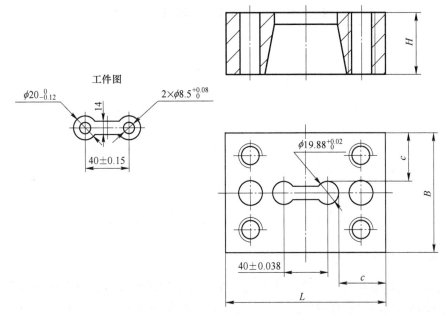

图 12-68 凹模外形尺寸计算举例

表 12-28 矩形凹模的部分数据（JB/T 7643.1—2008） （mm）

L	B	H											
		10	12	14	16	18	20	22	25	28	32	36	40	45
80			×	×	×	×	×	×					
100			×	×	×	×	×	×					
125	80		×	×	×	×	×	×					
250					×	×	×	×					
315				×	×	×	×	×					
100			×	×	×	×	×	×					
125				×	×	×	×	×	×				
160	100			×	×	×	×	×	×	×			
200					×	×	×	×	×	×	×		
315					×	×	×	×	×				
400					×	×	×	×					

C 凸凹模的设计

凸凹模是复合模中同时具有落料凸模和冲孔凹模作用的工作零件，它的内外缘均为刃口，其形状和尺寸完全取决于所冲工件的形状和尺寸。从强度方面考虑，其壁厚应受最小值限制。凸凹模的最小壁厚与模具结构有关。当模具为正装结构时，内孔不积存废料，胀力小，最小壁厚可以小些；当模具为倒装结构时，若内孔为直壁形刃口形式，且采用下出料方式，则内孔积存废料，胀力大，故最小壁厚应大些。

凸凹模的最小壁厚值目前一般按经验数据确定。倒装复合模的凸凹模最小壁厚见表12-29。正装复合模的凸凹模最小壁厚可比倒装的小些。

表 12-29　倒装复合模的凸凹模最小壁厚

简　　图	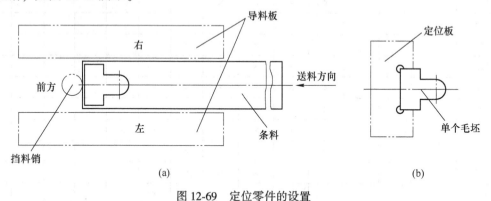									
材料厚度 t/mm	0.4	0.5	0.6	0.7	0.8	0.9	1.0	1.2	1.5	1.75
最小壁厚 a/mm	1.4	1.6	1.8	2.0	2.3	2.5	2.7	3.2	3.8	4.0
材料厚度 t/mm	2.0	2.1	2.5	2.75	3.0	3.5	4.0	4.5	5.0	5.5
最小壁厚 a/mm	4.9	5.0	5.8	6.3	6.7	7.8	8.5	9.3	10.0	12.0

12.6.2　定位零件的设计与标准的选用

　　定位零件的作用是确定送进模具的毛坯在模具中的正确位置，以保证冲出合格的工件。送进模具的毛坯通常有两种，即条料（带料）和单个毛坯（块料或工序件）。

　　条料由于是沿着一定的方向"推进"模具的，因此它的定位必须是两个方向的：（1）在与送料方向垂直方向（即左右方向）上定位，以保证条料沿正确的方向送进，称为导料，常用的零件有导料板、导料销；（2）在送料前方定位，以控制条料每次送进模具的距离（即进距），称为挡料，常见的零件有挡料销、侧刃等。对于单个毛坯的定位，只需将其"放进"模具中预先确定的位置即可，因此通常在模具的相应位置上设置定位板或定位销，如图 12-69 所示。

图 12-69　定位零件的设置

(a) 条料定位；(b) 单个毛坯定位

12.6.2.1　导料零件

　　常见的导料零件有导料板、导料销和侧压装置。它们的作用是保证条料沿正确的方向送进模具。

　　A　导料板

　　常见的导料板结构有两种形式，一种是标准结构，另一种是非标准结构。JB/T 7648.5—2008 规定了导料板的标准结构和尺寸，如图 12-70 所示。使用时通常为两块，分别设在条料两侧，利用螺钉和销直接固定在凹模上，如图 12-71（a）（b）所示。标准导料板的选用依据是所冲条料厚度，通常导料板的厚度是条料厚度的 2.5~4 倍（料厚时取小值，标准导料板的厚度 $H = 4~18mm$）。非标准结构的导料板与卸料板做成一个整体，如图 12-71（c）所示。导料板间距离应等于条料宽度加上一个间隙值（表 12-5），导料板装配后与凹模的外形尺寸相同，推荐材料 45 钢，热处理硬度 28~32HRC，未注表面粗糙度 Ra 为 6.3，全部棱边倒角 C2。

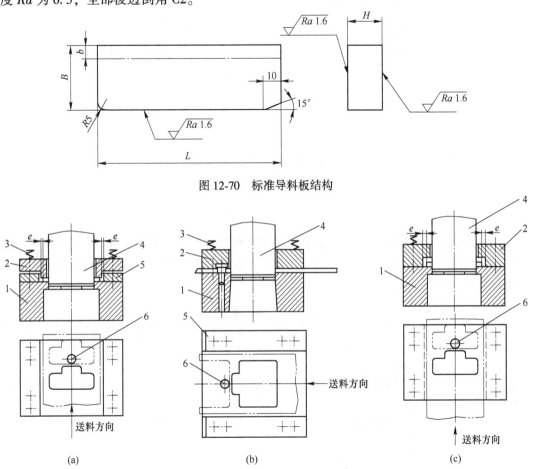

图 12-70　标准导料板结构

图 12-71　导料板结构形式及固定方式

（a）（b）标准导料板装配位置；（c）非标准导料板结构

1—凹模；2—卸料板；3—弹簧；4—凸模；5—导料板；6—挡料销

B　导料销

导料销一般至少需设两个，并位于条料的同侧。从右向左送料时，导料销通常装在后侧（图 12-72（a））；从前向后送料时，导料销通常装在左侧（图 12-72（b））。导料销可直接固定在凹模面上（图 12-47 所示导料销 33）；也可以设在弹压卸料板上（一般为活动式的，图 12-46 所示导料销 4）。

导料销可选用标准结构，活动导料销与 JB/T 7649.9—2008 中的活动挡料销结构相同，固定导料销与 JB/T 7649.10—2008 中的固定挡料销结构相同，推荐材料 45 钢，热处理硬度 43~48HRC。

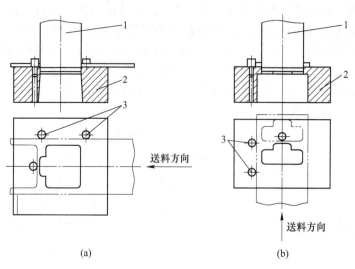

图 12-72 导料销的安装位置

1—凸模；2—凹模；3—导料销

C 侧压装置

为减小条料在导料板中的送料误差，可在送料方向一侧的导料板内安装侧压装置，使条料始终紧靠另一侧导料板送进。标准的侧压装置有两种，在实际生产中还有两种非标准的侧压装置，见表 12-30。

表 12-30 侧压装置

名称	简 图	标准代号	图中件号意义	适用场合
弹簧式		JB/T 7649.3—2008	1—条料；2—侧压板；3—导料板；4—螺钉；5—螺旋弹簧；6—弹簧片；7—压块	侧压力较大，适用于较厚条料的冲裁模
簧片式		JB/T 7649.4—2008		侧压力较小，适用于厚度为 0.3~1mm 的薄板冲裁模
簧片压块式		非标准结构		侧压力较小，适用于厚度为 0.3~1mm 的薄板冲裁模

名称	简 图	标准代号	图中件号意义	适用场合
板式	送料方向	非标准结构	1—条料； 2—侧压板； 3—导料板； 4—螺钉； 5—螺旋弹簧； 6—弹簧片； 7—压块	侧压力大且均匀，一般装在模具送料一端，适用于侧刃定距的级进模中

在一副模具中，侧压装置的数量和位置视实际需要而定，簧片式和簧片压块式通常为 2~3 个。需要注意的是，厚度在 0.3mm 以下的薄板不宜采用侧压装置。

12.6.2.2 挡料零件

常见的挡料零件有挡料销、侧刃和导正销。挡料销又分为固定挡料销和活动挡料销。活动挡料销包括弹顶挡料销、回带式挡料销和始用挡料销。它们的作用都是控制条料送进模具的距离，即控制进距。

A 固定挡料销

标准结构的固定挡料销及装配方式（JB/T 7649.10—2008）如图 12-73 所示。因为它结构简单、制造容易，所以广泛应用于手工送料的模具中。使用时直接将挡料销杆部以 H7/m6 配合固定在凹模上（图 12-73（b）），头部起挡料作用。操作方法是送料时使挡料销的头部挡住搭边进行定位，冲压结束后人工将条料抬起使其头部越过搭边再次送料。挡料销的选用依据是材料厚度，见表 12-31。

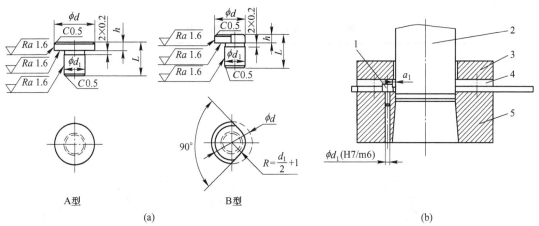

图 12-73 标准结构的固定挡料销及装配方式
（a）A 型和 B 型标准挡料销；（b）固定挡料销的装配
1—挡料销；2—凸模；3—刚性卸料板；4—导料板；5—凹模

表 12-31 挡料销头部高度尺寸 h

材料厚度 t/mm	<1	1 ~ 3	>3
h/mm	2	3	4

254

由于安装固定挡料销杆部的销孔离凹模刃口较近，削弱了凹模的强度，因此在标准中还有一种钩形挡料销，如图12-74（a）所示。

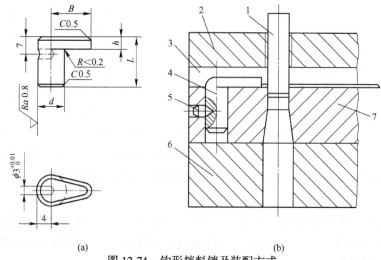

(a)　　　　　　　　　　　　　(b)

图12-74　钩形挡料销及装配方式

（a）钩形挡料销；（b）钩形挡料销装配方式

1—凸模；2—刚性卸料板；3—导料板；4—钩形挡料销；5—止转销；6—下模座；7—凹模

这种挡料销安装杆部的销孔距离凹模刃壁较远，不会削弱凹模强度；但为了防止钩头在使用过程中发生转动，需加止转销防转，如图12-74（b）所示。

B　活动挡料装置

表12-32列出了几种常见的活动挡料装置。挡料销（块）推荐材料45钢，热处理硬度为43～48HRC。

表12-32　几种常见活动挡料装置

序号	名称	挡料销（块）	装配简图	标准代号、特点及应用
1	始用挡料装置			JB/T 7649.1—2008。始用挡料块安于导料板内。适用于以导料板送料导向的级进模和单工序模中。送料前用力压始用挡料块，使其滑出导料板的导料面，起到定位作用，不用时撤去外力，始用挡料块会在弹簧的作用下退回导料板内。主要用于首次冲压时挡料，需要与其他挡料装置配合使用

序号	名称	挡料销（块）	装配简图	标准代号、特点及应用
2	弹簧弹顶挡料装置	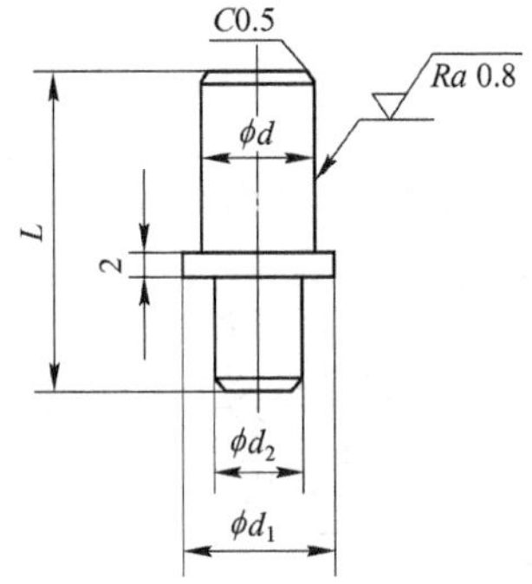	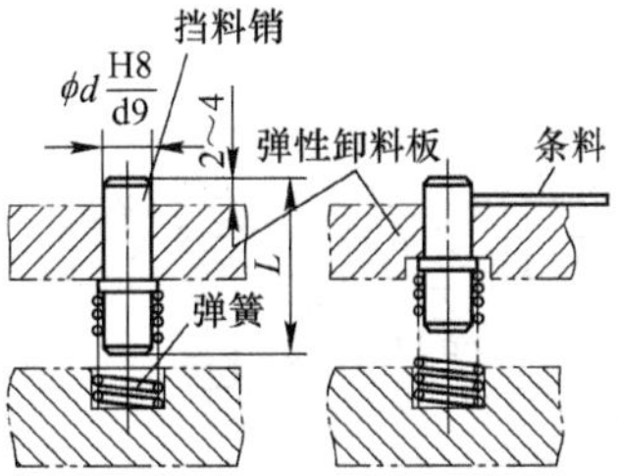	JB/T 7649.5—2008。挡料销安装于弹性卸料板内。适用于手工送料的带弹性卸料板的倒装复合模。依靠突出于弹性卸料板的杆部挡住条料的搭边进行定位
3	扭簧弹顶挡料装置	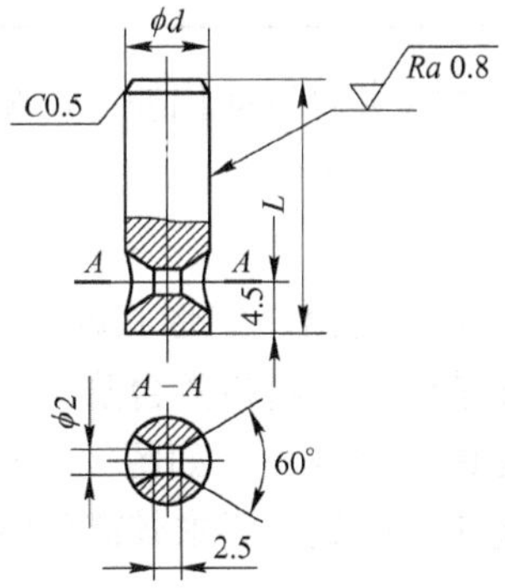	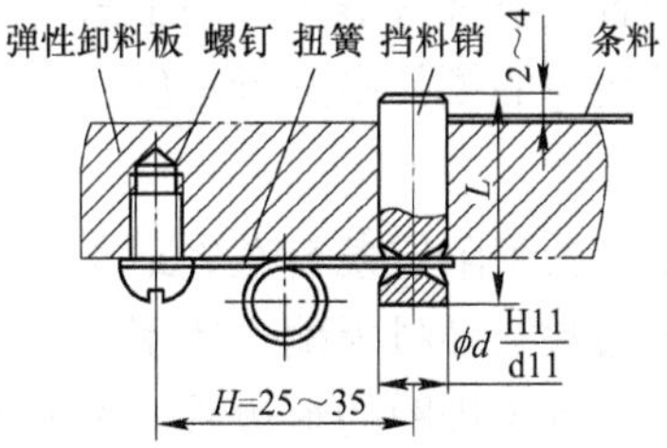	JB/T 7649.6—2008。挡料销安装于弹性卸料板内。适用于手工送料的带弹性卸料板的倒装复合模。依靠突出于卸料板的杆部挡住条料的搭边进行定位
4	橡胶弹顶挡料装置	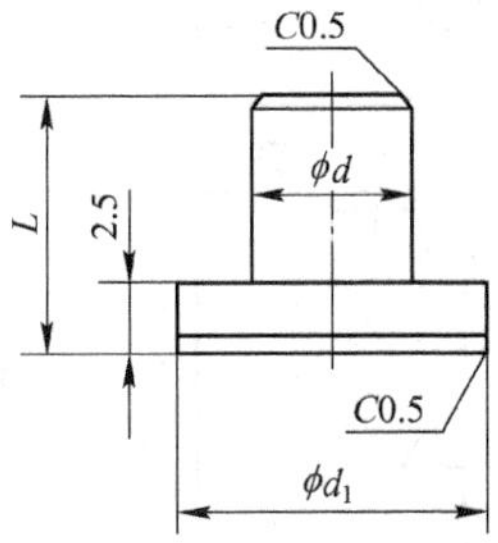	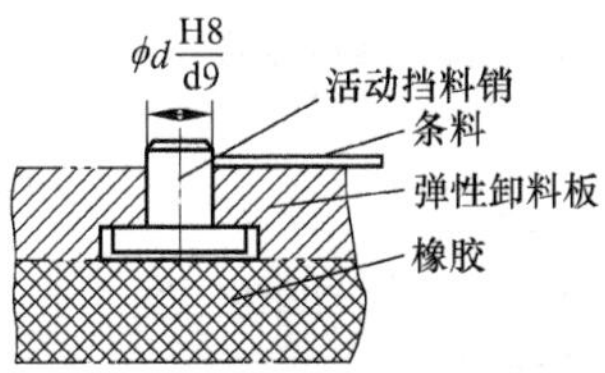	JB/T 7649.9—2008。活动挡料销安装于弹性卸料板内。适用于手工送料的带弹性卸料板的倒装复合模。依靠突出于弹性卸料板的杆部挡住条料的搭边进行定位

续表 12-32

序号	名称	挡料销（块）	装配简图	标准代号、特点及应用
5	回带式挡料装置			JB/T 7649.7—2008。挡料销安装于刚性卸料板内。适用于带刚性卸料装置的手工送料的模具。送料时搭边碰撞斜面使挡料销跳起并越过搭边，再将条料后拉，使挡料销挡住搭边定位。即每次送料都要先推后拉，作方向相反的两个动作，操作比较麻烦

上述挡料装置一般都只适用于手工送料的模具，无法实现自动化冲压。侧刃和导正销则可以用于自动送料的模具中进行定位。

C　侧刃

在级进模中，为了限定条料送进距离，在条料侧边冲切出一定形状缺口的工作零件，称为侧刃。侧刃通常与导料板配合使用，其定位原理是依靠导料板的台阶挡住条料，再利用侧刃冲切掉长度等于进距的料边后，条料再送进模具一个进距，如图 12-75 所示。侧刃定位可靠，可以单独使用，通常用于薄料、定距精度和生产效率要求较高的级进模。

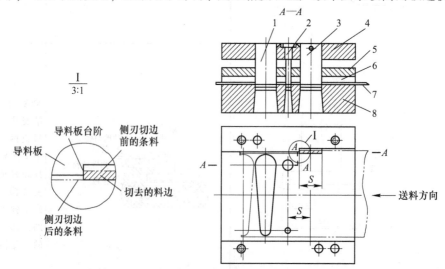

图 12-75　侧刃定距原理

1—落料凸模；2—冲孔凸模；3—侧刃凸模；4—固定板；5—卸料板；6—导料板；7—条料；8—凹模

侧刃有标准件,其标准结构(JB/T 7648.1—2008)如图 12-76 所示。按侧刃的工作端面形状不同分为 Ⅰ型和 Ⅱ型两类。Ⅱ型为带导向的侧刃,多用于厚度为 1mm 以上较厚条料的冲裁。按侧刃的截面形状分为 ⅠA、ⅠB、ⅠC、ⅡA、ⅡB、ⅡC。其中 ⅠA、ⅡA型侧刃一般用于条料厚度小于 1.5mm、冲裁件精度要求不高的送料定距;其余侧刃多用于冲裁件精度要求较高的送料定距。

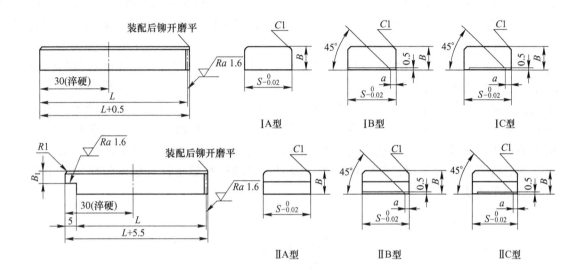

图 12-76　侧刃的标准结构

在实际生产中,往往遇到两侧边或一侧边有一定形状的工件,如图 12-77 所示。对这种工件,如果用侧刃定距,应设计与侧边形状相应的特殊侧刃。这种侧刃既可定距,又可冲裁工件的部分轮廓,侧刃的截面形状由工件的形状决定。

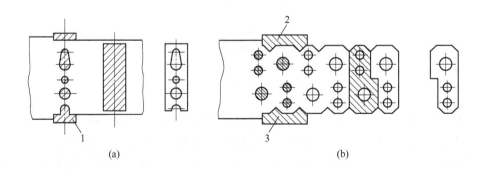

图 12-77　特殊侧刃
(a)形式一;(b)形式二
1~3—特殊侧刃

标准侧刃凸模的选用依据是进距,其宽度尺寸 S 原则上等于送料进距。侧刃的凸、凹模刃口尺寸按冲孔模刃口尺寸计算方法进行计算,即以凸模为基准,通过增大间隙得到凹模刃口尺寸。侧刃数量可以为一个，也可以两个。两个侧刃可以在条料两侧并列布置，也可以对角布置。对角布置能够保证料尾的充分利用。侧刃材料推荐选用 T10A，热处理硬度为 56~60HRC。

D 导正销

导正销是与导正孔配合，确定工件正确位置和消除送料误差的圆柱形零件。使用导正销的目的是消除送料导向和送料定距等粗定位的误差。导正销是模具中唯一能对条料起精确定位的零件，其定位原理是导正销先进入已冲制的导正销孔中以导正条料位置，之后其他凸模才开始进行冲压。

图 12-78 所示为导正销与挡料销配合使用的定位方式。此时导正销 4 装于落料凸模 2 内，且使头部突出凸模端面，条料送进模具在第一工位完成冲孔后，上模回程时继续送进，在第二工位首先由挡料销 1 进行粗定位，上模下行时，突出凸模端面的导正销先进入在第一工位冲好的孔中，以准确确定条料的位置，上模继续下行完成落料。导正销主要用于级进模，不能单独使用，必须与挡料销配合使用，或与侧刃配合使用，或与自动送料装置配合使用，此时挡料销、侧刃和自动送料装置仅起粗定位作用，精确定位由导正销实现。

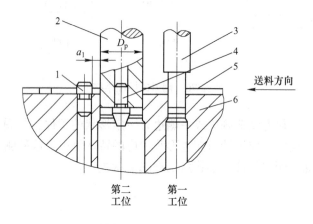

图 12-78 导正销与挡料销配合使用的定位方式
1—挡料销；2—落料凸模；3—冲孔凸模；
4—导正销；5—条料；6—凹模

冲模中常用的导正销是标准件，标准结构有 4 种形式，见表 12-33，标准导正销的选用依据是导正销孔直径。导正销推荐材料 9Mn2V，热处理硬度为 52~56HRC。

导正销的导正方式有两种，即直接导正和间接导正。直接导正是指直接利用工件上的孔作为导正销孔，此时导正销安装在落料凸模上（表 12-33 中 A 型、C 型、D 型导正销的装配），如图 12-79（a）所示；当工件上的孔径较小（一般小于 2mm）或孔的精度要求较高或料很薄时，不宜采用直接导正，此时宜在条料的合适位置另冲直径较大的工艺孔进行导正，即采用间接导正，此时导正销安装在凸模固定板上（表 12-33 中 B 型导正销装配方式中的（b）图），如图 12-79（b）所示。很显然，间接导正不利于提高材料利用率。

表 12-33　标准导正销

名称	导正销	导正销装配方式	标准代号、特点及应用
A 型导正销	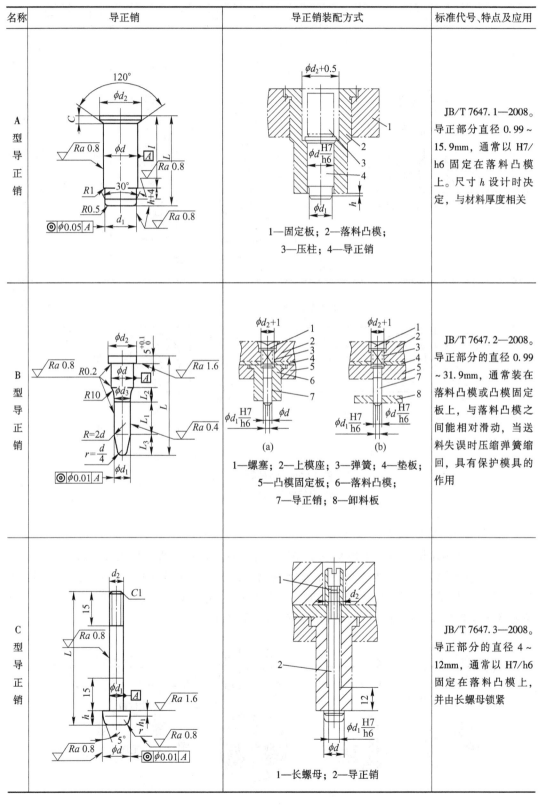	1—固定板；2—落料凸模； 3—压柱；4—导正销	JB/T 7647.1—2008。导正部分直径 0.99 ~ 15.9mm，通常以 H7/h6 固定在落料凸模上。尺寸 h 设计时决定，与材料厚度相关
B 型导正销		1—螺塞；2—上模座；3—弹簧；4—垫板；5—凸模固定板；6—落料凸模；7—导正销；8—卸料板	JB/T 7647.2—2008。导正部分的直径 0.99 ~ 31.9mm，通常装在落料凸模或凸模固定板上，与落料凸模之间能相对滑动，当送料失误时压缩弹簧缩回，具有保护模具的作用
C 型导正销		1—长螺母；2—导正销	JB/T 7647.3—2008。导正部分的直径 4 ~ 12mm，通常以 H7/h6 固定在落料凸模上，并由长螺母锁紧

名称	导正销	导正销装配方式	标准代号、特点及应用
D 型导正销	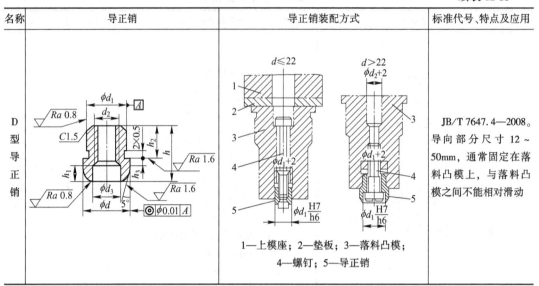	1—上模座；2—垫板；3—落料凸模； 4—螺钉；5—导正销	JB/T 7647.4—2008。导向部分尺寸 12～50mm，通常固定在落料凸模上，与落料凸模之间不能相对滑动

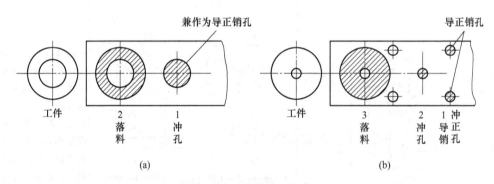

图 12-79　两种导正方式

（a）直接导正；（b）间接导正

12.6.2.3　定位板和定位销

定位板和定位销是为单个坯料或工序件定位用的。定位原理是依据坯料或工序件的外形或内孔进行定位。当所冲坯料的外形比较简单时，一般可采用外形定位，如图 12-80（a）所示；当所冲坯料的外形较复杂时，一般采用内孔定位，如图 12-80（b）所示。定位板和定位销的头部高度 h 依据材料厚度确定，见表 12-34。

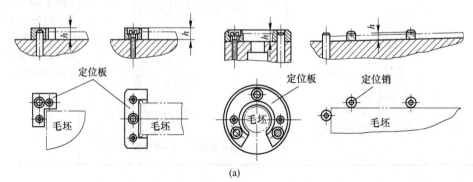

（a）

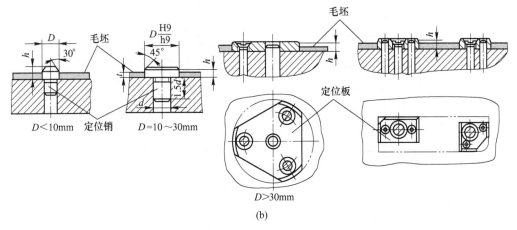

图 12-80   定位板和定位销

（a）外形定位；（b）内孔定位

表 12-34   定位板、定位销头部高度尺寸

材料厚度 t/mm	<1	1～3	>3
h/mm	$t+2$	$t+1$	t

12.6.3   压料、卸料、送料零件的设计与标准的选用

压料、卸料、送料零件的作用是压住条料和卸下或推出工件与废料的零件，包括卸料零件、推件零件、顶件零件、废料切断刀等。

12.6.3.1   卸料装置

卸料装置的作用是卸下箍在凸模或凸凹模外面的工件或废料，根据卸料力的来源不同分为弹性卸料装置和刚性卸料装置，生产中使用广泛的是弹性卸料装置。拉深件切边时需要采用废料切断刀卸料。

A   弹性卸料装置

弹性卸料装置一般由卸料板、弹性元件和卸料螺钉三个零件组成，如图 12-81 所示。弹性卸料装置通常安装在上模（图 12-81（a）（b）），也可安装在下模（图 12-81（c）（d））。图 12-81（a）所示的卸料板为平板结构，用于导料销导料的模具中；图 12-81（b）所示的卸料板为带台阶结构，用于导料板导料的模具中；图 12-81（c）（d）所示的卸料板为平板结构，用于倒装复合模中。弹性元件通常选用弹簧、橡胶或氮气弹簧，既可以安装在模具内部（图 12-81（a）（b）（c）），也可以安装在模具外面（图 12-81（d））。由于受模具空间尺寸的限制，安装在模具内部的弹性卸料装置只能提供较小的卸料力。

弹性卸料装置的卸料原理如图 12-82 所示。模具打开时，卸料板的底面比凸模的底面略低 0.3～0.5mm，此时的弹性元件为预压状态（预压到能提供卸料力）。当上模下行进行冲裁时，卸料板首先与条料接触停止下行，并在条料的反力作用下压缩弹簧，但凸模需继续下行完成冲裁。冲裁结束上模回程时，弹性元件因不再受力将恢复到冲裁前的位置，故能卸下箍在凸模外面的料。弹性卸料装置除起卸料作用外，也能起压料作用。

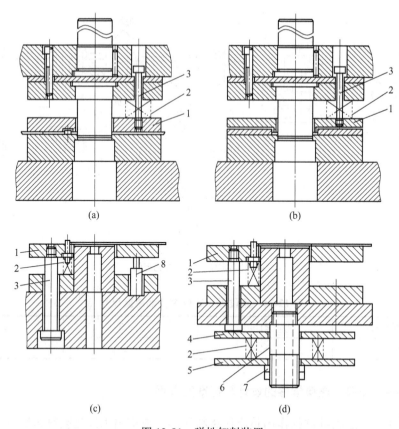

图 12-81　弹性卸料装置

（a）安装在上模的平板卸料装置；（b）安装在上模的带台阶卸料装置；

（c）安装在下模的平板卸料装置；（d）安装在模具外面的卸料装置

1—卸料板；2—弹簧；3—卸料螺钉；4—上托板；5—下托板；

6—双头螺柱；7—螺母；8—氮气弹簧

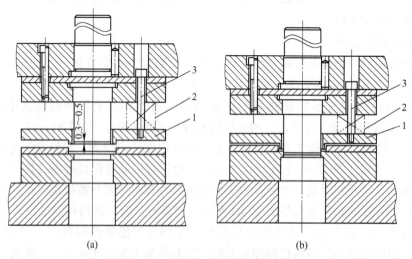

图 12-82　弹性卸料装置的卸料原理

（a）冲裁前；（b）冲裁结束时

1—卸料板；2—弹性元件；3—卸料螺钉

若选用弹性卸料装置卸料，则需要设计卸料板、卸料螺钉和弹性元件。弹性卸料装置的设计见表 12-35。

表 12-35　弹性卸料装置的设计

简　　图	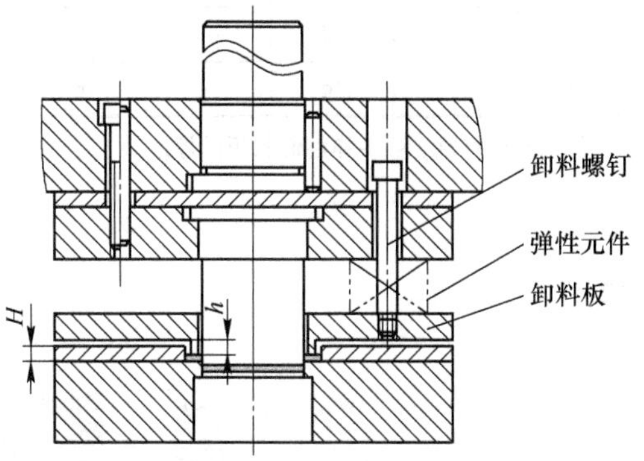
设计内容	卸料板、卸料螺钉、弹性元件

卸料板	卸料板外形	卸料板外形的平面形状和尺寸一般与凹模一致，带台阶卸料板的台阶高度 $h = H - t + (0.1 \sim 0.3)t$（$t>1$mm 时取 $0.1t$，薄料取 $0.3t$，H 是导料板厚度）。当安装的弹性元件过多过大时，允许将卸料板的平面尺寸加大
	卸料孔	被凸模穿过的卸料孔形与本次冲裁用凸模外形相同，两者之间单边留 $0.05 \sim 0.15$mm 间隙。当卸料板对细小凸模兼起导向作用时，卸料孔与凸模外形采用 H7/h6 的间隙配合
	卸料板厚度	由所冲材料厚度决定，可根据表 12-36 选用
	材料	推荐材料 45 钢，热处理硬度 43~48HRC
卸料螺钉		有标准件，作用是连接卸料板并保证卸料的卸料行程。模具中使用最多的是 JB/T 7650.6—2008 中的圆柱头内六角卸料螺钉，如图 12-83 所示，选用依据是卸料螺钉的长度 l，一般使 l 小于卸料板的厚度约 0.3mm，材料推荐 45 钢，热处理硬度 43~48HRC
弹性元件		常用的弹性元件是弹簧、橡胶和氮气弹簧，为标准件，可依据卸料力的大小及模具结构参考有关冲压手册进行选用。普通模具使用较多的弹性元件是弹簧丝为矩形截面的螺旋弹簧

表 12-36　卸料板厚度　　　　　　　　　　　　　　（mm）

材料厚度 t	卸料板宽度 B									
	≤ 50		50 ~ 80		80 ~ 125		125 ~ 200		> 200	
	S	S'	S	S'	S	S'	S	S'	S	S'
0.8	6	8	6	10	8	12	10	14	12	16
0.8 ~ 1.5	6	10	8	12	10	14	12	16	14	18
1.5 ~ 3	8	—	10	—	12	—	14	—	16	—

续表 12-36

材料厚度 t	卸料板宽度 B									
	≤ 50		50 ~ 80		80 ~ 125		125 ~ 200		> 200	
	S	S′	S	S′	S	S′	S	S′	S	S′
3 ~ 4.5	10	—	12	—	14	—	16	—	18	—
> 4.5	12	—	14	—	16	—	18	—	20	—

注：S—刚性卸料板的厚度，S′—弹性卸料板的厚度。

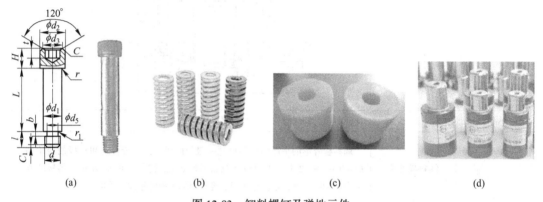

图 12-83　卸料螺钉及弹性元件
（a）标准卸料螺钉；（b）矩形截面弹簧；（c）聚氨酯橡胶；（d）氮气弹簧

B　刚性卸料装置

刚性卸料装置也称为固定卸料装置，仅由一块板（称为卸料板）构成，直接利用螺钉和销固定在凹模上，如图 12-84（a）所示。

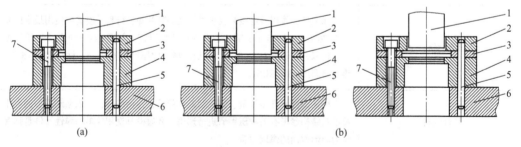

图 12-84　刚性卸料装置的结构及卸料原理
（a）刚性卸料装置的结构；（b）卸料原理
1—凸模；2—卸料板；3—导料板；4—凹模；5—销；6—下模座；7—螺钉

刚性卸料装置的卸料原理是冲裁结束凸模回程时，凸模带动其外面的条料或工件一起向上运动，当条料或工件与卸料板刚性接触并产生撞击时，凸模仍然可以继续上行，但箍在凸模外面的条料或工件则由卸料板的撞击力卸下，如图 12-84（b）所示。这种卸料装置由于卸料时产生较大的噪声且对条料不具有校平作用，目前在生产中的应用越来越少。刚性卸料装置的结构设计比较简单，只需设计一块卸料板，见表 12-37。

表 12-37　刚性卸载装置的设计

简　图	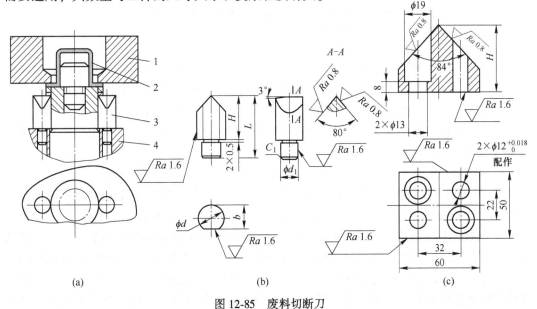 凸模 卸料板 导料板 凹模
设计内容	卸料板
卸料板外形	外形形状及平面尺寸一般与凹模相同
卸料孔	被凸模穿过的卸料孔形与本次冲裁用凸模外形相同，双边留有间隙 0.2~0.5mm（料薄时取小值；料厚时取大值）
卸料板厚度	由所冲裁材料厚度决定，可根据表 12-36 选用
材料	推荐材料 45 钢，热处理硬度 43~48HRC

C　废料切断刀

废料切断刀的作用是切断废料。对于成型件或大型件的切边，由于切下的废料多为封闭的环状或大尺寸，往往采用废料切断刀代替卸料装置，将废料切断从而进行卸料，如图 12-85 所示。废料切断刀可固定在凸模固定板上，刃口的高度比凸模刃口端面低 2~3 个材料厚度（图 12-85（a）所示为 2 个材料厚度）。当凹模向下切边时，同时把已切下的废料压向废料切断刀上，从而将紧挨着废料切断刀的废料切断，达到卸料的目的。废料切断刀是标准件，标准结构有圆形（图 12-85（b））和方形（图 12-85（c））两种，可根据实际需要选用，其数量与工件的尺寸大小和复杂程度有关。

图 12-85　废料切断刀

（a）工作原理；（b）圆形废料切断刀；（c）方形废料切断刀

1—凹模；2—工件；3—废料切断刀；4—凸模固定板

12.6.3.2 推件装置

推件装置的作用是顺着冲裁方向推出卡在凹模孔内的工件或废料，根据推件力的来源不同分为刚性推件装置和弹性推件装置。

A 刚性推件装置

刚性推件装置如图 12-86（a）所示，由打杆 1、推板 2、连接推杆 3 和推件块 4 组成。有的刚性推件装置不需要推板和连接推杆组成中间传递结构，而由打杆直接推动推件块（图 12-86（b）），甚至有的模具中直接由打杆推件（图 12-86（c））。

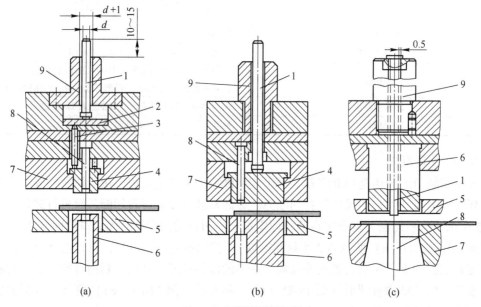

图 12-86 刚性推件装置

1—打杆；2—推板；3—连接推杆；4—推件块；5—弹性卸料板；
6—凸凹模；7—凹模；8—凸模；9—模柄

刚性推件装置的推件原理如图 12-87 所示。打杆 3 与横穿在压力机滑块中的打料横杆 2 始终接触，冲裁结束时随上模回程一起上行，当上行到打料横杆 2 撞击装在压力机床身上的挡块 1 时，产生的力由打料横杆 2 传给打杆 3，由打杆 3 把力传给推板 4，连接推杆 5 把接收到的力传给推件块 6，通过推件块 6 将凹模孔内的工件或废料 7 推出。由于推件力是刚性撞击产生的，因此推件力大，工作可靠。

若选用刚性推件装置推件，则需要设计打杆、推板、连接推杆和推件块。

打杆从模柄孔中伸出，并能在模柄孔内上下运动，因此它的直径比模柄内的孔径单边小 0.5mm，长度由模具结构决定，在模具打开时一般超出模柄 10～15mm（图 12-86（a））。推板为标准结构，图 12-88 所示为 JB/T 7650.4—2008 中的标准推板结构，推板的形状无须与工件的形状一样，只要有足够的刚度，其平面形状尺寸能够覆盖到连接推杆，不必设计得太大，以减小安装推板的孔的尺寸，设计时可根据实际需要选用。连接推杆是连接推板和推件块的传力件，通常需要 2～4 根，且分布均匀、长短一致，可根据模具的结构进行设计。

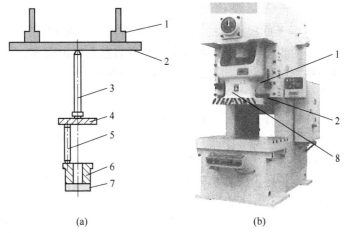

图 12-87　刚性推件装置的推件原理

（a）原理图；（b）实物图

1—挡块；2—打料横杆；3—打杆；4—推板；5—连接推杆；

6—推件块；7—工件或废料；8—滑块

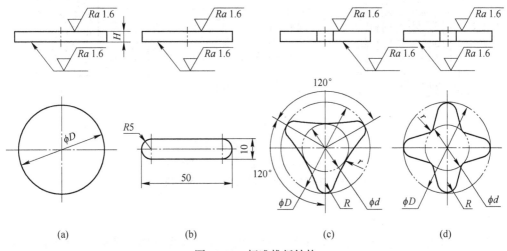

(a)　　　　　　(b)　　　　　　(c)　　　　　　(d)

图 12-88　标准推板结构

（a）A 型；（b）B 型；（c）C 型；（d）D 型

推件块是从凹模孔内推出工件或废料的零件，如图 12-89 所示。它通常安装在落料凹模和冲孔凸模之间，并能进行上下的相对滑动，在模具打开时要求其下端面比落料凹模的下端面低 0.3~0.5mm。因此推件块的设计非常简单，外形由落料凹模的孔形决定，内孔由冲孔凸模的外形决定，当工件或废料的外形复杂时，推件块与冲孔凸模的外形采用 H8/f8 的间隙配合，与落料凹模之间留有间隙；反之与落

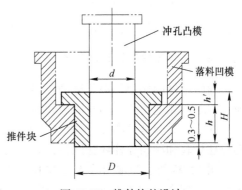

图 12-89　推件块的设计

料凹模采用 H8/f8 的间隙配合。

推件块的高度 H 应等于凹模刃口的高度 h 加上台阶的高度 h' 和 0.3~0.5mm 的伸出量，其中台阶的作用是防止模具打开时推件装置由于自重而掉出模具，其值由所推件的尺寸大小决定。推件块推荐材料 T8，热处理硬度 56~58HRC。

B　弹性推件装置

弹性推件装置由弹性元件、推板、连接推杆和推件块（图 12-90（a））或直接由弹性元件和推件块组成（图 12-90（b）（c））。与刚性推件装置不同的是其推件力来源于弹性元件的被压缩，因此推件力不大，但出件平稳无撞击，同时兼有压料的作用，从而使工件质量较高，多用于冲裁薄板以及工件精度要求较高的模具。弹性推件装置各组成零件的设计方法参考刚性推件装置。

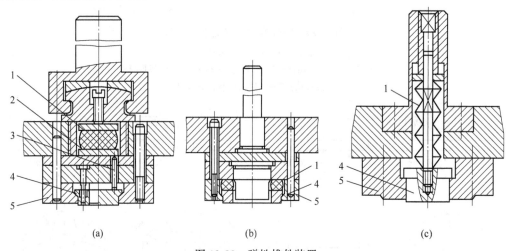

图 12-90　弹性推件装置
（a）形式一；（b）形式二；（c）形式三
1—弹性元件；2—推板；3—连接推杆；4—推件块；5—凹模

12.6.3.3　顶件装置

顶件装置的作用是逆着冲裁方向顶出凹模孔内的工件或废料，通常是弹性结构，如图 12-91 所示。它的基本组成有顶件块、顶杆和装在下模座底下的弹顶器。弹顶器可以制作成通用的，一般由弹性元件（弹簧或橡胶）、上托板、下托板、双头螺柱、锁紧螺母等组成，通过双头螺柱紧固在下模座上。这种结构的顶件力容易调节，工作可靠，兼有压料作用，工件平面度较高，质量较好。顶件装置各组成零件的设计方法参考刚性推件装置。

12.6.4　导向零件的设计与标准的选用

导向零件的作用是保证运动导向和确定上下模相对位置，目的是使凸模能正确进入凹模，并尽可能地使凸、凹模周边间隙均匀。使用最广泛的导向装置是导柱和导套。

导柱、导套是标准件（GB/T 2861—2008），根据导柱与导套配合关系的不同分为滑动导柱导套和滚动导柱导套两种，如图 12-92 所示。

图 12-93 所示为常用的 A 型和 B 型滑动导柱导套结构及安装示意图。导柱和导套一般采用过盈配合 H7/r6 分别压入下模座和上模座的安装孔中，在模具闭合时必须保证图

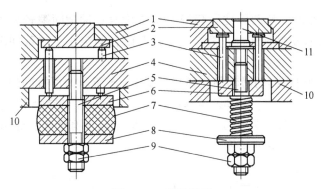

图 12-91　顶件装置

1—凹模；2—顶件块；3—顶杆；4—下模座；5—双头螺柱；6—上托板；7—弹性元件；
8—下托板；9—锁紧螺母；10—工作台（或工作台垫板）；11—凸模

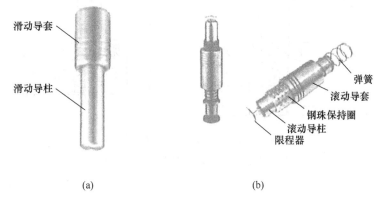

图 12-92　导柱导套

（a）滑动导柱导套；（b）滚动导柱导套

12-93（c）所示的尺寸关系（H 为模具的闭合高度），即模具闭合后导柱的顶端面距上模座的上平面之间的距离为 10~15mm，最小不得小于 5mm，以保证在凸、凹模多次磨刃后不会妨碍冲模的正常工作，导柱的下端面与下模座的下平面保留 2~3mm 的距离。导套的上端面与上模座的上平面之间的距离应大于 3mm，用以排气和出油。

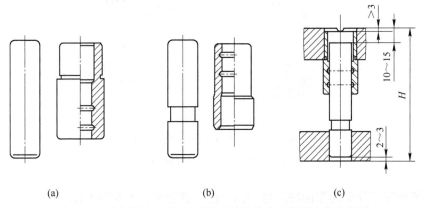

图 12-93　常用的 A 型和 B 型滑动导柱导套结构及安装示意图

（a）A 型滑动导柱导套；（b）B 型滑动导柱导套；（c）导柱导套的装配及尺寸关系

通常冲裁间隙小时，滑动导柱导套按 H6/h5 配合；冲裁间隙较大时，滑动导柱导套按 H7/h6 配合。不管是哪种配合，都必须保证其配合间隙小于冲裁间隙，否则导向件起不到应有的作用。

图 12-94 所示为可拆卸的滑动导柱导套。图 12-95 所示为可拆卸的滚动导柱导套。滚动导柱导套的结构是由导柱、导套及钢球保持圈组成。导柱与导套不直接接触，而是通过可以滚动的钢球进行导向。钢球与导柱、导套之间不仅没有间隙，还留有 0.01～0.02mm 的过盈量，因此有较高的导向精度。

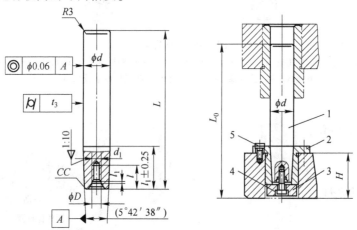

图 12-94　可拆卸的滑动导柱导套
1—导柱；2—衬套；3—垫圈；4，5—螺钉

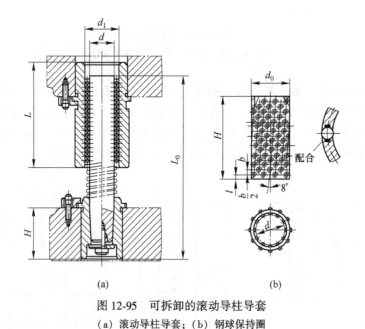

图 12-95　可拆卸的滚动导柱导套
（a）滚动导柱导套；（b）钢球保持圈

可拆卸的导柱导套的导向精度低于固定的导柱导套，但装拆方便。

滑动导柱导套的导向精度低于滚动导柱导套的导向精度。普通冲裁模具广泛采用滑动导柱导套，在高速精密级进模、硬质合金冲模、精冲模以及冲裁薄料的冲裁模具中，广泛采用滚动导柱导套。滑动导柱导套在模具打开时可以脱开，而滚动导柱导套通常在模具打开时仍保持配合，不脱开。

选用导柱、导套时，首先选定标准模架，由模架的规格得到与此模架配套的导柱、导套规格；再根据此规格分别查导柱、导套的标准，得到导柱、导套的具体结构与尺寸。导柱、导套材料推荐 20Cr 和 GCr15。20Cr 表面渗碳深度 0.8～1.2mm，硬度 58～62HRC；GCr15 热处理硬度 58～62HRC。

12.6.5　固定零件的设计及标准的选用

固定零件的作用是将凸模、凹模固定于上下模，以及将上下模固定在压力机上，包括模座、模柄、垫板、固定板、螺钉、销钉等。

12.6.5.1　模座

模座有上模座和下模座，作用是用于装配和支承上模或下模所有零部件。上下模座与导柱、导套组成标准模架。根据导柱、导套间的运动关系不同，标准钢板模架分为冲模滑动导向钢板模架（图 12-96）和冲模滚动导向钢板模架（图 12-97）两种。每种模架按照导柱、导套安装位置的不同又分成 4 种，见表 12-38。

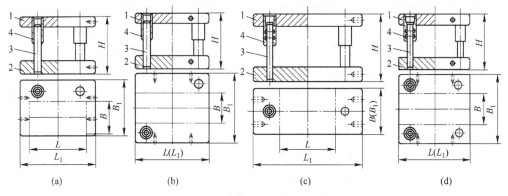

(a)	(b)	(c)	(d)

图 12-96　冲模滑动导向钢板模架

（a）后侧导柱模架；（b）对角导柱模架；（c）中间导柱模架；（d）四导柱模架

1—上模座；2—下模座；3—导柱；4—导套

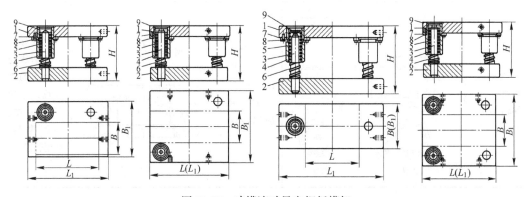

图 12-97　冲模滚动导向钢板模架

1—上模座；2—下模座；3—导柱；4—导套；5—钢球保持圈；6—弹簧；7—压板；8—螺钉；9—限程器

表 12-38　标准钢板模架

名 称		标准代号	结构特点及应用
冲模滑动导向钢板模架	后侧导柱模架	GB/T 23565.1~4—2009	导柱、导套安装在模座的后侧，模座承受偏心载荷，导向精度不高，但送料方便，适用于一般精度要求的模具
	对角导柱模架		导柱、导套对角布置，安装在模座对称中心两侧，导向平稳，精度较高，适用于横向和纵向送料的模具
	中间导柱模架		导柱、导套安装在模座的对称中心线上，导向较平稳，适用于纵向送料的模具
	四柱体模架		导柱、导套安装在模座的 4 个角上，模架受力平衡，稳定性和导向精度较高，适用于尺寸较大及精度较高的模具
冲模滚动导向钢板模架	对角导柱模架	GB/T 23563.1~4—2009	与同类型的滑动导向模架结构相似，但导向精度要高，适用于高精度或冲制薄料的模具
	后侧导柱模架		
	中间导柱模架		
	四导柱模架		

除标准模架外，GB/T 23566.1~4—2009 和 GB/T 23564.1~4—2009 分别规定了冲模滑动导向和滚动导向钢板上模座，GB/T 23562.1~4—2009 规定了冲模钢板下模座。标准模架或模座的选用依据是凹模的外形及尺寸，图 12-96 和图 12-97 所示的 L 和 B 分别代表矩形凹模外形的长和宽。上下模座材料推荐 ZG35、ZG45，所以上述模架为钢板模架。

12.6.5.2　模柄

模柄的作用是把模具的上模固定在压力机滑块上，通常应用于中小型模具。模柄是标准件，标准模柄与上模座的固定方式有多种，见表 12-39。

表 12-39　常用的标准模柄

名称及标准代号	结构简图	装配方式	装配简图	特点及应用
压入式模柄 JB/T 7646.1—2008		与模座孔采用 H7/m6 过渡配合并加销以防转动		可较好地保证轴线与上模座的垂直度，适用于各种中、小型模具，使用普遍

名称及标准代号	结构简图	装配方式	装配简图	特点及应用
旋入式模柄 JB/T 7646.2—2008	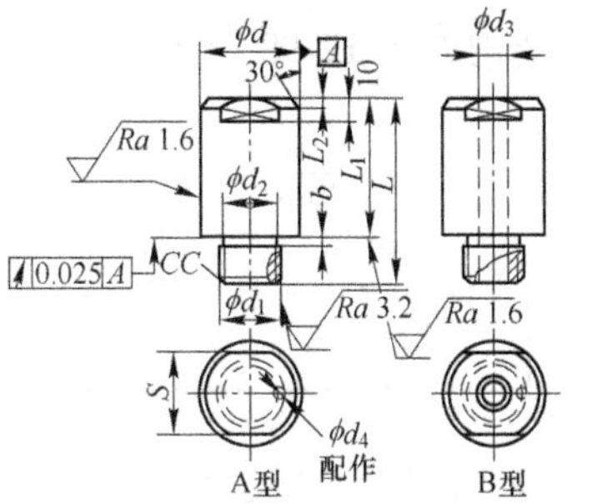	通过螺纹与上模座连接，并加螺钉防止松动	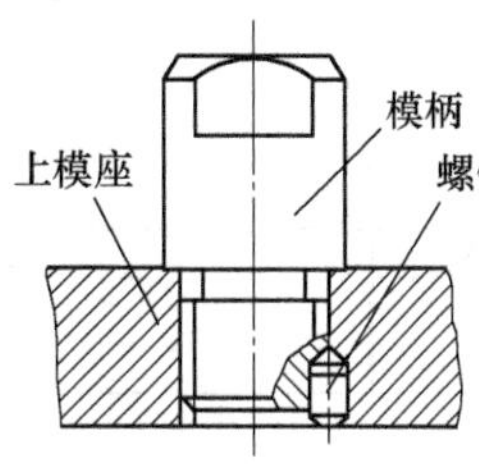	拆装方便，但模柄轴线与上模座的垂直度较差，多用于有导柱的中、小型模具
凸缘模柄 JB/T 7646.3—2008	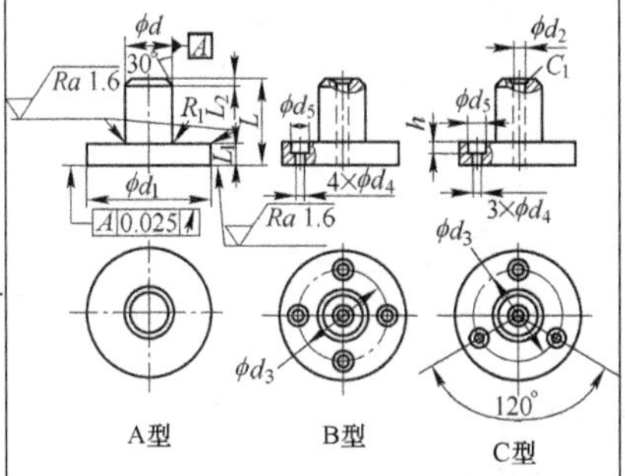	利用 3～4 个螺钉紧固于上模座，模柄的凸缘与上模座的窝孔采用 H7/js6 过渡配合	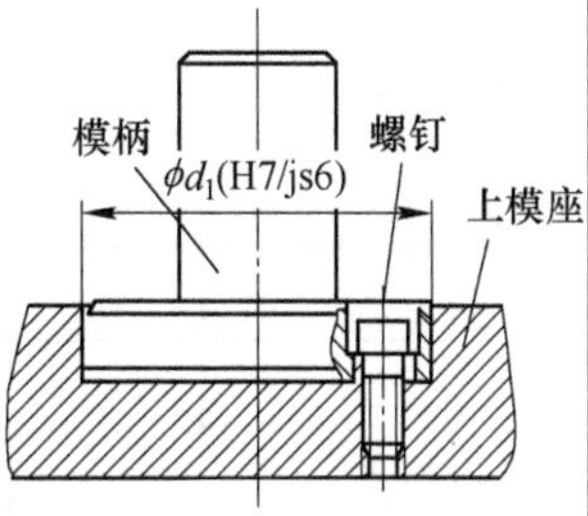	具有上述两种模柄的优点，但会削弱上模座强度，多用于较大型的模具
槽形模柄 JB/T 7646.4—2008	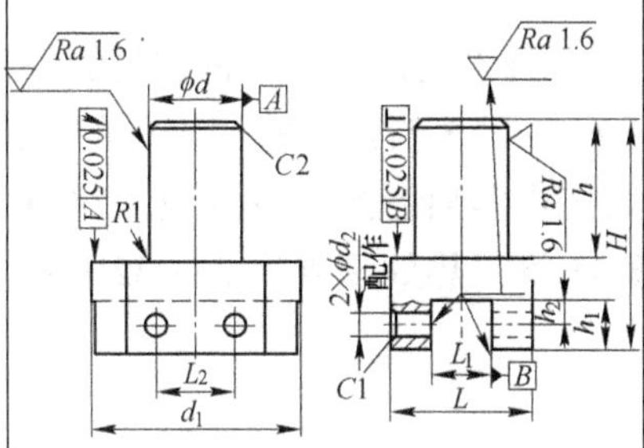	直接用于固定凸模，不需要上模座	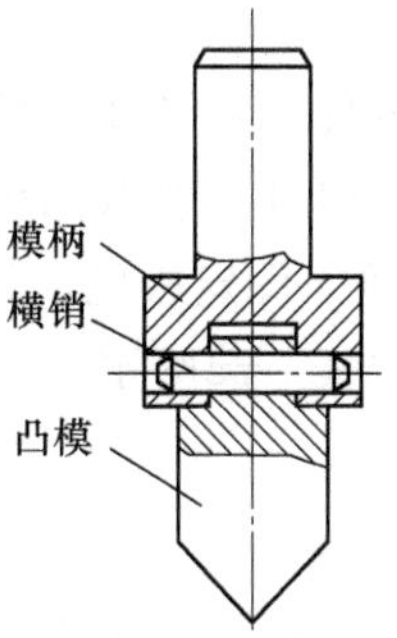	用于简单模中，更换凸模方便
浮动模柄 JB/T 7646.5—2008	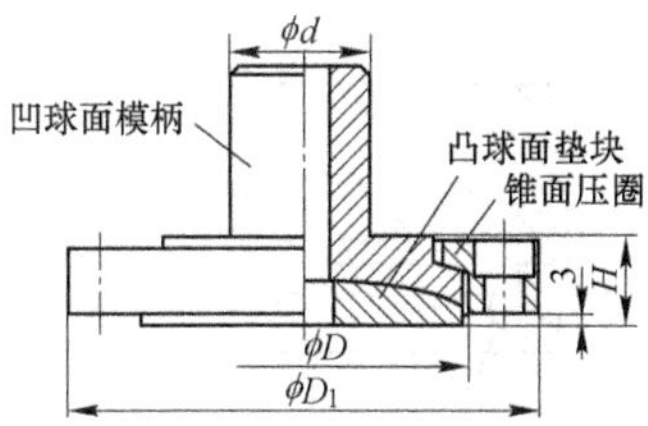	利用 4 或 6 个螺钉将锥面压圈和上模座固定，锥面压圈压紧模柄	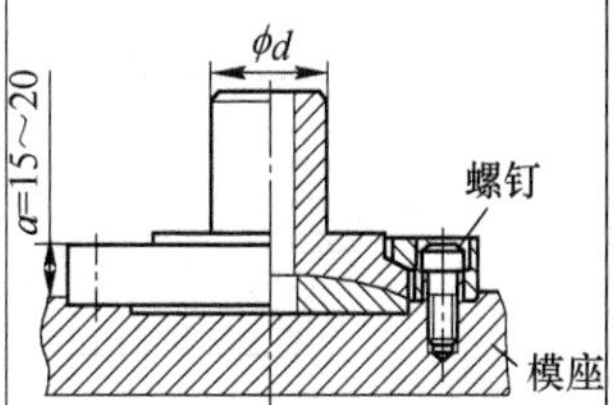	由于凸球面和凹球面的连接，使上模有少许浮动，可以减小滑块误差对模具导向精度的影响，主要用于精密模具

　　模柄的选用依据是压力机模柄孔的直径，必须使压力机模柄孔的直径等于模柄直径 ϕd，其中带孔的模柄适用于有刚性推件装置的模具。模柄材料推荐 Q235A 或 45 钢。

12.6.5.3　固定板

固定板有凸模固定板和凹模固定板（模具中最常见的是凸模固定板）两种，作用是安装并固定小型的凸模或凹模，并作为一个整体最终安装在上模座或下模座上。固定板是标准件，常见的有矩形固定板和圆形固定板两种，结构如图 12-98 所示。

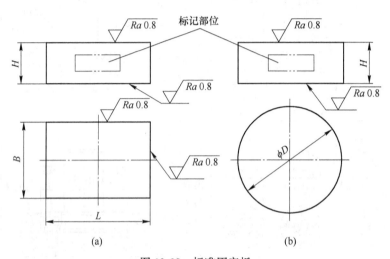

图 12-98　标准固定板

（a）矩形固定板；（b）圆形固定板

凸模固定板的外形及平面尺寸选用依据是凹模的外形及尺寸，即固定板的外形及平面尺寸与凹模相同，厚度一般取凸模固定部分直径的 $1 \sim 1.5$ 倍；凹模固定板的厚度取凹模厚度的 $0.6 \sim 0.8$ 倍。固定板的凸模安装孔与凸模采用过渡配合 H7/m5 或 H7/n5，压装后将凸模端面与固定板一起磨平。固定板材料推荐 45 钢，热处理硬度 $28 \sim 32$HRC，未注表面粗糙度 Ra6.3。

12.6.5.4　垫板

垫板设在凸、凹模与模座之间，承受和分散冲压负荷，防止上下模座被压出凹坑，如图 12-99 所示。

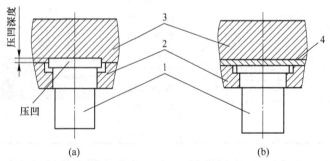

图 12-99　垫板的作用

（a）无垫板；（b）有垫板

1—凸模；2—凸模固定板；3—上模座；4—垫板

典型结构模具中均含有凸模垫板，但实际使用时模具中是否要设置垫板可按下式校核：

$$\sigma = \frac{F}{A} \tag{12-24}$$

式中　σ——凸模施加给模座的单位压力，MPa；

　　　F——凸模承受的冲压力，N；

　　　A——凸模的最小截面积，mm^2。

若 σ 大于模座材料的许用压应力，就需要加垫板，反之则不需要加垫板。但若模具中采用刚性推件装置时则需要加垫板。

垫板是标准件，有圆形垫板和矩形垫板，选用依据是凹模的外形及平面尺寸，即垫板的外形及平面尺寸与凹模相同，厚度一般为 5~12mm，材料推荐 45 钢，热处理硬度 43~45HRC。

12.6.5.5　螺钉与销

冲裁模具中常采用内六角圆柱头螺钉固定模具零件，利用圆柱销对模具零件进行定位。它们都是标准件，设计时按标准选用。通常同一副模具中螺钉、销的直径相同，规格大小可依凹模厚度确定，见表 12-40。

表 12-40　凹模厚度与螺钉直径的关系

凹模厚度/mm	<13	13~19	19~25	25~32	>32
螺钉直径	M4, M5	M5, M6	M6, M8	M8, M10	M10, M12

12.7　冲裁设备的选用与校核

冲裁设备是完成冲裁加工的三要素之一，设备选择合适与否将直接影响模具的使用。冲裁所用设备通常为曲柄压力机，如图 12-100 所示。

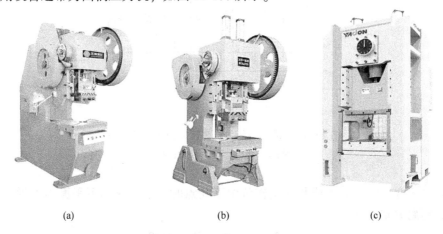

(a)　　　　　　　　　　(b)　　　　　　　　　　(c)

图 12-100　曲柄压力机

（a）开式固定台曲柄压力机；（b）开式可倾曲柄压力机；（c）闭式曲柄压力机

12.7.1 设备的选择

设备选择依据是冲裁工艺力的大小和模具结构，选择步骤如下。

（1）根据模具结构特征计算总的冲裁工艺力 $F_{总}$。采用刚性卸料装置和下出料方式出料时，总的冲裁工艺力为

$$F_{总} = F + F_{推} \tag{12-25}$$

采用弹性卸料装置和上出料方式时，总的冲裁工艺力为

$$F_{总} = F + F_{卸} + F_{顶} \tag{12-26}$$

采用弹性卸料装置和下出料方式时，总的冲裁工艺力为

$$F_{总} = F + F_{卸} + F_{推} \tag{12-27}$$

式中，F、$F_{推}$、$F_{卸}$、$F_{顶}$分别是冲裁力、推件力、卸料力和顶件力，N。

（2）根据总的冲裁工艺力查阅设备资料，使设备的公称压力 $F_{设} \geqslant F_{总}$，由此初步选择设备，并得到设备的有关参数。

12.7.2 校核初选的设备

选择的设备不仅要满足冲裁工艺力要求，还必须与模具在尺寸上相匹配，否则也不能顺利完成冲裁工作。

12.7.2.1 校核闭合高度

压力机的闭合高度是指滑块处于下极限位置时，滑块底面到工作台上表面之间的距离，如图 12-101 所示。由于连杆长度有一个调节量 ΔH，因此压力机的闭合高度有一个最大闭合高度 H_{max} 和最小闭合高度 H_{min}。

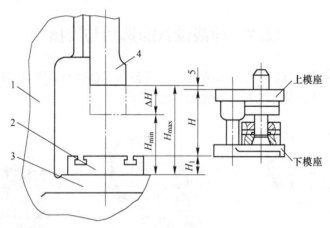

图 12-101 模具与压力机高度方向尺寸的关系
1—床身；2—垫板；3—工作台；4—滑块

模具的闭合高度 H 是指模具在工作位置下死点时，下模座的下平面与上模座的上平面之间的距离 H 应满足

$$H_{max} - 5\text{mm} \geqslant H \geqslant H_{min} + 10\text{mm} \tag{12-28}$$

模具的闭合高度不能大于压力机的最大闭合高度，否则模具不能装在此压力机上；若

模具的闭合高度小于压力机的最小闭合高度，则可通过增加垫板满足要求。

12.7.2.2　校核平面尺寸

模具的总体平面尺寸应该与压力机工作台或垫板的平面尺寸以及滑块下平面尺寸相适应。通常要求下模座的平面尺寸比压力机工作台漏料孔的尺寸单边大 40~50mm，比工作台板长度单边小 50~70mm。当模具中使用顶出装置时，压力机工作台漏料孔的尺寸必须能安装弹顶器。

12.7.2.3　校核模柄孔尺寸

模具的模柄直径应与滑块的模柄孔尺寸相适应，通常要求两者的公称直径相等。在没有合适的模柄尺寸时，允许模柄直径小于模柄孔的直径，装配时在模柄的外面加装一个模柄套，如图 12-102 所示。

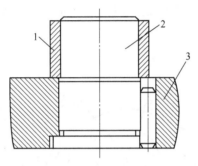

图 12-102　模柄套装配示意图
1—模柄套；2—模柄；3—上模座

实际生产时，设备应该根据设计者所在公司现有设备的情况进行选择，因此在模具总体结构设计时就应该考虑模具的总体外形尺寸，否则有可能会出现设计出来的模具与现有设备不匹配的情况。

思 考 题

12-1　简述影响冲裁件断面质量的主要因素及影响规律。

12-2　简述冲裁模间隙对冲裁工艺力及模具寿命的影响。

12-3　简述确定冲裁工艺方案的方法和步骤。

12-4　简述计算冲裁凸、凹模刃口尺寸的基本原则。

12-5　简述排样类型及排样类型的选择方法。

12-6　试比较单工序模、复合模与级进模的特点。

12-7　简述典型模具结构的零件组成。

12-8　简述挡料销、导料板、侧刃、导正销的作用。

12-9　简述标准模架、模柄的选用依据。

12-10　简述卸料装置的结构形式及各自的卸料原理。

12-11　当采用复合冲压冲制图 12-103 所示工件时，试计算所需冲裁力。已知材料为 Q235，材料厚度 2mm，抗剪强度 310MPa。

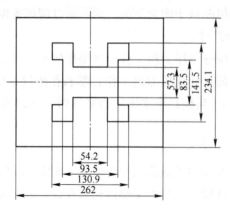

图 12-103　题 12-11 图

12-12　冲制图 12-104 所示工件，材料为 08 钢，材料厚度 1mm，大批量生产，试完成：

（1）工艺设计。

（2）模具设计。

（3）绘制模具装配草图。

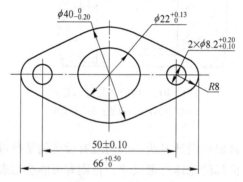

图 12-104　题 12-12 图

13　弯曲工艺与模具设计

在冲压生产中，利用模具将制件弯曲成一定角度和形状的加工方法，称为弯曲，如图 13-1 所示。弯曲是冲压加工的基本工序之一，属于成型工序，在冲压生产中应用广泛，可用于制造大型结构零件，如汽车大梁、飞机蒙皮等；也可用于制造精细零件，如各种连接端子等。弯曲所用的毛坯可以是板材、型材、管材或棒材，如图 13-2 所示。

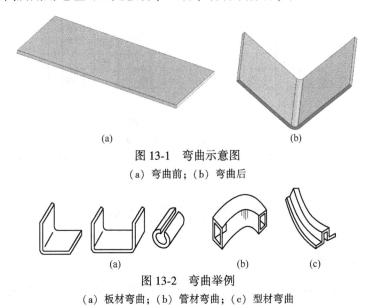

(a)　　　　　　　　　　　　　　　(b)

图 13-1　弯曲示意图

（a）弯曲前；（b）弯曲后

(a)　　　　　　　(b)　　　　　　　(c)

图 13-2　弯曲举例

（a）板材弯曲；（b）管材弯曲；（c）型材弯曲

弯曲根据所使用工具与设备的不同，可分为板料压弯、折弯、滚弯、拉弯等（图 13-3）。弯曲使用的模具称为弯曲模，它是弯曲过程中必不可少的工艺装备。图 13-4 所示

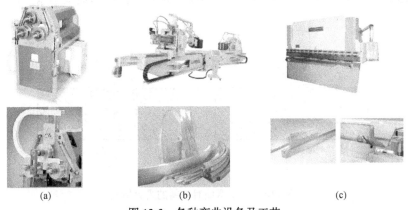

(a)　　　　　　　　　　(b)　　　　　　　　　　(c)

图 13-3　各种弯曲设备及工艺

（a）滚弯机及滚弯工艺；（b）拉弯机及拉弯产品；（c）折弯机、折弯模具及折弯工艺

为一副常见的 V 形件弯曲模。弯曲开始前，先将平板毛坯放入定位板 4 中定位，然后凸模 6 下行，与顶料杆 5 将板料压住（防止板料在弯曲过程中发生偏移），实施弯曲，直至板料与凸模 6、凹模 2 完全贴紧，最后开模，V 形件被顶料杆 5 顶出。

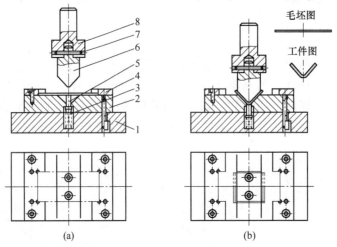

图 13-4　V 形件弯曲模

（a）弯曲前；（b）弯曲结束

1—下模座；2—凹模；3—弹簧；4—定位板；5—顶料杆；6—凸模；7—横销；8—槽形模柄

13.1　弯曲变形过程分析

13.1.1　弯曲变形过程

V 形弯曲是最基本的弯曲，任何复杂弯曲都可以看成是由多个 V 形弯曲组成，这里以 V 形弯曲为代表分析弯曲变形过程。图 13-5 所示为 V 形弯曲时板料的受力情况示意图。弯曲前，将板料 2 直接放在凹模 3 上，当凸模 1 下行到与板料接触时，凸模 1 即施加给板料 2 F 的弯曲力，由于板料 2 与凹模 3 的接触是在 A、B 两点，且中间悬空，因此板料 2 的 OA 和 OB 段将分别受到弯矩 $M=FL$ 的作用而绕着 O 点产生弯曲变形。

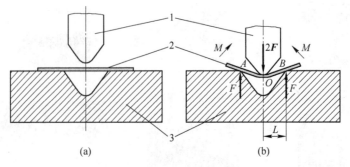

图 13-5　V 形弯曲时板料的受力情况

（a）弯曲前；（b）弯曲后

1—凸模；2—板料；3—凹模

图 13-6 所示为 V 形件的弯曲过程。开始弯曲时，毛坯的弯曲内侧半径大于凸模的圆角半径。随着凸模的下压，毛坯的直边与凹模 V 形表面逐渐靠近，弯曲内侧半径逐渐减小，即：

$$r_0 > r_1 > r_2 > r$$

同时弯曲力臂也逐渐减小，即：

$$l_0 > l_1 > l_2 > l$$

当弯曲凸模下行到图 13-6（c）所示位置时，凸模与板料由原来的一点接触变为三点接触，此后凸模继续下压，板料将会产生反向弯曲直至与凸模、凹模的工作表面完全贴合，如图 13-6（d）所示。

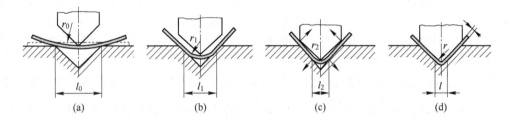

图 13-6　V 形件的弯曲过程
（a）开始弯曲；（b）弯曲中间；（c）接近弯曲结束；（d）弯曲结束

弯曲变形有自由弯曲和校正弯曲两种。自由弯曲通常是指用不带底的凹模进行弯曲，如图 13-7（a）所示；校正弯曲通常是指在弯曲终了前，凸模给板料施加足够大的压力使其进一步产生塑性变形，从而得到校正，如图 13-7（b）所示。校正弯曲得到的弯曲件的质量明显好于自由弯曲。

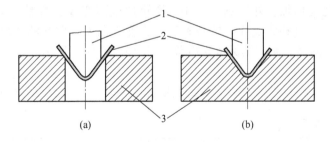

图 13-7　自由弯曲与校正弯曲
（a）自由弯曲；（b）校正弯曲
1—凸模；2—板料；3—凹模

13.1.2　弯曲变形特点

为了了解在弯曲模具的作用下板料沿长度、宽度和厚度方向上产生的塑性变形，这里通过网格试验进行验证，即弯曲前在弯曲板料的断面上划出均匀的正方形网格（图 13-8（a）），再将此板料进行弯曲（图 13-8（b）），通过比较弯曲前后网格的变化得出材料的流动情况。

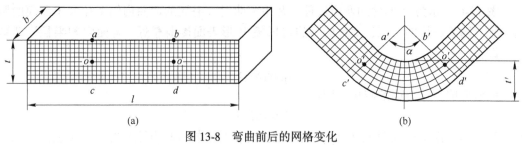

图 13-8　弯曲前后的网格变化

(a) 弯曲前；(b) 弯曲后

对比弯曲前后网格的变化可知，弯曲变形具有以下几个特点：

（1）弯曲变形后，毛坯分成了直边和圆角两个部分，弯曲变形主要发生在圆角 α 范围内。圆角范围内的网格发生了明显的形状改变，由弯曲前的正方形变成了扇形，而其他位置的网格基本保持形状不变，说明弯曲变形不是整个板料发生变形，而是局部的。圆角 α 范围是弯曲变形的主要变形区。这里的 α 称为弯曲中心角。

（2）变形区的材料在长度（切向）方向发生了明显的变形，且变形不均匀。变形前：$\overline{ab}=\overline{cd}=\overline{oo}$；变形后：$\overset{\frown}{a'b'}<\overset{\frown}{o'o'}<\overset{\frown}{c'd'}$，且 $\overline{oo}=\overset{\frown}{o'o'}$。说明以 oo 金属层为界，贴近凸模区域（称为内区）的材料沿长度方向被压缩而缩短了，且越往内侧压缩得越多，最内侧 $\overset{\frown}{a'b'}$ 压缩得最多；贴近凹模区域（称为外区）的材料沿长度方向被拉伸而伸长了，且越往外侧伸长得越多，最外侧 $\overset{\frown}{c'd'}$ 伸长得最多。中间出现了一层既不伸长也不缩短的金属层，称为应变中性层。

（3）变形区的厚度发生了变化，由弯曲前的 t 变为弯曲后的 t'，且 $\eta=t'/t\leqslant 1$，如图 13-9（a）所示，说明变形区的厚度减薄了，减薄程度与 r/t 的比值有关，r/t 越小，变薄越严重。η 称为减薄系数。

（4）宽度方向的变化与 b/t 的比值有关，分两种情况：1）当弯曲 $b/t<3$（称为窄板）的板料时，内区宽度增加，外区宽度减小，原矩形截面变成了扇形，如图 13-9（b）所示；2）当弯曲 $b/t>3$（称为宽板）的板料时，宽度方向没有明显的变形，即弯曲前横截面是矩形，弯曲后的横截面依然保持为矩形，如图 13-9（c）所示。

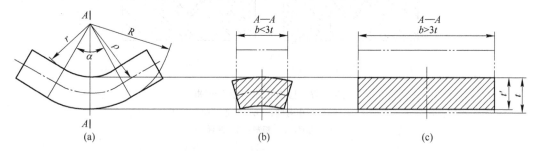

图 13-9　弯曲变形区宽度方向的变化

（a）弯曲示意图；（b）窄板弯曲；（c）宽板弯曲

b, t—弯曲前板料横截面的宽度和厚度；t'—弯曲后变形区的厚度

13.1.3　弯曲变形区的应力应变状态

由弯曲变形特点可以看出，宽板和窄板、内区和外区的弯曲变形各不相同，因此表现

出各不相同的应力应变状态，见表 13-1。

表 13-1 弯曲变形时的应力应变状态

变形区域	板的类型			
	窄板		宽板	
	应变状态	应力状态	应变状态	应力状态
内区	ε_P ε_θ ε_B	σ_P σ_θ	ε_P ε_θ	σ_P σ_θ σ_B
外区	ε_P ε_θ ε_B	σ_P σ_θ	ε_P ε_θ	σ_P σ_θ σ_B

注：1. σ_θ、σ_P、σ_B 分别为长度方向（切向）、厚度方向（径向）、宽度方向（横截面）的应力。

2. ε_θ、ε_P、ε_B 分别为长度方向（切向）、厚度方向（径向）、宽度方向（横截面）的应变。

从表 13-1 看出，窄板弯曲时的应变状态是立体的，应力状态是平面的，宽板弯曲时的应变状态是平面的，应力状态是立体的。

由上述应力应变分析可知：

（1）从弯曲变形特点看，弯曲件最外侧的拉伸变形最为严重，当弯曲变形超出材料允许的变形极限时，将在弯曲变形区的外侧产生裂纹，这是导致弯曲件报废的原因之一。

（2）弯曲变形区变形最为严重的是沿切向的变形，因此切向变形是绝对值最大的主变形，根据塑性变形体积不变定律，其他方向的变形将与主变形方向相反。

（3）弯曲变形是塑性变形，材料流动遵循最小阻力定律，因此窄板弯曲在宽度方向上几乎不受阻力作用，可以自由变形，而宽板在宽度方向则受到较大的阻力，几乎不能产生变形。最终的结果是窄板横截面发生内区变宽，外区变窄的变形，宽板仍然保持原来的矩形截面形状。

13.2 弯曲件质量分析及控制

根据弯曲变形特点，弯曲件可能产生的质量问题通常有弯裂、回弹、偏移、翘曲、变形区厚度变薄和弯曲长度增加等。

13.2.1 弯裂

弯裂是指弯曲件外侧表面出现裂纹的现象（图13-10）。产生弯裂的主要原因是弯曲变形程度超出被弯材料的成形极限。因此，只要限制每次弯曲时的变形程度，就可以避免弯裂。

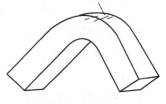

图 13-10 弯裂

13.2.1.1　弯曲变形程度

弯曲变形区材料沿切向变形量最大，因此可以用切向变形量来表示弯曲变形程度的大小。如图 13-11 所示，在变形区外区任意取一层金属，该层金属距应变中性层的距离为 y，则该层金属在弯曲过程中所产生的切向应变为：

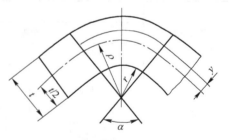

$$\varepsilon_\theta = \frac{(\rho+y)\alpha-\rho\alpha}{\rho\alpha} = \frac{y}{\rho} \qquad (13\text{-}1)$$

由式（13-1）可以看出，切向应变值的大小与该层金属与应变中性层的距离成正比，因此外区切向应变最大的地方在变形区的最外侧。将 $y=t/2$，$\rho=r+t/2$ 代入上式，并整理得：

图 13-11　板料弯曲时的变形程度

$$\varepsilon_{\theta max} = \frac{1}{1+2r/t} \qquad (13\text{-}2)$$

式中　$\varepsilon_{\theta max}$——最大切向应变；

　　　r——弯曲半径，mm；

　　　t——板料厚度，mm。

式（13-2）中，r/t 称为相对弯曲半径，该值的大小与 $\varepsilon_{\theta max}$ 呈近似反比关系，说明 r/t 的比值越小，最外侧的切向伸长变形越大。当 r/t 的值小到某一最小值 r_{min}/t 时，$\varepsilon_{\theta max}$ 将超出板料允许的变形极限而导致弯裂，因此这里可以采用相对弯曲半径 r/t 值的大小来衡量弯曲变形程度的大小。r/t 越小，弯曲变形程度越大。r_{min}/t 用于限制弯曲变形的极限程度，是弯曲工艺中的重要工艺参数。

图 13-12 所示为弯曲工艺过程中涉及的各参数，其中：（1）弯曲变形区的内圆角半径 r 称为弯曲半径；（2）弯曲半径与板料厚度的比值 r/t 称为相对弯曲半径；（3）弯曲时板料最外层纤维濒于拉裂时的弯曲半径称为最小弯曲半径 r_{min}；（4）最小弯曲半径与板料厚度的比值 r_{min}/t 称为最小相对弯曲半径；（5）制件被弯曲加工的角度，即弯曲后制件直边夹角的补角 α_1 称为弯曲角；（6）弯曲后变形区圆弧部分所对的圆心角 α 称为弯曲中心角；（7）弯曲后制件直边的夹角 θ 称为弯曲件角度。

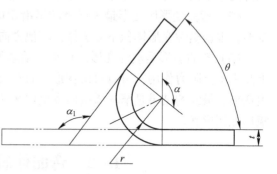

图 13-12　弯曲工艺过程中设计的各参数

13.2.1.2　最小相对弯曲半径及其影响因素

最小相对弯曲半径 r_{min}/t 值的大小反映了材料允许的弯曲变形极限的大小，该值越小，允许的弯曲变形极限越大，因此该值越小越有利于弯曲变形。影响该值的因素主要有以下几点。

A　材料的力学性能

由于弯裂是变形区外侧的切向变形量超出材料允许的变形极限造成的，因此材料的塑性越好，允许产生的塑性变形越大，许可的最小相对弯曲半径值就越小。

在实际生产中，对于因冷作硬化导致材料塑性降低而出现的开裂，应在弯曲前安排退火工艺以恢复材料的塑性，对镁合金、钛合金等低塑性材料通常需要加热弯曲。

B 材料表面和侧面的质量

弯曲件所用毛坯多为剪板机剪切或落料所得，断面粗糙且有毛刺，并有冷作硬化层。当将有毛刺的一端置于弯曲变形区外侧，或毛坯的外侧表面有划伤、裂纹等缺陷时，必须采用较大的最小相对弯曲半径值。

C 弯曲线与板料纤维组织方向之间的关系

弯曲用板料多为冷轧钢板，具有明显的纤维组织方向，通常顺着纤维组织方向的塑性指标优于其他方向。因此，当弯曲线垂直于纤维组织方向时可以产生较大的塑性变形，即可以采用较小的最小相对弯曲半径值；当弯曲线平行于纤维组织方向时，则必须采用较大的最小相对弯曲半径值，如图 13-13（a）（b）所示。当同一个制件上出现 2 个或 2 个以上相互垂直的弯曲线时，则弯曲线与纤维组织方向必须成一定的角度，如图 13-13（c）所示。

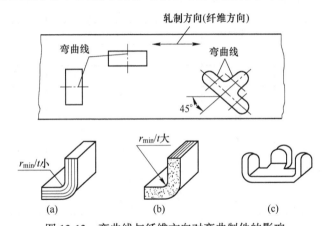

图 13-13 弯曲线与纤维方向对弯曲制件的影响

（a）弯曲线垂直于纤维方向；（b）弯曲线平行于纤维方向；（c）制件具有多个弯曲线

此外，弯曲中心角和板料厚度也对弯曲半径产生影响。通常弯曲中心角在 90° 以内时，随着角度的增大允许的弯曲半径值也增大。薄料更易弯曲，即弯曲薄料时允许的弯曲半径值要比厚料小。

13.2.1.3 最小弯曲半径值

由于上述各种因素的影响十分复杂，所以以最小弯曲半径的数值一般用试验方法确定。部分金属材料在不同状态下的最小弯曲半径的数值见表 13-2。

表 13-2 部分金属材料在不同状态下的最小弯曲半径数值

材　　料	弯曲线与轧制方向垂直	弯曲线与轧制方向平行
08F、08Al	$0.2t$	$0.4t$
10、15、Q195	$0.5t$	$0.8t$
20、Q215A、Q235A、09MnXtL	$0.8t$	$1.2t$
25、30、35、40、Q275A、10Ti、13MnTi、16MnL、16MnXtL	$1.3t$	$1.7t$

材　　料		弯曲线与轧制方向垂直	弯曲线与轧制方向平行
65Mn	T	2.0t	4.0t
	Y	3.0t	6.0t
12Cr18Ni9	I	0.5t	2.0t
	Bl	0.3t	0.5t
	R	0.1t	0.2t
1J79	Y	0.5t	2.0t
	M	0.3t	0.5t
3J1	Y	3.0t	6.0t
	M	0.3t	0.6t
5J53	Y	0.7t	1.2t
	M	0.4t	0.7t
TA2	冷作硬化	3.0t	4.0t
TA5		5.0t	6.0t
TB2		7.0t	8.0t
H62	Y	0.3t	0.8t
	Y2	0.1t	0.2t
	M	0.1t	0.1t
HPb59-1	Y	1.5t	2.5t
	M	0.3t	0.4t
BZn15-20	Y	2.0t	3.0t
	M	0.3t	0.5t
QSn6.5-0.1	Y	1.5t	2.5t
	M	0.2t	0.3t
QBe2	Y	0.8t	1.5t
	M	0.2t	0.3t
T2	Y	1.0t	1.5t
	M	0.1t	0.1t
1050A、1035	Y	0.7t	1.5t
	M	0.1t	0.2t
7A04	CSY	2.0t	3.0t
	M	1.0t	1.5t
5A05、5A06、3A21	Y	2.5t	4.0t
	M	0.2t	0.3t
2A12	CZ	2.0t	3.0t
	M	0.3t	0.4t

注：1. 表中 t 为板料厚度。

2. 表中数值适用于 90°V 形校正压弯，毛坯板厚小于 20mm、宽度大于 3 倍板料厚度，毛坯剪切面的光亮带在弯角外侧。

13.2.1.4　控制弯裂的措施

（1）选择塑性好的材料进行弯曲，对冷作硬化的材料在弯曲前进行退火处理。

（2）采用 r/t 大于 $r_{\min}/t$ 的弯曲。

（3）排样时，使弯曲线与板料的纤维组织方向垂直。

（4）将有毛刺的一面朝向弯曲凸模一侧，或弯曲前去除毛刺。避免弯曲毛坯外侧有任何划伤、裂纹等缺陷。

13.2.2　回弹

回弹是指弯曲制件从模具中取出后，其形状与尺寸变得与模具形状和尺寸不一致的现象。如图 13-14 所示。回弹是由于弯曲变形区内的总变形包含了弹性变形和塑性变形，当弯曲件从模具中取出后弹性变形部分发生回复造成的。由于弯曲时内外区切向应力方向不一致，因此弹性回复方向相反。即外区弹性缩短而内区弹性伸长，结果内外区的回弹加剧。弯曲回弹是所有冲压工序中回弹量最大的，且是无法消除的，严重影响弯曲件的质量，必须通过工艺设计和模具设计来适当减小。

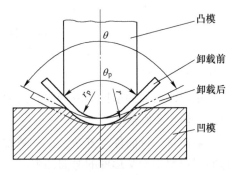

图 13-14　弯曲件卸载前后的形状和尺寸的改变

θ—弯曲后工件实际角度；r—弯曲后工件的实际半径；θ_p—凸模角度；r_p—凸模半径

13.2.2.1　回弹的表现形式

弯曲回弹的表现形式有两个方面。

（1）弯曲半径的改变，由加载时的 r_p 变为卸载时的 r。

（2）弯曲件角度的改变，改变量 $\Delta\theta = \theta - \theta_p$。当 $\Delta\theta > 0$ 时，称为正回弹，即回弹后工件的实际角度大于模具的角度；当 $\Delta\theta < 0$ 时，称为负回弹，即回弹后工件的实际角度小于模具的角度。回弹量的大小通常以角度改变量 $\Delta\theta$ 的大小来衡量。

13.2.2.2　影响回弹的因素

影响回弹的因素主要有以下几点。

A　材料的力学性能

回弹量的大小与材料的屈服强度 R_{eL} 和硬化指数 n 成正比，与弹性模量 E 成反比。如图 13-15（a）所示，两种材料的屈服强度和硬化指数相同，但弹性模量不同（$E_1 > E_2$），在产生相同变形量 ε 的情况下，材料 1 内部所包含的弹性变形量 ε_1' 却小于材料 2 内部所包含的弹性变形量 ε_2'，说明回弹量与弹性模量成反比。图 13-15（b）所示两种材料的弹性模量和硬化指数相同，屈服强度不同，屈服强度大的材料（材料 4）的回弹大于屈服强度小的材料（材料 3）的回弹，说明回弹量与屈服强度成正比。

B　相对弯曲半径

相对弯曲半径 r/t 越大，表示弯曲变形程度越小，总变形内部弹性变形量所占比例越大，回弹越大。

C　弯曲中心角

弯曲中心角越大，变形区的长度越长，回弹积累值也越大，故回弹越大。

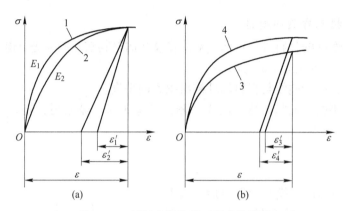

图 13-15　材料力学性能对回弹的影响

（a）弹性模量对回弹量的影响；（b）强度对回弹量的影响

D　弯曲方式

校正弯曲的回弹量比自由弯曲时大为减小，甚至可能出现负回弹。

E　弯曲件的形状

一般而言，弯曲件越复杂，一次弯曲成形角的数量越多，回弹量就越小。如 U 形件的弯曲回弹就小于 V 形件的弯曲回弹。

模具设计时，为保证生产出合格的弯曲件，必须预先考虑弯曲件回弹的影响，以适当的回弹量进行补偿。由于影响回弹量的因素很多，各因素往往相互影响，因此，很难实现对回弹量的精确计算或分析。一般情况下，模具设计时，对回弹量的确定大多按经验确定，通过实际试模修正。

13.2.2.3　减小回弹的措施

根据上述影响因素，减小回弹的主要措施有以下几点。

（1）改进弯曲件的设计，合理选材。

1）尽量避免选用过大的 r/t。如有可能，在弯曲区压制加强筋（图 13-16），以提高零件的刚度，抑制回弹。

2）尽量选用屈服强度小、硬化指数小、弹性模量大的板料进行弯曲。

（2）采取适当的弯曲工艺，改变变形区的应力应变状态。

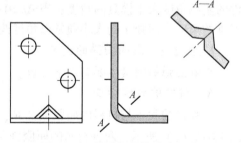

图 13-16　设计加强筋减小回弹

1）采用校正弯曲代替自由弯曲。利用有底凹模的校正弯曲代替无底凹模的自由弯曲，这样可以大大减小弯曲回弹，这也是实际生产中经常采用的方法之一。

2）采用拉弯工艺。拉弯工艺如图 13-17 所示，在板料弯曲的同时沿长度方向施加拉力，使整个变形区均处于拉应力状态。以消除弯曲变形区内外区回弹加剧的现象。达到减小回弹的目的。生产中通常采用这种方法弯曲 r/t 很大的弯曲件，如飞机蒙皮的成形。

3）对冷作硬化的材料须先退火，使其屈服强度降低。对回弹较大的材料必要时采用加热弯曲。

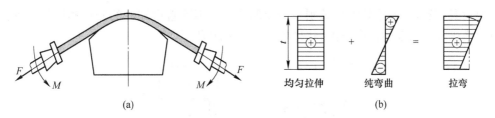

图 13-17 拉弯工艺

（a）拉弯工艺；（b）拉弯时的切向应力分布

（3）合理设计弯曲模。

1）补偿法。即预先估算或试验出工件弯曲后的回弹量，在设计模具时，根据回弹量的大小对模具工作部分进行修正，保证获得理想的形状和尺寸。单角弯曲时，根据估算的回弹量将模具的角度减小，如图 13-18（a）所示；双角弯曲时，可在凸模两侧做出回弹角并适当减小间隙（图 13-18（b））或将模具底部做成弧状（图 13-18（c））进行补偿。这种方法简单易行，在生产中广泛采用。

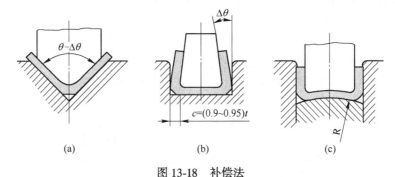

图 13-18 补偿法

（a）单角弯曲减小模具角度；（b）双角弯曲设计回弹角；（c）模具底部做成弧形

2）对于相对弯曲半径不大时且厚度在 0.8mm 以上的软材料，可把凸模做成图 13-19 所示的结构，使凸模的作用力集中在变形区，以改变应力状态达到减小回弹的目的。但此时容易在弯曲件圆角部位压出痕迹。

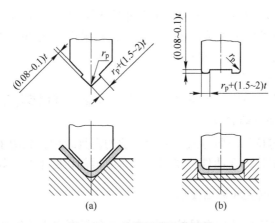

图 13-19 凸模局部凸起结构

（a）V 形弯曲时；（b）U 形弯曲时

3）用橡胶或聚氨酯软模代替刚性金属凹模。可消除直边部分的变形和回弹。并通过调节凸模压入软凹模的深度来控制回弹，如图 13-20 所示。

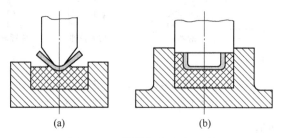

(a)　　　　　　　　　　(b)

图 13-20　软模弯曲减小回弹

(a) V 形弯曲时；(b) U 形弯曲时

13.2.3　偏移

偏移是指弯曲过程中毛坯在模具中发生移动的现象，如图 13-21 所示。偏移会使弯曲件两直边的长度不符合图样要求，因此必须消除偏移。

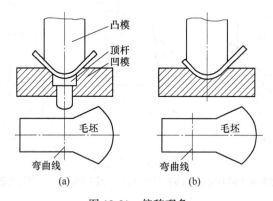

(a)　　　　　　　　　　(b)

图 13-21　偏移现象

(a) 无偏移现象；(b) 产生偏移现象

13.2.3.1　产生偏移的原因

（1）弯曲件毛坯形状左右不对称，弯曲时毛坯两边与凹模表面的接触面积不相等，导致毛坯滑进凹模时两边的摩擦力不等，使毛坯向接触面积大的一边移动。

（2）毛坯定位不稳，压料效果不理想。

（3）模具结构左右不对称。

此外，模具间隙两边不相同、润滑不一致时，都会导致偏移现象发生。

13.2.3.2　控制偏移的措施

（1）选择可靠的定位和压料方式，采用合适的模具结构，如图 13-22 所示。

（2）对于小型不对称的弯曲件，采用成对弯曲再剖切的工艺，如图 13-23 所示。

13.2.4　板料横截面的畸变和翘曲变形

窄板弯曲时，变形区外区切向受拉伸长使板宽和板厚产生压缩变形，内区切向受压缩短使板宽和板厚产生伸长变形，结果使变形区的横截面变成内宽外窄的梯形，即截面发生

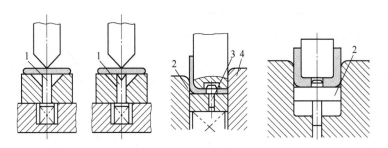

图 13-22　可靠的定位和压料

1—顶杆；2—顶板；3—定位销；4—止推块

畸变，使内表面的宽度 $b_1>b$，外表面的宽度 $b_2<b$，如图 13-24（a）所示。如果弯曲件的宽度 b 的精度要求较高（不允许出现 $b_1>b$）时，可在毛坯的弯曲线处预先切出工艺切口，如图 13-24（b）所示。

　　宽板弯曲时，变形区在宽度方向上受到较大的阻力，几乎不变形，因此变形后的横截面仍能保持为矩形，但由于内区受压应力，外区受拉应力，这种方向相反的力在变形区内部形成弯矩，卸载后会引起弹性回复，造成弯曲后板料的弯曲线不能保持为直线而发生翘曲现象，如图 13-24（c）所示。

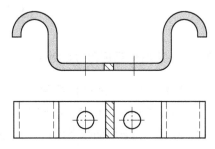

图 13-23　小型不对称弯曲件成对弯曲

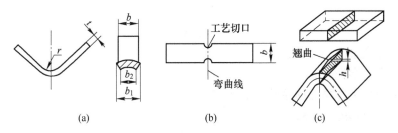

(a)　　　　　　　　(b)　　　　　　　　(c)

图 13-24　板料横截面的畸变和翘曲变形

（a）窄板弯曲时截面畸变；（b）弯曲线预先切工艺口；（c）弯曲线发生翘曲现象

　　克服翘曲可从模具结构上采取措施，可以通过加侧板的模具或预先将翘曲量 h 设计在与翘曲相反的方向上，如图 13-25 所示。

　　此外，在弯曲型材和管材时，也易导致截面畸变发生，如图 13-26 所示。此时可通过校正弯曲减小型材截面的畸变，通过在管材内加填料避免管材的截面畸变发生。

13.2.5　变形区变薄和弯曲长度增加

　　当弯曲 $r/t<4$ 的板料时，弯曲变形区的总厚

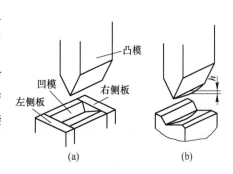

图 13-25　克服翘曲的方法

（a）加侧板；（b）预先设计翘曲量

度会变薄，且 r/t 比值越小，厚度的变薄越严重，
这种变薄现象会影响零件的使用性能，必须采取
合适的措施消除。

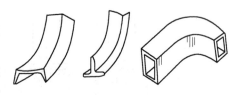

图 13-26　截面畸变

　　在宽板弯曲时，由于材料沿宽度方向几乎不
变形，根据塑性变形体积不变的规律，弯曲件的
长度必然增加，且 r/t 比值越小，长度增加越多，
从而给弯曲毛坯尺寸的确定带来困难，因此在计算弯曲件的毛坯长度时，在计算的基础上
需通过多次试验才能获得比较准确的尺寸。通常弯曲件的模具设计步骤是先设计弯曲模，
通过试模得到准确的毛坯尺寸，再设计落料模。

13.3　弯曲工艺计算

13.3.1　弯曲件毛坯尺寸的计算

13.3.1.1　应变中性层的位置

　　由于应变中性层是弯曲变形前后长度保持不变的金属层，因此其展开长度就是弯曲毛坯的
长度。中性层位置以曲率半径 ρ 表示，可以通过弯曲变形前后体积不变求出（图13-27），即：

$$lbt = \pi(R^2 - r^2)b\alpha/(2\pi)$$

将 $R = r + t'$，$l = \rho\alpha$，$\eta = t'/t$ 代入并简化得：

$$\rho = (r + \eta t/2)\eta$$

简写成：

$$\rho = r + xt \tag{13-3}$$

式中　ρ——应变中性层半径，mm；

　　　　r——弯曲半径，mm；

　　　　x——应变中性层位移系数（表 13-3）；

　　　　t——材料厚度，mm。

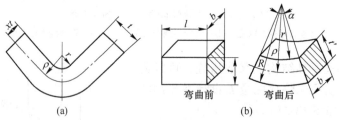

图 13-27　应变中性层位置

（a）二维剖面示意图；（b）弯曲前后三维示意图

表 13-3　V 形压弯 90°时应变中性层位移系数 x 值

r/t	0.3	0.4	0.5	0.6	0.7	0.8	0.9	1.0	1.1	1.2
x	0.18	0.22	0.24	0.25	0.26	0.28	0.29	0.30	0.32	0.33
r/t	1.3	1.4	1.5	1.6	1.8	2.0	2.5	3.0	4.0	≥5.0
x	0.34	0.35	0.36	0.37	0.39	0.40	0.43	0.46	0.48	0.50

13.3.1.2 弯曲件毛坯尺寸的确定

由于实际生产中的弯曲多为宽板弯曲，因此弯曲工件的宽度即为毛坯的宽度，这里只需要确定弯曲件的展开长度，即弯曲件在弯曲前的展开长度。

弯曲件的形状不同、弯曲半径不同、弯曲方法不同，其展开长度的计算方法也不一样。一般来说，圆角半径 $r>0.5t$ 的弯曲件，在弯曲过程中毛坯中性层的尺寸基本不发生变化，因此，计算弯曲件展开长度，只需计算中性层展开尺寸即可。对于圆角半径 $r<0.5t$ 的弯曲件，由于弯曲区域内材料变薄严重，其展开长度应按体积不变原则进行计算。

A 圆角半径 $r>0.5t$ 的弯曲件

如上所述，此类弯曲件的展开长度是根据弯曲前后毛坯中性层尺寸不变的原则进行计算的，其展开长度等于所有直线段及弯曲部分中性层展开长度之和（图 13-28）。

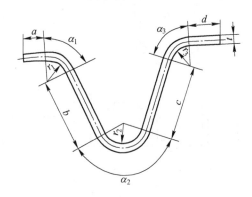

图 13-28　展开长度计算

具体计算步骤如下：

（1）从弯曲件一端开始，将其分成若干直线段和圆弧段，计算直线段 a、b、c、d 的长度。

（2）根据表 13-3 查出应变中性层位移系数 x 值。

（3）按式（13-3）确定各圆弧段中性层弯曲半径 ρ。

（4）根据各中性层弯曲半径 ρ_1，ρ_2，$\cdots$，ρ_i 与对应弯曲中心角 α_1，α_2，$\cdots$，α_i 计算各圆弧段展开长度 l_1，l_2，$\cdots$，l_i。

$$l_i = \pi \rho_i \alpha_i / 180°$$

（5）计算总展开长度 L。

$$L = a + b + c + d + l_1 + l_2 + l_3$$

当弯曲件的弯曲角度为 90° 时（图 13-29），弯曲件展开长度计算可简化为：

$$L = a + b + 1.57(r + xt)$$

B 圆角半径 $r<0.5t$ 的弯曲件

此类弯曲件展开长度是根据弯曲前后材料体积不变的原则进行计算的，其计算公式见表 13-4。

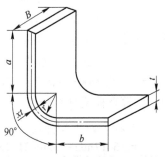

图 13-29　弯曲角度为 90° 时的展开长度计算

表 13-4　$r<0.5t$ 弯曲件展开长度的经验公式

序号	弯曲特征	简　图	公　式
1	弯一个角	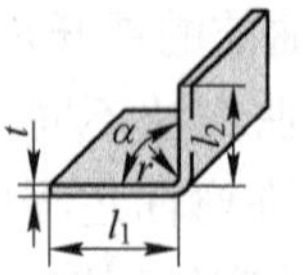	$L \approx l_1+l_2+0.4t$
2	弯一个角	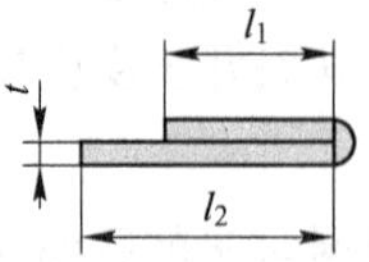	$L=l_1+l_2+t$
3	一次同时弯两个角	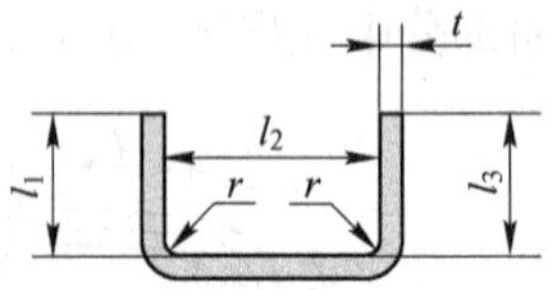	$L=l_1+l_2+l_3+0.6t$
4	一次同时弯三个角	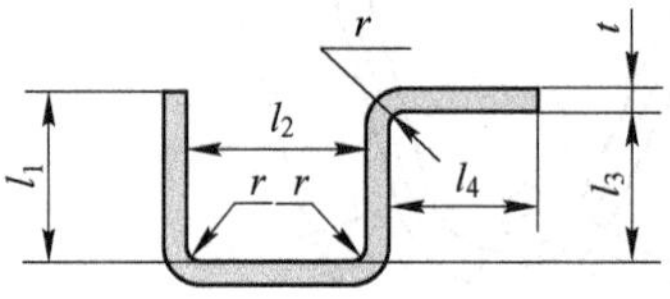	$L=l_1+l_2+l_3+l_4+0.75t$
5	一次同时弯两个角、第二次弯曲另一个角		$L=l_1+l_2+l_3+l_4+t$
6	四角压弯	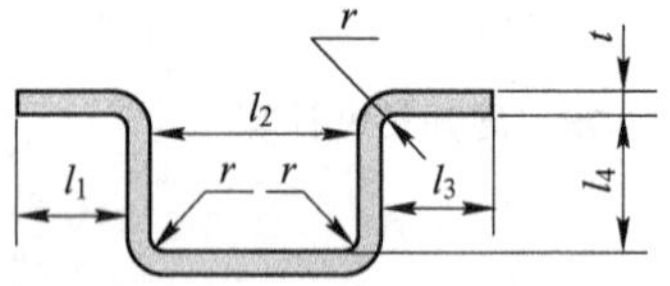	$L=l_1+l_2+l_3+2l_4+t$

【**例 13-1**】　弯曲图 13-30 所示工件，试计算其展开长度。

解：将工件从 a 点开始分成直线段 l_{ab}、l_{cd}、l_{ef}、l_{gh}、l_{ij}、l_{km} 和圆弧段 l_{bc}、l_{de}、l_{fg}、l_{hi}、l_{jk}。

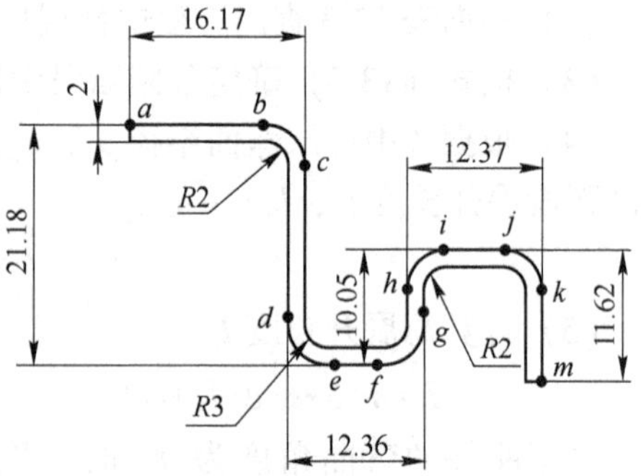

图 13-30　弯曲工件

（1）计算圆弧段的展开长度。

对于圆弧 l_{bc}、l_{hi}、l_{jk}：$r=2\text{mm}$，$t=2\text{mm}$，则 $r/t=2/2=1$，由表 13-3 查得 $x=0.30$，则弧长 $l_{bc}=l_{hi}=l_{jk}=(2+0.30\times2)\times\pi/2=4.082\text{mm}$。

对于圆弧 l_{de}、l_{fg}：$r=3\text{mm}$，$t=2\text{mm}$，则 $r/t=3/2=1.5$，由表 13-3 查得 $x=0.36$，则弧长 $l_{de}=l_{fg}=(3+0.36\times2)\times\pi/2=5.8404\text{mm}$。

（2）计算弯曲毛坯总长度。

$$
\begin{aligned}
L &= \sum l_{直线段}+\sum l_{圆弧段}=l_{ab}+l_{cd}+l_{ef}+l_{gh}+l_{ij}+l_{km}+l_{bc}+l_{de}+l_{fg}+l_{hi}+l_{jk} \\
&=16.17\text{mm}-4\text{mm}+21.18\text{mm}-9\text{mm}+12.36\text{mm}-10\text{mm}+10.05\text{mm}-9\text{mm}+ \\
&\quad 12.37\text{mm}-8\text{mm}+11.62\text{mm}-4\text{mm}+3\times4.082\text{mm}+2\times5.8404\text{mm} \\
&=63.6768\text{mm}
\end{aligned}
$$

13.3.2 弯曲工艺力的计算及设备选用

13.3.2.1 弯曲工艺力的计算

弯曲工艺力是指弯曲工艺过程中所需要的各种力，通常包括弯曲力、压料力或顶件力。弯曲力是指压力机完成预定的弯曲工序需施加的压力。为选择合适的压力机，必须计算各种力。

弯曲力的大小不仅与毛坯尺寸、材料力学性能、凹模支点间的间距、弯曲半径及凸凹模间隙等因素有关，而且与弯曲方式也有很大关系。生产中常用经验公式进行计算，见表13-5。

表 13-5 弯曲力计算公式

弯曲方式		弯曲工序简图	弯曲力计算公式	b、t、r 含义
自由弯曲	V 形件		$F_Z = bt^2 R_m/(r+t)$	
	U 形件			
校正弯曲			$F_J = qA$	

注：表中，F_Z 是材料在冲压行程结束时的自由弯曲力（N）；b 是弯曲件宽度（mm）；t 是弯曲件厚度（mm）；r 是弯曲半径（mm）；R_m 是抗拉强度（MPa）；F_J 是校正弯曲力（N）；q 是单位校正力（MPa），可参考表13-6选取；A 是工件被校正部分在垂直于凸模运动方向上的投影面积（mm²）。

若弯曲模设有顶件装置或压料装置，则其顶件力 F_D（或压料力 F_Y）可按下式计算：

$$F_D = C_D F_Z \tag{13-4}$$
$$F_Y = C_Y F_Z \tag{13-5}$$

式中　C_D——顶件力系数，简单形状弯曲件取 0.1~0.2，复杂形状弯曲件取 0.2~0.4；

C_Y——压料力系数，简单形状弯曲件取 0.3~0.5，复杂形状弯曲件取 0.5~0.8。

表 13-6 单位校正力 q （MPa）

材　料	材料厚度 t/mm			
	≤1	>1~3	>3~6	>6~10
1050A、1035	15~20	20~30	30~40	40~50
H62、H68、QBe2	20~30	30~40	40~60	60~80
08、10、15、20、Q195、Q215、Q235A	30~40	40~60	60~80	80~100
25、30、35、13MnTi、16MnXtL	40~50	50~70	70~100	100~120
TB2	—	160~180	—	180~210

13.3.2.2 设备吨位的选择

对于有压料的自由弯曲，压力机的吨位选择需要考虑弯曲力和压料力的大小，即：

$$F_{压机} \geq 1.2(F_Z + F_Y)$$

对于校正弯曲，其校正弯曲力比自由弯曲力要大得多，且校正弯曲与自由弯曲两者不是同时存在，因此在校正弯曲时，选择压力机吨位可以只考虑校正弯曲力，即：

$$F_{压机} \geq 1.2F_J \qquad\qquad (13\text{-}6)$$

【例 13-2】 弯曲图 13-31 所示 V 形件，已知材料为 20 钢，抗拉强度为 400MPa，试分别计算自由弯曲力和校正弯曲力，当采用压料装置时，试选择压力机吨位。

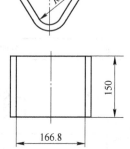

解：由表 13-5 中公式得：

自由弯曲时：

$$F_Z = bt^2 R_m / (r+t) = 150 \times 2 \times 2 \times 400 / (3mm + 2mm) = 48kN$$

$$F_Y = C_Y F_Z = 0.4 \times 48 = 19.2kN$$

则总的工艺力为：

$$F_Z + F_Y = 48 + 19.2 = 67.2kN$$

则设备吨位：

$$F_{压机} \geq 1.2(F_Z + F_Y) = 1.2 \times 67.2 = 80.64kN$$

即可选用 100kN 的压力机。

图 13-31　V 形弯曲件

校正弯曲时，由表 13-6 查得 q 可取 50MPa，则由表 13-5 中公式得：

$$F_J = qA = 50 \times 166.8 \times 150 = 1251kN$$

则设备吨位：

$$F_{压机} \geq 1.2F_J = 1.2 \times 1251 = 1501.2kN$$

即可选用 1600kN 的压力机。

由上述计算结果可知，校正弯曲力比自由弯曲力要大得多，因此在进行校正弯曲时，选择设备吨位不需要考虑压料力和顶件力。

13.4　弯曲工艺设计

弯曲工艺设计包括弯曲件工艺性分析和弯曲工艺方案确定两方面内容。

13.4.1　弯曲件工艺性分析

弯曲件的工艺性是指弯曲件对弯曲工艺的适应性，主要分析弯曲件的形状、尺寸、精度、材料以及技术要求等是否符合弯曲加工的工艺要求，这是从产品加工的角度提出来的。具有良好工艺性的弯曲件，能简化弯曲的工艺过程及模具结构，提高工件的质量。

13.4.1.1　对弯曲件的形状要求

（1）为防止弯曲时产生偏移，要求弯曲件形状和尺寸尽可能对称，如图 13-32 所示。

（2）在局部弯曲某一段边缘时，为避免弯曲根部撕裂，应在弯曲部分与不弯曲部分之间切槽（图 13-33（a））或在弯曲前冲出工艺孔（图 13-33（b））。

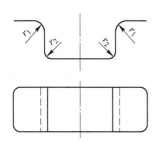

图 13-32　弯曲件形状要求

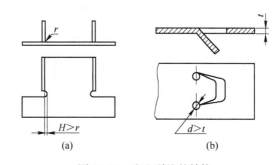

(a)　　　　　　　　　　(b)

图 13-33　防止裂纹的结构

（a）弯曲与不弯曲部分间切槽；（b）弯曲前冲出工艺孔

（3）增添连接带和定位工艺孔。在弯曲变形区附近有缺口的弯曲件，若在毛坯上先将缺口冲出，弯曲时会出现叉口现象，严重时无法成型，这时应在缺口处留连接带，待弯曲成型后再将连接带切除（图 13-34（a））。为保证毛坯在弯曲模内准确定位，或防止在弯曲过程中毛坯的偏移，最好能在毛坯上预先增添定位工艺孔（图 13-34（b））。

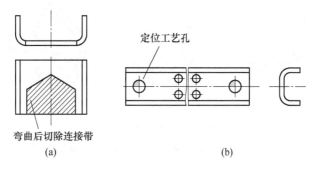

(a)　　　　　　　　　　(b)

图 13-34　增添连接带和定位工艺孔

（a）缺口处留连接带；（b）毛坯预先增添定位工艺孔

13.4.1.2　对弯曲件的尺寸要求

A　弯曲半径

弯曲件的弯曲半径不宜小于最小弯曲半径，否则要多次弯曲，增加工序数；也不宜过大，因为过大时，受回弹的影响，弯曲角度与弯曲半径的精度不易保证。

B　弯曲件弯边高度

弯曲件弯边高度不宜过小，其值应为 $h \geqslant r+2t$（图 13-35（a））。当 h 较小时，弯边在模具上支持的长度过小，不容易形成足够的弯矩，很难得到形状准确的工件。若 $h < r+2t$，则须预先压槽，再弯曲；或增加弯边高度，弯曲后再切掉（图 13-35（b））。如果所弯直边带有斜角，则在斜边高度小于 $r+2t$ 的区段上不可能弯曲到要求的角度，而且此处也容易开裂（图 13-35（c）），因此必须改变工件的形状，加高弯边尺寸，弯曲后再切除，如图 13-35（d）所示。

C　弯曲件孔边距离

弯曲有孔的工序件时，如果孔位于弯曲变形区内，则弯曲时孔会发生变形，为此必须使孔处于变形区之外。当弯曲直角时，最小孔边距 $l_{\min} = r+2t$（图 13-36（a））。

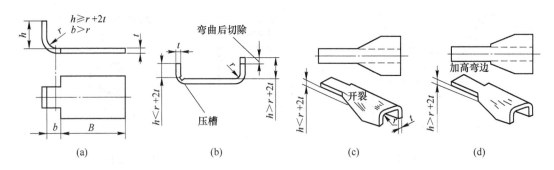

图 13-35　弯曲件弯边要求

（a）弯边高度最小值；（b）压槽与增加弯曲高度；（c）直边带斜角时开裂；（d）加高弯边尺寸

如果孔边距离过小，为防止弯曲时孔发生变形，可在弯曲线上冲工艺孔或切槽，如图 13-36（b）（c）所示。如对孔的精度要求较高，则应弯曲后再冲孔。

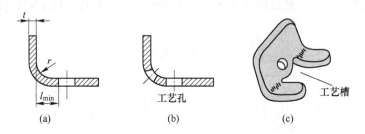

图 13-36　弯曲件孔边距

（a）最小孔边距；（b）弯曲线上冲工艺孔；（c）弯曲线上切槽

13.4.1.3　对弯曲件的精度要求

弯曲件的精度受毛坯定位、偏移、翘曲和回弹等因素影响，弯曲的工序数目越多，精度越低。弯曲件的尺寸公差应符合 GB/T 13914—2013，角度公差应符合 GB/T 13915—2013，形状和位置未注公差应符合 GB/T 13916—2013，未注公差尺寸极限偏差应符合 GB/T 15055—2007。

13.4.1.4　对弯曲件的材料要求

弯曲件的材料要具有良好的塑性、较小的屈强比、较大的弹性模量，如软钢、黄铜和铝等材料的弯曲成型性能好。而脆性较大的材料，如磷青铜、铍青铜等，其最小相对弯曲半径大、回弹大，不利于成形。

13.4.1.5　对尺寸标注的要求

尺寸标注对弯曲件的工艺性有很大的影响。图 13-37 所示为弯曲件孔的位置尺寸的三种标注法。对于第一种标注法，孔的位置精度不受毛坯展开长度和回弹的影响，可大大简化工艺设计。因此，在不要求弯曲件有一定装配关系时，应尽量考虑冲压工艺的方便来标注尺寸。

13.4.2　弯曲工艺方案确定

弯曲件的工艺方案应根据工件形状、公差等级、生产批量以及材料的力学性能等因素

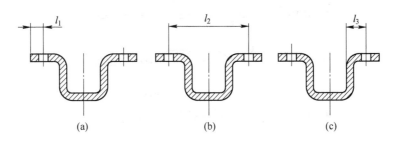

图 13-37 弯曲件尺寸标注
(a) 第一种；(b) 第二种；(c) 第三种

进行考虑。弯曲工艺方案合理，则可以简化模具结构、提高工件质量和劳动生产率。

（1）对于形状简单的弯曲件，如 V 形、U 形、L 形、Z 形工件等，可以采用一次弯曲成型，如图 13-38 所示；对于形状复杂的弯曲件，一般需要采用两次（图 13-39）或多次弯曲成型（图 13-40、图 13-41）。

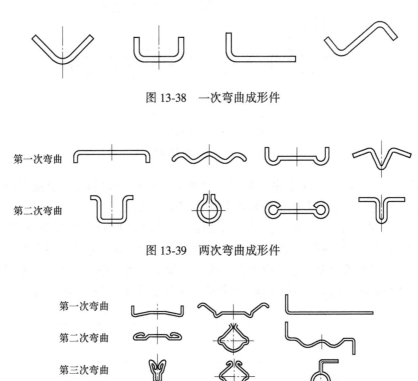

图 13-38　一次弯曲成形件

图 13-39　两次弯曲成形件

图 13-40　三次弯曲成形件

（2）对于批量大而尺寸较小的弯曲件，为使操作方便、定位准确和提高生产率，应尽可能采用级进冲压成型。

（3）当弯曲件几何形状不对称时，为避免压弯时毛坯偏移，应尽量采用成对弯曲，再切成两件的工艺，如图 13-42 所示。

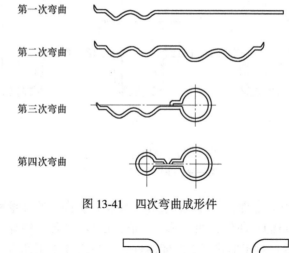

第一次弯曲

第二次弯曲

第三次弯曲

第四次弯曲

图 13-41　四次弯曲成形件

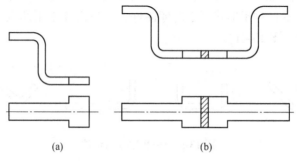

(a)　　　　　　　　　　(b)

图 13-42　成对弯曲
（a）工件；（b）成对弯曲

　　（4）需多次弯曲时，弯曲次序一般是先弯外端，后弯中间部分，前次弯曲应考虑后次弯曲有可靠的定位，后次弯曲不能影响前次已成型的形状。

　　弯曲件的工序安排十分灵活，最主要的决定因素是形状、精度和批量要求。如图 13-43所示的四角形弯曲件，就其形状来说既可以一次弯曲，也可以两次弯曲，还可以四次弯曲；既可以级进弯曲，也可以复合弯曲等。如果 h 比较小、批量较大且对弯曲件的质量没有过高的要求，则可以用四角形弯曲模一次弯曲成型（图 13-43（a））；如果批量

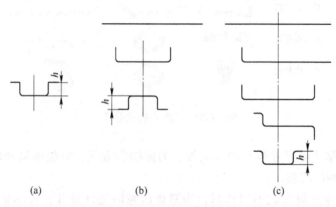

(a)　　　　　　　(b)　　　　　　　(c)

图 13-43　弯曲工序的安排
（a）一次弯曲；（b）U 形模两次弯曲；（c）V 形模四次弯曲

不大，对弯曲件有质量要求，则可以用 U 形弯曲模分两次弯曲成型（图 13-43（b））；如果是小批量、对弯曲件没有任何精度要求，则可用已有的通用 V 形弯曲模分四次弯曲成型（图 13-43（c））；但如果批量大，对弯曲件有较高的精度要求，则应采用复合弯曲或级进弯曲的方式一次弯曲成型。

13.5 弯曲模设计

13.5.1 弯曲模类型及结构

确定弯曲件工艺方案后，即可进行弯曲模的结构设计。常见的弯曲模的分类如图 13-44 所示。

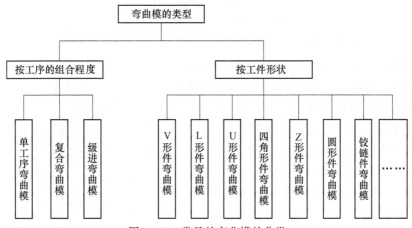

图 13-44 常见的弯曲模的分类

相比冲裁件，弯曲件的结构要复杂得多，由于弯曲方向和弯曲角度可以是任意的（图 13-45），因此要求弯曲模能提供相应的成型方向，导致弯曲模的结构灵活多变，没有统一的标准。

图 13-45 弯曲件示例

尽管弯曲模的结构形式多样，但弯曲模仍然是由工作零件，定位零件，压料、卸料、送料零件，固定零件和导向零件组成，因此可以采用看冲裁模图的方法看弯曲模图。区别在于弯曲凸、凹模的判定方法不同，对弯曲模（拉深等其他成型模也如此）而言，被弯曲件包围的是凸模，包围弯曲件的是凹模。

13.5.1.1 V 形件弯曲模

图 13-46（a）所示为简单的 V 形件弯曲模，其特点是结构简单、通用性好，但弯曲

时毛坯容易偏移，影响工件精度。图13-46（b）～（d）所示分别为带有定位钉、顶杆、V形顶杆的模具结构，可以防止毛坯偏移，提高工件精度。

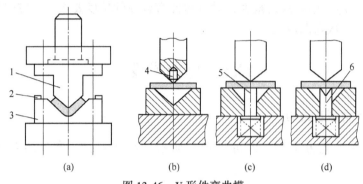

图13-46　V形件弯曲模

（a）简单型；（b）带定位钉；（c）带顶杆；（d）带V形顶杆

1—凸模；2—定位板；3—凹模；4—定位钉；5—顶杆；6—V形顶杆

图13-47所示为V形件精弯模，两块活动凹模2通过转轴7铰接，定位板3固定在活动凹模2上。弯曲前顶杆8将转轴7顶到最高位置，使两块活动凹模2成一平面。在弯曲过程中，毛坯始终与活动凹模2接触，以防止毛坯偏移。这种结构特别适用于有精确孔定位的小工件、毛坯不易放平稳的带窄条的工件以及没有足够压料面的工件。

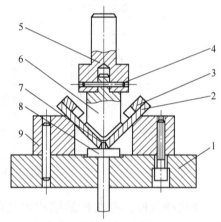

图13-47　V形精弯模

1—下模座；2—活动凹模；3—定位板；
4—横销；5—模柄；6—凸模；
7—转轴；8—顶杆；9—支承板

13.5.1.2　L形件弯曲模

图13-48所示为两直边不相等的L形件弯曲模。图13-48（a）所示为采用定位板对毛坯外形进行定位，由于毛坯在弯曲过程中易发生偏移，所得弯曲件的精度不高，因此L形弯曲件应尽可能采用图13-48（b）所示的结构，由定位销通过工艺孔对毛坯进行定位，以有效防止弯曲时毛坯偏移。无论是哪种结构，为平衡单边弯曲时产生的水平侧向力，均需设置一反侧压块。

13.5.1.3　U形件弯曲模

图13-49所示为弯曲90°的U形件弯曲模。毛坯放入模具中由定位板5进行定位，上模下行，由凸模14和顶料板15将毛坯压住，并进行弯曲。弯曲结束时，顶料板15与下模座1进行刚性接触对弯曲件底部进行校正，然后，U形件在顶料板15的作用下被顶出凹模2。

根据弯曲件的要求不同，常用的U形件弯曲模还有图13-50所示的几种结构形式。图13-50（a）所示为无底凹模，用于底部无平整度要求的弯曲件；图13-50（b）所示为用于料厚公差较大而外侧尺寸要求较高的弯曲件，其凸模为活动结构，可随料厚自动调整凸模横向尺寸，凹模是固定结构，用以保证弯曲件外形尺寸；图13-50（c）所示为用于料厚公差较大而内侧尺寸要求较高的弯曲件，两侧凹模为活动结构，可随料厚自动调整凹模

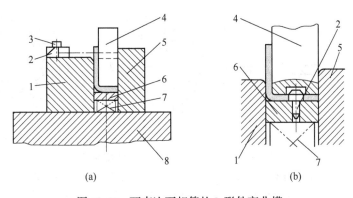

图 13-48 两直边不相等的 L 形件弯曲模
（a）采用定位板定位；（b）采用定位销定位
1—凹模；2—定位板（销）；3—螺钉；4—凸模；5—反侧压块；6—顶件板；7—弹簧；8—下模座

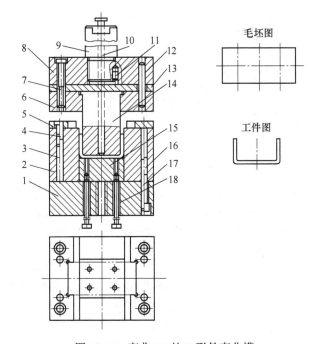

图 13-49 弯曲 90°的 U 形件弯曲模
1—下模座；2—凹模；3、7、16—螺钉；4、12、17—销；5—定位板；6—凸模固定板；8—上模座；
9—模柄；10—打杆；11—止转销；13—垫板；14—凸模；15—顶料板（兼压料板）；18—顶杆

横向尺寸，凸模为固定结构，用以保证弯曲件的内形尺寸。

图 13-51 所示为弯曲角度小于 90°的闭角形弯曲件的弯曲模。压弯时凸模 9 和固定凹模 13 首先将毛坯弯曲成 U 形，当凸模 9 继续下压时，两侧的活动凹模 5 开始绕销轴 3 向内转动，使毛坯最后压弯成弯曲角小于 90°的 U 形件。凸模 9 上升，弹簧 4 使活动凹模 5 复位，工件则由垂直图面方向从凸模 9 上卸下。

13.5.1.4 四角形件弯曲模

图 13-52（a）所示的四角形弯曲件既可以一次弯曲成型，也可以两次弯曲成型。图

304

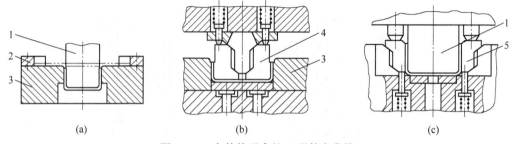

图 13-50 有其他要求的 U 形件弯曲模

（a）普通无底凹模；（b）凸模为活动结构；（c）凹模为活动结构

1—凸模；2—定位板；3—凹模；4—凸模活动镶块；5—凹模活动镶块

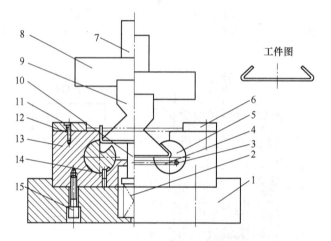

图 13-51 弯曲角度小于 90° 的闭角形弯曲件的弯曲模

1—下模座；2，4—弹簧；3—销轴；5—活动凹模；6—定位板；7—模柄；8—上模座；
9—凸模；10—顶料销；11，15—螺钉；12—销；13—固定凹模；14—限位销

13-52（b）所示为一次成型弯曲模。从图 13-52（b）中可以看出，在弯曲过程中由于凸模肩部妨碍了毛坯转动，加大了毛坯通过凹模圆角的摩擦力，故使弯曲件侧壁容易擦伤和变薄。此外由于 A、B、C 三个面难以同时对弯曲件进行校正（图 13-52（c）），因此成型后弯曲件的两肩部与底面不易平行，如图 13-52（d）所示，特别是材料厚、弯曲件直壁高、圆角半径小时，这一现象更为严重。

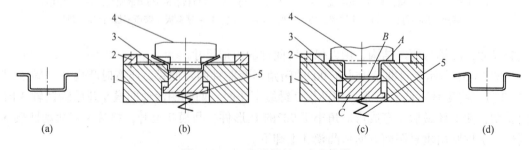

图 13-52 四角形件的一次弯曲模

（a）四角形弯曲件；（b）弯曲开始；（c）弯曲结束；（d）卸载后肩部与底面不平行

1—凹模；2—定位板；3—顶件块；4—凸模；5—弹簧

为克服上述缺陷，可采用图 13-53 所示的分两次成型的弯曲模。首先将平板弯成 U 形，如图 13-53（a）所示，第二次将 U 形件倒扣在弯曲凹模上，利用 U 形件的内形进行定位弯成四角形件，如图 13-53（b）所示。但从图 13-53（b）可以看出，第二次弯曲时，凹模的壁厚 c 取决于四角形弯曲件的高度 H，只有在弯曲件高度 $H>(12\sim15)t$ 时，才能使凹模保持足够的强度。

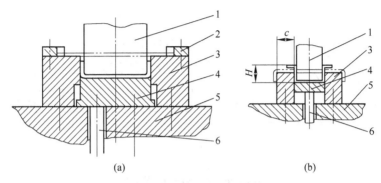

图 13-53　四角形件的两次弯曲模

（a）首次弯曲；（b）二次弯曲

1—凸模；2—定位板；3—凹模；4—顶件块；5—下模座；6—顶杆

图 13-54 所示为弯曲四角形件的复合弯曲模。该副模具的弯曲过程实际上是分两步完成的。首先利用凸凹模 1 和凹模 2 将平板毛坯弯成 U 形，随着凸凹模 1 的下行，再利用凸凹模 1 和活动凸模 3 弯成四角形。这种结构需要凹模 2 下腔空间较大，以方便工件侧边转动。

图 13-55 所示为复合弯曲四角形件的另一种模具结构形式。凹模 1 下行，利用活动凸模 2 的弹性力先将毛坯弯成 U 形。凹模 1 继续下行，当推件块 5 与凹模 1 底面接触时，强迫活动凸模 2 向下运动，在摆块 3 的作用下最后弯成四角形。它的缺点是模具结构复杂。

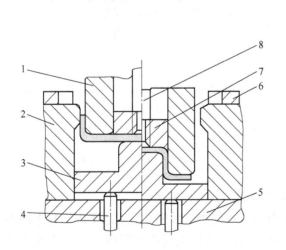

图 13-54　四角形件的复合弯曲模（一）

1—凸凹模；2—凹模；3—活动凸模；4—顶杆；

5—下模座；6—定位板；7—推件块；8—打杆

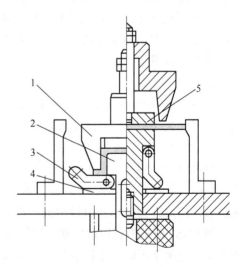

图 13-55　四角形件的复合弯曲模（二）

1—凹模；2—活动凸模；3—摆块；

4—垫板；5—推件块

306

13.5.1.5　Z形件弯曲模

图 13-56（a）所示为 Z 形件一次弯曲模，结构较简单。但由于没有压料装置，压弯时毛坯容易偏移，故只适用于要求不高的 Z 形件弯曲；图 13-56（b）所示为有顶板和定位销的 Z 形件一次弯曲模，能有效防止毛坯偏移。反侧压块 3 的作用是克服上下模之间水平方向的错移力，同时也为顶板 1 导向，防止其窜动。

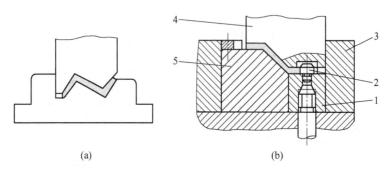

(a)　　　　　　　　　　　　(b)

图 13-56　Z 形件一次弯曲模

（a）无定位装置；（b）带顶板和定位销

1—顶板；2—定位销；3—反侧压块；4—凸模；5—凹模

图 13-57 所示为分左右两步弯曲 Z 形件的弯曲模。在冲压前，活动凸模 13 在橡胶 11 的作用下与凹模 5 下端面齐平。冲压时，活动凸模 1 与活动凸模 13 将毛坯压紧，由于橡胶 11 产生的弹压力大于活动凸模 13 下方缓冲器所产生的弹顶力，因此推动活动凸模 13 下移使毛坯左端弯曲。当活动凸模 1 接触下模座 15 后，橡胶 11 开始被压缩，则凹模 5 相对于活动凸模 13 下移，将毛坯右端弯曲成型。当限位块 10 与上模座 9 相碰时，整个工件得到校正。

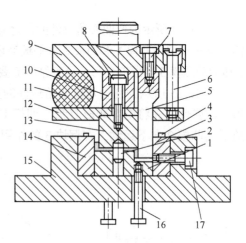

13.5.1.6　圆形件弯曲模

圆形件弯曲模的结构形式多种多样。根据圆形件尺寸大小不同，其弯曲方法也不同。

（1）直径 $d \leqslant 5\text{mm}$ 的小圆形件，可以一次弯曲，也可以两次弯曲。图 13-58 所示为分两次弯曲小圆形件的模具，先弯成 U 形，再将 U 形弯成圆形，模具结构简单；但效率低，且因为工件较小，操作不便。

图 13-57　分左右两步弯曲 Z 形件的弯曲模

1，13—活动凸模；2，4—定位销；3—反侧压块；

5，14—凹模；6—卸料螺钉；7，8，16，17—螺钉；

9—上模座；10—限位块；11—橡胶；

12—凸模托板；15—下模座

图 13-59 所示为利用芯棒在一副模具上分两步弯曲小圆形件。毛坯以下固定板上的凹槽定位。上模下行时，压料支架带动芯棒凸模下行与下凹模将毛坯弯成 U 形。上模继续下行，芯棒凸模带动压料支架及压缩弹簧，由上凹模将中间半成品 U 形弯成圆形。弯曲结束，工件留在芯棒凸模上，由垂直图面方向从芯棒上取下。

（2）直径 $10\text{mm} \leqslant d \leqslant 40\text{mm}$ 的圆形件，可采用图 13-60 所示的带摆动凹模的一次弯曲

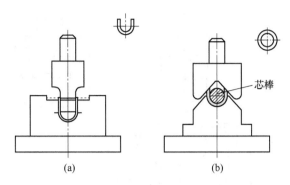

图 13-58　分两次弯曲小圆形件的模具

(a) 第一次弯曲；(b) 第二次弯曲

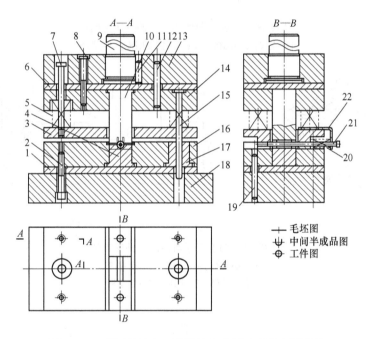

图 13-59　利用芯棒在一副模具上分两步弯曲小圆形件

1—下垫板；2, 8—螺钉；3—压料支架；4—下凹模；5, 20—弹簧；6—上垫板；
7—卸料螺钉；9—模柄；10—上凹模；11, 12, 19—销；13—上模座；14—上固定板；
15—小导柱；16—下固定板；17—导套；18—下模座；21—芯棒凸模；22—支架

模成形。芯棒凸模 2 下行先将毛坯压成 U 形。芯棒凸模 2 继续下行，摆动凹模 3 将 U 形弯成圆形，工件顺芯棒凸模 2 轴线方向推开支架取下。这种模具生产率较高，但由于回弹，会在工件接缝处留有缝隙和少量直边，工件精度差。

(3) 直径 $d \geqslant 20\text{mm}$ 的大圆形件，可采用两次或三次弯曲的方法。图 13-61 所示为两道工序弯曲圆形件的方法，先预弯成三个 120° 的波浪形，然后再用第二套模具弯成圆形，工件顺芯棒凸模轴线方向取下。

图 13-62 所示为三道工序弯曲圆形件的方法。这种方法生产效率低，适用于料厚较大的圆形件。

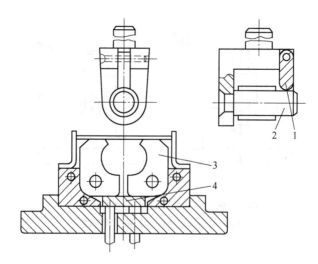

图 13-60　带摆动凹模圆形件的一次弯曲模

1—支架；2—芯棒凸模；3—摆动凹模；4—顶板

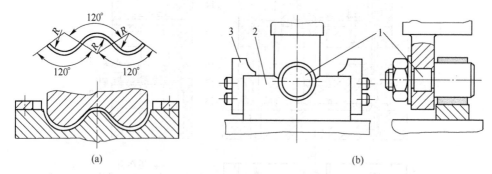

(a)　　　　　　　　　　　　　　　(b)

图 13-61　两道工序弯曲圆形件的方法

（a）第一次弯曲；（b）第二次弯曲

1—芯棒凸模；2—凹模；3—定位板

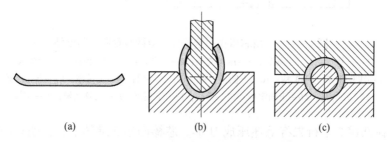

(a)　　　　　　　　(b)　　　　　　　　(c)

图 13-62　三道工序弯曲圆形件的方法

（a）第一次弯曲；（b）第二次弯曲；（c）第三次弯曲

13.5.1.7　铰链件弯曲模

铰链件可以一次弯曲，也可以两次弯曲。图 13-63 所示为铰链件的两次弯曲模。首先将平板料的一端进行预弯，再将预弯过的工序件送到第二副模具中进行"推圆"，即利用滑动的凹模推出铰链形状。

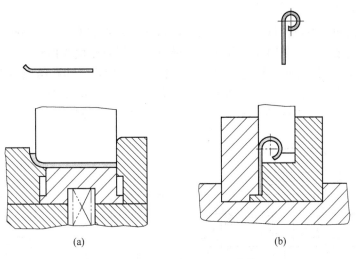

图 13-63　铰链件的两次弯曲模
（a）第一次弯曲；（b）第二次弯曲

　　图 13-64 所示为铰链件的一次弯曲模。毛坯放入模具中，由定位板 5 进行定位，上模下行，活动凹模兼压料板 6 压住毛坯，斜楔 1 推动滑动凹模 2 向右运动将毛坯的一端"推成"圆筒，得到铰链件。这是一种卧式卷圆模，因为有压料装置，所以工件质量较好，操作方便。

13.5.1.8　其他弯曲模

A　复合弯曲模

　　对于批量大、有位置精度要求的弯曲件，可以采用复合模，即在压力机一次行程内，在模具同一位置上完成落料、弯曲、冲孔等几种不同工序。图 13-65 所示为切断、弯曲两工序复合的复合模。

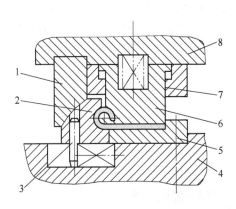

图 13-64　铰链件的一次弯曲模
1—斜楔；2—滑动凹模；3—限位销；
4—下模座；5—定位板；6—活动凹模兼压料板；
7—凹模支架；8—上模座

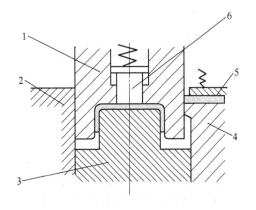

图 13-65　切断、弯曲两工序复合的复合模
1—弯曲凹模（切断凸模）；2—反侧压块；
3—弯曲凸模；4—切断凹模；
5—压料板；6—推件块

B 级进弯曲模

对于批量大的小型弯曲件。可以采用级进弯曲的方式成型。图 13-66 所示为冲孔、切断、弯曲两工位级进模。条料从右往左送进模具，由反侧压块 5 挡料，上模下行，卸料板 3 压住条料，第一工位由冲孔凸模 4 和冲孔凹模 8 进行冲孔，冲孔结束后条料送到第二工位，由定位销定位，由凸凹模 1 和切断凹模 7 完成切断，上模继续下行时由凸凹模 1 和弯曲凸模 6 完成弯曲。这里件号 1 既是弯曲凹模，同时又是切断凸模，即为凸凹模。

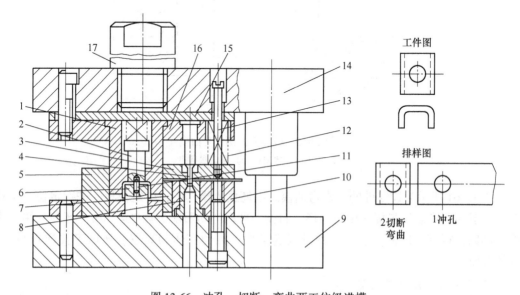

图 13-66   冲孔、切断、弯曲两工位级进模

1—凸凹模；2—推杆；3—卸料板；4—冲孔凸模；5—反侧压块；6—弯曲凸模；
7—切断凹模；8—冲孔凹模；9—下模座；10—下模固定板；11—定位销；12—弹簧；
13—卸料螺钉；14—上模座；15—垫板；16—上模固定板；17—模柄

从上述各种弯曲模的结构可以看出，除 V 形弯曲件外，弯曲时条料在厚度方向上是被压入凸模和凹模的间隙中，因此弯曲凸、凹模的单边间隙基本上为料厚。通常情况下，设备的导向精度足以保证弯曲凸模能顺利进入凹模，因此弯曲模具中通常不再需要另设导向装置进行导向，即弯曲模的组成部分中多数情况下看不到导柱、导套或导板等导向零件，只能看到工作零件、定位零件、固定零件及压料、卸料、送料零件。

另外从上述各模具结构还可以看出，弯曲结束时，通常会使顶件块与下模座刚性接触，目的是对工件进行校正，以提高工件的精度。

13.5.2   弯曲模具零件设计

设计弯曲模时应注意以下几点。

（1）当采用多道工序弯曲时，各工序尽可能采用同一定位基准。

（2）模具结构要保证毛坯的放入和工件的取出顺利、安全和方便。

（3）准确的回弹值需要通过反复试弯才能得到。因此弯曲凸、凹模装配时要定位准确、装拆方便；且新凸模的圆角半径应尽可能小，以方便试模后的修模。

（4）弯曲模的凹模圆角表面应光滑，半径大小应合适，凸、凹模之间的间隙要适当，尽可能减小弯曲时的长度增加、变形区的厚度变薄和工件的表面划伤等缺陷。

（5）当弯曲不对称的工件或弯曲过程中有较大的水平侧向力作用到模具上时，应设计反侧压块以平衡水平侧压力。

弯曲模的典型结构与冲裁模一样，也是由工作零件，定位零件，压料、卸料、送料零件，固定零件和导向零件五部分组成，但由于弯曲凸、凹模间隙较大，通常可不用导向零件。下面简要介绍各部分零件的设计方法。

13.5.2.1　工作零件的设计

弯曲模的工作零件包括凸模和凹模，作用是保证获得需要的形状和尺寸。弯曲凸、凹模的结构形式灵活多变，完全取决于工件的形状，并充分体现"产品与模具一模一样"的关系。本节主要介绍弯曲凸、凹模工作部分的尺寸设计，凸、凹模固定部分的结构参考冲裁凸、凹模。

弯曲凸、凹模工作部分的尺寸主要包括凸、凹模圆角半径 r_p、r_d，模具间隙 c，模具深度 l_0 和模具宽度 L_p、L_d，如图 13-67 所示。

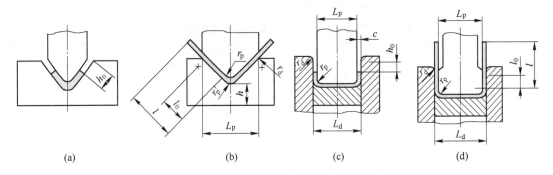

图 13-67　弯曲凸、凹模工作部分尺寸
（a）V 形弯曲弯边高度较小；（b）V 形弯曲弯边高度较大；
（c）U 形弯曲弯边高度较小；（d）U 形弯曲弯边高度较大

A　凸模圆角半径 r_p

根据工件弯曲半径 r 大小的不同，凸模圆角半径 r_p 通常可按下述方法设计：

（1）$r \geqslant r_{min}$ 时，取 $r_p = r$，这里 r_{min} 是材料允许的最小弯曲半径。

（2）$r < r_{min}$ 时，取 $r_p > r_{min}$，工件的圆角半径 r 通过整形获得，即整形凸模的圆角半径 r_z 等于工件的圆角半径 r。

（3）当 $r/t > 10$ 时，则应考虑回弹，将凸模圆角半径加以修正。

（4）V 形弯曲凹模的底部可开退刀槽或取圆角，圆角半径 $r'_p = (0.6 \sim 0.8)(r_p + t)$。

B　凹模圆角半径 r_d

凹模圆角半径 r_d 的大小对弯曲过程的影响比较大，影响到弯曲力、弯曲件质量与弯曲模寿命。

当 r_d 偏小，毛坯在经过凹模圆角滑进凹模时受到的阻力增大，会使弯曲力增加，凹模的磨损加剧，模具寿命缩短；若过小，可能会刮伤弯曲件表面。

当 r_d 偏大，毛坯在经过凹模圆角滑进凹模时受到的阻力减小，会使弯曲力减小，凹模的磨损减弱，模具寿命延长；但若过大，由于支承不利，弯曲件质量不理想。

一般 r_d 在满足弯曲件质量的前提下应尽量取大，通常不小于 3mm，且左右大小一致，具体的数值可根据板厚确定，即：

$$t \leqslant 2mm \text{ 时}, \ r_d = (3 \sim 6)t$$
$$t = 2 \sim 4mm \text{ 时}, \ r_d = (2 \sim 3)t$$
$$t > 4mm \text{ 时}, \ r_d = 2t$$

C 凹模深度

对于弯边高度不大或要求两边平直的工件，则凹模深度应大于工件的高度；对于弯边高度较大，而平直度要求不高的工件，凹模深度可以小于工件的高度，以节省模具材料，降低成本。弯曲凹模深度的设计见表 13-7、表 13-8 和表 13-9。

表 13-7 凹模尺寸 h_0 （mm）

材料厚度	<1	1~2	2~3	3~4	4~5	5~6	6~7	7~8	8~10
h_0	3	4	5	6	8	10	15	20	25

表 13-8 弯曲 V 形件的凹模深度 l_0 和底部最小厚度 h （mm）

弯曲件边长	材料厚度					
	≤2		2~4		>4	
	h	l_0	h	l_0	h	l_0
10~25	20	10~15	22	15	—	—
25~50	22	15~20	27	25	32	30
50~75	27	20~25	32	30	37	35
75~100	32	25~30	37	35	42	40
100~150	37	30~35	42	40	47	50

表 13-9 弯曲 U 形件的凹模深度 l_0 （mm）

弯曲件边长	材料厚度				
	<1	1~2	>2~4	>4~6	>6~10
<50	15	20	25	30	35
50~75	20	25	30	35	40
75~100	25	30	35	40	40
100~150	30	35	40	50	50
150~200	40	45	55	65	65

D 凸、凹模间隙 c

弯曲模凸、凹模之间的间隙指单边间隙，用 c 表示。对于 V 形件弯曲，凸、凹模之间的间隙是靠调节压力机的闭合高度来控制的，设计和制造模具时可以不考虑。

对于 U 形弯曲件，凸、凹模之间的间隙值 c 对弯曲件质量、弯曲模寿命和弯曲力均有很大的影响。间隙越大，回弹越大，工件的精度越低，但弯曲力减小，利于延长模具寿命；间隙过小，会引起材料厚度变薄，增大材料与模具的摩擦，降低模具寿命。U 形件弯曲凸、凹模的单边间隙 c 一般可按下式计算：

钢板　　　　　　　　　　　　$c=(1.05\sim1.15)t$

有色金属　　　　　　　　　　$c=(1\sim1.1)t$

当对弯曲件的精度要求较高时，间隙值应适当减小，可以取 $c=t$。

E　U 形件弯曲凸、凹模宽度尺寸

根据弯曲件尺寸标注形式的不同，弯曲凸、凹模宽度尺寸可按表 13-10 所列公式进行计算。

表 13-10　弯曲凸、凹模宽度尺寸计算公式

工件尺寸标注方式	基准	工件简图	凹模宽度尺寸	凸模宽度尺寸
工件标注外形尺寸	凹模	$L\pm\Delta'$	$L_d = (L-0.5\Delta)_0^{+\delta_d}$	$L_p = (L_d-2c)_{-\delta_p}^0$
		$L_{-\Delta}^0$	$L_d = (L-0.75\Delta)_0^{+\delta_d}$	
工件标注内形尺寸	凸模	$L\pm\Delta'$	$L_d = (L_p+2c)_0^{+\delta_d}$	$L_p = (L+0.5\Delta)_{-\delta_p}^0$
		$L_0^{+\Delta}$		$L_p = (L+0.75\Delta)_{-\delta_p}^0$

注：L_d、L_p 是弯曲凹、凸模宽度尺寸（mm）；c 是凸、凹模间隙（mm）；L 是工件宽度尺寸（mm）；Δ 是工件的尺寸公差（mm）；δ_d、δ_p 是弯曲凹、凸模制造公差（mm），采用 IT6~IT7 级；Δ' 是工件极限偏差（mm）。

13.5.2.2　定位零件的设计

定位零件的作用是保证送进模具中的毛坯的位置准确。由于送进弯曲模的毛坯是单个毛坯，因此弯曲模中使用的定位零件是定位板或定位销。

为防止弯曲件在弯曲过程中发生偏移现象，应尽可能用定位销插入毛坯上已有的孔或预冲的工艺定位孔中进行定位；若毛坯上无孔且不允许预冲定位工艺孔，就需要用定位板对毛坯的外形进行定位，此时应设置压料装置压紧毛坯以防偏移发生，如图 13-68 所示。定位板和定位销的设计及标准的选用参见冲裁模。

13.5.2.3　压料、卸料、送料零件的设计

它们的作用是压住条料或弯曲结束后从模具中取出工件。由于弯曲是成型工序，在弯曲过程中不发生分离，因此弯曲结束后留在模具内的只有工件。

为减小回弹，提高工件的精度，通常弯曲快结束时要求对工件进行校正，如图 13-68 所示，利用顶件块 3 与下模座 1 的刚性接触对工件进行校正，但校正的结果有可能使工件产生负回弹，所以此时的工件在模具打开时需要防止其紧扣在凸模上。为此，该模具中设

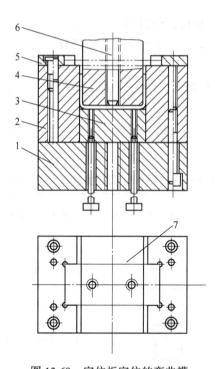

图 13-68　定位板定位的弯曲模
1—下模座；2—凹模；3—顶件块（兼压料）；4—凸模；5—定位板；6—打杆；7—毛坯

置了打杆 6，当模具打开后，若工件箍在凸模外面，则由打杆进行推件。顶件块和打杆的设计参见冲裁模。

13.5.2.4　固定零件的设计

它们的作用是将凸模、凹模固定于上下模，并将上下模固定在压力机上，包括模柄、上模座、下模座、垫板、固定板、螺钉、销等。

（1）模柄。与冲裁模中的模柄相同，是标准件，依据设备上的模柄孔选取。在简易弯曲模中可以使用槽形模柄（图 13-4 中件 8），此时不需要上模座。

（2）上下模。当弯曲模中使用导柱、导套进行导向时，可选用标准模座，选用方法参见冲裁模。当弯曲模中不使用导柱、导套导向时，可自行设计并制造上下模座。

（3）垫板、固定板、螺钉、销。其设计方法参见冲裁模。

思 考 题

13-1　简述弯曲变形的特点。

13-2　简述影响最小相对弯曲半径的主要因素及影响规律。

13-3　简述弯曲回弹的原因、影响因素及影响规律，为什么弯曲回弹是所有塑性变形中回弹量最大的？

13-4　简述减小弯曲回弹的主要措施。

13-5　简述弯曲件产生偏移的原因及克服偏移的措施。

13-6　简述弯曲凹模圆角半径对弯曲过程的影响。

13-7　简述弯曲模具间隙对弯曲过程的影响。

13-8 弯曲图 13-69 所示工件，材料为 35 钢，已退火，材料厚度为 4mm，中批量生产，请完成以下工作。

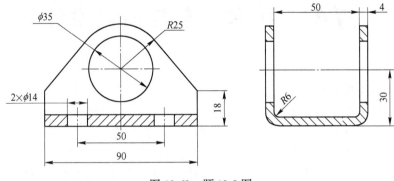

图 13-69 题 13-8 图

（1）分析弯曲件的工艺性。

（2）计算毛坯展开长度和弯曲力（采用校正弯曲）。

（3）绘制弯曲模结构草图。

（4）确定弯曲凸、凹模工作部位尺寸，绘制凸、凹模零件图。

13-9 已知弯曲件尺寸如图 13-70 所示，材料为 10 钢，材料厚度为 1mm，小批量生产，请完成以下工作。

（1）计算毛坯展开尺寸。

（2）弯曲工艺分析和方案确定。

（3）画出弯曲该工件的模具结构示意图。

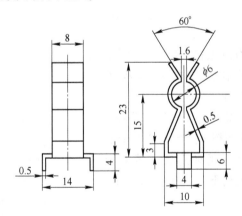

图 13-70 题 13-9 图

14　拉深工艺与模具设计

拉深是指利用模具将平板毛坯冲压成开口空心零件或将开口空心零件进一步改变其形状和尺寸的一种冲压加工方法，又称拉延，如图 14-1 所示。拉深是冲压的基本工序之一，属于成型工序，广泛应用于汽车、拖拉机、电器、仪器仪表、电子、轻工等工业领域。通过拉深可以制成圆筒形、球形、锥形、盒形、阶梯形等形状的开口空心件，拉深与翻边、胀形、扩口、缩口等其他冲压工艺组合，还可以制成形状更为复杂的冲压件，如汽车车身覆盖件等。

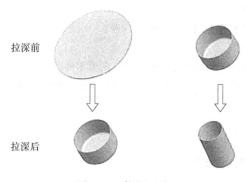

拉深前

拉深后

图 14-1　拉深工艺

拉深使用的模具称为拉深模。图 14-2 所示为正装拉深模的局部结构（典型结构见图 14-52）。毛坯 5 放入模具，由定位板 3 定位，上模下行，压边圈 2 首先将毛坯 5 压住，凸模 1 继续下行，将毛坯 5 拉入凹模 4，当毛坯 5 全部被拉入凹模 4 并由凹模 4 上的台阶在凸模 1 回程时将拉深件从凸模 1 上刮下，一次拉深结束，得到拉深件 6。

冲压生产中，拉深件种类繁多、形状各异，按形状特点可分为旋转体拉深件（图 14-3（a））、盒形件（图 14-3（b））和不对称复杂形状拉深件等（图 14-3（c））。

按拉深后筒壁厚度的变化不同可分为普通拉深（工件壁厚基本不变）和变薄拉深（工件

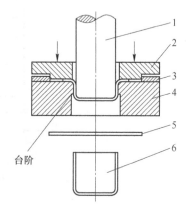

图 14-2　正装拉深模的典型结构
1—凸模；2—压边圈；3—定位板；
4—凹模；5—毛坯；6—拉深件

壁厚变薄，底部厚度基本不变）。变薄拉深用于制造薄壁厚底、变壁厚、大高度的筒形件，如可乐易拉罐。本章主要介绍普通拉深。

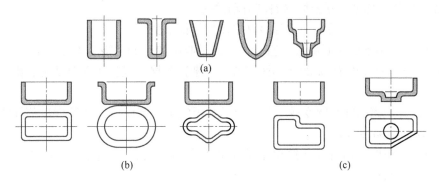

图 14-3　拉深件的类型

（a）旋转体拉深件；（b）盒形件；（c）不对称复杂形状拉深件

14.1　拉深变形过程分析

14.1.1　拉深变形过程及特点

图 14-4 所示为由直径为 D、厚度为 t 的圆形平板毛坯经过拉深得到内径为 d、高度为 h 的开口圆筒形空心件的拉深过程。从图 14-4 可以看出，拉深的过程就是随着拉深凸模不断下行，留在凹模表面上的（$D \sim d$）圆环部分的毛坯被凸模逐渐拉入凹模的过程，因此拉深过程的实质是板料塑性流动的过程。

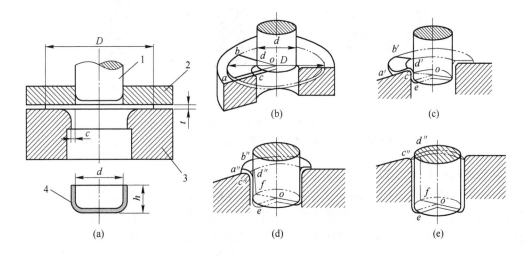

图 14-4　开口圆筒形空心件的拉深过程

（a）拉深示意图；（b）凸模与毛坯接触；（c）凸模下行，毛坯被拉入凹模；

（d）更多的材料被拉入凹模；（e）拉深结束，圆环（$D \sim d$）部分被全部拉入凹模

1—凸模；2—压边圈；3—凹模；4—拉深件

为了进一步了解毛坯在拉深模作用下的流动情况，可以通过网格试验进行验证，即拉深前在圆形毛坯上划上等间距的同心圆和等角度的辐射线（图 14-5（a）），根据拉深后网

格尺寸和形状的变化来判断金属材料的流动情况。

由图 14-5（b）可以看出，拉深后网格发生了如下变化。

（1）位于凸模下的筒底部分（直径为 d 的中心区域）的网格基本保持不变。

（2）筒壁部分（由 $D\sim d$ 的环形区域转变而来）的网格发生了明显变化，由扇形变成了矩形。

1）原来等距离的同心圆变成了筒壁上不等距的水平圆筒线，越靠近口部间距增加越大，即 $a_5>a_4>a_3>a_2>a_1>a$。

2）原来等角度的辐射线在筒壁上成了相互平行且等距（间距为 b）的垂直线，即 $b_5'=b_4'=b_3'=b_2'=b_1'=b$。

由网格的变化可知，拉深变形主要发生在（$D\sim d$）的环形区域，网格由原来的扇形变成了矩形，且越靠近毛坯的边缘，变形程度越大。这是由于（$D\sim d$）环形部分材料因受到拉深力作用而产生的径向拉应力 σ_1 和因毛坯直径减小导致材料相互挤压而形成的切向压应力 σ_3 的共同作用的结果，正是因为这两个应力的作用，使扇形网格变为矩形网格，与在一个楔形槽中拉着扇形网格通过时的受力相似（图 14-5（c））。

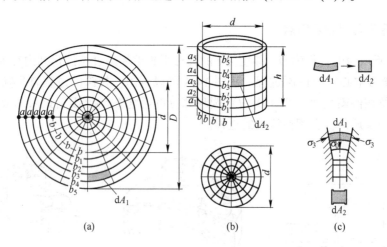

图 14-5　拉深网格变化

（a）拉深前毛坯网格；（b）拉深后筒壁与筒底网格；（c）单元网格变化

拉深变形的特点如下：

（1）拉深后毛坯分成了两个部分——筒底和筒壁。位于凸模下面的材料基本不发生变形，拉深后成为筒底，变形主要集中在位于凹模表面的平面凸缘区［即（$D\sim d$）的环形部分］，该区材料经拉深后由平板变成筒壁，是拉深变形的主要变形区。

（2）主要变形区的变形不均匀。沿切向受压缩短，沿径向受拉伸长，越靠近口部压缩和伸长越多，其中沿切向的压缩变形是绝对值最大的主变形，因此拉深变形属于压缩类成型。

（3）拉深后，拉深件壁部厚度不均。筒壁上部有所增厚，越靠近口部厚度增加越多，口部增厚最多；筒壁下部有所减薄，其中凸模圆角稍上处最薄，如图 14-6（a）所示。

（4）拉深后，拉深件筒壁各处硬度不均。口部变形程度最大，冷作硬化最严重，硬度最高，越往下硬度越低，如图 14-6（b）所示。

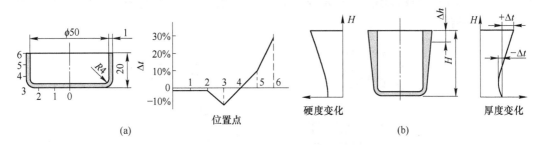

图 14-6 拉深后厚度和硬度的变化

（a）厚度变化；（b）硬度与厚度变化曲线

14.1.2 拉深过程中毛坯应力应变状态及分布

14.1.2.1 应力应变状态

下面以带压边圈的圆筒形件首次拉深为例分析拉深过程中毛坯的应力应变状态，如图 14-7 所示，σ_1、σ_2、σ_3 和 ε_1、ε_2、ε_3 分别表示径向、厚度方向和切向的应力、应变。根据应力、应变状态的不同，可将拉深毛坯划分为以下 5 个部分。

A 平面凸缘部分——主要变形区（图 14-7，Ⅰ区）

此区域为拉深变形的主要变形区。该区的材料主要承受切向压应力 σ_3 和径向拉应力 σ_1 以及厚度方向由压边力引起的压应力 σ_2 的共同作用，产生切向压缩变形 ε_3、径向伸长变形 ε_1，而厚度方向上的变形 ε_2 取决于 σ_1 和 σ_3 的值。当 σ_1 的绝对值最大时，则 ε_2 为压应变；当 σ_3 的绝对值最大时，ε_2 为拉应变。

B 凹模圆角部分——过渡区（图 14-7，Ⅱ区）

此区域为连接凸缘（主要变形区）和筒壁（已变形区）的过渡区，除了具有与凸缘部分相同的特点（即径向受拉应力 σ_1 和切向受压应力 σ_3 作用）外，厚度方向受凹模圆角的弯曲作用而承受压应力 σ_2。同时，该区域的应变状态也是三向的：ε_1 为绝对值最大的主应变（拉应变），ε_2 和 ε_3 为压应变，此处材料厚度减薄。

C 筒壁部分——传力区/已变形区（图 14-7，Ⅲ区）

此区域由凸缘部分经凹模圆角被拉入凸、凹模间隙形成，因为该区域在拉深过程中承受拉深凸模的作用力并传递至凸缘部分，使凸缘部分产生变形，因此又称为传力区。该区主要承受单向拉应力 σ_1，并产生少量的径向伸长和厚度方向的压缩变形。

D 凸模圆角部分——过渡区（图 14-7，Ⅳ区）

此区域为连接筒壁部分（已变形区）和筒底部分（小变形区）的过渡区，材料承受筒壁较大的拉应力 σ_1、因弯曲而产生的压应力 σ_2 和切向拉应力 σ_3，产生径向伸长、厚度减薄的变形，在筒底与筒壁转角处稍上的位置，厚度减薄最为严重，使之成为整个拉深件中强度最薄弱的地方，是拉深过程中的"危险断面"。

E 筒底部分——小变形区（图 14-7，Ⅴ区）

此区域处于凸模正下方，直接承受凸模施加的作用力并由传力区传递至凸缘部分，因此该区域受两向拉应力 σ_1 和 σ_3 的作用，产生厚度减薄、切向和径向伸长的三向应变，但由于凸模圆角处的摩擦制约了底部材料的向外流动，故筒底变形不大，只有 1%～3%，一般可忽略不计。

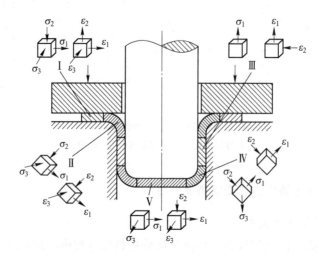

图 14-7　拉深过程中毛坯的应力应变状态

14.1.2.2　应力应变分布

由于变形主要发生在凸缘部分，这里主要讨论该区域的应力应变分布。为简化计算，作如下假设：

（1）板厚方向应力 σ_2 为 0，即凸缘变形区为承受切向压应力和径向拉应力的平面应力状态。

（2）不考虑加工硬化的影响，即认为材料的 R_{eL} 大小不变。

依据塑性变形条件及受力平衡条件得到 σ_1 和 σ_3 的计算公式为：

$$\sigma_1 = 1.1 R_{eL} \ln \frac{R_t}{R} \qquad (14\text{-}1)$$

$$\sigma_3 = -1.1 R_{eL} \left(1 - \ln \frac{R_t}{R}\right) \qquad (14\text{-}2)$$

式中　R_t——拉深瞬间凸缘半径，mm；

　　　R——某一时刻拉深变形区任意位置的半径，mm，取值范围是 $r \sim R_t$；

　　　R_{eL}——被拉材料的屈服极限，MPa。

由图 14-8 可以看出，在将半径为 R_0 的圆形毛坯拉深到凸缘半径为 R_t 时，将不同的 R 值代入式（14-1）和式（14-2），即可得出 σ_1 和 σ_3 这一时刻在变形区的分布规律，由此分布规律可知，径向拉应力 σ_1 从变形区最外缘的最小值 0 逐渐增大到凹模入口处的最大值 $\sigma_{1max} = 1.1 R_{eL} \ln \dfrac{R_t}{r}$；切向压应力 σ_3 从最外缘的最大值（绝对值）$|\sigma_{3max}| = 1.1 R_{eL}$ 逐渐减小到凹模入口处的最小值。在 $R = 0.61 R_t$ 时，两个应力的大小相等，以此半径

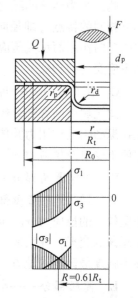

图 14-8　拉深某一时刻变形区的应力分布

的圆周为界，将整个变形区分为两个部分：大于此半径的区域（即靠近外缘）的毛坯以压应力为主，压缩变形是绝对值最大的主变形，毛坯增厚；小于此半径的区域（即靠近凹模入口）的毛坯以拉应力为主，拉伸变形是绝对值最大的主变形，毛坯厚度减薄。

随着拉深凸模的继续下行，R_t 不断减小，但由于加工硬化现象的存在，R_{eL} 却在不断地增大，因此 σ_{1max} 的值在不断变化，由试验得知，直壁圆筒形件带压边圈的首次拉深时，当 $R_t = (0.7 \sim 0.9) R_0$ 时，σ_{1max} 达到拉深过程中的最大值 σ_{1max}^{max}。同样，由于 R_{eL} 随着拉深过程的进行不断增大，使得 σ_{3max} 的绝对值也不断增大，其变化规律与材料的硬化曲线类似。

14.2　拉深件质量分析及控制

在实际生产中，最常见的拉深质量问题是凸缘部分的起皱和筒壁与筒底连接处板料的拉裂。

14.2.1　起皱

14.2.1.1　起皱的概念及产生原因

根据前面的分析可知，拉深时，凸缘区的毛坯主要受切向压应力 σ_3 和径向拉应力 σ_1 的作用。当毛坯较薄而 σ_3 又过大并超过此处材料所能承受的临界压应力时，毛坯就会发生失稳弯曲而拱起，沿切向就会形成高低不平的皱褶，这种现象称为起皱，如图 14-9 所示。拉深失稳起皱与压杆弯曲失稳相似。

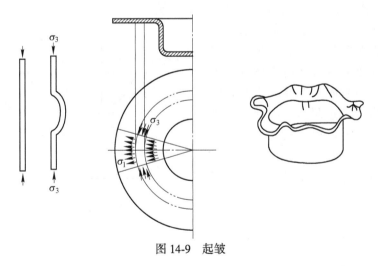

图 14-9　起皱

变形区一旦发生起皱，对拉深过程的顺利进行是非常不利的。因为毛坯起皱后，拱起的皱褶很难通过凸、凹模间隙被拉入凹模，如果强行拉入，则拉应力迅速增大，容易使毛坯受过大的拉力而导致断裂报废，如图 14-10（a）所示。即使模具间隙较大，或者起皱不严重，拱起的皱褶能勉强被拉进凹模内形成筒壁，皱褶也会留在工件的侧壁，从而影响工件的表面质量，如图 14-10（b）所示。同时，起皱后的材料在通过模具间隙时，与凸模、凹模间的压力增加，导致与模具间的摩擦加剧，磨损严重，使得模具的寿命大大降低。因此，应尽量避免起皱。

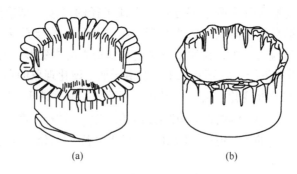

图 14-10　起皱造成废品

(a) 起皱导致断裂；(b) 皱褶留在工件侧壁

14.2.1.2　影响起皱的因素

拉深过程中是否会起皱，主要取决于以下几方面。

(1) 毛坯的相对厚度 t/D。毛坯的相对厚度越小，拉深变形区抵抗失稳的能力越差，因而就越容易起皱；反之，毛坯相对厚度越大，越不容易起皱。

(2) 切向压应力 σ_3。切向压应力 σ_3 的大小取决于变形程度。变形程度越大，需要转移的剩余材料越多，加工硬化现象越严重，则 σ_3 越大，就越容易起皱。

(3) 材料的力学性能。毛坯的屈强比越小，则屈服极限越小，变形区内的切向压应力也相对减小，因此毛坯不易起皱；塑性应变比 r 越大，则毛坯在宽度方向上的变形易于厚度方向，材料易于沿平面流动，因此不容易起皱。

(4) 凹模工作部分的几何形状。与普通的平端面凹模相比，锥形凹模（图14-11）能保证在拉深开始时毛坯有一定的预变形，减小毛坯流入模具间隙时的摩擦阻力和弯曲变形阻力，因此，起皱的倾向小，可以用相对厚度较小的毛坯进行拉深而不致起皱。

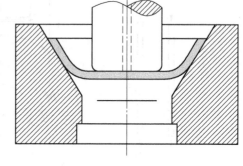

图 14-11　锥形凹模拉深

平端面凹模首次拉深时，毛坯不起皱的条件是：

$$\frac{t}{D}=0.045\left(1-\frac{d}{D}\right) \qquad (14\text{-}3)$$

锥形凹模首次拉深时，毛坯不起皱的条件是：

$$\frac{t}{D}=0.03\left(1-\frac{d}{D}\right) \qquad (14\text{-}4)$$

拉深过程中变形区是否起皱，可根据凹模工作部分的几何形状选择式（14-3）或式（14-4）判断，对于平端面凹模，也可按表 14-1 进行判断。

14.2.1.3　防止起皱的措施

实际生产中，防止拉深起皱最有效的措施是采用压边圈并施加合适的压边力 Q，如图

14-12 所示。使用压边装置以后，毛坯被强迫在压边圈和凹模端面间的间隙 c 中流动，稳定性增强，不容易发生起皱。

表 14-1　平端面凹模起皱判定

拉深方法	第一次拉深		以后各次拉深	
	$(t/D) \times 100$	m_1	$(t/D) \times 100$	m_n
需使用压边圈	<1.5	<0.6	<1.0	<0.8
可用可不用压边圈	1.5~2.0	0.6	1.0~1.5	0.8
不需使用压边圈	>2.0	>0.6	>1.5	>0.8

当然，采用压边装置防止起皱的同时，也给拉深带来了不利的影响。压边装置会导致毛坯与凹模、压边圈之间的摩擦力增加，从而使得拉深力增加，增加了毛坯拉深破裂的倾向。因此，在保证不起皱的前提下，压边力越小越好。

实际上，拉深起皱最主要的原因是切向压应力过大。在其他条件相同的情况下，如果能减小切向压应力，则可以有效防止起皱的发生。由塑性变形方程（屈服准则）可知，减小压应力即意味着增大拉应力，因此采用在压边圈或凹模表面增加凹凸不平的拉深筋，以增

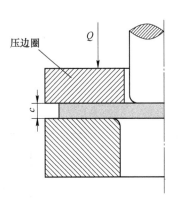

图 14-12　压边圈防止起皱

大毛坯流入凹模的阻力以及利用反拉深增大毛坯与凹模接触面的摩擦力，均可一定程度上达到防止起皱的目的，如图 14-13 和图 14-14 所示。

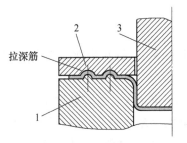
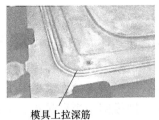

模具上拉深筋　　　　产品上拉深筋

图 14-13　有拉深筋的拉深模
1—凹模；2—压边圈；3—凸模

14.2.2　拉裂

14.2.2.1　拉裂的概念及产生原因

由前述可知，拉深时，筒底与筒壁连接处承受拉深力的作用，且因为此处变形较小，冷作硬化不明显，而厚度又有所减薄，所以承载能力弱，为拉深时的"危险断面"。当径向拉应力 σ_1 过大且超过此处板料的抗拉强度时，将会产生破裂，这种现象称为拉裂，如图 14-15 所示，拉裂是塑性变形拉伸失稳现象，是决定拉深成败的关键，也是制定拉深变形极限的依据。

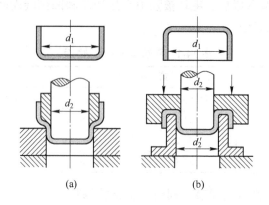

图 14-14　正拉深与反拉深

（a）正拉深；（b）反拉深

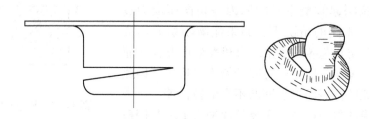

图 14-15　拉深时的拉裂

14.2.2.2　影响拉裂的因素

（1）毛坯力学性能的影响。屈强比 R_{eL}/R_m 越小，伸长率 A、硬化指数 n 和塑性应变比 r 越大，越不容易拉裂。

（2）拉深变形程度的影响。变形程度越大，壁厚变薄程度增大，越容易拉裂。

（3）凹模圆角半径的影响。凹模圆角半径越小，毛坯流动阻力越大，越容易拉裂。

（4）摩擦的影响。毛坯与模具之间的摩擦力越大，拉深力就会越大，径向拉应力 σ_1 也越大，越容易拉裂。

（5）压边力的影响。压边是防止起皱的有效方法，但同时也会增加毛坯与凹模和压边圈之间的摩擦力，从而导致拉深力增加，因而更容易拉裂。

14.2.2.3　防止拉裂的措施

生产实际中，常通过选用硬化指数大、屈强比小的材料进行拉深，采用适当增大拉深凸、凹模圆角半径、增加拉深次数、改善润滑等措施来避免拉裂的产生。

由前述分析可知，最大的径向拉应力发生在 $R_t=(0.7\sim0.9)R_0$ 时，即发生在拉深的初期，因此在带压边圈的直壁圆筒形件的首次拉深中，拉裂通常发生在拉深的初期。由试验证明，在带压边圈的直壁圆筒形件的首次拉深中，起皱与拉裂同步发生，也发生在拉深的初期。

14.3 拉深工艺计算

14.3.1 直壁旋转体零件的拉深工艺计算

直壁旋转体零件是指无凸缘圆筒形件、有凸缘圆筒形件和阶梯形圆筒形件，如图 14-16 所示，其具有相同的变形特点，因此拉深工艺计算有相似之处。

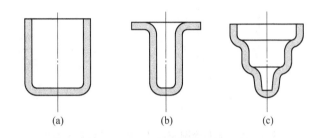

图 14-16 直壁旋转体零件

（a）无凸缘圆筒形件；（b）有凸缘圆筒形件；（c）阶梯形圆筒形件

14.3.1.1 无凸缘圆筒形件的拉深工艺计算

无凸缘圆筒形件是所有拉深件中最为简单的形状，其工艺计算步骤如下。

A 毛坯形状和尺寸的确定

拉深件毛坯形状和尺寸的确定依据是：

（1）形状相似原则。旋转体拉深件毛坯的形状与拉深件的截面形状相似，均为圆形。对于非旋转体形状件，不具有这种相似性。

（2）表面积相等原则。在不考虑厚度变化的情况下，拉深前毛坯的表面积等于拉深后拉深件的表面积。

拉深件毛坯形状和尺寸确定的步骤如下：

（1）确定修边余量。无凸缘圆筒形件的修边余量 Δh 见表 14-2。

表 14-2 无凸缘圆筒形件的修边余量 Δh　　　　　　　　　　　　（mm）

工件高度 h	工件相对高度 h/d				简图
	>0.5~0.8	>0.8~1.6	>1.6~2.5	>2.5~4.0	
≤10	1.0	1.2	1.5	2.0	
>10~20	1.2	1.6	2.0	2.5	
>20~50	2.0	2.5	3.3	4.0	
>50~100	3.0	3.8	5.0	6.0	
>100~150	4.0	5.0	6.5	8.0	
>150~200	5.0	6.3	8.0	10.0	
>200~250	6.0	7.5	9.0	11.0	
>250	7.0	8.5	10.0	12.0	

（2）计算拉深件的表面积。为便于计算，把拉深件划分成若干个简单的几何体，分别求出其表面积后相加，即可得出拉深件的表面积。如图14-17所示，将无凸缘圆筒形件划分为3个可直接计算出表面积的简单几何体——圆筒部分 A_1、圆弧旋转而成的球台部分 A_2 及底部圆形平板 A_3。

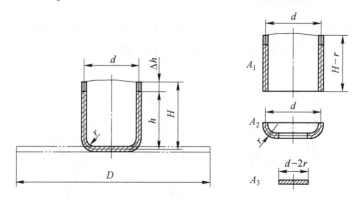

图 14-17 无凸缘圆筒形件毛坯尺寸计算分解图

圆筒部分的表面积为：

$$A_1 = \pi d(H-r)$$

圆弧旋转而成的球台部分的表面积为：

$$A_2 = \frac{1}{4}\pi\left[2\pi r(d-2r)+8r^2\right]$$

底部圆形平板的表面积为：

$$A_3 = \frac{1}{4}\pi(d-2r)^2$$

则拉深件总的表面积 A 应为以上三个部分面积之和。

（3）根据毛坯的表面积等于拉深件的表面积，求出毛坯的直径 D，即：

$$\frac{1}{4}\pi D^2 = \pi d(H-r)+\frac{1}{4}\pi\left[2\pi r(d-2r)+8r^2\right]+\frac{1}{4}\pi(d-2r)^2$$

化简得：

$$D = \sqrt{d^2-1.72dr-0.56r^2+4dH} \tag{14-5}$$

式中符号的含义如图14-17所示，各尺寸均为中线尺寸，当毛坯厚度小于1mm时，以零件图中标注尺寸进行计算不会引起过大的误差。

需要指出的是，用理论计算方法确定的毛坯尺寸不是绝对准确的，尤其是复杂或变形程度较大的拉深件。实际生产中，对于形状复杂的拉深件，传统的做法是先做好拉深模，并以理论计算方法初步确定的毛坯进行反复试模修正，直至获得的工件符合要求时，再将此毛坯形状和尺寸作为制造落料模的依据；而现代利用先进的CAE分析技术即可得到较为准确的毛坯尺寸。

B 拉深系数的确定

拉深系数与每次允许的拉深变形程度有关，而拉深变形程度通常以拉深系数 m 来衡量。

a 拉深系数的概念

拉深系数是指拉深后圆筒形件的直径与拉深前毛坯或半成品的直径之比，其倒数称为拉深比，如图 14-18 所示。根据拉深系数的定义及图 14-18 可得各次拉深系数分别如下。

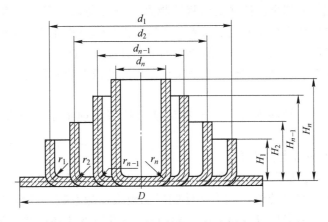

图 14-18 多次拉深工序示意图

第一次拉深系数：

$$m_1 = \frac{d_1}{D}$$

第二次拉深系数：

$$m_2 = \frac{d_2}{d_1}$$

$$\vdots$$

第 n 次拉深系数：

$$m_n = \frac{d_n}{d_{n-1}}$$

总的拉深系数：

$$m_{总} = \frac{d_n}{D} = \frac{d_1}{D} \times \frac{d_2}{d_1} \times \cdots \times \frac{d_{n-1}}{d_{n-2}} \times \frac{d_n}{d_{n-1}} = m_1 m_2 \cdots m_{n-1} m_n \qquad (14\text{-}6)$$

即总拉深系数等于各次拉深系数的乘积。

拉深系数表示了拉深前后毛坯直径的变化量，间接反映了毛坯外缘在拉深时切向压缩变形的大小，而切向变形是拉深变形区最大的主变形，因此可以用拉深系数衡量拉深变形程度的大小。拉深时毛坯外缘切向压缩变形量为：

第一次拉深

$$\varepsilon_1 = \frac{\pi D - \pi d_1}{\pi D} = 1 - \frac{d_1}{D} = 1 - m_1$$

第二次拉深

$$\varepsilon_2 = \frac{\pi d_1 - \pi d_2}{\pi d_1} = 1 - \frac{d_2}{d_1} = 1 - m_2$$

$$\vdots$$

第 n 次拉深

$$\varepsilon_n = \frac{\pi d_{n-1} - \pi d_n}{\pi d_{n-1}} = 1 - \frac{d_n}{d_{n-1}} = 1 - m_n$$

即：

$$\varepsilon = 1 - m \tag{14-7}$$

因为 $0<m<1$，由式（14-7）可知，m 越大，ε 越小，切向压缩变形量越小，即拉深变形程度越小；反之，m 越小，拉深变形程度越大。当 m 值减小到小于某一个值时，拉深变形程度将超出材料允许承受的变形极限，导致工件局部严重变薄甚至被拉裂，得不到合格的工件。因此拉深系数减小有一个最小值的限制 $[m_n]$，这一最小值称为保证拉深件不破裂的最小拉深系数。该值的大小，反映了拉深变形的极限变形程度，是拉深工艺设计的依据。

生产中，为了减少拉深次数，一般在保证不拉裂的前提下，应采用尽量小的拉深系数。

b　影响极限拉深系数的因素。

在不同的条件下，极限拉深系数不同，其大小受以下因素影响：

（1）材料方面。材料的组织和力学性能影响极限拉深系数。一般来说，材料组织均匀、晶粒大小适当、屈强比 R_{eL}/R_m 小、塑性好、塑性应变比各向异性度 Δr 小、塑性应变比 r 大、硬化指数 n 大的毛坯，变形抗力小，筒壁传力区不容易产生局部严重变薄和拉裂，因而拉深性能好，极限拉深系数较小。

毛坯相对厚度 t/D 也会对极限拉深系数产生影响。t/D 大时，抗失稳能力较强，故极限拉深系数较小；材料表面光滑，拉深时摩擦力小，容易流动，故极限拉深系数较小。

（2）模具方面。凸、凹模圆角半径及间隙大小是影响极限拉深系数的主要参数。凸模圆角半径太小，毛坯绕凸模弯曲时的拉应力增加，易造成局部变薄严重，降低危险断面的强度，因而会降低极限变形程度；凹模圆角半径太小，毛坯在拉深过程中通过凹模圆角时弯曲阻力增加，增加了筒壁传力区的拉应力，也会降低极限变形程度；凸、凹模间隙太小，毛坯会受到较大的挤压作用和摩擦阻力，拉深力增大，使极限变形程度减小。因此，为了减小极限拉深系数，凸、凹模圆角半径及间隙应适当取较大值。

模具形状也会对极限拉深系数产生影响。使用锥形凹模拉深时，可减少材料流过凹模圆角时的摩擦力和弯曲变形力，防皱效果好，因而极限拉深系数可以减小。

（3）拉深条件。有压边装置的拉深模，减小了毛坯起皱的可能性，极限拉深系数可相应减小。拉深次数也会对极限拉深系数产生影响。第一次拉深时，因材料没有产生冷作硬化，塑性好，极限拉深系数可小些；以后拉深时因材料产生硬化，塑性越来越差，变形越来越困难，所以极限拉深系数越往后越大，即在多次拉深中，各次极限拉深系数的关系是：

$$[m_1]<[m_2]<\cdots<[m_{n-1}]<[m_n] \tag{14-8}$$

（4）润滑条件。凹模与压边圈的工作表面光滑、润滑条件较好时，可以减小极限拉深系数。但为避免在拉深过程中凸模与毛坯之间产生相对滑移造成危险断面的过度变薄或拉裂，在不影响拉深件内表面质量和脱模的前提下，凸模工作表面可以比凹模粗糙一些，并避免涂润滑剂。

除上述影响因素外，拉深方法、拉深速度、拉深件的形状等也会对极限拉深系数产生影响。

总结上述各种影响极限拉深系数的因素可知，凡能增加筒壁传力区危险断面的强度，降低筒壁传力区拉应力的因素，均可使极限拉深系数减小；反之，将会使极限拉深系数变大。

c　极限拉深系数值的确定

由于影响极限拉深系数的因素较多，因此实际生产中的极限拉深系数是考虑了各种具体条件后用试验的方法求出的经验值。通常首次拉深的极限拉深系数为 0.46~0.60，以后各次拉深的极限拉深系数为 0.70~0.86，且应满足式（14-8）。无凸缘圆筒形件的极限拉深系数可查表 14-3 和表 14-4。

表 14-3　无凸缘圆筒形件的极限拉深系数 $[m_n]$

各次极限拉深系数	毛坯相对厚度 $(t/D) \times 100$					
	>1.5~2.0	>1.0~1.5	>0.6~1.0	>0.3~0.6	>0.15~0.3	>0.08~0.15
$[m_1]$	0.48~0.50	0.50~0.53	0.53~0.55	0.55~0.58	0.58~0.60	0.60~0.63
$[m_2]$	0.73~0.75	0.75~0.76	0.76~0.78	0.78~0.79	0.79~0.80	0.80~0.82
$[m_3]$	0.76~0.78	0.78~0.79	0.79~0.80	0.80~0.81	0.81~0.82	0.82~0.84
$[m_4]$	0.78~0.80	0.80~0.81	0.81~0.82	0.82~0.83	0.83~0.85	0.85~0.86
$[m_5]$	0.80~0.82	0.82~0.84	0.84~0.85	0.85~0.86	0.86~0.87	0.87~0.88

注：1. 表中的系数适用于 08、10S、15S 钢等普通拉深钢及软黄铜 H62、H68。当材料的塑性好、屈强比小、塑性应变比大时（05、08Z 及 10Z 钢等），应比表中数值减小 1.5%~2.0%；而当材料的塑性差、屈强比大、塑性应变比小时（20、25、Q215、Q235、酸洗钢、硬铝、硬黄铜等），应比表中数值增大 1.5%~2.0%。（符号 S 为深拉深钢；Z 为最深拉深钢）。

　　2. 表中数值适用于无中间退火的拉深，若有中间退火时，可将表中数值减小 2%~3%。

　　3. 表中较小值适用于凹模圆角半径 $r_d = (8~15)t$；较大值适用于 $r_d = (4~8)t$。

表 14-4　其他金属材料的极限拉深系数

材料名称	牌号	首次拉深 $[m_1]$	以后各次拉深 $[m_n]$
铝和铝合金	8A06、1035、3A21	0.52~0.55	0.70~0.75
杜拉铝	2A11、2A12	0.56~0.58	0.75~0.80
黄铜	H62	0.52~0.54	0.70~0.72
	H68	0.50~0.52	0.68~0.72
纯铜	T2、T3	0.50~0.55	0.72~0.80
无氧铜		0.50~0.58	0.75~0.82
镍、镁镍、硅镍		0.48~0.53	0.70~0.75
康铜（铜镍合金）		0.50~0.56	0.74~0.84
白铁皮		0.58~0.65	0.80~0.85
酸洗钢板		0.54~0.58	0.75~0.78
不锈钢	12Cr13	0.52~0.56	0.75~0.78
	0Cr18Ni	0.50~0.52	0.70~0.75
	06Cr18Ni11Nb、06Cr23Ni13	0.52~0.55	0.78~0.80

材料名称	牌号	首次拉深 $[m_1]$	以后各次拉深 $[m_n]$
镍铬合金	Cr20Ni80Ti	0.54~0.59	0.78~0.84
合金结构钢	30CrMnSiA	0.62~0.70	0.80~0.84
可伐合金		0.65~0.67	0.85~0.90
钼铱合金		0.72~0.82	0.91~0.97
钽		0.65~0.67	0.84~0.87
铌		0.65~0.67	0.84~0.87
钛及钛合金	TA2、TA3	0.58~0.60	0.80~0.85
	TA5	0.60~0.65	0.80~0.85
锌		0.65~0.70	0.85~0.90

注：1. 毛坯相对厚度 $(t/D) \times 100 < 0.62$ 时，表中系数取大值；当 $(t/D) \times 100 \geq 0.62$ 时，表中系数取小值。

2. 凹模圆角半径 $R_d < 6t$ 时，表中系数取大值；凹模圆角半径 $R_d \geq (7~8)t$ 时，表中系数取小值。

C 拉深次数的确定

知道了每次拉深允许的极限变形程度，即可求出拉深次数。拉深次数 n 的确定步骤如下。

a 判断能否一次拉成

比较拉深件实际所需的总拉深系数 $m_总$ 和第一次允许使用的极限拉深系数 $[m_1]$ 的大小，即可判断能否一次拉成。

若 $m_总 \geq [m_1]$，说明该拉深件的实际变形程度小于第一次允许的极限变形程度，可以一次拉成。

若 $m_总 < [m_1]$，说明该拉深件的实际变形程度大于第一次允许的极限变形程度，不能一次拉成。

b 确定拉深次数 n

当需要多次拉深时，就需要进一步确定拉深次数。生产中常用的方法有推算法和查表法。

（1）推算法。首先查表 14-3 或表 14-4，得到每次拉深的极限拉深系数 $[m_1]$，$[m_2]$，…，$[m_n]$，然后假设以此极限拉深系数进行拉深，这样就可以依次求出每次拉深的最小拉深直径，直到某次计算出的直径 d_n 小于或等于拉深件的直径 d 为止，则 n 即为拉深次数，即：

$$d_1 = [m_1]D$$
$$d_2 = [m_2]d_1$$
$$\vdots$$
$$d_n = [m_n]d_{n-1}$$

计算至 $d_n \leq d$ 时结束，则 n 为拉深次数。

（2）查表法。拉深次数也可根据拉深件相对高度 h/d 和毛坯相对厚度 t/D 查表 14-5 得到。

表 14-5　无凸缘圆筒形件相对高度 [h/d] 与拉深次数的关系

拉深次数	毛坯相对厚度$(t/D) \times 100$					
	2.0~1.5	1.5~1.0	1.0~0.6	0.6~0.3	0.3~0.15	0.15~0.08
1	0.94~0.77	0.84~0.65	0.71~0.57	0.62~0.5	0.5~0.45	0.46~0.38
2	1.88~1.54	1.60~1.32	1.36~1.1	1.13~0.94	0.96~0.63	0.9~0.7
3	3.5~2.7	2.8~2.2	2.3~1.8	1.9~1.5	1.6~1.3	1.3~1.1
4	5.6~4.3	4.3~3.5	3.6~2.9	2.9~2.4	2.4~2.0	2.0~1.5
5	8.9~6.6	6.6~5.1	5.2~4.1	4.1~3.3	3.3~2.7	2.7~2.0

注：大的 h/d 值适用于第一次拉深的凹模圆角半径 $r_d = (8~15)t$；小的 h/d 值适用于第一次拉深凹模圆角半径 $r_d = (4~8)t$。

D　拉深工序件（半成品）尺寸的确定

第 n 次拉深的工序件尺寸包括工序件直径 d_n、筒底圆角半径 r_n 和工序件高度 H_n，如图 14-18 所示。

a　工序件直径 d_n

确定拉深次数是假设以极限拉深系数进行拉深的，但是实际生产中一般不会选择极限拉深系数，所以需要重新计算工序件直径 d_n。计算方法如下。

设实际采用的拉深系数为 m_1，m_2，m_3，…。

按照 $m_总 = m_1 \times m_2 \times m_3 \times \cdots \times m_n$，$m_1 < m_2 < m_3 < \cdots < m_n$ 求出各次实际使用的拉深系数后，即可求出各次拉深的工序件直径，即：

$$d_1 = m_1 D$$
$$d_2 = m_2 d_1$$
$$\vdots$$
$$d_n = m_n d_{n-1} = d$$

按照上述方法计算工序件直径时，需要反复试取 m_1，m_2，m_3，…，m_n 的值，比较烦琐，实际上可以将各次极限拉深系数放大一个合适倍数 k 即可，这里 $k = \sqrt[n]{\dfrac{m_总}{[m_1] \times [m_2] \times \cdots \times [m_n]}}$，$n$ 为拉深次数。

b　筒底圆角半径 r_n

筒底圆角半径即为本道拉深凸模的圆角半径 r_p，可参考 14.5.2 节的内容进行确定。

c　工序件高度 H_n

各次工序件筒壁高度 H_n 可由毛坯尺寸计算式（14-5）反推得，即：

$$H_n = \frac{D^2 - d_n^2 + 1.72 r_n d_n + 0.56 r_n^2}{4 d_n} \tag{14-9}$$

式中　d_n——各次拉深的工序件直径，mm；

　　　r_n——各次拉深筒底圆角半径，mm；

　　　H_n——各次拉深的工序件高度，mm，包含修边余量；

　　　D——毛坯直径，mm。

【例 14-1】　如图 14-19 所示的拉深件，材料为 08 钢，材料厚度 $t = 2$mm。计算拉深次数和各次拉深的工序件尺寸。

解： 由于 $t = 2mm$，所以应按中线尺寸计算。

（1）确定修边余量 Δh。$h/d = 199/88 = 2.26$，查表 14-2 得 $\Delta h = 8mm$。

（2）计算毛坯直径 D。

$d = 88mm$，$r = 3mm$，

$H = h + \Delta h = 199 + 8 = 207mm$，代入式（14-5）得 $D = 283mm$。

（3）确定是否采用压边圈。$(t/D) \times 100 = (2/283) \times 100 = 0.7$，查表 14-1 可知，需采用压边圈。

（4）判断能否一次拉深。查表 14-3 可得 $[m_1] = 0.55$。该零件的总拉深系数 $m_总 = d/D = 88/283 = 0.31$，即 $m_总 < [m_1]$，故该零件不能一次拉成。

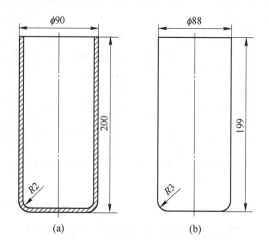

图 14-19 拉深零件图及中线尺寸图
（a）零件图；（b）中线尺寸图

（5）确定拉深次数 n。由表 14-3 查得各次极限拉深系数，并采用推算法计算各次拉深直径，即

$$[m_1] = 0.55, d = [m_1]D = 0.55 \times 283 = 155.65mm$$
$$[m_2] = 0.78, d_2 = [m_2]d_1 = 0.78 \times 155.65 = 121.41mm$$
$$[m_3] = 0.80, d_3 = [m_3]d_2 = 0.80 \times 121.41 = 97.13mm$$
$$[m_4] = 0.82, d_4 = [m_4]d_3 = 0.82 \times 97.13 = 79.65mm$$

因为 $d_4 = 79.65mm < d = 88mm$，故该拉深件需 4 次拉深。

（6）计算各次拉深的工序件尺寸。

1）工序件直径 d_n。

$$k = \sqrt[n]{\frac{m_总}{[m_1] \times [m_2] \times \cdots \times [m_3]}} = \sqrt[4]{\frac{88/283}{0.55 \times 0.78 \times 0.80 \times 0.82}} = 1.025$$

设实际采用的拉深系数为 m_1、m_2、m_3、m_4，则有

$$m_1 = k \times [m_1] = 1.025 \times 0.55 = 0.564$$
$$m_2 = k \times [m_2] = 1.025 \times 0.78 = 0.800$$
$$m_3 = k \times [m_3] = 1.025 \times 0.80 = 0.82$$
$$m_4 = k \times [m_4] = 1.025 \times 0.82 = 0.84$$

按调整好的拉深系数计算各次拉深的工序件直径，即

$$d_1' = m_1 D = 0.564 \times 283 = 159mm$$
$$d_2' = m_2 d_1' = 0.8 \times 159 = 128mm$$
$$d_3' = m_3 d_2' = 0.82 \times 128 = 105mm$$
$$d_4' = m_4 d_3' = 0.84 \times 105 = 88mm$$

2）圆角半径 r_n。圆角半径采用公式 $r_i = 0.8\sqrt{(d_{i-1} - d_i)t}$ 计算，其中 d_{i-1} 和 d_i 分别为前一道次和当前道次工序件直径，t 为料厚。计算可得：

$$r_1 = 13\text{mm}, \quad r_2 = 6\text{mm}, \quad r_3 = 5\text{mm}, \quad r_4 = 3\text{mm}$$

3）工序件高度 H_n。将上述确定的各次工序件直径 d_n 和圆角半径 r_n 代入式（14-9）得各次工序件高度 H_n，即

$$H_1 = \frac{283^2 - 159^2 + 1.72 \times 13 \times 159 + 0.56 \times 13^2}{4 \times 159} = 92\text{mm}$$

$$H_2 = \frac{283^2 - 128^2 + 1.72 \times 6 \times 128 + 0.56 \times 6^2}{4 \times 128} = 127\text{mm}$$

$$H_3 = \frac{283^2 - 105^2 + 1.72 \times 5 \times 105 + 0.56 \times 5^2}{4 \times 105} = 166\text{mm}$$

$$H_4 = 207\text{mm}$$

（7）绘制工序图圆筒形件拉深工序图，如图 14-20 所示。

14.3.1.2 有凸缘圆筒形件的拉深工艺计算

A 有凸缘圆筒形件的分类及变形特点

有凸缘圆筒形件是指图 14-21 所示的零件，相当于无凸缘圆筒形件拉深至中间某一时刻的半成品，即变形区材料没有完全被拉入凹模转变为筒壁，还留有一个凸缘 d_f，因此，其变形区的应力状态和变形特点与无凸缘圆筒形件相同。但由于带有凸缘，其拉深方法及工艺计算方法与一般圆筒形件又有一定的差别。

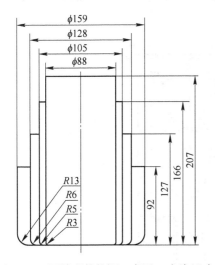

图 14-20 圆筒形件拉深工序图（中线尺寸）

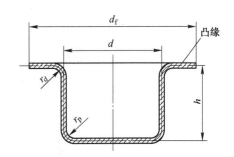

图 14-21 有凸缘圆筒形件

根据凸缘相对直径 d_f/d 的比值不同，有凸缘圆筒形件可分为窄凸缘圆筒形件（$d_f/d = 1.1 \sim 1.4$）和宽凸缘圆筒形件（$d_f/d > 1.4$）两种。

B 有凸缘圆筒形件的拉深方法

有凸缘圆筒形件的多次拉深可按如下原则进行设计。

a 窄凸缘圆筒形件

可当作无凸缘圆筒形件拉深只在倒数第二次才拉出锥形凸缘，最后一次拉到所需高度，然后利用整形工序将凸缘压平，如图 14-22 所示。

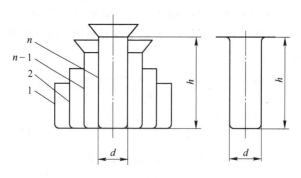

图 14-22　窄凸缘圆筒形件多次拉深方法

b　宽凸缘圆筒形件

在首次拉深中形成要求的凸缘直径，而在以后的拉深中保持凸缘直径不变。具体有以下几种拉深方法。

（1）圆角半径在首次拉深中成型，以后的拉深中，保持圆角半径基本不变，仅以减小圆筒直径来增大制件高度，如图 14-23（a）所示，这种方法主要适用于料薄、拉深高度比直径大的中小型拉深件。

（2）高度在首次拉深中基本成型，在以后的拉深中制件高度基本保持不变，仅减圆筒直径和圆角半径，如图 14-23（b）所示。这种方法主要适用于料厚，直径与高度相近的大中型拉深件。

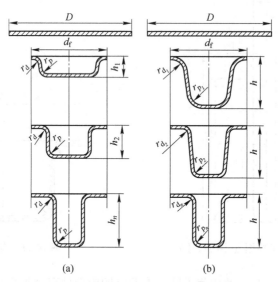

图 14-23　宽凸缘圆筒形件的拉深方法

（3）为了避免凸缘在以后的拉深中发生收缩变形，宽凸缘圆筒形件首次拉深时拉入凹模的毛坯面积（凸缘圆角以内的部分，包括凸缘圆角）应加大 3%～10%。多余材料在以后的拉深中逐次将 1.5%～3% 的部分挤回到凸缘位置，使凸缘增厚。

（4）当工件的凸缘与底部圆角半径过小时，可先以适当的圆角半径拉深成型，然后再整形至工件要求的圆角半径。

C　有凸缘圆筒形件工艺计算

窄凸缘圆筒形件的工艺计算与无凸缘件相同，在此不再赘述。下面主要介绍宽凸缘圆筒形件工艺计算的方法与步骤。

a　宽凸缘圆筒形件的毛坯尺寸确定

宽凸缘圆筒形件毛坯尺寸的计算方法与无凸缘圆筒形件相同，也是根据表面积相等的原理进行计算的，如图 14-24 所示，其毛坯直径可按下式进行计算：

$$D=\sqrt{d_f'^2-1.72d(r_p+r_d)-0.56(r_p^2-r_d^2)+4dh} \tag{14-10}$$

式中，$d_f'=d_f+2\Delta d_f$。

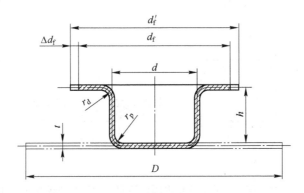

图 14-24　宽凸缘圆筒形件毛坯尺寸计算

当 $r_p=r_d=r$ 时，宽凸缘圆筒形件的毛坯直径计算公式可简化为：

$$D=\sqrt{d_f'^2+4dh-3.44dr} \tag{14-11}$$

式（14-10）和式（14-11）中各字母的含义如图 14-24 所示。有凸缘圆筒形件修边余量 Δd_f 见表 14-6。

表 14-6　有凸缘圆筒形件修边余量 Δd_f　　　　（mm）

凸缘直径 d_f	凸缘相对直径 d_f/d				附图
	<1.5	1.5~2.0	2.0~2.5	2.5~3.0	
≤25	1.8	1.6	1.4	1.2	
>25~50	2.5	2.0	1.8	1.6	
>50~100	3.5	3.0	2.5	2.2	
>100~150	4.3	3.6	3.0	2.5	
>150~200	5.0	4.2	3.5	2.7	
>200~250	5.5	4.6	3.8	2.8	
>250	6.0	5.0	4.0	3.0	

b　宽凸缘圆筒形件的变形程度

根据拉深系数的定义，宽凸缘圆筒形件总的拉深系数可表示为

$$m=\frac{d}{D}=\frac{1}{\sqrt{(d_f'/d)^2+4h/d-3.44r/d}} \tag{14-12}$$

由式（14-12）可以看出，宽凸缘圆筒形件的拉深系数取决于以下三个因素：凸缘相对直径 d'_f/d、相对高度 h/d 和相对圆角半径 r/d。其中以 d'_f/d 影响最大，h/d 次之，r/d 影响较小，因此宽凸缘圆筒形件的变形程度不能仅用拉深系数衡量，还必须考虑 d'_f/d 和 h/d 的影响，如图 14-25 所示。在变形程度允许范围内，同一尺寸大小的毛坯，既可以成型出图 14-25（a）所示尺寸的凸缘件，也可以成型出图 14-25（b）所示尺寸的凸缘件，很显然这两次拉深的变形程度不同，但却具有相同的拉深系数 $m=d/D$。

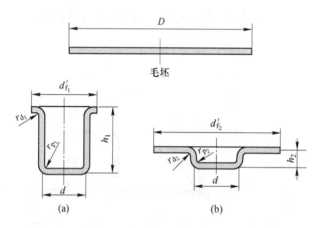

图 14-25 同一尺寸毛坯拉出两种不同尺寸的有凸缘圆筒形件

表 14-7 列出了宽凸缘圆筒形件首次拉深的极限拉深系数。从表 14-7 可以看出，宽凸缘圆筒形件的首次极限拉深系数比无凸缘圆筒形件要小，而且当毛坯直径 D 一定时，凸缘相对直径 d'_f/d 越大，极限拉深系数越小，但这并不表明宽凸缘圆筒形件的变形程度大。宽凸缘圆筒形件后续拉深各次极限拉深系数可相应地选取表 14-3 中的 $[m_2]$，$[m_3]$，…，$[m_n]$。

表 14-7 宽凸缘圆筒形件首次拉深的极限拉深系数 $[m_1]$

凸缘相对直径 d'_f/d_1	毛坯相对厚度 $(t/D) \times 100$				
	>0.06~0.2	>0.2~0.5	>0.5~1.0	>1.0~1.5	>1.5
≤1.1	0.59	0.57	0.55	0.53	0.50
>1.1~1.3	0.55	0.54	0.53	0.51	0.49
>1.3~1.5	0.52	0.51	0.50	0.49	0.47
>1.5~1.8	0.48	0.48	0.47	0.46	0.45
>1.8~2.0	0.45	0.45	0.44	0.43	0.42
>2.0~2.2	0.42	0.42	0.42	0.41	0.40
>2.2~2.5	0.38	0.38	0.38	0.38	0.37
>2.5~2.8	0.35	0.35	0.34	0.34	0.33
>2.8~3.0	0.33	0.33	0.32	0.32	0.31

注：表中系数适用于 08、10 钢。对于其他材料，可根据其成形性能的优劣对表中数值进行适当修正。

由上述分析可知，在影响拉深系数的因素中，r/d 的影响较小，因此当拉深系数一定时，则 d_f'/d 与 h/d 的关系也就基本确定了。这样，就可用拉深件的相对高度来表示宽凸缘圆筒形件的变形程度。宽凸缘圆筒形件首次拉深的最大相对高度见表 14-8。

表 14-8　宽凸缘圆筒形件首次拉深的最大相对高度 $[h_1/d_1]$

凸缘相对直径 d_f'/d_1	毛坯相对厚度 $(t/D)\times100$				
	>0.06~0.2	>0.2~0.5	>0.5~1.0	>1.0~1.5	>1.5
≤1.1	0.45~0.52	0.50~0.62	0.57~0.70	0.60~0.80	0.75~0.90
>1.1~1.3	0.40~0.47	0.45~0.53	0.50~0.60	0.56~0.72	0.65~0.80
>1.3~1.5	0.35~0.42	0.40~0.48	0.45~0.53	0.50~0.63	0.52~0.70
>1.5~1.8	0.29~0.35	0.34~0.39	0.37~0.44	0.42~0.53	0.48~0.58
>1.8~2.0	0.25~0.30	0.29~0.34	0.32~0.38	0.36~0.46	0.42~0.51
>2.0~2.2	0.22~0.26	0.25~0.29	0.27~0.33	0.31~0.40	0.35~0.45
>2.2~2.5	0.17~0.21	0.20~0.23	0.22~0.27	0.25~0.32	0.28~0.35
>2.5~2.8	0.16~0.18	0.15~0.18	0.17~0.21	0.19~0.24	0.22~0.27
>2.8~3.0	0.10~0.13	0.12~0.15	0.14~0.17	0.16~0.20	0.18~0.22

注：1. 表中系数适用于 08、10 钢。对于其他材料，可根据其成形性能的优劣对表中数值进行适当修正。

　　2. 圆角半径大时 $[r_p，r_d=(10\sim20)t]$ 取较大值；圆角半径小时 $[r_p，r_d=(4\sim8)t]$ 取较小值。

　　c　判断能否一次拉深成型

　　比较工件实际所需的总拉深系数 $m_{总}$ 和相对高度 h/d 与凸缘件第一次拉深的极限拉深系数 $[m_1]$ 和极限拉深相对高度 $[h_1/d_1]$ 可知，若 $[m_{总}]>[m_1]$，$h/d≤[h_1/d_1]$ 则能一次拉深成型，否则应多次拉深。

　　d　计算拉深次数

　　凸缘件多次拉深时，第一次拉深后得到的工序件尺寸在保证凸缘直径满足要求的前提下，其筒部直径 d_1 应尽可能小，以减少拉深次数，同时又能尽量多地将毛坯拉入凹模。

　　宽凸缘件的拉深次数仍可用推算法求得，具体做法如下：

　　先假定 d_f'/d_1 的值，根据毛坯相对厚度 t/D 由表 14-7 查出第一次拉深的极限拉深系数 $[m_1]$，再由表 14-3 查出以后各次拉深的极限拉深系数，依次计算各次拉深的极限拉深直径，一直计算到小于或等于工件直径为止，即可得到拉深次数 n。

　　e　计算工序件尺寸

　　工序件尺寸包括筒部直径 d_i、高度 h_i 和圆角半径 r_{p_i}、r_{d_i}。拉深次数确定以后，应重新调整各次拉深系数，并满足 $d=m_1\times m_2\times m_3\times\cdots\times m_n\times D$。此时需按照本节中"有凸缘圆筒形件的拉深方法"中的 C 节重新计算毛坯直径 D'，再根据调整后的拉深系数 m_i 和毛坯直径 D' 计算各次拉深工序件的筒部直径 d_i。

　　参照 14.5.2 节确定圆角半径 r_{p_i}、r_{d_i}。按下式计算工序件高度 h_i，即：

$$h_i=\frac{0.25}{d_i}(D'^2-d_f'^2)+0.43(r_{p_i}+r_{d_i})+\frac{0.14}{d_i}(r_{p_i}^2-r_{d_i}^2) \qquad (14\text{-}13)$$

式中　D'——毛坯直径，mm；

d'_f——零件的凸缘直径，mm；

d_i——第 i 次拉深后零件的筒部直径，mm；

r_{p_i}——第 i 次拉深后凸模处圆角半径，mm；

r_{d_i}——第 i 次拉深后凹模处圆角半径，mm。

上述计算是在假定 d'_f/d 值的条件下进行的，假定是否合适需进行验证。如果 $h/d \leqslant [h_1/d_1]$，即说明假定成功；否则需重新假定，再按上述步骤重新计算。

【例 14-2】　图 14-26 所示宽凸缘拉深件的材料为 08 钢，材料厚度为 2mm，试确定所需的拉深次数，并计算各工序尺寸。

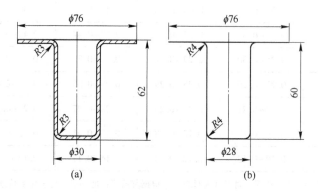

图 14-26　宽凸缘圆筒形件零件图及中线尺寸图

(a) 零件图；(b) 中线尺寸图

由于材料厚度为 2mm，以下所有尺寸均按中线尺寸计算（图 14-26（b））。

（1）确定修边余量 Δd_f。$d_f/d = 76/28 = 2.7$，查表 14-6 可得 $\Delta d_f = 2.2$mm，所以拉深件的实际凸缘尺寸 $d'_f = d_f + 2\Delta d_f = 80.4$mm。

（2）计算毛坯直径。因为 $r_d = r_p = 4$mm，由式（14-11）可得 $D = 113$mm。

（3）判断能否一次拉深成型。$d'_f/d = 80.4/28 = 2.87$，$(t/D) \times 100 = (2/113) \times 100 = 1.77$，查表 14-7 和表 14-8 可知，首次拉深的极限拉深系数 $[m_1] = 0.31$，首次拉深的最大相对高度 $[h_1/d_1] = 0.18 \sim 0.22$。

该零件的实际总拉深系数 $m_{总} = 28/113 = 0.248$，实际总拉深相对高度为 $h/d = 60/28 = 2.14$。

因为 $m_{总} < [m_1]$，$h/d > [h_1/d_1]$，故该零件不能一次拉深成形。

（4）确定拉深次数。

1）先假定 d'_f/d_1 值，查出 $[m_1]$，进而求出 d_1。

2）确定凸、凹模圆角半径。按 14.5.2 节的方法确定首次拉深的凸、凹模圆角半径 r_{p_1}、r_{d_1}，并取 $r_{p_1} = r_{d_1}$。

3）由式（14-13）求出 h_1。

4）根据上述计算结果求出实际拉深的拉深系数 m_1 和实际相对高度 h_1/d_1。

5）验算。分别查表 14-7 和表 14-8 得 $[m_1]$ 和 $[h_1/d_1]$，若满足 $m_1 > [m_1]$，$h_1/d_1 < [h_1/d_1]$，则说明假定的 d'_f/d_1 值合理，否则重新假定 d'_f/d_1 值进行计算。

具体验算结果见表 14-9。

表 14-9 假定 d_f'/d_1 值时的计算结果

假定的 d_f'/d_1 值	极限拉深系数 $[m_1]$	d_1/mm	凸、凹模圆角半径 r_{p_1}、r_{d_1}	实际拉深系数 $m_1 = d_1/D$	h_1/mm	h_1/d_1	$[h_1/d_1]$
1.7	0.45	47.29	9	0.42	41.07	0.87	0.48~0.58
1.6	0.45	50.25	9	0.44	39.11	0.78	0.48~0.58
1.5	0.47	53.60	9	0.47	37.15	0.69	0.52~0.70
1.4	0.47	57.43	8	0.51	34.33	0.60	0.52~0.70

由表中数据可以看出，$d_f'/d_1 = 1.4$ 时符合要求。故初选 $d_1 = 57\text{mm}$。

查表 14-3 可得：$[m_2] = 0.73$，$[m_3] = 0.76$，$[m_4] = 0.78$。

$$d_2 = [m_2]d_1 = 0.73 \times 57 = 41.61\text{mm}$$

$$d_3 = [m_3]d_2 = 0.76 \times 41.61 = 31.62\text{mm}$$

$$d_4 = [m_4]d_3 = 0.78 \times 31.62 = 24.66\text{mm}$$

因为 $d_4 < d = 28\text{mm}$，所以该零件需要 4 次拉深。

（5）调整毛坯直径和首次拉深高度。按照宽凸缘圆筒形件的拉深要求，为了避免凸缘直径在以后的拉深中发生收缩变形，首次拉深时拉入凹模的毛坯面积应加大 3%~10%，此处取 5%。设凸缘圆角以内部分（包括凸缘圆角）的凸缘直径为 d_{f_1}，面积为 A_1，凸缘圆角以外部分的面积为 A_2，则有：

$$A_1 = \frac{\pi}{4}(d_{f_1}^2 + 4dh - 3.44dr)$$

$$= \frac{3.14}{4} \times [(28 + 4 \times 2)^2 + 4 \times 28 \times 60 - 3.44 \times 28 \times 4] = 5990\text{mm}^2$$

$$A_2 = \frac{\pi}{4}(d_f'^2 - d_{f_1}^2) = \frac{3.14}{4} \times [80.4^2 - (28 + 4 \times 2)^2] = 4057\text{mm}^2$$

修正后的毛坯直径 $D' = \sqrt{\dfrac{4}{\pi}[(1 + 5\%)A_1 + A_2]} = 115\text{mm}$。

（6）重新计算拉深系数及拉深直径。

放大系数 $k = \sqrt[n]{\dfrac{m_{\text{总}}}{[m_1] \times [m_2] \times \cdots \times [m_n]}} = \sqrt[4]{\dfrac{28/115}{0.47 \times 0.73 \times 0.76 \times 0.78}} = 1.04600$，设实际采用的拉深系数为 m_1，m_2，m_3 和 m_4，则有：

$$m_1 = k \times [m_1] = 1.04600 \times 0.47 = 0.492$$

$$m_2 = k \times [m_2] = 1.04600 \times 0.73 = 0.764$$

$$m_3 = k \times [m_3] = 1.04600 \times 0.76 = 0.795$$

$$m_4 = k \times [m_4] = 1.04600 \times 0.78 = 0.816$$

重新计算拉深直径如下：

$$d_1' = m_1 D' = 0.492 \times 115 = 56.6\text{mm}$$

$$d_2' = m_2 d_1' = 0.764 \times 56.6 = 43.2\text{mm}$$

$$d_3' = m_3 d_2' = 0.795 \times 43.2 = 34.4\text{mm}$$

$$d_4' = m_4 d_3' = 0.816 \times 34.4 = 28.00\text{mm}$$

（7）确定各工序的圆角半径。按 14.5.2 节方法计算各次拉深的凸、凹模圆角半径分别为：$r_{p_1} = r_{d_1} = 8.6\text{mm}$；$r_{p_2} = r_{d_2} = 4.1\text{mm}$；$r_{p_3} = r_{d_3} = 3.4\text{mm}$。这里根据实际情况分别取：$r_{p_1} = r_{d_1} = 8.6\text{mm}$；$r_{p_2} = r_{d_2} = 5\text{mm}$；$r_{p_3} = r_{d_3} = 4\text{mm}$；$r_{p_4} = r_{d_4} = 4\text{mm}$。

（8）计算首次拉深高度。由式（14-13）计算首次拉深实际拉深高度为：

$$h_1 = \frac{0.25}{d_1}(D'^2 - d_f'^2) + 0.43(r_{p_1} + r_{d_1}) + \frac{0.14}{d_1}(r_{p_1}^2 - r_{d_1}^2)$$

$$= \frac{0.25}{56.6}(115^2 - 80.4^2) + 0.43 \times (8.6 + 8.6) = 37.2\text{mm}$$

（9）重新校核首次拉深成形极限。$d_f'/d_1 = 80.4/56.6 = 1.42$，$(t/D') \times 100 = (2/115) \times 100 = 1.74$，查表 14-7 和表 14-8 可知，首次拉深的极限拉深系数 $[m_1] = 0.47$，首次拉深的最大相对高度 $[h_1/d_1] = 0.52 \sim 0.70$。

该拉深件的首次实际拉深系数 $m_1 = 56.6/115 = 0.49$，实际拉深相对高度为 $h_1/d_1 = 37.2/56.6 = 0.65$。因为 $m_1 > [m_1]$，h_1/d_1 在 $[h_1/d_1]$ 的许可范围内，故首次拉深可以成形。

（10）计算以后各次拉深高度。设第二次多拉入 3% 材料，按上述方法首先计算出其假想毛坯尺寸 $D_2 = 114\text{mm}$，再按式（14-13）求出第二次拉深的高 $h_2 = 42.1\text{mm}$。

设第三次多拉入 1.5% 材料，同理计算出 $D_3 = 113.6\text{mm}$，第三次拉深的高度 $h_3 = 50.2\text{mm}$。

剩余 0.5% 的材料第四次拉入，则第四次假想毛坯尺寸 $D_4 = 113.3\text{mm}$，拉深高度即为零件的高度，$h_4 = 60\text{mm}$。

（11）绘制工序图。绘制工序图，如图 14-27 所示。

14.3.1.3　阶梯形圆筒形件的拉深工艺计算

阶梯形圆筒形件（图 14-28）从形状来说相当于若干个圆筒形件的组合，因此它的拉深同圆筒形件的拉深基本相似，每一个阶梯的拉深即相当于相应的圆筒形件的拉深。但由于其形状相对复杂，因此拉深工艺的设计与圆筒形件有较大的差别，主要表现为拉深次数的确定和拉深方法。

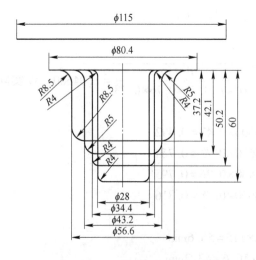

图 14-27　宽凸缘圆筒形件拉深工序图

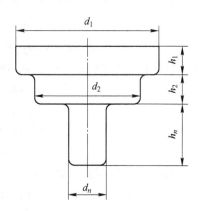

图 14-28　阶梯形圆筒形件

A　拉深次数的确定

判断阶梯形圆筒形件能否一次拉深成型，主要根据零件的总高度与其最小阶梯筒部直径之比是否小于或等于相应圆筒形件第一次拉深所允许的相对高度，即：

$$\frac{h_1+h_2+\cdots+h_n}{d_n}\leqslant\left[\frac{h_1}{d_1}\right] \tag{14-14}$$

式中　h_1，h_2，…，h_n——分别是各个阶梯的高度，mm；

　　　　d_n——最小阶梯筒部直径，mm；

　　　　$[h_1/d_1]$——直径为 d_n 的圆筒形件第一次拉深时的最大相对高度，可由表14-5 查得。

若满足上述条件，说明该阶梯形圆筒形件可一次拉深成型，否则需多次拉深成型。

B　拉深方法的确定

多次拉深时，拉深方法有下述几种：

（1）若任意两个相邻阶梯的直径之比 d_n/d_{n-1} 均大于或等于相应的圆筒形件的极限拉深系数，其工序安排按由大阶梯到小阶梯的顺序，每次拉深出一个阶梯，阶梯的数目就是拉深次数（图14-29（a））。

（2）若某两个相邻阶梯的直径之比小于相应圆筒形件的极限拉深系数，则这两个阶梯的拉深应采用有凸缘圆筒形件的拉深工艺，即先拉深小直径，再拉深大直径。如图14-29（b）所示 d_2/d_1 小于相应圆筒形件的极限拉深系数，故先通过1、2、3三次拉深成型出 d_2，再通过第4次拉深成型出 d_n，最后第5次拉深成型出 d_1。

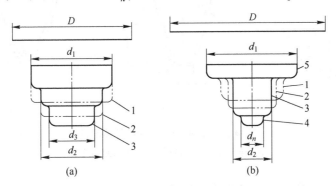

图14-29　阶梯形圆筒形件的拉深方法
（a）方法一；（b）方法二

（3）当阶梯形圆筒形件的最小的阶梯直径 d_n 很小，即 d_n/d_{n-1} 过小，其高度 h_n 又不大时，则最小阶梯可以用胀形的方法得到，但材料会变薄，零件质量会受到影响。

（4）对直径差别较大的浅阶梯形圆筒形件，当其不能一次拉深成型时，可以先拉深成球面或大圆角形的过渡形状，然后再采用整形工序满足零件的形状和尺寸要求，如图14-30 所示。

14.3.2　非直壁旋转体零件的拉深工艺计算

常见的非直壁旋转体零件有球形件、锥形件及抛物线形件（图14-31）。此类零件均

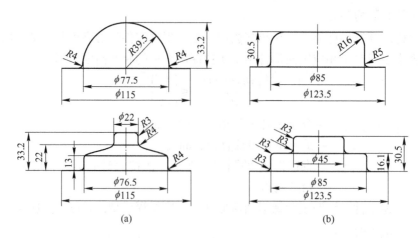

图 14-30　浅阶梯形圆筒形件的拉深方法

（a）球面形状；（b）大圆角形状

为曲面，成型时其变形区的位置、受力情况、变形特点等都与直壁旋转体零件不同，所以在拉深中出现的各种问题和解决方法也有差异。对于这类零件，不能简单地用拉深系数衡量成型的难易程度或把拉深系数作为制订拉深工艺和模具设计的依据。

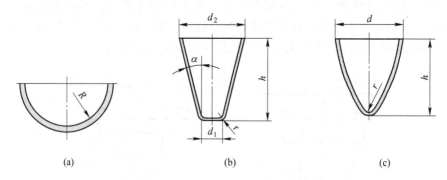

图 14-31　常见的非直壁旋转体零件

（a）球形件；（b）锥形件；（c）抛物线形件

14.3.2.1　非直壁旋转体零件的拉深特点

以球形件变形为例，由图 14-32 可以看出，直壁圆筒形件拉深时，变形区仅局限于压边圈下的环形部分；而球形件拉深时，变形区的位置不仅位于压边圈下的 AB 环形部分，位于凹模口内的中间悬空部分 BC 也参与了变形，由拉深前的平板变成球面形状，因此在拉深球形件时，毛坯的凸缘部分与中间部分都是变形区，而且中间部分由于不受压边圈和凹模的支承作用往往成为最薄弱的区域，最容易起皱。

由球形件的拉深可以看出，拉深开始时，毛坯与凸模的接触仅局限在以凸模顶点为中心的一个很小的范围内。在凸模力的作用下，这个范围内的金属处于切向和径向双向受拉的应力状态，产生双向受拉、厚向减薄的胀形变形。随着其与顶点距离的加大，切向应力 σ_3 不断减小，当超过一定界线以后变为压应力（图 14-32（b）），即在这个界线以外区域的材料受到的是切向压应力和径向拉应力的作用，产生切向压缩、径向伸长的拉深变形。

实践证明，胀形区域与拉深区域的界线随压边力大小等冲压条件的变化而变化。

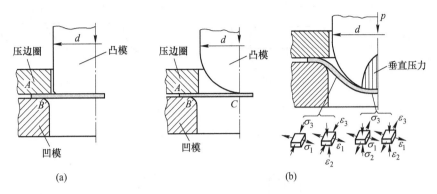

图 14-32 球形件拉深变形区
（a）直壁圆筒形件拉深；（b）球形件拉深

抛物线形件、锥形件的拉深与球形件相似。拉深开始，中间毛坯处于悬空状态，极易发生起皱，且由于抛物线形件和锥形件的素线形状复杂，拉深时变形区的位置、受力情况、变形特点等都随零件形状、尺寸的不同而变化，因此它们的拉深比球形件更为困难。

由上述分析可知，非直壁旋转体零件的拉深具有以下特点：

（1）非直壁旋转体零件拉深时，位于压边圈下面的凸缘部分和凹模口内的悬空部分都是变形区。

（2）非直壁旋转体零件的拉深过程是拉深变形和胀形变形的复合。

（3）胀形变形主要位于凸模顶点下面的附近区域，该区域内的金属沿径向和切向产生伸长变形，厚度方向发生减薄，当减薄过于严重时，可能导致凸模顶点处材料被拉裂。拉深变形区将产生切向压缩、径向伸长的变形，当切向压应力超过该区材料的抗压能力时，即产生起皱现象，尤以中间悬空部分材料的起皱（称为内皱）更为严重，限制了这类零件的成形极限。

为了解决该类零件拉深的起皱问题，在生产中常采用增加压边圈与毛坯之间摩擦力的办法，如加大毛坯凸缘尺寸、增加压边圈的摩擦系数和增大压边力、采用带拉深筋的模具结构以及反拉深工艺方法等，以增大径向拉应力，从而减小切向压应力。

14.3.2.2 球形件的拉深

球形件可分为半球形件（图 14-33（a））和非半球形件（图 14-33（b）～（d））两大类。不论哪一种类型，均不能用拉深系数来衡量拉深成型的难易程度。因为对于半球形件，根据拉深系数的定义可知其拉深系数 $m = 0.707$，是一个与拉深直径无关的常数。因此，一般使用毛坯相对厚度 t/D 来确定拉深的难易和拉深方法。

（1）当 $t/D > 3\%$ 时，可以采用不带压边装置的简单有底凹模一次拉深成型（图 14-34（a））。这时需要采用带球形底的凹模，并且要在压力机行程终了时进行一定程度的精整校形。在一般情况下，用这种方法制成工件的表面质量不高，而且由于贴模性不好，也影响了工件的几何形状精度和尺寸精度。

（2）当 $t/D = 0.5\% \sim 3\%$，采用带压边圈的拉深模拉深（图 14-34（b））。这时，压边圈除了能防止法兰部分的起皱外，还能因压边力产生的摩擦阻力引起拉深过程中径向拉应

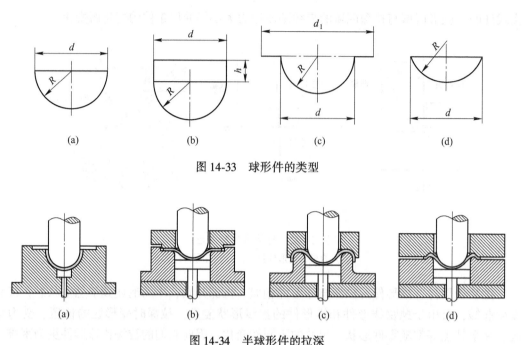

图 14-33　球形件的类型

图 14-34　半球形件的拉深

力和胀形成分的增加，从而防止毛坯中间部分起皱且使其紧密贴模。

（3）当 $t/D<0.5\%$ 时，采用反拉深模具（图 14-34（c））或带有拉深筋的凹模（图 14-34（d））。

对于带有高度 $h=(0.1\sim0.2)d$ 的圆筒直边（图 14-33（b）），或带有宽度为（$0.1\sim0.15$）d 凸缘的非半球形件（图 14-33（c）），虽然拉深系数有所降低，但对零件的拉深却有一定的好处。当对半球形件的表面质量和尺寸精度要求较高时，可先拉成带圆筒直边和带凸缘的非半球形件，拉深后将直边和凸缘切除。

高度小于球面半径（浅球形件）的零件（图 14-33（d）），其拉深工艺按几何形状可分为两类。

（1）当毛坯直径 D 较小时，毛坯不易起皱，但成型时毛坯易窜动，而且可能产生一定的回弹，常采用带底拉深模。

（2）当毛坯直径 D 较大时，起皱将成为必须解决的问题，常采用强力压边装置或带拉深筋的模具，拉成有一定宽度凸缘的浅形件。这时的变形是拉深和胀形两种变形的复合，因此零件回弹小，尺寸精度和表面质量均得到提高。当然，加工余料在成形后应予切除。

14.3.2.3　抛物线形件的拉深

抛物线形件拉深时的受力及变形特点与球形件一样，但由于曲面部分高度 h 与口部直径 d 之比大于球形件，故拉深更加困难。

抛物线形件常见的拉深方法有下述几种。

（1）浅抛物线形件（$h/d<0.5\sim0.6$）。因其高径比接近球形，因此拉深方法同球形件。

（2）深抛物线形件（$h/d>0.5\sim0.6$）。其拉深难度有所增加。这时为了使毛坯中间部分紧密贴模而又不起皱，通常需采用具有拉深筋的模具以增加径向拉应力。如汽车灯罩的拉深（图 14-35）就是采用有两道拉深筋的模具成型的。

但这一措施往往受到毛坯顶部承载能力的限制，所以需采用多工序逐渐成型，特别是当零件深度大而顶部的圆角半径又较小时，更应如此。多工序逐渐成型的要点是采用正拉深或反拉深的办法，在逐步增加高度的同时减小顶部的圆角半径（图 14-36）。为了保证零件的尺寸精度和表面质量，在最后一道工序里应保证一定的胀形，应使最后一道工序所用中间毛坯的表面积稍小于成品零件的表面积。对形状复杂的抛物线形件，广泛采用液压成型方法。

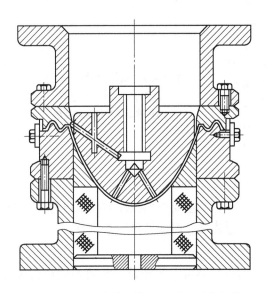

图 14-35 深抛物线形件（灯罩）的拉深模

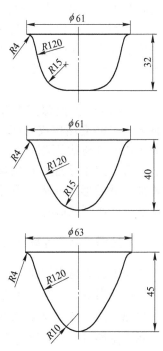

图 14-36 深抛物线形件的拉深方法

14.3.2.4 锥形件的拉深

锥形件的拉深次数及拉深方法取决于锥形件的几何参数，即相对高度 h/d_2、锥角 α 和相对料厚 t/D，如图 14-31（b）所示。一般情况下当 h/d_2、α 较大，而 t/D 又较小时，变形困难，需进行多次拉深。

根据上述参数值的不同，拉深锥形件的方法有如下几种：

（1）浅锥形件（$h/d_2 < 0.25 \sim 0.30$，$\alpha = 50° \sim 80°$）可一次拉深成型，但精度不高。因回弹较严重，可采用带拉深筋的凹模或压边圈，或采用软模进行拉深。

（2）中锥形件（$h/d_2 = 0.30 \sim 0.70$，$\alpha = 15° \sim 45°$）其拉深方法取决于毛坯相对厚度，即：

1）当 $t/D > 0.025$ 时，可不采用压边圈一次拉深成型。为保证工件的精度，最好在拉深终了时增加一道整形工序。

2）当 $t/D = 0.015 \sim 0.20$ 时，也可一次拉深成型，但需采用压边圈、拉深筋、增加工艺凸缘等措施提高径向拉应力，防止起皱。

3）当 $t/D<0.015$ 时，因料较薄而容易起皱，需采用有压边圈的模具，并经两次拉深成型，第一次拉深成较大圆角半径或接近球面形状的工件，第二次用带有胀形性质的整形工艺压成所需形状。

（3）高锥形件（$h/d_2>0.70\sim0.80$，$\alpha\leqslant10°\sim30°$）因其直径相差很小，变形程度更大，很容易因变薄严重而导致拉裂和起皱，这时常需采用特殊的拉深工艺，通常有下列方法：

1）阶梯过渡拉深成型法（图 14-37（a））。这种方法是将毛坯分数道工序逐步拉成阶梯形。阶梯与成品内形相切，最后在成型模内整形成锥形件。

2）锥面逐步拉深成型法（图 14-37（b））。这种方法先将毛坯拉成圆筒形，使其表面积等于或大于成品圆锥表面积，而直径等于圆锥大端直径，以后各道工序逐步拉出圆锥面，使其高度逐渐增加，最后形成所需的圆锥形。若先拉成圆弧曲面然后过渡到锥形将更好些。

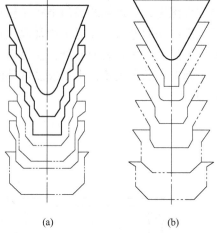

（a）　　　　　　（b）

图 14-37　高锥形件拉深方法
（a）阶梯过渡拉深成型法；
（b）锥面逐步拉深成型法

14.3.3　拉深工艺力计算及设备选用

拉深工艺力是指拉深工艺过程中所需要的各种力，主要包括拉深力和压边力，其中拉深力由设备提供。为选择合适的压力机并设计压边装置，需计算各种工艺力。

14.3.3.1　压边力和压边装置

解决拉深过程中起皱问题的常用方法是采用压边装置，至于是否需要使用压边装置，可按前面介绍的方法进行判断。

A　压边力

压边力大小的确定是设计压边装置的一项重要内容。压边力的大小应适当。压边力过小时，防皱效果不好；压边力过大时，则会增大传力区危险断面上的拉应力，从而引起严重变薄甚至拉裂。因此，压边力的大小应允许在一定范围内调节（图 14-38），应在保证毛坯变形区不起皱的前提下，尽量减小压边力。

在模具设计时，压边力可按下面经验公式计算，即

$$Q=Aq \qquad (14-15)$$

式中　Q——压边力，N；

　　　A——有效压边面积，mm²，即开始拉深时，同时与压边圈和凹模端面接触部分的面积；

　　　q——单位压边力，MPa，通常取 $q=R_m/150$。

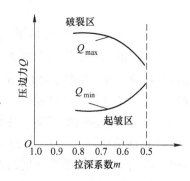

图 14-38　压边力对拉深的影响

在生产中，一次拉深时的压边力 Q 也可按拉深力的 1/4 选取。

B 压边装置

在实际生产中常用的压边装置有弹性压边装置和刚性压边装置两类。

a 弹性压边装置

这种压边装置多用于普通的单动压力机，通常有橡胶压边装置（图 14-39（a））、弹簧压边装置（图 14-39（b））、气垫压边装置（图 14-39（c））三种形式。这三种压边装置压边力的变化曲线如图 14-39（d）所示，橡胶和弹簧提供的压边力随行程的增加而增大，而首次拉深时的起皱和拉裂通常发生在拉深初期，因此这两种弹性元件压边力的变化不符合拉深工艺的要求。气垫压边装置的压边力随拉深行程变化极小，压边效果较好，但它结构复杂，制造、使用及维修都比较困难。

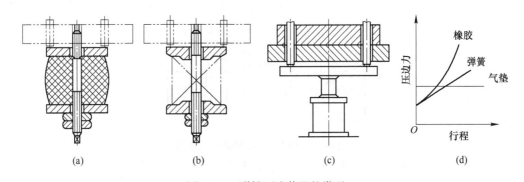

图 14-39 弹性压边装置的类型

（a）橡胶压边装置；（b）弹簧压边装置；（c）气垫压边装置；（d）压边力的变化曲线

当采用单动压力机拉深时，为了克服橡胶和弹簧的缺点，可采用图 14-40 所示的限位装置（定位销、柱销或螺柱），使压边圈和凹模间始终保持一定的距离 s，通常 $s=(1.05 \sim 1.1)t$。这种限位装置能在一定程度上减轻压边力过大对拉深过程的影响。其中图 14-40（a）所示用于第一次拉深，图 14-40（b）所示用于以后各次拉深。

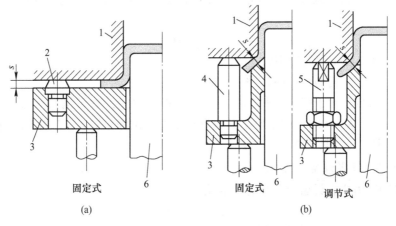

图 14-40 有限位装置的压边结构

（a）第一次拉深用；（b）以后各次拉深用

1—凹模；2—限位销；3—压边圈；4—限位柱销；5—限位螺栓；6—凸模

为了弥补上述弹性元件的不足，可以采用体积小、弹力大、行程长、工作平稳的氮气弹簧作为弹性元件，如图 14-41 所示。

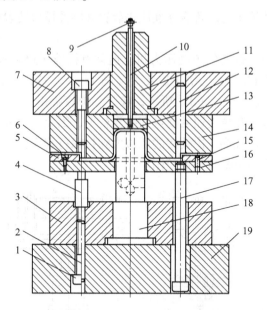

图 14-41　使用氮气弹簧的压边装置

1，6，8—螺钉；2，12，15—销；3—固定板；4—氮气弹簧；5—定位板；7—上模座；
9—横销；10—打杆；11—模柄；13—推件板；14—拉深凹模；16—压边圈；
17—卸料螺钉；18—拉深凸模；19—下模座

b　刚性压边装置

刚性压边装置一般用于双动压力机上的拉深模，如图 14-42 所示。件 4 为刚性压边圈兼作落料凸模。压边作用是通过调整间隙 c 获得。

14.3.3.2　拉深力的计算

生产中常用经验公式计算拉深力，对于圆筒形件、椭圆形件、盒形件，拉深力可用下式计算：

$$F_i = K_p L_s t R_m \tag{14-16}$$

式中　F_i——第 i 次拉深的拉深力，N；

　　　L_s——工件断面周长，mm，按料厚中心算；

　　　K_p——系数，对于圆筒形件的拉深，$K_p = 0.5 \sim 1.0$，对于椭圆形件及盒形件的拉深，$K_p = 0.5 \sim 0.8$，对于其他形状工件的拉深，$K_p = 0.7 \sim 0.9$，当拉深趋近极限时 K_p 取大值，反之取小值。

14.3.3.3　拉深设备的选用

对于单动压力机，设备公称压力应满足：

$$F_设 > F_i + Q \tag{14-17}$$

式中　$F_设$——单动压力机公称压力，N。

当拉深行程较大，特别是冲裁拉深复合冲压时，不能简单地将冲裁工艺力与拉深工艺力叠加后去选择压力机，因为公称压力是指压力机在接近下死点时的压力。因此，应该注意压力机的压力曲线，否则很可能由于过早出现最大冲压力而使压力机超载损坏（图 14-43）。

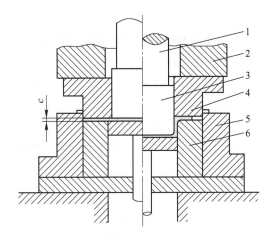

图 14-42　双动压力机用拉深模
1—凸模固定杆；2—外滑块；3—拉深凸模；
4—刚性压边圈兼落料凸模；5—落料凹模；6—拉深凹模

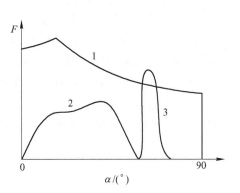

图 14-43　冲压力与压力机的压力曲线的关系
1—压力机的压力曲线；2—拉深力；
3—落料力

实际应用时，一般可按下式做概略计算：

浅拉深时：

$$\sum F \leqslant (0.7 \sim 0.8) F_{设} \tag{14-18}$$

深拉深时：

$$\sum F \leqslant (0.5 \sim 0.6) F_{设} \tag{14-19}$$

式中　$\sum F$——拉深工艺力，N，在冲裁拉深复合冲压时，还包括冲裁工艺力；

$F_{设}$——压力机的公称压力，N。

对于双动压力机，设备公称压力应满足：

$$F_{内} > F_i \tag{14-20}$$

$$F_{外} > Q \tag{14-21}$$

式中　$F_{内}$——双动压力机内滑块公称压力，N；

$F_{外}$——双动压力机外滑块公称压力，N。

14.4　拉深工艺设计

拉深工艺设计包括拉深件工艺性分析和拉深工艺方案确定两方面内容。

14.4.1　拉深件工艺性分析

拉深件的工艺性是指拉深件对拉深工艺的适应性，这是从拉深加工的角度对拉深产品设计提出的工艺要求。具有良好工艺性的拉深件，能简化拉深模的结构，减少拉深次数，提高生产效率。

拉深件的工艺性主要根据拉深件的形状、尺寸、精度及材料选用等方面确定。

14.4.1.1　拉深件的形状

A　拉深件的结构形状

拉深件的结构形状应简单、对称,尽量避免急剧的外形变化。对于形状非常复杂的拉深件,应将其进行分解,分别加工后再进行连接(图 14-44 (a))。

对于空间曲面的拉深件,应在口部增加一段直壁形状(图 14-44 (b)),既可以提高工件刚度,又可避免拉深皱纹及凸缘变形。

尽量避免尖底形状的拉深件,尤其是高度大时,其工艺性更差。

对于半敞开及非对称的拉深件,应考虑设计成对的拉深件,以改善拉深时的受力状况(图 14-44 (c)),待拉深结束后再将其剖切成两个或更多个。

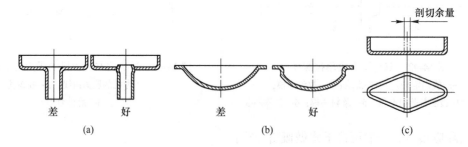

图 14-44　拉深件的结构形状

B　拉深件的形状误差

拉深件的壁厚在拉深变形过程中会发生变化,导致拉深件各处壁厚不完全一致,因此只能得到近似形状。图 14-45 (a) 所示为直壁圆筒形件拉深成形后的壁厚变化情况。

拉深件的凸缘及底部平面存在一定的形状误差。如果对工件凸缘及底面有严格的平面度要求,则应增加整形工序。

多次拉深时,内外侧壁及凸缘表面会残留有中间各工步产生的弯痕,如图 14-45 (b) 所示,这样会产生较大的尺寸偏差。如果工件壁厚尺寸及表面质量要求较高,应增加整形工序。

无凸缘件拉深时,由于材料各向异性的影响,拉深件口部会不可避免地出现"凸耳"现象,如图 14-45 (c) 所示。如果对工件的高度有尺寸要求时,就需要增加切边工序。

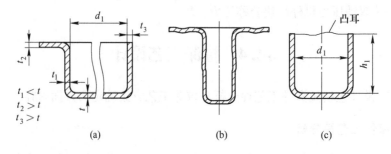

图 14-45　拉深件的形状误差

14.4.1.2　拉深件的高度

拉深件的高度尺寸过大,则需要多次拉深,因此应尽量减小拉深高度。

14.4.1.3　拉深件的凸缘宽度

对于有凸缘直壁圆筒形件，凸缘直径宜控制在 $d_1+12t \leqslant d_f \leqslant d_1+25t$，如图 14-46（a）所示。对于宽凸缘直壁圆筒形件，为改善其工艺性，减少拉深次数，通常应保证 $d_f \leqslant 3d_1$，$h_1 \leqslant 2d_1$。对于有凸缘盒形件，凸缘宽度不宜超过 $r_{d_1}+(3\sim5)t$，如图 14-46（b）所示。拉深件的凸缘宽度应尽可能保持一致，并与拉深部分的轮廓形状相似，如图 14-46（c）所示。

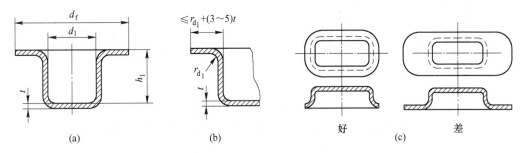

图 14-46　拉深件的凸缘宽度

（a）带凸缘直壁圆筒形件；（b）带凸缘盒形件凸缘要求；（c）带凸缘盒形件轮廓形状

14.4.1.4　拉深件的圆角半径

拉深件的圆角半径应尽量大些（图 14-47），以减少拉深次数并利于拉深成型。拉深件圆角半径可按如下原则进行选取。

（1）拉深件底部圆角半径 r_{p_1} 应满足 $r_{p_1} \geqslant t$。为使拉深工序顺利进行，一般应取 $r_{p_1}=(3\sim5)t$。增加整形工序时，可取 $r_{p_1} \geqslant (0.1\sim0.3)t$。

（2）拉深件凸缘圆角半径 r_{d_1} 应满足 $r_{d_1} \geqslant 2t$。为使拉深工序顺利进行，一般应取 $r_{d_1}=(5\sim8)t$。增加整形工序时，可取 $r_{d_1} \geqslant (0.1\sim0.3)t$。

（3）盒形件转角半径 r_{c_1} 应满足 $r_{c_1} \geqslant 3t$。为使拉深工序顺利进行，一般应取 $r_{c_1} \geqslant 6t$。为便于一次拉深成形，应保证 $r_{c1} \geqslant 0.15h_1$。

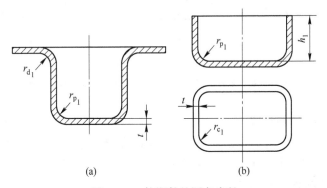

图 14-47　拉深件的圆角半径

（a）拉深件圆角半径；（b）拉深件转角

14.4.1.5　拉深件的冲孔设计

拉深件底部及凸缘上冲孔的边缘与工件圆角半径的切点之间的距离不应小于 $0.5t$（图 14-48（a））。拉深件侧壁上的冲孔，孔心与底部或凸缘的距离应满足 $h_d \geqslant 2d_h+t$，如图 14-48（b）所示。

拉深件上的孔位应设置在与主要结构面（凸缘面）同一平面上，或使孔壁垂直于该平面，以便冲孔与修边在同一工序中完成，如图 14-48（c）所示。

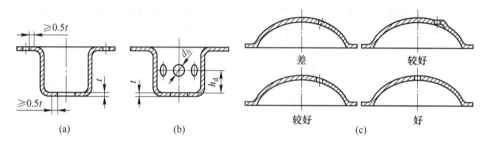

图 14-48 拉深件上的冲孔设计
（a）与圆角半径距离要求；（b）与底部凸缘距离要求；（c）与主要结构面关系要求

14.4.1.6 拉深件的尺寸标注

拉深件尺寸标注时，径向尺寸应根据使用要求只标注外形尺寸或内形尺寸，不能同时标注内外形尺寸。对于有配合要求的口部尺寸，应标注配合部分的深度，如图 14-49（a）所示的 h_m。

筒壁和底面连接处的圆角半径应标注在较小半径的一侧，即模具能够控制到的圆角半径一侧，如图 14-49（b）所示。材料厚度不宜标注在筒壁或凸缘上。

带台阶的拉深件，其高度方向的尺寸应以拉深件底部为基准进行标注，如图 14-49（c）所示。

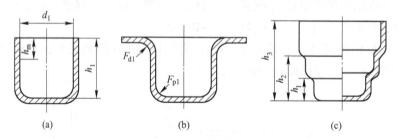

图 14-49 拉深件的尺寸标注
（a）标注配合部分深度；（b）标注圆角半径；（c）标注高度

14.4.1.7 拉深件的精度

拉深件的尺寸公差应符合 GB/T 13914—2013 的要求；未注形状及位置公差应符合 GB/T 13916—2013 的要求；未注公差尺寸的极限偏差应符合 GB/T 15055—2007 的要求。

14.4.1.8 拉深件的材料选用

用于拉深件的材料，要求具有较好的塑性、较小的屈强比 R_{eL}/R_m、大的塑性应变比 r、小的塑性应变比各向异性度 Δr。

14.4.2 拉深工艺方案确定

拉深工艺方案确定可遵循如下原则。

（1）一次拉深即能成型的浅拉深件，可以采用落料拉深复合工序。但如果拉深件高度过小，会导致复合拉深时的凸凹模壁厚过薄，此时，在批量不大时，应采用先落料再拉深的单工序冲压方案，在批量大时采用级进拉深。

（2）对于需多次拉深才能成型的高拉深件，在批量不大时，可采用单工序冲压，即落料得到毛坯，再按照计算出的拉深次数逐次拉深到需要的尺寸；也可以采用首次落料拉深复合，再按单工序拉深的方案逐次拉深到需要的尺寸。在批量很大且拉深件尺寸不大时，可采用带料的级进拉深。

（3）如果拉深件的尺寸很大，通常只能采用单工序冲压，如某些大尺寸的汽车覆盖件，通常是落料得到毛坯，然后再单工序拉深成型。

（4）当拉深件有较高的精度要求或需要拉小圆角半径时，需要在拉深结束后增加整形工序。

（5）拉深件的修边、冲孔工序通常可以复合完成，修边工序一般安排在整形之后。

（6）除拉深件底部孔有可能与落料、拉深复合外，拉深件凸缘部分及侧壁部分的孔和槽均需在拉深工序完成后再冲出。

（7）如局部还需其他成型工序（如弯曲、翻孔等）才能最终完成拉深件的形状，其他冲压工序必须在拉深结束后进行。

14.5　拉深模具设计

14.5.1　拉深模具类型及典型结构

拉深模具类型众多，可以从不同的角度进行分类，如图 14-50 所示。

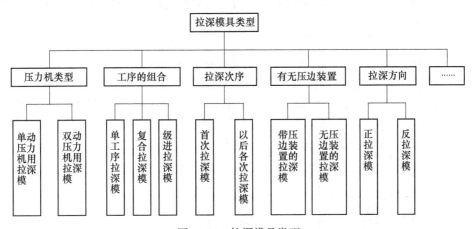

图 14-50　拉深模具类型

下面对首次拉深模和以后各次拉深模的典型结构进行介绍。

14.5.1.1　首次拉深模

A　无压边装置的首次拉深模

图 14-51 所示为无压边装置的首次拉深模。工作时，毛坯在定位圈中定位。拉深结束后，工件由凹模底部的台阶完成脱模，并由漏料孔落下。

此类模具结构简单，制造方便，常用于材料塑性好、相对厚度较大的工件拉深。由于拉深凸模要深入凹模，所以该模具只适用于浅拉深。

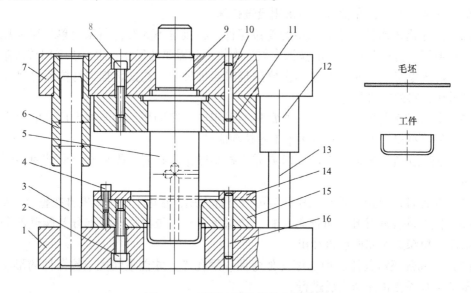

图 14-51　无压边装置的首次拉深模

1—下模座；2, 4, 8—螺钉；3, 13—导柱；5—凸模；6, 12—导套；7—上模座；
9—模柄；10, 16—销；11—固定板；14—定位圈；15—凹模

B　带压边装置的首次拉深模

图 14-52 所示为带压边装置的正装首次拉深模。该模具中压边装置置于模具内，由于受模具空间尺寸的限制，不能提供太大的压边力，只能适用于浅拉深件的拉深。

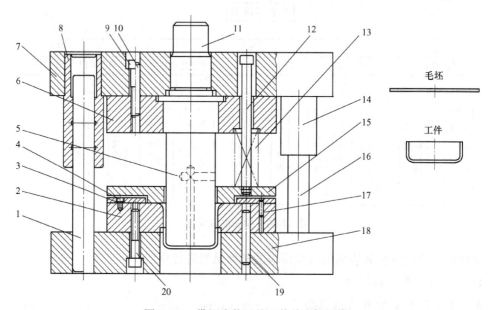

图 14-52　带压边装置的正装首次拉深模

1, 16—导柱；2—凹模；3—定位板；4, 9, 20—螺钉；5—凸模；6—凸模固定板；7—上模座；
8, 14—导套；10, 17, 19—销；11—模柄；12—卸料螺钉；13—弹簧；15—压边圈；18—下模座

工作时，毛坯由定位板3定位，上模下行，压边圈15与凹模2首先压紧毛坯，凸模5继续下行完成拉深。拉深结束后上模回程，箍在凸模5外面的拉深件由凹模2下的台阶刮下并由漏料孔落下。

图14-53所示为带压边装置的倒装首次拉深模，此时凹模在上模，这种结构在生产中应用广泛。该模具中压边装置所需的弹性元件放在下模座下方，大小不受模具空间的限制，因此可选择较大尺寸的弹性元件以保证提供足够大的压边力，并使模具结构紧凑。工作时，毛坯由定位板11定位，凹模19下行与毛坯接触，并与压边圈22一起压紧毛坯再开始拉深。拉深结束后，凹模19上行，压边圈22同步复位并将工件顶起，使工件留在凹模19内，最后由打杆15和推件块17组成的刚性推件装置将工件推出。

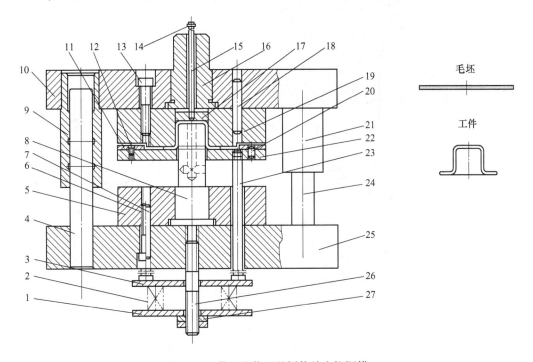

图14-53 带压边装置的倒装首次拉深模

1—下托板；2—弹簧；3—上托板；4，24—导柱；5—凸模固定板；6，12，13—螺钉；
7，18，20—销；8—凸模；9，21—导套；10—上模座；11—定位板；14—横销；15—打杆；
16—模柄；17—推件块；19—凹模；22—压边圈；23—卸料螺钉；25—下模座；26—双头螺柱；27—螺母

从上述几副模具的结构可以看出，拉深模也是由工作零件，定位零件，压料、卸料、送料零件，导向零件和固定零件五部分组成，因此拉深模的看图方法与冲裁模的看图方法相同，而拉深模工作零件的判别方法与弯曲模一样，即当找到拉深的工件时，被工件包围的是凸模，包围工件的是凹模。

虽然根据有无压边装置将拉深模分成带压边装置和无压边装置两种类型，但由于压边装置不仅起压边防皱作用，而且在拉深结束时兼卸料用，因此实际生产中使用的基本是带压边装置的拉深模。

C 落料拉深复合模

图14-54所示为无凸缘件落料拉深复合模。模具的工作过程是，毛坯从前往后送入模

具，由导料板 20 和挡料销 28 定位；上模下行，凸凹模 14 与压边圈 24 压住毛坯并与落料凹模 3 首先完成落料；上模继续下行，拉深凸模 25 开始接触落下的毛坯并将其拉入凸凹模 14 孔内，完成拉深；上模回程时，由卸料螺钉 15、弹簧 16 和卸料板 19 组成的弹性卸料装置从凸凹模 14 上卸下废料，压边圈 24 同步将工件从拉深凸模 25 上顶出，使工件留在凸凹模 14 孔内，再通过由打杆 11 和推件块 10 组成的刚性推件装置推出。

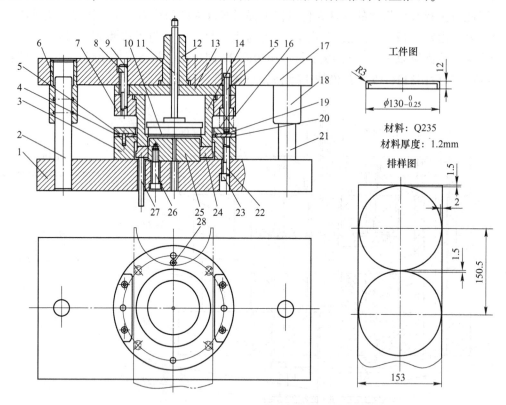

图 14-54　无凸缘件落料拉深复合模

1—下模座；2，21—导柱；3—凹模；4，9，22—销；5，8，23，26—螺钉；6，18—导套；
7—凸凹模固定板；10—推件块；11—打杆；12—模柄；13—垫板；14—凸凹模；15—卸料螺钉；
16—弹簧；17—上模座；19—卸料板；20—导料板；24—压边圈；25—拉深凸模；27—顶杆；28—挡料销

图 14-54 所示虽为复合模，但落料和拉深不是同时完成的，要先完成落料，再进行拉深，为此拉深凸模的顶面应比落料凹模的顶面低一个料厚，以保证模具功能的实现，同时也能实现毛坯的准确定位。

由于本副模具拉深的是浅拉深件，因此采用的是弹性卸料装置，当拉深深度较大的拉深件时应采用刚性卸料装置卸料。

14.5.1.2　以后各次拉深模

以后各次拉深模所用的毛坯是已经经过拉深的半成品开口空心件，而不再是平板毛坯，因此其定位装置及压边装置与首次拉深模不同。以后各次拉深模的定位方法通常有两种：（1）利用拉深件的外形定位；（2）利用拉深件的内形定位。以后各次拉深模所用压边圈不再是平板结构，应为筒形结构。

A　正拉深模

图 14-55 所示为无压边装置的以后各次拉深模，毛坯如图中双点画线所示，经定位板 7 定位后进行拉深。工件也是由凹模 8 底部的台阶完成脱模，并由下模座 10 底孔落下。因为此模具无压边圈，故一般不进行严格意义上的多次拉深，而是用于侧壁料厚一致、直径变化量不大或稍加整形即可达到尺寸精度要求的深筒形拉深件。

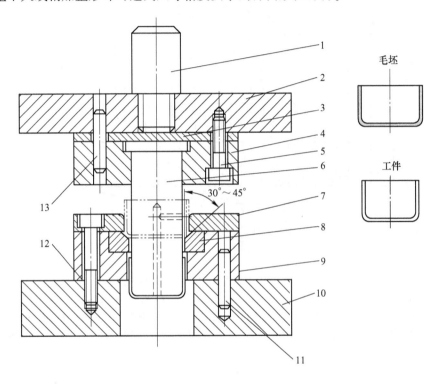

图 14-55　无压边装置的以后各次拉深模
1—模柄；2—上模座；3—垫板；4—凸模固定板；5, 12—螺钉；6—凸模；7—定位板；
8—凹模；9—凹模固定板；10—下模座；11, 13—销

图 14-56 所示为带压边装置的以后各次倒装拉深模。工作时，将前次拉深的毛坯套在压边圈 8 上进行定位，上模下行，将毛坯拉入凹模 18，从而得到所需的工件；当上模回程，工件被压边圈 8 从凸模 7 上顶出，留在凹模 18 内，最后由打杆 14 和推件块 16 组成推件装置推出。这种模具结构合理，使用方便，在生产中广泛应用。

如图 14-57 所示，为了定位可靠和操作方便，压边圈的外径应比毛坯的内径小 $0.05 \sim 0.1$ mm，即 $d_y = d - (0.05 \sim 0.1)$ mm；其工作部分比毛坯高出 $2 \sim 4$ mm，即 $h_y = 2 \sim 4$ mm。压边圈顶部的圆角半径等于毛坯的底部半径，即 $R_y = R$；模具装配时，要保证压边圈圆角部位与凹模圆角部位之间的间隙 c 为 $(1.05 \sim 1.1)t$（钢件取大值）。

B　反拉深模

图 14-58 所示为无压边装置的反拉深模。工作时，将经过前次拉深的毛坯套在凹模 12 上，利用凹模 12 的外形定位，凸模 9 下行，将毛坯反向拉入凹模 12，使毛坯内壁成为工件外壁。拉深结束后，利用凹模 12 的台阶卸件。

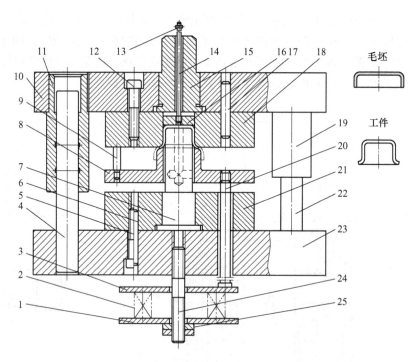

图 14-56 带压边装置的以后各次倒装拉深模

1—下托板；2—弹簧；3—上托板；4，22—导柱；5，12—螺钉；6，17—销；7—凸模；
8—压边圈；9—限位柱；10—上模座；11，19—导套；13—横销；14—打杆；15—模柄；
16—推件块；18—凹模；20—卸料螺钉；21—凸模固定板；23—下模座；24—双头螺柱；25—螺母

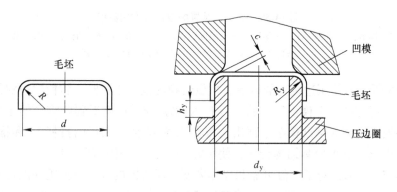

图 14-57 压边圈与毛坯之间的尺寸关系

由上述拉深过程可以看出，反拉深时材料进入凹模的阻力很大，因此一般不会起皱，不需要设置压边圈，但有时为了卸件和定位的方便，也会采用压边装置，如图 14-59 所示。工作时，将毛坯套在凹模 3 上，利用毛坯内形进行定位，上模下行，压边圈 14 首先与凹模 3 压紧毛坯，保证定位的准确，凸模 8 继续下行进行拉深。拉深结束后，利用凹模 3 台阶卸件。

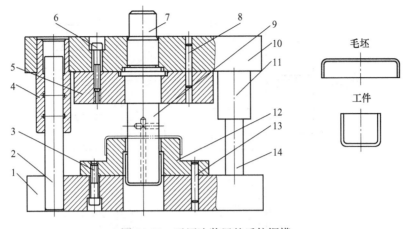

图 14-58　无压边装置的反拉深模

1—下模座；2，14—导柱；3，6—螺钉；4，11—导套；5—固定板；
7—模柄；8，13—销；9—凸模；10—上模座；12—凹模

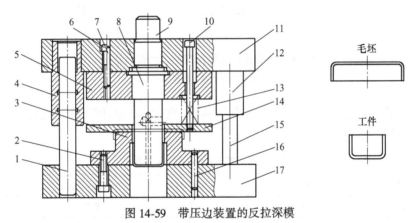

图 14-59　带压边装置的反拉深模

1，15—导柱；2，6—螺钉；3—凹模；4，12—导套；5—固定板；7，16—销；
8—凸模；9—模柄；10—卸料螺钉；11—上模座；13—弹簧；14—压边圈；17—下模座

14.5.2　拉深模具零件设计

由前述分析可知，拉深模的结构组成与冲裁模相似，因此拉深模中的定位零件、卸料、压料、送料零件，固定零件及导向零件的设计可参考冲裁模，这里主要介绍工作零件的设计。

14.5.2.1　拉深凸、凹模工作部分的结构

图 14-60 所示为带压边装置拉深凸、凹模的结构。图 14-60（a）所示为凸、凹模工作部分具有圆角结构，用于拉深直径 $d \leqslant 100\text{mm}$ 的拉深件。图 14-60（b）所示为凸、凹模工作部分具有锥角结构，用于拉深直径 $d \geqslant 100\text{mm}$ 的拉深件。

无论采用何种结构，均需注意前后两道拉深工序的模具在形状和尺寸上的协调，使前道工序得到的半成品利于后道工序的成形和定位。后道工序压边圈的形状和尺寸应与前道工序凸模相应部分相同。

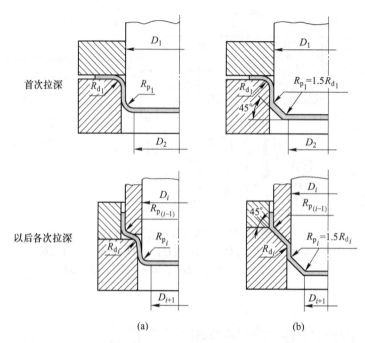

图 14-60 带压边装置拉深凸、凹模的结构
(下标 i 表示第 i 次拉深)

另外，为避免出件时产生负压导致出件困难，需在拉深凸模上加工出通气孔，通气孔直径可按表 14-10 选取。

表 14-10 拉深凸模通气孔直径

凸模直径/mm	约 50	>50~100	>100~200	>200
通气孔直径/mm	5.0	6.5	8.0	9.5

14.5.2.2 拉深凸、凹模工作部分的尺寸

拉深凸、凹模工作部分的尺寸包括凸、凹模圆角半径，凸、凹模间隙，凸、凹模工作部分的横向尺寸（对圆筒形件来说，即是凸、凹模的直径），如图 14-61 所示。

A 凸、凹模圆角半径

a 凹模圆角半径 r_d

拉深时，材料在经过凹模圆角时不仅因为发生弯曲变形需要克服弯曲阻力，还要克服因相对流动引起的摩擦阻力，所以 r_d 的大小对拉深过程的影响非常大。r_d 太小，材料流过时，弯曲阻力和摩擦阻力较大，拉深力增加，磨损

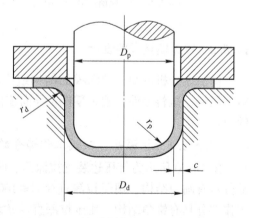

图 14-61 圆筒形件拉深模工作部分尺寸

加剧，拉深件易被刮伤、过度变薄甚至破裂，模具寿命降低；r_d 太大，拉深初期不受压边力作用的区域较大（图 14-62），拉深后期毛坯外缘过早脱离压边圈的作用，容易起皱。

所以 r_d 的值既不能太大也不能太小。在生产上,一般应尽量避免采用过小的凹模圆角半径,在保证工件质量的前提下,尽量取大值,以满足模具寿命的要求。拉深凹模圆角半径 r_{d_i} 可按下述经验公式计算,即:

$$r_{d_i} = 0.8\sqrt{(d_{i-1}-d_i)t} \tag{14-22}$$

式中　r_{d_i}——第 i 次拉深凹模圆角半径,mm;

d_i——第 i 次拉深的筒部直径,mm;

d_{i-1}——第 $i-1$ 次拉深的筒部直径,mm;

t——材料厚度,mm。

同时,凹模圆角半径应满足前述工艺性要求,即 $r_{d_i} \geqslant 2t$。若 $r_d < 2t$,则需通过后续的整形工序获得。

b　凸模圆角半径 r_p

凸模圆角半径对拉深过程的影响没有凹模圆角半径大,但其值也必须合适。r_p 过小,会使危险断面受拉力增大,工件易产生局部变薄甚至拉裂;而 r_p 过大,则使凸模与毛坯接触面小,易产生底部变薄和内皱(图 14-62)。

一般情况下,除末道拉深工序外,可取 $r_{p_i} = r_{d_i}$。对于末道拉深工序,当工件的圆角半径 $r \geqslant t$,则取凸模圆角半径等于工件的圆角半径,即 $r_{p_n} = r$;若工件的圆角半径 $r < t$,则取 $r_{p_n} > t$,拉深结束后再通过整形工序获得 r。

B　凸、凹模间隙 c

拉深模间隙是指单边间隙 c,即凹模和凸模直径之差的一半。拉深时凸、凹模之间的间隙对拉深力、工件质量、模具寿命等都有影响。间隙 c 过大,易起皱,工件有锥度,精度差;间隙 c 过小,摩擦加剧,导致工件变薄严重,甚至拉裂。因此,正确确定凸、凹模之间的间隙是很重要的。确定拉深间隙时,需要考虑压边状况、拉深次数和工件精度等。

对于圆筒形件及椭圆形件的拉深,凸、凹模的单边间隙 c 可按下式计算,即:

$$c = t_{max} + K_c t \tag{14-23}$$

式中　t_{max}——材料最大厚度,mm;

K_c——系数,见表 14-11。

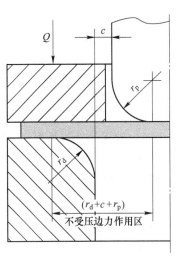

图 14-62　过大的圆角半径
减小了压边面积

表 14-11　系数 K_c

材料厚度 t/mm	一般精度		较精密	精密
	一次拉深	多次拉深		
≤0.4	0.07~0.09	0.08~0.10	0.04~0.05	0~0.04
>0.4~1.2	0.08~0.10	0.10~0.14	0.05~0.06	
>1.2~3.0	0.10~0.12	0.14~0.16	0.07~0.09	
>3.0	0.12~0.14	0.16~0.20	0.08~0.10	

注:1. 对于强度高的材料,表中数值取小值。

　　2. 精度要求高的工件,建议末道工序采用间隙 $(0.9~0.95)t$ 的整形工序。

C　凸、凹模工作部分的横向尺寸

对于多次拉深中的首次拉深和中间各次拉深，因为是工序件，所以模具尺寸及公差没有必要进行严格限制，这时模具尺寸只需等于工序件的公称尺寸 D 即可，模具制造偏差同样按磨损规律确定。若以凹模为基准，则凹模尺寸为：

$$D_d = D_0^{+\delta_d} \tag{14-24}$$

凸模尺寸为：

$$D_p = (D-2c)_{-\delta_p}^{0} \tag{14-25}$$

对于一次拉深或多次拉深中的最后一次拉深，需保证拉深后工件的尺寸精度要求。因此，应按拉深件的尺寸及公差来确定模具工作部分的尺寸及公差。根据拉深件横向尺寸的标注不同，可分为以下两种情况：

（1）拉深件标注外形尺寸时（图 14-63（a）），此时应以拉深凹模为基准，首先计算凹模的尺寸及公差。

凹模尺寸及公差为：

$$D_d = (D_{max} - 0.75\Delta)_0^{+\delta_d} \tag{14-26}$$

凸模尺寸及公差为：

$$D_p = (D_{max} - 0.75\Delta - 2c)_{-\delta_p}^{0} \tag{14-27}$$

（2）拉深件标注内形尺寸时（图 14-63（b）），此时应以拉深凸模为基准，首先计算凸模的尺寸及公差。

凸模尺寸及公差为：

$$D_p = (d_{min} + 0.4\Delta)_{-\delta_p}^{0} \tag{14-28}$$

凹模尺寸及公差为：

$$D_d = (d_{min} + 0.4\Delta + 2c)_0^{+\delta_d} \tag{14-29}$$

式中　D_d，D_p——凹模和凸模的尺寸，mm；

　　　　D_{max}——拉深件外径的上极限尺寸，mm；

　　　　d_{min}——拉深件内径的下极限尺寸，mm；

　　　　　Δ——拉深件公差，mm；

　　δ_d，δ_p——分别是凹模和凸模的制造公差，mm，可按 IT6～IT8 级选取；

　　　　　c——拉深模单边间隙，mm。

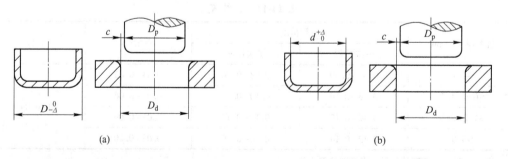

(a)　　　　　　　　　　　　　　　　(b)

图 14-63　圆筒形件拉深模工作部分的横向尺寸

思 考 题

14-1 拉深变形具有哪些特点，用拉深方法可以制成哪些类型的零件？

14-2 圆筒形零件拉深时，毛坯变形区的应力应变状态是怎样的？

14-3 拉深工艺中会出现哪些失效形式？说明产生的原因和防止措施。

14-4 什么是圆筒形件的拉深系数，影响极限拉深系数的因素有哪些，拉深系数对拉深工艺有何意义？

14-5 有凸缘圆筒形零件与无凸缘圆筒形零件的拉深相比，各有哪些特点，工艺计算有何区别？

14-6 非直壁旋转体零件的拉深有哪些特点，如何减小回弹和起皱？

14-7 拉深模压边圈有哪些结构形式，各适用于哪些情况？

14-8 确定图 14-64 所示压紧弹簧座（材料 08Al，材料厚度 $t=2mm$）的拉深次数和各工序尺寸，绘制各工序草图并标注全部尺寸。

14-9 拉深过程中润滑的目的是什么，哪些部位需要润滑？

14-10 以后各次拉深模与首次拉深模主要有哪些不同，为何在单动压力机上常用的以后各次拉深模常采用倒装式结构？

14-11 拉深如图 14-65 所示零件，材料为 10 钢，材料厚度 $t=2mm$，中批量生产。试完成以下工作内容。

（1）分析零件的工艺性。

（2）计算零件的拉深次数及各次拉深工序件尺寸。

（3）计算各次拉深时的拉深力与压料力。

（4）绘制首次落料拉深复合模的结构图。

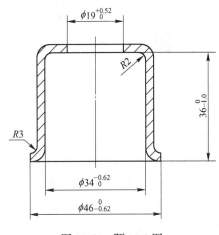

图 14-64 题 14-8 图

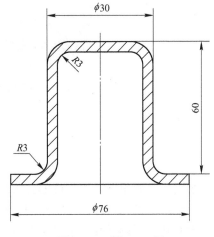

图 14-65 题 14-11 图

15　成型工艺与模具设计

在冲压生产中，除冲裁、弯曲和拉深三大基本冲压工序外，还有一些是通过板料的局部塑性变形，直接利用凸、凹模来复制成型的冲压加工方法，包括翻孔、翻边、胀形、缩口、扩口、压筋、压印、整形等，这类冲压工序统称为冲压成型工序。将这些工序与冲裁、弯曲、拉深结合，可以加工许多复杂产品，如金属波纹管、汽车覆盖件等，如图 15-1 所示。

图 15-1　成型工艺产品举例

15.1　翻　孔

翻孔是指利用模具使工件的孔边缘翻起呈竖立或一定角度直边的冲压加工方法。根据所用毛坯及所翻孔边缘的形状不同，有在平板上进行翻孔，也有在曲面上进行翻孔，如管坯上的翻孔；可翻圆孔，也可翻非圆孔，如图 15-2 所示。利用翻孔可以使平面的零件变为立体形状，增加零件的刚性，还可以作为与管状零件的连接用，如加工小螺纹底孔，当在底孔上攻螺纹后，即可与其他零件连接。

15.1.1　翻圆孔

15.1.1.1　翻圆孔的变形特点

如图 15-3 所示，将外径为 D_0、预冲孔孔径为 d_0 的毛坯放入模具中，当 D_0/d_p 的比值达到一定值时，毛坯外缘部分 $[D_0-(d_p+2r_d)]$ 在压边力 Q 的作用下被压死，不再发生变形，变形主要发生在位于凸模 1 底下的区域。随着凸模不断下行，预冲孔的孔径 d_0 不

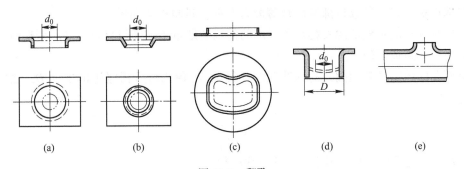

图 15-2 翻孔

（a）沿圆孔缘翻竖边；（b）沿圆孔缘翻斜边；（c）沿非圆孔缘翻竖边；（d）拉深件底部翻孔；（e）管坯翻孔

断扩大，位于 d_d 与 d_0 之间的环形区域内的材料不断地向凹模 4 的侧壁转移，最终与凹模的侧壁完全贴合，形成竖边，完成翻孔。

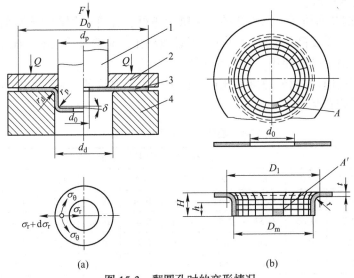

图 15-3 翻圆孔时的变形情况

（a）应力分析；（b）变形分析

1—凸模；2—压料板；3—毛坯；4—凹模

通过网格试验，由图 15-3（b）可以看出，变形主要发生在 $D_m \sim d_0$ 的环形区域，该区域的网格由变形前的扇形（图 15-3（b）中的 A）变成矩形（图 15-3（b）中的 A'），说明材料沿切向伸长，越靠近口部伸长越多，而各等距离的同心圆之间的距离变形后变化不明显，说明材料在径向的变形很小，但被竖起的直边厚度变薄了，越到口部变薄越严重，口部厚度最薄。

上述试验结果说明，翻圆孔时的变形特点如下：

（1）变形是局部的，主要发生在凸模底部区域。

（2）变形区的材料受切向拉应力 σ_θ 和径向拉应力 σ_r 的共同作用（图 15-3（a）），产生切向和径向均伸长而厚度减薄的变形。

（3）变形区材料的变形不均匀，径向变形不明显，沿切向产生较大的伸长变形，且越到口部伸长越多，导致口部厚度减薄最为严重，属伸长类变形。

因此翻圆孔能否成功的关键在于口部的伸长变形量不能超过材料允许的变形极限，否则就会在口部造成开裂。

翻圆孔的成型极限用翻孔前预冲孔的孔径 d_0 与翻孔后所得竖边的中径 D_m 之比来表示，即：

$$K = \frac{d_0}{D_m}$$

式中，K 是翻孔系数，K 值越小，则变形程度越大。

翻孔时孔边不破裂所能达到的最小 K 值，称为极限翻孔系数 $[K]$。影响极限翻孔系数的因素很多，主要有以下几个：

1）材料的塑性。材料的塑性越好，允许的 $[K]$ 值越小。

2）翻孔凸模的圆角半径 r_p。r_p 越大，越有利于翻孔，球形、抛物线形或锥形凸模允许采用较小的 $[K]$ 值。

3）预冲孔的断面质量。预冲孔的断面质量越好，允许采用的 $[K]$ 值越小。因此可用钻孔代替冲孔，以提高孔的断面质量。若必须冲孔，应使有毛刺的一面朝向凸模，或将孔口进行退火，消除冷作硬化，恢复其塑性。

4）预冲孔的孔径与材料厚度的比值。此值越大，允许的 $[K]$ 值越小。表 15-1 列出了翻圆孔的极限翻孔系数 $[K]$。

表 15-1　翻圆孔的极限翻孔系数 $[K]$

凸模形式	制孔方法	预冲孔孔径与材料厚度比值 (d_0/t)										
		100	50	35	20	15	10	8	6.5	5	3	1
球形凸模	钻孔	0.7	0.6	0.52	0.45	0.4	0.36	0.33	0.31	0.3	0.25	0.2
	冲孔	0.75	0.65	0.57	0.52	0.48	0.45	0.44	0.43	0.42	0.42	—
圆柱形凸模	钻孔	0.8	0.7	0.6	0.5	0.45	0.42	0.4	0.37	0.35	0.30	0.25
	冲孔	0.85	0.75	0.65	0.6	0.55	0.52	0.5	0.5	0.48	0.47	—

15.1.1.2　翻圆孔的工艺设计

A　翻圆孔件的工艺性

图 15-4 所示为翻圆孔件的尺寸，翻孔后的竖边与凸缘之间的圆角半径应满足：材料厚度 $t<2mm$ 时，$r=(2\sim4)t$；材料厚度 $t>2mm$ 时，$r=(1\sim2)t$；若不能满足上述要求，则

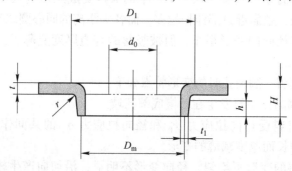

图 15-4　翻圆孔件的尺寸

在翻孔后需增加整形工序以整出需要的圆角半径。

翻孔后竖边口部减薄最为严重，最薄处的厚度为 $t_1 = t\sqrt{d_0/D_{\mathrm{m}}}$。

B 翻圆孔的工序安排

通常在翻孔前需要预冲出翻孔用的圆孔，再根据翻孔件的翻孔高度及翻孔系数确定能否一次翻成，进而确定翻孔件的成型方法。

C 平板翻孔的工艺计算

a 预冲孔孔径的计算

在平板毛坯上翻圆孔时，由于变形区材料沿径向变形不明显，因此预冲孔孔径可以参照弯曲毛坯展开尺寸的计算方法进行计算。图 15-4 所示各参数之间应满足：

$$(D_1 - d_0)/2 = h + \pi(r + t_1/2)2$$

将 $D_1 = D_{\mathrm{m}} + t_1 + 2r$，$h = H - t - r$，$t = t_1$（不考虑竖边厚度的减薄）代入上式并化简，得预冲孔孔径的计算式为：

$$d_0 = D_{\mathrm{m}} - 2(H - 0.43r - 0.72t) \tag{15-1}$$

b 翻孔高度的计算

由式（15-1）得翻孔高度的计算式为：

$$H = \frac{1}{2}(D_{\mathrm{m}} - d_0) + 0.43r + 0.72t = \frac{D_{\mathrm{M}}}{2}(1 - K) + 0.43r + 0.72t$$

将极限翻孔系数 [K] 代入上式，即可求出一次翻孔的极限高度为：

$$H_{\max} = \frac{D_{\mathrm{m}}}{2}(1 - [K]) + 0.43r + 0.72t \tag{15-2}$$

c 翻孔次数确定

当工件的实际竖边高度 $H < H_{\max}$ 时，则可以用平板毛坯预冲孔 d_0 后一次翻孔制得，否则就需要采用加热翻孔、多次翻孔、拉深后切底或拉深后冲底孔再翻孔的方法得到所需尺寸的工件。

D 先拉深后冲底孔再翻孔的工艺计算

如果采用先拉深后冲底孔再翻孔的工艺方法，则工艺计算程序应该是首先求出翻孔的最大高度 $h_{\max}$，再由工件高度减去翻孔的最大高度，得到拉深高度 h'，剩下的就是拉深工艺计算了。

（1）由图 15-5 得预拉深后翻孔所能达到的高度 h 为：

$$h = \frac{D_{\mathrm{m}} - d_0}{2} - (r + \frac{t}{2}) + \frac{\pi}{2}(r + \frac{t}{2}) = \frac{D_{\mathrm{m}}}{2}(1 - K) + 0.57(r + \frac{t}{2}) \tag{15-3}$$

将极限翻孔系数代入，则得到翻孔的最大高度为：

$$h_{\max} = \frac{D_{\mathrm{m}}}{2}(1 - [K]) + 0.57(r + \frac{t}{2})$$

（2）翻孔前预冲孔直径 d_0 及拉深高度 h' 为：

$$d_0 = D_{\mathrm{m}} + 1.14(r + \frac{t}{2}) - 2h_{\max} \tag{15-4}$$

$$h' = H - h + r + t \tag{15-5}$$

（3）拉深工艺计算。上述问题解决后，剩下的就是如何拉出凸缘直径为 D，筒部中径为 D_m，高度为 h'，底部圆角半径为 r 的带凸缘圆筒形件，这一步的工艺计算参见本书第 14 章。

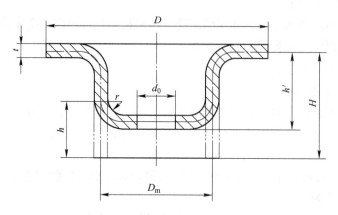

图 15-5　拉深后冲底孔再翻孔

E　翻孔力的计算

翻孔力的计算公式为：

$$F = 1.1\pi(D_m - d_0)tR_{eL} \tag{15-6}$$

式中　D_m——翻孔后竖边的中径，mm；

$\qquad d_0$——预冲孔孔径，mm；

$\qquad t$——毛坯厚度，mm；

$\qquad R_{eL}$——材料屈服强度，MPa。

如采用球形、抛物线形或锥形凸模（图 15-6）翻孔时，翻孔力可降低 20%～30%。当无预制孔翻孔时，所需翻孔力要比有预制孔的大 1.13～1.75 倍。

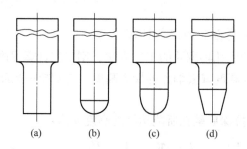

图 15-6　翻圆孔凸模形状

（a）平底圆柱形凸模；（b）球形凸模；（c）抛物线形凸模；（d）锥形凸模

15.1.1.3　翻圆孔模

A　翻圆孔模的结构

翻圆孔模的结构与拉深模相似，也有单工序、复合和级进之分，或正装与倒装之分。图 15-7 所示为正装翻孔模。毛坯由凹模 4 的外形定位，上模下行，压料板 1 首先将毛坯的底部压住，凸模 2 继续下行完成翻孔。翻孔结束后，工件由顶件块 5 顶出凹模。

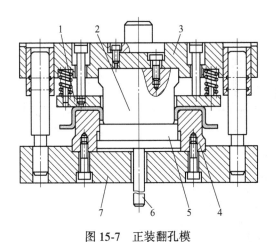

图 15-7　正装翻孔模

1—压料板；2—凸模；3—上模座；4—凹模；5—顶件块；6—顶杆；7—下模座

图 15-8 所示为倒装翻孔模。毛坯由压料板 1 上的凹槽定位，上模下行时，凸模 4 完成翻孔，翻孔结束后，工件由推件块 2 从凹模 3 内推出。

图 15-9 所示为落料、拉深、冲孔、翻孔复合模。条料从右往左送进模具，由导料板 10 导料，挡料销 4 挡料，上模下行，首先由凸凹模 1 和落料凹模 5 完成落料；上模继续下行，由凸凹模 1 和压边圈 6 将毛坯压住，并随着上模不断下行，由凸凹模 1 和凸凹模 9 完成毛坯拉深。当拉深到一定深度后由冲孔凸模 2 和凸凹模 9 完成底部冲孔。上模再下行时，由凸凹模 1 和 9 完成翻孔。冲压结束后，上模回程时，压边圈 6 同步顶出工件，使其进入凸凹模 1，再由推件块 3 推出，条料由卸料板 11 卸下，完成一次冲压。这副模具的结构特点是凸凹模 9 与落料凹模 5 均固定在固定板 8 上，以保证其同轴度；冲孔凸模 2 压入凸凹模 1 内，并以垫圈 12 调整它们的高度差，以此控制冲孔前的拉深高度，确保冲出合格的工件。

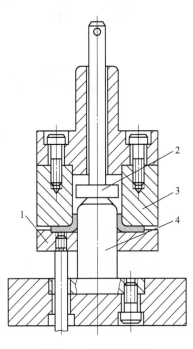

图 15-8　倒装翻孔模

1—压料板；2—推件块；3—凹模；4—凸模

B　翻孔模工作部分的结构及尺寸设计

a　翻圆孔凸模的结构及尺寸

图 15-10 所示为几种常见的翻圆孔凸模的结构及尺寸。图 15-10 (a) 用于不用定位销的任意圆孔翻孔；图 15-10 (b) 所示为带有定位销的结构，用于竖边内径 $D_0 > 10\text{mm}$ 的圆孔翻孔；图 15-10 (c) 所示为带有定位销的结构，用于竖边内径 $D_0 \leqslant 10\text{mm}$ 的圆孔翻孔；图 15-10 (d) 所示为冲孔和翻孔同时进行，且所翻竖边内径 $D_0 \leqslant 4\text{mm}$ 的圆孔翻孔；图 15-10 (e) 用于无预制孔且对翻孔质量要求不高的圆孔翻孔。当采用压边装置时，台肩可以省略。当采用平底圆柱形凸模翻孔时，取 $r_p \geqslant 4t$。

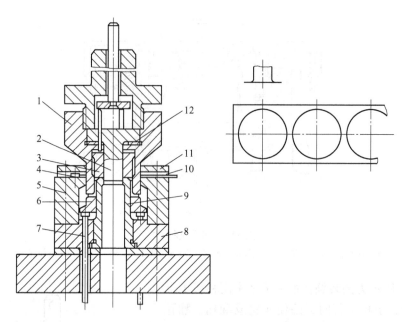

图 15-9　落料、拉深、冲孔、翻孔复合模

1，9—凸凹模；2—冲孔凸模；3—推件块；4—挡料销；5—落料凹模；

6—压边圈（顶件块）；7—顶杆；8—固定板；10—导料板；11—卸料板；12—垫圈

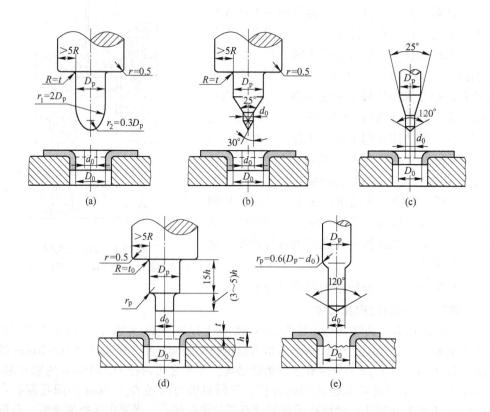

图 15-10　几种常见的翻圆孔凸模的结构及尺寸

当采用拉深后冲底孔再翻孔工艺时，由于拉深凸模同时又是翻孔凸模（图 15-9 中件 9），要求凸模圆角半径尽可能采用最大值，即：

$$r_p = (D_0 - d_0 - t)/2 \tag{15-7}$$

式中　D_0——竖边内径，mm；

　　　d_0——预制孔孔径，mm；

　　　t——毛坯厚度，mm。

翻孔凹模刃口的结构与尺寸与工件相同。

b　翻圆孔凸、凹模之间的间隙 c

翻圆孔时，由于所翻竖边的厚度沿高度方向由底到口逐渐减薄，因此翻孔凸、凹模之间的间隙小于原毛坯的厚度，通常单边间隙可取 $(0.75 \sim 0.85)t$ 或按表 15-2 选取。

表 15-2　翻圆孔凸、凹模之间的间隙 c　　　　　　　　　　（mm）

材料厚度	0.3	0.5	0.7	0.8	1.0	1.2	1.5	2.0
平板毛坯翻孔	0.25	0.45	0.6	0.7	0.85	1.0	1.3	1.7
拉深后翻孔	—	—	—	0.6	0.75	0.9	1.1	1.5

15.1.2　翻非圆孔

图 15-11 所示为沿非圆孔的内缘进行的非圆孔翻孔。这些结构多用于减轻工件的质量和增加结构刚度，翻孔高度一般不大，约 $(4 \sim 6)t$，同时精度要求也不高。

非圆孔翻孔的变形性质与孔缘的轮廓性质有关，需分别对待。如图 15-11 所示，圆角区 a 段可按翻圆孔处理，属伸长类变形；直边区 b 段可按弯曲处理，孔缘的外曲部分 c 段可参照外缘的外曲翻边处理，属压缩类变形；孔缘的内曲部分 d 段可参照外缘的内曲翻边处理，属伸长类变形，因此非圆孔的翻孔变形属于复合变形。但由于材料是连续的，各部分的变形相互影响，伸长变形区的材料会扩展到弯曲变形区和压缩变形区，从而可以减轻伸长类翻边区的变形程度，因此非圆孔内凹弧段的极限翻孔系数小于相应的圆孔翻孔系数，通常为圆孔翻孔系数的 $0.85 \sim 0.9$。

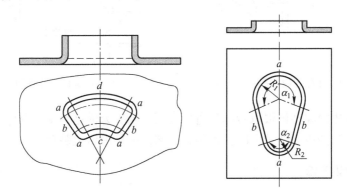

图 15-11　沿非圆孔的内缘进行的非圆孔翻孔

非圆孔翻孔毛坯的预制孔的形状和尺寸，可以按圆孔翻边、弯曲和拉深各区分别展开，然后用作图法把各展开线段交接处光滑连接即可。

15.2 翻　边

翻边是指利用模具使工件的边缘翻起呈竖立或一定角度直边的冲压加工方法。根据所翻外缘的形状不同，分为外缘的内曲翻边和外缘的外曲翻边。

15.2.1　外缘的内曲翻边

图 15-12 所示为外缘的内曲翻边，其变形情况近似于翻圆孔，属于伸长类变形，变形区主要是切向受拉，边缘处变形最大，容易开裂，其变形程度为：

$$E_s = \frac{b}{R-b} \tag{15-8}$$

式中各符号含义如图 15-12 所示。

外缘内曲翻边的变形极限以所翻竖边的边缘是否发生破裂为依据确定，具体值可查阅有关冲压设计资料。

15.2.2　外缘的外曲翻边

图 15-13 所示为外缘的外曲翻边，其变形情况类似于浅拉深，属于压缩类变形，毛坯变形区在切向压应力作用下主要产生压缩变形，容易失稳起皱，其变形程度为：

$$E_c = \frac{b}{R+b} \tag{15-9}$$

式中各符号含义如图 15-13 所示。

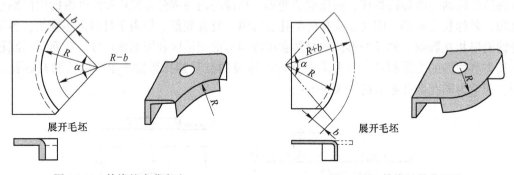

图 15-12　外缘的内曲翻边　　　　　　图 15-13　外缘的外曲翻边

外缘外曲翻边的成型极限以所翻竖边是否失稳起皱为依据确定，具体的值可查阅相关冲压设计手册。当翻边高度较大时，为避免起皱，可采用压边装置。

15.2.3　外缘翻边方法

外缘翻边的毛坯计算与毛坯外缘的曲线性质有关。对内曲翻边可参照翻圆孔毛坯的计算方法；对外曲翻边可参照浅拉深的毛坯计算方法。计算出数值后，再用作图法将各线段圆滑连接。

外缘翻边的模具结构也有多种形式，可用钢模也可用软模。图 15-14 所示为翻孔、翻边与整形三工序复合的钢模结构。无论采用何种模具进行外缘翻边，都应注意回弹的控制，以保证工件形状的精度要求。对于有不同方向的竖边要求，应采用分段翻边的方法。

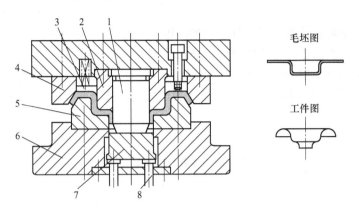

图 15-14　翻孔、翻边与整形三工序复合钢模

1—翻孔凸模；2—整形凸模；3—压料板；4—翻边凹模；5—凸凹模；6—下模座；7—顶件块；8—顶杆

　　无论是翻孔还是翻边，若需要较高竖边，且在不影响使用要求的前提下又允许竖边变薄，则可采用变薄翻孔或翻边工艺，这样不仅能提高生产效率，还能节约材料。

　　所谓的变薄翻孔或翻边，是指采用较小的模具间隙使竖边厚度变薄、高度增加的一种变形工艺。图 15-15 所示的翻孔件采用厚度为 2mm 的毛坯，利用阶梯凸模翻成竖边厚度为 0.8mm 的工件。可见，保持凹模内径尺寸不变，使凸模外径尺寸逐级增大，从而逐渐减小凸、凹模之间的间隙，迫使进入凸、凹模间隙的材料厚度减薄，沿高度方向流动。注意凸模上各阶梯之间的距离应大于工件高度，以便前一阶梯挤压竖边之后再用后一阶梯进行挤压。用阶梯形凸模进行变薄翻边时，应有强力的压料装置和良好的润滑。

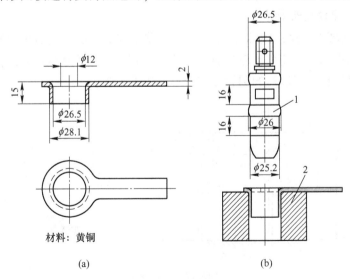

图 15-15　变薄翻孔

（a）翻孔件；（b）翻孔凸模和凹模

1—凸模；2—凹模

变薄翻孔或翻边属于体积成型，其变形程度用竖边的变薄系数 K 表示，即：

$$K = \frac{t_1}{t}$$

式中　t_1——变薄翻孔或翻边后工件竖边的厚度，mm；

　　　t——翻孔或翻边前毛坯的厚度，mm。

一次变薄翻孔或翻边的变薄系数可以取 0.4~0.5，甚至更小，变薄翻孔或翻边后的竖边高度按体积不变原则进行计算。变薄翻边力比普通翻边力要大得多，力的增大与变薄量增大成比例。

15.3　缩口与扩口

15.3.1　缩口

缩口是利用模具将空心或管状工件端部的径向尺寸缩小的一种冲压加工方法，在国防工业和民用工业中有广泛应用，如枪炮的弹壳、钢气瓶、易拉罐等，如图 15-16 所示。

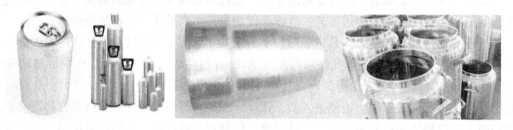

图 15-16　缩口产品

15.3.1.1　缩口变形特点

图 15-17 所示为利用缩口模将直径为 D 的管状毛坯的口部直径缩小的过程。由图可以看出，在模具的作用下，整个毛坯分成三个部分，A 区和 C 区为不变形区，B 区为正在变形的变形区，该区将由变形前的圆管变成变形后的锥形管。

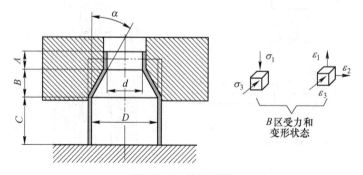

图 15-17　缩口变形

缩口变形区的变形特点是，材料在切向和径向两向压应力的作用下沿切向产生压缩变形，使毛坯直径减小，壁厚和高度增加，属压缩类变形，因此缩口的极限变形程度主要受失稳条件限制。防止失稳是缩口工艺要解决的主要问题。

实际上，图 15-17 所示的 A 区和 C 区虽然都是不变形区，但两者的性质不同。A 区是已经过塑性变形的已变形区，该部分材料随着上模的下行不会再发生变形，而 C 区是等待变形的待变形区，即随着上模的下行，C 区的材料将会逐渐转移到 B 区，产生缩口变形。

当上模施加的力 F 足够大时，C 区材料在向 B 区转移的同时还有可能会产生镦粗变形或失稳弯曲变形，B 区材料则有可能会产生缩口变形或沿切向的失稳起皱，即整个毛坯有 4 种不同的变形趋势。但最终所需要的只能是缩口变形，因此必须从工艺和模具结构上采取措施保证整个毛坯只在 B 区产生缩口变形，这是冲压变形趋向性的控制问题。

15.3.1.2 缩口变形程度

缩口变形程度用缩口后的口部直径与缩口前的毛坯直径之比来表示，即：

$$m = d/D \qquad (15\text{-}10)$$

式中，m 是缩口系数，式中符号如图 15-17 所示。

缩口系数 m 越小，变形程度越大，在保证缩口件不失稳的前提下得到的缩口系数的最小值称为极限缩口系数 $[m]$。材料的塑性好、厚度大，模具对筒壁的支撑刚性好，极限缩口系数就小。此外，极限缩口系数还与模具工作部分的表面形状和粗糙度、毛坯的表面质量、润滑等有关。图 15-18 所示为不同支撑方式的模具结构：图 15-18（a）所示为无支撑形式，其模具结构简单，但缩口过程中毛坯稳定性差；图 15-18（b）所示为外支撑形式，缩口时毛坯的稳定性比前者好；图 15-18（c）所示为内外支撑形式，其模具结构比前两种复杂，但缩口时毛坯的稳定性最好。表 15-3 列出了不同支撑方式下所允许的平均缩口系数 m_m。

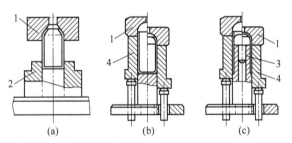

图 15-18 不同支撑方式的模具结构

（a）无支撑；（b）外支撑；（c）内外支撑

1—凹模；2—定位圈；3—内支撑；4—外支撑

表 15-3 不同支撑方式下所允许的平均缩口系数 m_m

材料	模具支撑方式		
	无支撑	外支撑	内外支撑
软钢	0.70~0.75	0.55~0.60	0.30~0.35
黄铜（H62, H68）	0.65~0.70	0.50~0.55	0.27~0.32
铝	0.68~0.72	0.53~0.57	0.27~0.32
硬铝（退火）	0.73~0.80	0.60~0.63	0.35~0.40
硬铝（淬火）	0.75~0.80	0.68~0.72	0.40~0.43

15.3.1.3　缩口工艺设计

A　毛坯尺寸确定

缩口毛坯尺寸主要是指缩口前工件的高度，一般根据变形前后体积不变的原则进行计算。表 15-4 列出了三种常见缩口件毛坯尺寸的计算公式。

表 15-4　三种常见缩口件毛坯尺寸的计算公式

缩口件形状	计算公式
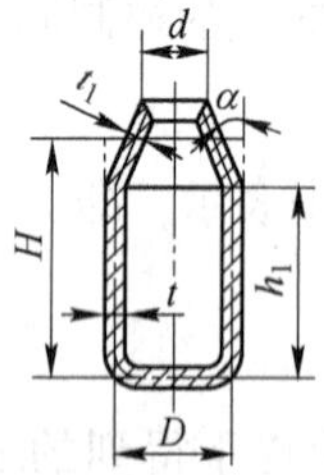	$$H=(1\sim1.05)\left[h_1+\frac{D^2-d^2}{8D\sin\alpha}\left(1+\sqrt{\frac{D}{d}}\right)\right]$$
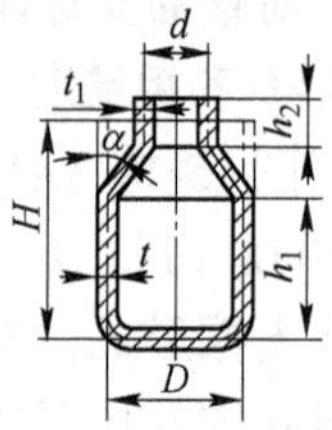	$$H=(1\sim1.05)\left[h_1+h_2\sqrt{\frac{d}{D}}+\frac{D^2-d^2}{8D\sin\alpha}\left(1+\sqrt{\frac{D}{d}}\right)\right]$$
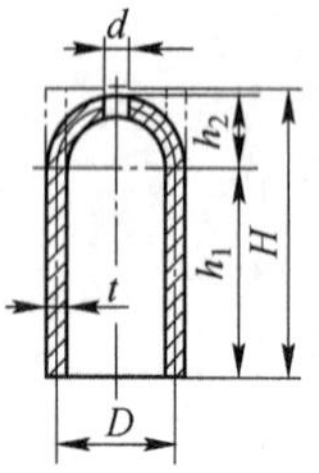	$$H=h_1+\frac{1}{4}\left(1+\sqrt{\frac{D}{d}}\right)\sqrt{D^2-d^2}$$

B　缩口次数确定

当工件要求的缩口系数小于表 15-3 所列数据，则不能一次缩口成功，需要经过多次缩口，并增加中间退火工序。

首次缩口系数 $m_1=0.9m_{\mathrm{m}}$，以后各次缩口系数 $m_{\mathrm{n}}=(1.05\sim1.1)m_{\mathrm{m}}$，则缩口次数为：

$$n=\frac{\ln d-\ln D}{\ln m_{\mathrm{m}}} \tag{15-11}$$

式中　d——缩口后的口部直径，mm；

　　　D——缩口前的毛坯直径，mm；

　　m_{m}——平均缩口系数，见表 15-3。

C　缩口力的计算

无支承缩口时，如图 15-18（a）所示，缩口力可按下式近似计算：

$$P = (2.4 \sim 3.4) \pi t R_m (D-d) \tag{15-12}$$

式中　P——缩口力，N；

　　　　t——缩口毛坯厚度，mm；

　　　　R_m——材料的抗拉强度，MPa；

　　　　D——缩口前的毛坯直径，mm；

　　　　d——缩口后的口部直径，mm。

15.3.1.4　缩口模结构

　　缩口模工作部分的尺寸需根据缩口部分的尺寸来确定，并考虑比缩口模实际尺寸大0.5%~0.8%的弹性恢复量，以减小试冲后模具的修正量。缩口凹模的半锥角 α（图15-17）值的大小对缩口成形很重要，取较小值对缩口变形有利，一般 $\alpha<45°$，最好 $\alpha<30°$。当 α 值合理时，极限缩口系数可比平均缩口系数小10%~15%。

　　图15-19所示为无支撑缩口模，毛坯由定位座3定位，上模下行，由凹模2完成缩口，缩口结束后，上模回程，同时工件由推件板1推出。这种模具结构简单，适用于高度不大且带底的毛坯的缩口。

　　图15-20所示为带外支撑的缩口模。毛坯放入模具的底座5上，由外支撑6定位，上模下行，完成缩口，缩口结束后，由打杆11和推件块8组成的刚性推件装置推出工件。

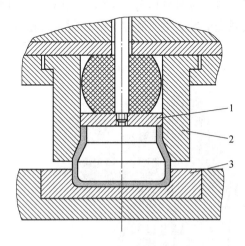

图15-19　无支撑缩口模

1—推件板；2—凹模；3—定位座

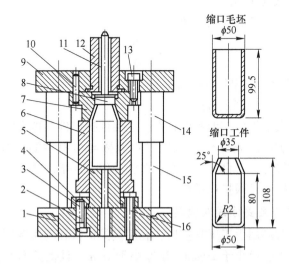

图15-20　带外支撑的缩口模

1—下模座；2，13—螺钉；3，10—销；4—固定板；5—底座；6—外支撑；7—凹模；8—推件块；
9—上模座；11—打杆；12—模柄；14—导套；15—导柱；16—顶杆

15.3.2　扩口

15.3.2.1　扩口变形特点

与缩口变形相反，扩口是使空心或管状工件端部的径向尺寸扩大的一种冲压加工方法，在管材中应用较多，如各种管接头，如图 15-21 所示。

图 15-22 所示为将直径为 D_0 的管坯扩大到口部直径为 D 的扩口变形过程示意图，从中可以看出，在模具的作用下，整个毛坯分成 A、B、C 三个部分，其中 A 区为已经经过扩口变形的不变形区，C 区为正在等待变形的不变形区，B 区为正在进行扩口变形的变形区，该区材料沿切向产生伸长变形，使径向尺寸扩大，轴向和厚度方向压缩，因此扩口的极限变形程度主要受拉裂的限制，防止变形区拉裂是扩口工艺要解决的主要问题。

图 15-21　扩口产品

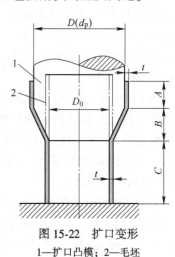

图 15-22　扩口变形
1—扩口凸模；2—毛坯

15.3.2.2　扩口变形程度

扩口变形程度用扩口系数表示，即：

$$K = \frac{D}{D_0} \tag{15-13}$$

式中　D——扩口后工件的口部直径，mm；

D_0——扩口前毛坯的直径，mm。

扩口系数越大，表示扩口变形程度越大。在保证扩口件不拉裂的前提下得到的扩口系数的最大值称为极限扩口系数 $[K]$。极限扩口系数与材料性能、模具结构、管口状态、管口形状及扩口方式等有关。良好的塑性、在管的传力区增加约束、管口加热、利用锥形凸模扩口等都有利于提高极限扩口系数。

15.3.2.3　扩口的主要方式及模具

扩口的主要方式有利用手工工具扩口、利用模具扩口和利用专用工具或专机扩口，其中手工扩口主要适用于直径小于 20mm，壁厚小于 1mm，且批量不大、精度要求不高的扩口件的生产。当需要大量生产且有较高质量要求时，需要采用模具或专机扩口。此外，旋压、爆炸成形、电磁成形等新工艺也都在扩口工艺中有成功的应用。当工件两端直径相差较大时，可采用扩口与缩口复合工艺，如图 15-23 所示。

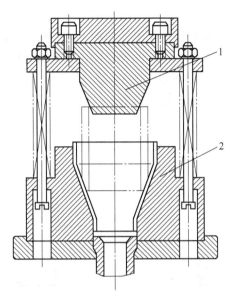

图 15-23 扩口与缩口复合工艺
1—凸模；2—凹模

15.4 胀　　形

　　胀形是利用模具使空心工件内部在双向拉应力的作用下产生塑性变形，以获得凸肚形工件的一种冲压加工方法，如图 15-24 所示。利用胀形工艺可以加工素线为曲线的旋转体凸肚空心件，如图 15-24 所示汤锅的锅身；也可加工不规则形状的非旋转体凸肚空心件，如图 15-24 所示的水壶的壶嘴。

图 15-24 胀形产品

　　由于胀形时毛坯处于双向受拉的应力状态，变形区的材料不会产生失稳起皱现象，因此成型后工件的表面光滑、质量好。同时，由于变形区材料截面上的拉应力沿厚度方向的分布比较均匀，所以卸载时的弹性恢复很小，容易得到尺寸精度较高的工件，因此胀形工艺在飞机、汽车、仪器、仪表、民用等行业的应用十分广泛，飞机蒙皮、汽车外覆盖件等的成型中均含有胀形成分。

15.4.1 胀形变形特点

胀形时变形区的变形特点分两种情况，如图 15-25 所示。其中图 15-25（a）所示的变形区几乎是整个毛坯或开口端部，毛坯的开口端产生收缩变形，故变形区是沿圆周方向伸长、轴向压缩、厚度变薄的变形状态；图 15-25（b）所示的变形区仅局限在毛坯中间待胀形的部位，变形区主要产生沿圆周方向的伸长变形和厚度的变薄。

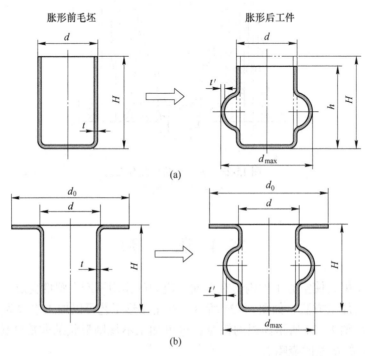

图 15-25 胀形变形特点
（a）变形区域大；（b）变形区域小

无论哪种情况，伸长变形是胀形的主要变形方式，因此胀形属伸长类成型工艺，防止胀破是胀形工艺要解决的关键问题。

15.4.2 胀形变形程度

胀形的变形程度以胀形后得到的凸肚的最大直径与胀形前毛坯的直径之比来表示，如图 15-25 所示，即：

$$K = \frac{d_{max}}{d} \qquad (15\text{-}14)$$

式中　K——胀形系数。

K 值越大，表示胀形变形程度越大。胀形前采取对毛坯进行退火处理，或径向施压的同时轴向也施压，或变形区加热等措施均可以提高胀形系数。此外，良好的表面质量也有利于提高胀形系数。表 15-5 列出了由试验确定的胀形系数的近似值。

表 15-5　由试验确定的胀形系数的近似值

材　料	材料厚度 t/mm	K
高塑性铝合金	0.5	1.25
	1.0	1.28
	1.2	1.32
	2.0	1.30
低碳钢	0.5	1.2
	1.0	1.24
耐热不锈钢	0.5	1.26～1.32
	1.0	1.28～1.34

15.4.3　胀形工艺设计

15.4.3.1　胀形毛坯的确定

胀形时，轴向允许自由变形时的毛坯长度可用下列经验公式计算，如图 15-26 所示，即：

$$l_0 = (l + C\varepsilon) + B$$

式中　l_0——毛坯长度，mm；

l——工件的素线长度，mm；

C——系数，一般取 0.3～0.4；

ε——胀形沿圆周方向的最大变形量，$\varepsilon = (d_{max} - d)/d$；

B——修边余量，平均取 5～15mm。

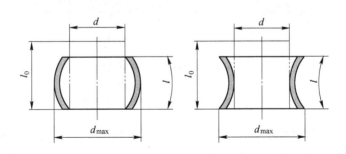

图 15-26　胀形毛坯尺寸计算

15.4.3.2　胀形力的计算

胀形时，胀形力可按下式计算：

$$F = pA$$

式中　F——胀形力，N；

A——胀形面积，mm^2；

p——胀形单位压力，MPa。

胀形单位压力 p 按下式计算：

$$p = 1.15\sigma_z \frac{2t}{d_{max}} \tag{15-15}$$

式中　σ_z——胀形变形区的真实应力，MPa，近似估算时取 $\sigma_z = R_m$（材料抗拉强度）；

　　　　t——毛坯厚度，mm；

　　　　d_{max}——胀形的最大直径，mm。

15.4.4　胀形方法及胀形模具结构

可以采用凸、凹模均为钢材的钢模胀形，也可以采用凸模为软材料的软模胀形。钢模胀形时，如果采用分瓣凸模，则模具结构复杂，且难以保证工件的精度。利用软模胀形时材料的变形比较均匀，容易保证工件的精度，且由于软介质的流动性使其可随外界形状的不同而改变，便于成形任意不规则复杂的空心工件，所以在生产中广泛采用软模胀形空心毛坯。常见的软模有橡胶、石蜡、PVC 塑料、高压液体和高压气体等。

图 15-27 所示为橡胶凸模胀形示意图。模具结构简单，变形均匀，能得到质量较好的胀形件。图 15-27（a）所示的凹模是上下分块的，图 15-27（b）所示的凹模是分瓣的且可以沿凹模套上下移动，从而保证胀形后能顺利取出工件。生产中应用较多的软材料是聚氨酯橡胶。

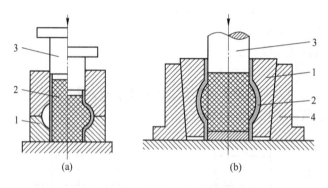

图 15-27　橡胶凸模胀形示意图

(a) 凹模上下分块；(b) 凹模分瓣沿模套上下移动

1—凹模；2—橡胶凸模；3—凸模；4—凹模套

图 15-28 所示为利用橡胶胀形的胀形模。毛坯放入模具中，由固定凹模 5 定位，上模下行时，活动凹模 6 的内形与固定凹模 5 的外形配合组成整体凹模，上模继续下行，弹簧 13 被压缩，同时凸模 9 给橡胶凸模 7 施加压力，使毛坯贴向凹模的工作表面，完成成型。冲压结束后，活动凹模 6 随上模回程，橡胶凸模 7 恢复原来的圆柱形与上模一起回程，工件留在固定凹模 5 内。

图 15-29 所示为利用液体胀形的示意图。图 15-29（a）所示为直接将高压液体灌注到预先拉深好的毛坯内，使毛坯贴向凹模表面而成型；图 15-29（b）所示为将高压液体先灌入橡皮囊中，使高压液体的压力通过橡皮囊作用到毛坯上而成型。由于工序件经过多次拉深工序，伴随有冷作硬化现象，故在胀形前应进行退火，以恢复金属的塑性。

与液体凸模相比，用橡胶做凸模进行胀形传递的压力没有液体凸模均匀，因此橡胶胀形一般用于制造小尺寸的工件。

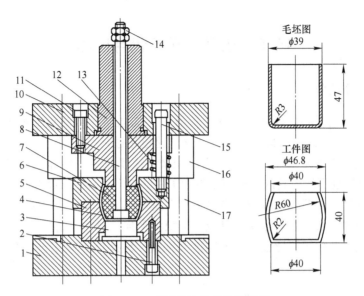

图 15-28 利用橡胶胀形的胀形模

1—下模座；2，11—螺钉；3—顶件块；4—工件；5—固定凹模；6—活动凹模；7—橡胶凸模；8—推件杆；
9—凸模；10—上模座；12—模柄；13—弹簧；14—螺母；15—卸料螺钉；16—导套；17—导柱

用石蜡做凸模进行胀形时，可比橡胶、液体和气体做凸模进行胀形时，变形程度提高超过 10%，使胀形后的最大直径是原直径的 1.47 倍。

液体凸模胀形的优点是胀形力传递均匀，且工艺过程简单，成本低廉，工件表面光滑，适宜于大、中型工件的成型，一般胀形后直径可达 200～1500mm。液体凸模胀形在生产中的应用非常广。图 15-30 所示为采用轴向压缩和高压液体联合作用的三通管的胀形方法。首先将管坯置于下模，然后将上模压下，再使两端的轴头压紧管坯端部，继而由轴头中心孔通入高压

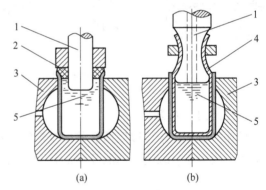

图 15-29 利用液体胀形的示意图

(a) 高压液体灌入毛坯内；(b) 高压液体灌入橡皮囊

1—凸模；2—密封装置；3—凹模；4—橡皮囊；5—液体介质

液体，在高压液体和轴向压缩力的共同作用下胀形而获得所需的工件。用这种方法加工高压管接头、自行车的管接头和其他零件的效果很好。

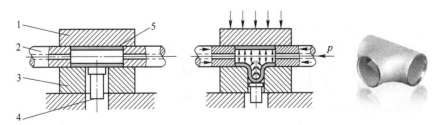

图 15-30 采用轴向压缩和高压液体联合作用的三通管的胀形方法

1—上模；2—轴头；3—下模；4—顶杆；5—管坯

15.5　压筋、压凸包与压印

15.5.1　压筋、压凸包

压筋或压凸包是指利用模具在工件上压出筋（加强筋）或凸包的冲压加工方法。图 15-31 所示为压筋、压凸包及其应用。当 D/d 的比值超过某一值时，凸包或筋的成型是以直径为 d 的圆周以内的金属厚度变薄、表面积增大来实现的，即 d 以内的金属不向外流动，d 以外的金属也不流入其内，成型结束后工件的外形尺寸仍保持为 D。

很显然，压筋或压凸包的变形特点是变形区是局部的，变形区内金属沿切向和径向伸长，厚度方向减薄，属伸长类成型，其成型极限将受到拉裂的限制。

利用压筋或压凸包可以增强零件的刚度和强度，因此广泛应用于汽车、飞机、车辆、仪表等工业中。

图 15-31　压筋、压凸包及应用

15.5.1.1　压筋

压筋的成型极限可以用压筋前后变形区的长度改变量来表示，如图 15-32 所示。加强筋能否一次成型，取决于筋的几何形状和所用材料。能够一次压出加强筋的条件是：

$$\frac{l-l_0}{l_0} \leqslant (0.7 \sim 0.75)A \tag{15-16}$$

式中　l——成型后筋断面的曲线长度，mm；

　　　l_0——压筋前原材料的长度，mm；

　　　A——材料的均匀伸长率。

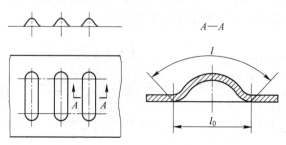

图 15-32　一次压筋的条件

显然，材料的塑性越好，硬化指数 n 值越大，可产生的变形程度就越大。

若计算结果不满足上述不等式，则不能一次压出，需要分步成型。两道工序成型的加强筋如图 15-33 所示，第一道工序用大直径的球型凸模压制，达到在较大范围内聚料和均匀变形的目的；第二道工序成型使尺寸符合要求。表 15-6 列出了加强筋的形式和尺寸。

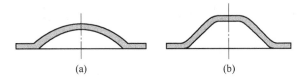

图 15-33　两道工序成型的加强筋

（a）预成型；（b）最终成型

表 15-6　加强筋的形式和尺寸

名称	简图	R	h	B	r	$\alpha/(°)$
半圆形筋		$(3\sim4)t$	$(2\sim3)t$	$(7\sim10)t$	$(1\sim2)t$	—
梯形筋		—	$(1.5\sim2)t$	$\geqslant 3h$	$(0.5\sim1.5)t$	$15\sim30$

15.5.1.2　压凸包

压凸包的成型极限可以用凸包的高度表示。凸包高度受材料塑性的限制，不能太大。表 15-7 列出了在平板上压凸包的成型高度极限值。如果实际需要的凸包高度高于表中值，则可采取类似多道工序压筋的方法冲压成型。

表 15-7　在平板上压凸包的成型高度极限值

简图	材料	成型高度极限值
	软铜	$\leqslant(0.15\sim0.2)d$
	铝	$\leqslant(0.1\sim0.15)d$
	黄铜	$\leqslant(0.15\sim0.22)d$

如果所压凸包或筋与边缘的距离小于 $(3\sim5)t$，在成型时，边缘的材料会发生收缩变形，如图 15-34 所示，此时确定毛坯尺寸时需考虑增加切边余量。

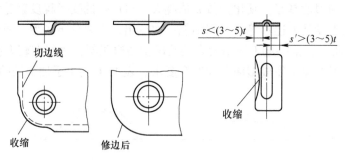

图 15-34　边缘收缩变形

15.5.2　压印

　　压印是指利用模具在工件上压出各种花纹、文字和商标等印记的冲压加工方法，如图 15-35 所示。压印的变形特点与压凸包或压筋相同，也是通过变形区材料厚度减薄表面积增大的变形方式获得所需形状。压印工艺广泛应用于金属工艺品、金属商标、铭牌和纪念币等的制作。

图 15-35　压印产品

思　考　题

15-1　什么是翻边、翻孔、胀形、缩口，在这些成型工序中，由于变形过度而出现的材料损坏形式分别是什么？

15-2　简述缩口与拉深工序在变形特点上的异同。

参 考 文 献

[1] 鄂大辛. 成形工艺与模具设计（修订版）[M]. 北京：机械工业出版社，2014.

[2] 闫洪. 锻造工艺与模具设计 [M]. 北京：机械工业出版社，2011.

[3] 姚泽坤. 锻造工艺及模具设计 [M]. 西安：西北工业大学出版社，2007.

[4] 杨震，王炳正，宋道春，等. 径向锻造设备与工艺综述 [J]. 锻压装备与制造技术，2018，53（6）：27-30.

[5] 莫琛. 双锤头径向锻造工艺研究 [D]. 秦皇岛：燕山大学，2018.

[6] 杨箫. 矩形截面工件径向锻造过程工艺分析 [D]. 上海：上海交通大学，2017.

[7] 张智，巨建辉，戚运莲，等. 钛合金锻造工艺及其锻件的应用 [J]. 热加工工艺，2010，39（23）：34-37.

[8] 王忠雷，赵国群. 精密锻造技术的研究现状及发展趋势 [J]. 精密成形工程，2009，1（1）：32-38,83.

[9] 郭强，严红革，陈振华，等. 多向锻造技术研究进展 [J]. 材料导报，2007（2）：106-108.

[10] 中国机械工程学会塑性工程分会. 锻压手册：第1卷　锻造 [M]. 北京：机械工业出版社，2008.

[11] 中国机械工程学会塑性工程分会. 锻压手册：第2卷　冲压 [M]. 北京：机械工业出版社，2008.

[12] 中国机械工程学会塑性工程分会. 锻压手册：第3卷　锻压车间设备 [M]. 北京：机械工业出版社，2008.

[13] 柯旭贵，张荣清. 冲压工艺与模具设计 [M]. 2版. 北京：机械工业出版社，2016.

[14] 成虹. 冲压工艺与模具设计 [M]. 北京：高等教育出版社，2010.

[15] 李晔. 汽车覆盖件冲压成形稳健性设计与模具型面补偿及其应用研究 [D]. 杭州：浙江大学，2020.

[16] 李富柱，翟长盼，李伟，等. 汽车车身构件冲压回弹研究现状 [J]. 锻压技术，2018，43（2）：1-8.

[17] 徐刚. 大型汽车冲压生产线技术与装备现状与发展 [J]. 锻压装备与制造技术，2016，51（6）：7-13.

[18] 李硕. 汽车轮毂冲压液压机液压系统性能研究及改进 [D]. 长沙：中南大学，2011.

[19] 姜晓华. 薄壁零件冲压模具加工工艺过程可靠性分析 [D]. 沈阳：东北大学，2010.

[20] 马晓春，沈卫兵. 有限元数值模拟技术在汽车冲压件成形中的应用 [J]. 浙江工业大学学报，2007（1）：100-104.

[21] 贾俐俐. 冲压工艺与模具设计 [M]. 北京：人民邮电出版社，2016.

[22] 杨占尧. 最新冲压模具标准及应用手册 [M]. 北京：化学工业出版社，2010.

[23] 钟翔山. 冲压加工质量控制应用技术 [M]. 北京：机械工业出版社，2011.

[24] 梁炳文. 冷冲压工艺手册 [M]. 3版. 北京：北京航空航天大学出版社，2004.

[25] 张正修. 多工位连续冲压技术及应用 [M]. 北京：机械工业出版社，2010.

[26] 王新华. 汽车冲模技术 [M]. 北京：国防工业出版社，2005.